"十二五"职业教育国家规划教材
经全国职业教育教材审定委员会审定

 复旦卓越·数学系列

实用数学（工程类）

编委会主任　刘子馨
编委会成员（按姓氏笔画排列）
王　星　叶迎春　孙福兴　许燕频　应惠芬　张圣勤
沈剑华　金建光　姚光文　诸建平　焦光利

本书编写成员

主　编　张圣勤　孙福兴　叶迎春
副主编　姚光文　王　星
编　著（按姓氏笔画排列）
孙卫平　沈剑华　金建光

U0276650

复旦大学 出版社

内容提要

　　复旦大学出版社出版的《实用数学》分为经管类和工程类两种.其中,《实用数学》(工程类)一书共8章,分别介绍了函数与极限、导数与微分、导数的应用、定积分与不定积分及其应用、线性代数初步、微分方程、拉普拉斯变换、无穷级数,以及相关数学实验、数学建模、数学文化等内容.书末所附光盘内含本书数学实验和数学建模的教学辅助软件.同时,本书还有配套练习册可供选用.

　　本书可作为高职高专或者普通本科院校的高等数学课程教材,也可以作为高等数学学习的参考书.

前　　言

随着计算工具和计算技术的飞速发展,数学这门既传统又古老的基础课程也正在发生深刻的变化.放眼今天世界的科技界,手工设计和计算已经成为历史,取而代之的是计算机设计和计算.高等数学课程的计算功能正在与计算机技术密切结合形成众多的计算技术和计算软件,而这些计算技术和计算软件正在科学、工程、经济管理等领域发挥着不可替代的作用.2009 年,美国 Mathworks 公司发布的 Matlab 软件和 Wolfram 公司发布的 Mathematica 软件都增加了云计算模块,标志着工程计算已经迈入云计算的大门.在这样的大背景下,作为高等教育重要基础课程的高等数学应该学什么和怎么学的问题比任何时候都要突出.在本教材的编写过程中,作者顺应时代潮流,以构建适合于我国国情的高职教育公共课程体系为己任,以符合大纲要求、优化结构体系、加强实际应用、增加知识容量为原则,以新世纪社会主义市场经济形势下对人才素质的要求为前提,以高职数学在高职教育中的功能定位和作用为基础,努力编写一套思想内涵丰富、实际应用广泛、反映最新计算思想和技术、简单易学的高等数学教材.

《实用数学》的主要特点如下:

1. 在内容选择上,强调针对性和前瞻性,突出"实用"原则.

(1) 基础内容选择了一元函数微积分和线性代数基本知识.对经管类专业,选择了处理随机现象的基本方法(概率论与数理统计);对工程类专业,选择了工程中建立函数关系的常用方法(常微分方程)、工程中近似分析的常用方法(无穷级数)和工程中把一个函数化为另一个函数的常用变换方法(拉普拉斯变换).

(2) 为了使实用性与前瞻性相统一,跟上当今计算机应用的发展步伐,提升计算机在数学教学中的作用,本教材引入当今世界应用较广的 3 种数学软件(Matlab,Mathematica 和 Mathcad)来设计"数学实验"的内容,把数学教学中的计算功能与计算机技术密切结合,让计算机去完成大量数学计算.同时也把正文中的许多数学公式表和附录中的积分表从教材中删去.

(3) 为了加强学生数学应用能力的培养,为了适应全国大学生数学建模竞赛的需要,教材相关部分增加了"数学建模"模块,通过案例介绍了与教学内容相关联的多个数学模型(如初等模型、优化模型、积分模型、线性模型、统计模型等).

(4) 在相关章节增加了"数学历史"和"数学文化"的内容,以简短的文字记述重要数学概念和理论的发展演变过程以及相关著名数学家的贡献,以帮助读者正确地理解数学概念、认识数学本质,更好地掌握所学的数学内容.

2. 在表述方法上,强调简明扼要和通俗易懂,突出"以传授数学思想为主"的理念.

(1) 适当调整教学内容中的概念、理论、方法与应用各部分所占的比重. 重视基本概念的引入,强调回到实践中去,增加应用性实例;删去许多定理、公式的证明或推导,强调定理、公式的结论和使用条件;淡化运算技巧,减少符号运算,注意"必需"的基本运算.

(2) 强调数学思维的表达. 只有学生真正理解和掌握了数学思想,才能在解决实际问题中融会贯通,才能有所创新. 本教材在相关章节中强调了下列数学思维方法:变量间函数关系的对应思想方法;变量无限变化、无限趋近的极限思想方法;函数变化的变化率思想方法;函数局部线性化的微分思想方法和多项式逼近的无穷级数思想方法;函数极值的最优化思想方法;定积分和常微分方程中的微元思想方法;多变量线性变化的矩阵思想方法;矩阵与线性方程组中的初等变换思想方法等.

在每章的小结中,有比较详细的"基本思想"的综述.

(3) 在积分学中,从定积分计算出发,引入不定积分概念,自然而实用. 淡化不定积分技巧,减少符号运算. 又因计算定积分和求解不定积分都可归结为求原函数问题,其积分方法相似,本教材把定积分和不定积分的计算合在一起分析,使知识结构更具有条理性、系统性.

时代在发展,教育要前进. 基于高职高专高等数学的教学时数大量压缩(很多学校只安排一个学期的课时)及教学中尚未广泛有效地安排计算机辅助教学,我们在原来《实用数学(上册)》和《实用数学(下册　工程类)》《实用数学(下册　经管类)》3 本教材的基础上进行修改,形成《实用数学(经管类)》和《实用数学(工程类)》两本教材,供高职高专学校相关专业师生使用.

《实用数学(经管类)》共 7 章,具体包括函数与极限、导数与微分、导数的应用、定积分与不定积分及其应用、线性代数初步、概率论基础、数理统计初步;《实用数学(工程类)》共 8 章,具体包括函数与极限、导数与微分、导数的应用、定积分与不定积分及其应用、线性代数初步、微分方程、拉普拉斯变换、无穷级数. 教材所附光盘含有数学实验和数学建模等内容. 教材另附配套的练习册. 出版社备有教师使用的教学辅助光盘,使用本教材的学校可向复旦大学出版社索取或到复旦大学出版社网站下载.

本教材在编写过程中得到了复旦大学出版社领导的支持,责任编辑梁玲博士进行了认真的编校. 作者编写时参阅并引用了有关的纸质及网络文献,在此一并表示衷心的感谢.

由于时间仓促,加之水平有限,书中疏漏错误之处在所难免. 恳切期望使用本教材的师生多提意见和建议,以便再版时修改.

编者

2015 年 6 月

目　　录

第 1 章

函数与极限

函数是现代数学的重要基础,是高等数学的主要研究对象.极限概念是微积分的理论基础,极限方法是微积分的基本分析方法.因此掌握、运用好极限方法是学好高等数学的关键.本章将介绍函数、极限与连续的基本知识和有关的基本方法.

§1.1　函数 —— 变量相依关系的数学模型

1.1.1　邻域

1. 集合与区间

我们已在高中数学中学过集合的有关知识,它是函数的重要基础,现代数学正是应用了集合的方法使传统数学得到更大的发展.

除了自然数集 **N**、整数集 **Z**、有理数集 **Q** 与实数集 **R** 等常用数集外,区间是高等数学中最常用的数集.

介于某两个实数之间的全体实数称为**有限区间**,这两个实数称为区间的**端点**,两端点间的距离称为区间的**长度**.

设 a,b 为两个实数,且 $a<b$,实数集 $\{x \mid a<x<b\}$ 称为**开区间**,记为 (a,b),即 $(a,b)=\{x \mid a<x<b\}$.而实数集 $\{x \mid a \leqslant x \leqslant b\}$ 称为**闭区间**,记为 $[a,b]$,即 $[a,b]=\{x \mid a \leqslant x \leqslant b\}$.另外还有**半开区间**.如 $[a,b)=\{x \mid a \leqslant x<b\}$,$(a,b]=\{x \mid a<x \leqslant b\}$.

除了上面的有限区间外,还有无限区间,例如:$[a,+\infty)=\{x \mid a \leqslant x\}$,$(-\infty,b)=\{x \mid x<b\}$,$(-\infty,+\infty)=\{x \mid -\infty<x<\infty\}=R$.

注　以后在不需要辨别区间是否包含端点、是否有限或无限时,常将其简称为"区间",且常用 I 表示.

2. 邻域

设 a 与 δ 是两个实数,且 $\delta>0$,则开区间 $(a-\delta,a+\delta)$ 称为点 a 的 δ **邻域**,记

作 $U(a,\delta)$，即

$$U(a,\delta) = \{x \mid a-\delta < x < a+\delta\} = \{x \mid \mid x-a \mid < \delta\},$$

其中点 a 叫做该**邻域的中心**，δ 叫做该邻域的**半径**，如图 1-1-1 所示.

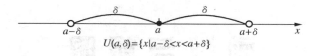

$$U(a,\delta) = \{x \mid a-\delta < x < a+\delta\}$$

图 1-1-1

若把邻域 $U(a,\delta)$ 的中心 a 去掉，所得到的邻域称为点 a 的**去心邻域**，记为 $\mathring{U}(a,\delta)$，即 $\mathring{U}(a,\delta) = (a-\delta,a) \bigcup (a,a+\delta) = \{x \mid 0 < \mid x-a \mid < \delta\}$，并且称 $(a-\delta,a)$ 为点 a 的**左邻域**，$(a,a+\delta)$ 为点 a 的**右邻域**. 例如：

$$U(2,1) = \{x \mid \mid x-2 \mid < 1\} = (1,3),$$

$$\mathring{U}(2,1) = \{x \mid 0 < \mid x-2 \mid < 1\} = (1,2) \bigcup (2,3).$$

1.1.2   函数的概念及其表示方法

1. 函数的定义①

    定义 1   如果变量 x 在其变化范围 D 内任意取一个数值，变量 y 按照一定对应法则总有唯一确定的数值与它对应，则称 y 为 x 的**函数**，记为

$$y = f(x), x \in D,$$

---

①   首先使用"函数"一词的是德国数学家莱布尼兹（Leibniz，1646—1716 年）. 1673 年他在一篇手稿中用"函数"（function）来表示任何一个随着曲线上的点变动而变动的量，还在 1714 年的著作《历史》中用"函数"表示依赖于一个变量的量. 在此以前，人们经常用一些变量和运算符号书写成简单的表达式来表示函数，并认为函数必须有解析表达式. 而牛顿从 1665 年开始研究微积分起，就一直用"流量"来表示函数.

    函数记号 $f(x)$ 是瑞士数学家欧拉（Euler，1707—1783 年）1734 年引入的.

    法国数学家柯西（Cauchy，1789—1857 年）在 1821 年的《分析教程》中给出了函数的定义："在某些变数间存在着一定关系，当一经给定其中某一变数的值，其他变数的值可随之确定时，则将最初的变数叫做自变量，其他各变数叫做函数."

    德国数学家狄利克莱（Dirichlet，1805—1859 年）在一篇讨论函数的文章中，称"如果对于 x 的每一个值，y 有一个完全确定的值与其对应，则 y 是 x 的函数". 该定义抓住了函数的实质：x 与 y 之间存在一个确定的数值对应关系（法则）. x 与 y 间只需有一个确定的数值对应关系（法则）存在，不论这个关系（法则）是公式、图像、表格或其他形式，y 就是 x 的函数，从而使函数概念从解析式的束缚中挣脱出来，扩大了函数概念的内涵.

    后来，德国数学家戴德金（Dedekind，1831—1916 年）和德国数学家韦伯（Weber，1842—1913 年）把集合论引入函数定义，分别用"集合"与"映射"和"集合"与"对应"来定义函数，从而构成了近代函数的概念.

    中国数学史中的"函数"一词，是我国清代数学家李善兰引入的. 他在 1859 年翻译《代数学》一书时，把 function 译成了"函数"，并给出定义："凡式中含天，为天之函数."

其中 x 称为**自变量**，y 称为**因变量**，D 为函数的**定义域**.

对于 $x_0 \in D$，按照对应法则 f，总有确定的值 y_0 与之对应，称 $f(x_0)$ 为函数在点 x_0 处的**函数值**，记为

$$y_0 = f(x_0) \text{ 或 } y \mid_{x = x_0}.$$

当自变量 x 取遍定义域 D 内的各个数值时，对应的变量 y 全体组成的数集称为这个函数的**值域**.

函数的定义域 D 与对应法则 f 称为函数的两个要素，两个函数相等的充分必要条件是定义域和对应法则均相同.

函数的定义域在实际问题中应根据实际意义具体确定，如果讨论的是纯数学问题，则使函数的表达式有意义的实数集合称为它的定义域，即自然定义域.

2. 函数的表示方法

函数的表示方法有 3 种：

（1）解析法（或公式法）：将 x 与 y 的函数关系用它们的代数等式表示.

（2）图像法：将 x 与 y 的函数关系用直角坐标系中的曲线（直线）表示.

（3）表格法：将 x 与 y 的函数关系用一个二维表格的数据表示.

例 1　设 $y = f(x)$ 的定义域为 $[0, 3a](a > 0)$，求 $g(x) = f(x + a) + f(2x - 3a)$ 的定义域.

解　设 $u = x + a$，$v = 2x - 3a$，有

$$f(x + a) = f(u)，f(2x - 3a) = f(v).$$

因为 $f(x)$ 的定义域 $= [0, 3a]$，所以有下面的求解.

（1）$0 \leqslant u \leqslant 3a$，即 $0 \leqslant x + a \leqslant 3a$，有 $-a \leqslant x \leqslant 2a$，即 $f(x + a)$ 定义域 $D_1 = [-a, 2a]$；

（2）$0 \leqslant v \leqslant 3a$，即 $0 \leqslant 2x - 3a \leqslant 3a$，有 $\dfrac{3}{2}a \leqslant x \leqslant 3a$，即 $f(2x - 3a)$ 定义域 $D_2 = \left[\dfrac{3}{2}a, 3a\right]$. 于是 $g(x)$ 的定义域为

$$D = D_1 \bigcap D_2 = [-a, 2a] \bigcap \left[\dfrac{3}{2}a, 3a\right] = \left[\dfrac{3}{2}a, 2a\right].$$

1.1.3　函数的性质

1. 函数的奇偶性

定义 3　设函数 $f(x)$ 的定义域 D 关于原点对称，对于任意 $x \in D$，

（1）恒有 $f(-x) = f(x)$，则称 $f(x)$ 为**偶函数**；

（2）恒有 $f(-x) = -f(x)$，则称 $f(x)$ 为**奇函数**.

几何上,偶函数的图形关于 y 轴对称(如图 1-1-2(a) 所示),奇函数的图形关于原点对称(如图 1-1-2(b) 所示).

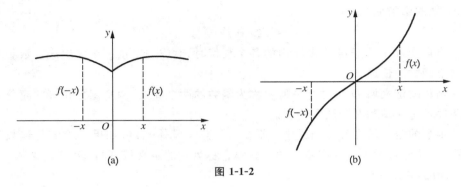

图 1-1-2

例 2   判断函数 $f(x) = \ln(x + \sqrt{x^2 + 1})$ 的奇偶性.

解   因为函数定义域为 $(-\infty, +\infty)$(即关于原点对称),且

$$f(-x) = \ln(-x + \sqrt{(-x)^2 + 1}) = \ln(-x + \sqrt{x^2 + 1})$$

$$= \ln \frac{(-x + \sqrt{x^2 + 1})(x + \sqrt{x^2 + 1})}{x + \sqrt{x^2 + 1}} = \ln \frac{1}{x + \sqrt{x^2 + 1}}$$

$$= -\ln(x + \sqrt{x^2 + 1}) = -f(x).$$

所以 $f(x)$ 为奇函数.

2. 函数的单调性

定义 4   设函数 $f(x)$ 的定义域为 D,区间 $I \subset D$,对于任意 $x_1, x_2 \in I$,

当 $x_1 < x_2$ 时,有 $f(x_1) < f(x_2)$,则称 $f(x)$ 在 I 上是**单调增加函数**(如图 1-1-3(a) 所示);

当 $x_1 < x_2$ 时,有 $f(x_1) > f(x_2)$,则称 $f(x)$ 在 I 上是**单调减少函数**(如图 1-1-3(b) 所示).

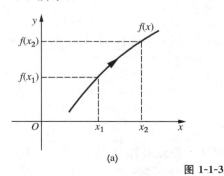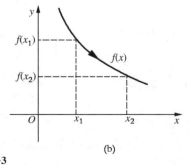

图 1-1-3

例如：函数 $f(x) = \dfrac{1}{x^2}$，在$(0, +\infty)$是单调减少

函数，在$(-\infty, 0)$是单调增加函数，如图 1-1-4 所示.

3. 函数的有界性

定义 5 设函数 $f(x)$ 的定义域为 D，数集 $I \subset D$，如果存在一个正数 M，对任意 $x \in I$，恒有 $|f(x)| \leqslant M$，则称函数 $f(x)$ 在 I 上**有界**，或称 $f(x)$ 为 I 上的**有界函数**；如果这样的正数 M 不存在，则称函数 $f(x)$ 在 I 上**无界**，或称 $f(x)$ 为 I 上的**无界函数**.

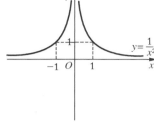

图 1-1-4

例如，函数 $y = \sin x$ 在 **R** 上有界，因为对任一 $x \in$ **R**，恒有 $|\sin x| \leqslant 1$，如图 1-1-5 所示.

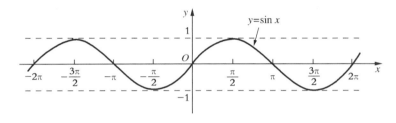

图 1-1-5

又如图 1-1-4 所示的函数 $y = \dfrac{1}{x^2}$，在区间$(0, 1)$上无界，但它在$[1, +\infty)$

上有界.

4. 函数的周期性

定义 6 设函数 $f(x)$ 的定义域为 D，如果存在正数 T，对任一 $x \in D$ 有 $x \pm T \in D$，且 $f(x \pm T) = f(x)$，则称 $f(x)$ 为**周期函数**，T 称为 $f(x)$ 的**周期**（通常指最小正周期）.

例如：函数 $y = \cos x$ 的周期是 2π，如图 1-1-6 所示；$y = \tan x$ 的周期是 π，如图 1-1-7 所示.

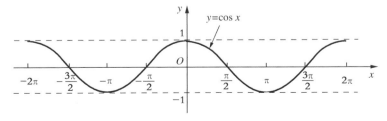

图 1-1-6

1.1.4 初等函数

1. 基本初等函数

常数函数、幂函数、指数函数、对数函数、三角函数和反三角函数等 6 类函数是构成初等函数的基础,习惯上称它们为**基本初等函数**.下面列表作简单的介绍.

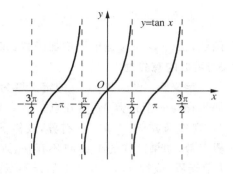

图 1-1-7

表 1-1-1 基本初等函数的定义域、值域、图像和特征表

名称	解析式	定义域和值域	图像	主要特征
常数函数	$y = c$ $(c \in \mathbf{R})$	$x \in \mathbf{R}$ $y \in \{c\}$		经过点 $(0,c)$ 与 x 轴平行的直线
幂函数	$y = x^a$ $(a \in \mathbf{R})$	在 $(0,+\infty)$ 内都有定义		经过点 $(1,1)$,且在第一像限内当 $a > 0$ 时,x^a 为增函数;当 $a < 0$ 时,x^a 为减函数
指数函数	$y = a^x$ $(a > 0,$ 且 $a \neq 1)$	$x \in (-\infty, +\infty)$ $y \in (0, +\infty)$		图像在 x 轴上方,都经过点 $(0,1)$ 当 $0 < a < 1$ 时,a^x 是减函数;当 $a > 1$ 时,a^x 是增函数

续表

名称	解析式	定义域和值域	图像	主要特征
对数函数	$y = \log_a x$ $(a > 0,$且 $a \neq 1)$	$x \in (0, +\infty)$ $y \in (-\infty, +\infty)$		图像在 y 轴右侧,都经过点$(1,0)$ 当 $0 < a < 1$ 时, $\log_a x$ 是减函数;当 $a > 1$ 时,$\log_a x$ 是增函数
三角函数 $(k \in \mathbf{Z})$	$y = \sin x$	$x \in (-\infty, +\infty)$ $y \in [-1, 1]$		奇函数,周期为 2π,图形在两直线 $y = 1$ 与 $y = -1$ 之间
	$y = \cos x$	$x \in (-\infty, +\infty)$ $y \in [-1, 1]$		偶函数,周期为 2π,图形在两直线 $y = 1$ 与 $y = -1$ 之间
	$y = \tan x$	$x \neq k\pi + \dfrac{\pi}{2}(k \in \mathbf{Z})$ $y \in (-\infty, +\infty)$		奇函数,周期为 π,在 $\left(-\dfrac{\pi}{2}, \dfrac{\pi}{2}\right)$ 内单调增加
	$y = \cot x$	$x \neq k\pi (k \in \mathbf{Z})$ $y \in (-\infty, +\infty)$		奇函数,周期为 π,在 $(0, \pi)$ 内单调减少

续表

名称	解析式	定义域和值域	图像	主要特征
反三角函数	$y = \arcsin x$	$x \in [-1,1]$ $y \in \left[-\dfrac{\pi}{2}, \dfrac{\pi}{2}\right]$		奇函数，单调增加，有界
	$y = \arccos x$	$x \in [-1,1]$ $y \in [0,\pi]$		单调减少，有界
	$y = \arctan x$	$x \in (-\infty, +\infty)$ $y \in \left(-\dfrac{\pi}{2}, \dfrac{\pi}{2}\right)$		奇函数，单调增加，有界
	$y = \operatorname{arccot} x$	$x \in (-\infty, +\infty)$ $y \in (0,\pi)$		单调减少，有界

2. 复合函数

定义 7 设 $y = f(u)$ 是 u 的函数，而 $u = \varphi(x)$ 是 x 的函数，如果 $u = \varphi(x)$ 的值域或值域的一部分包含在函数 $y = f(u)$ 的定义域内，则称 $y = f[\varphi(x)]$ 为 x 的**复合函数**，其中 u 是中间变量.

例如：函数 $y = (\sin x)^2$ 是由函数 $y = u^2$ 和 $u = \sin x$，通过中间变量 u 复合而成的函数.

注 （1）不是任意两个函数都可以复合成复合函数，例如：$y = \log_2 u$ 和 $u = -x^2$，前者的定义域是 $(0, +\infty)$，后者的值域是 $(-\infty, 0]$，因为后者的值域或值域的一部分不包含在前者定义域内，所以两者构不成复合函数.

（2）复合函数可以由两个以上的函数复合成一个函数. 例如，函数 $y = \mathrm{e}^{\sin(x^2-1)}$

是由 3 个函数 $y = \mathrm{e}^u, u = \sin v, v = x^2 - 1$,通过中间变量 u, v 复合而成的函数.

例 3　将下列函数复合成一个函数：

(1) $y = \arctan u$, $u = \lg(x - 1)$；　　　　　(2) $y = \sqrt{u}$, $u = \cos v$, $v = 2^x$.

解　(1) $y = \arctan\lg(x - 1)$；　　　　　(2) $y = \sqrt{\cos 2^x}$.

例 4　将下列函数分解成基本初等函数：

(1) $y = \ln\sin x$；　　　　　　　　　　(2) $y = \tan\sqrt{1 - x^2}$.

解　(1) $y = \ln u$, $u = \sin x$；(2) $y = \tan u$, $u = \sqrt{v}$, $v = 1 - x^2$.

3. 初等函数

定义 8　由基本初等函数经过有限次四则运算或有限次复合运算所构成,并可用一个式子表示的函数,称为**初等函数**.

例如, $y = 2\sqrt{\ln\cos x} + \dfrac{1}{1 + x^2}$ 和 $y = \arcsin\dfrac{x - 3}{2} + \mathrm{e}^{-x} + \sqrt{16 - x^2}$ 等都是初等函数.

初等函数的基本特征是：在函数有定义的区间内,初等函数的图形是不间断的.

除初等函数外,有一些函数不满足初等函数的条件,在高等数学中也会经常涉及.如不能用一个数学表达式表示的分段函数：

$$y = \begin{cases} x + 1, & x < 0, \\ 0, & x = 0, \\ x - 1, & x > 0 \end{cases}$$

以及用积分定义的函数 $\Phi(x) = \displaystyle\int_a^x f(t)\,\mathrm{d}t$ 和用级数定义的函数 $S(x) = \displaystyle\sum_{i=1}^{\infty} u_i(x)$ 等,它们都是非初等函数.

练习与思考 1-1

1. 求下列函数的定义域：

(1) $y = \sqrt{4 - x^2} + \dfrac{1}{x}$；　　　　　(2) $y = \lg\sin x$.

2. 下列各题中函数 $f(x)$ 和 $g(x)$ 是否相同,为什么？

(1) $f(x) = x$, $g(x) = \sqrt{x^2}$；　　　　　(2) $f(x) = \lg x^2$, $g(x) = 2\lg x$.

3. 下列函数在给定的区间上是否有界？

(1) $y = \dfrac{1}{\sqrt{x}}$；$(1, +\infty)$, $(0, +\infty)$, $(0, 1)$；　(2) $y = \dfrac{x - 1}{x + 1}$；$(0, +\infty)$, $(-1, 1)$.

4. 下列各对函数 $f(u)$ 与 $g(x)$ 中,哪些可以构成复合函数 $f[g(x)]$？

(1) $f(u) = \arcsin(2 + u)$, $u = x^2$；　　　　(2) $f(u) = \sqrt{u}$, $u = \lg\dfrac{1}{1 + x^2}$；

5. 指出下列函数的定义域,并画出它们的图形：

(1) $f(x) = \begin{cases} -2, & x \geqslant 0, \\ 1, & x < 0; \end{cases}$ (2) $f(x) = \begin{cases} (x-2)^2, & 2 \leqslant x \leqslant 4, \\ 0, & -2 \leqslant x < 2. \end{cases}$

6. 求下列分段函数的函数值：

(1) $f(x) = \begin{cases} \dfrac{\mid x \mid}{x}, & x \neq 0, \\ 1, & x = 0; \end{cases}$ (2) $f(x) = \begin{cases} x, & x \leqslant 0, \\ 1-x, & 0 < x < 1, \\ x, & x \geqslant 1. \end{cases}$

分别求出 $f(0.1)$，$f(1.1)$，$f(-0.1)$.

§1.2　函数的极限 —— 函数变化趋势的数学模型

极限是研究变量的变化趋势的基本工具，高等数学中的许多基本概念（如连续、导数、定积分、级数的和等）都是用极限定义的. 极限概念包括极限过程（表现为有限向无限转化）与极限结果（表现为无限又转化为有限）. 极限概念体现了过程与结果、有限与无限、常量与变量、量与质的对立统一关系.

1.2.1　函数极限的概念[①]

函数 $y = f(x)$ 的变化与自变量 x 的变化有关. 只有给出自变量 x 的变化趋

[①]　极限概念是微积分的理论基础. 它的起源可追溯到 2 500 年以前，古希腊哲学家安蒂丰（Antiphon, 约公元前 480— 前 411 年）首创了"穷竭法". 他认为圆内接正多边形的面积，随着边数的增加而越来越接近圆面积，它们的差最终将被穷竭.

我国春秋战国时期的哲学家庄子（约公元前 369— 前 286 年）在《庄子·天下篇》对"截尺问题"有一段名言："一尺之锤，日截其半，万世不竭." 它描述了一个趋向于零而结果是零的无限变化的过程.

我国魏晋时代的数学家刘徽（约公元 225—295 年）创造了"割圆术". 他认为不断增加圆内接正多边形的边数，"割之弥细，所失弥少，割之又割，以至于不可割，则与圆周合体". 它表示圆内接正多边形要达到"不可割，则与圆周合体"的过程是一个由近似到精确、由量变到质变的无限变化的过程. 他还从圆内接正六多边形算起，依次将边数加倍，一直算到正 192 边形，得到圆周率近似值为 $3.14 + \dfrac{24}{62\,500} < \pi < 3.14 + \dfrac{164}{62\,500}$. 这个结果比记载 π 值最早的印度数学家阿利耶吡陀（Aryabhato）早了 200 多年.

以上这些正是极限思想的雏形.

第一个明确提出极限概念的人是英国科学家牛顿（Newton, 1642—1727 年）. 他解释极限的真实含义是一些量以"比任何给定误差还要小的方式趋近".

法国数学家柯西在 1821 年的著作《分析教程》中给出了变量极限完整的定义："如果一个变量的连串值无限地趋向一个固定值，使之最后与后者之差可任意地小，那么最后这个固定值被称为所有其他值的极限." 该定义表明：变量极限描述了变量在无限变化过程中的变化趋势，从而摆脱了以前的极限与几何图形相关的说法. 他还首次使用了极限符号；证明了 $\lim\limits_{n \to \infty} \left(1 + \dfrac{1}{n}\right)^n$ 的收敛性；用极限阐述导数的定积分概念.

德国数学家魏尔斯特拉斯（Weierstrass, 1815—1897 年）把柯西极限论中"无限地趋向"的说法改进为"$\varepsilon\delta$"的严格说法：设 $x = x_0$ 是函数 $f(x)$ 定义域内的一点，如果给定任意小的数 ε，可以找到另一个数 δ 满足下面的条件，即对于所有与 x_0 之差小于 δ 的数值的 x，$f(x)$ 与 L 之差小于 ε，则称 L 是函数 $f(x)$ 在 $x = x_0$ 时的极限. 从而为数学分析的精确化奠定了坚实基础.

向,才能确定在这个无限变化过程中函数 $f(x)$ 的无限变化趋势.下面分自变量 x 的两个变化趋向,讨论函数 $f(x)$ 的变化趋势.

1. 自变量趋向无穷大时函数的极限

　　例 1　当 $x \to \infty$ 时观察下列函数的变化趋势:

　　(1) $f(x) = 1 + \dfrac{1}{x}$;　　　　(2) $f(x) = \sin x$;　　　　(3) $f(x) = x^2$.

　　解　作出所给函数图形如图 1-2-1 所示.

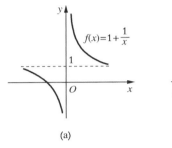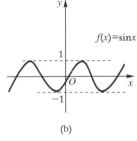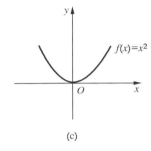

图 1-2-1

　　(1) 由图 1-2-1(a) 可以看出,当 $x \to +\infty$ 时 $f(x)$ 从大于 1 而趋近于 1,当 $x \to -\infty$ 时 $f(x)$ 从小于 1 而趋近于 1,即 $x \to \infty$ 时 $f(x)$ 趋近于一个确定常数 1.

　　(2) 由图 1-2-1(b) 可以看出,不论 $x \to +\infty$ 或 $x \to -\infty$ 时,$f(x)$ 的值在 -1 和 1 之间波动,不趋于一个常数.

　　(3) 由图 1-2-1(c) 可以看出,不论 $x \to +\infty$ 或 $x \to -\infty$ 时,$f(x)$ 的值都无限增大,不趋于一个常数.

　　例 1 表明,$x \to \infty$ 时 $f(x)$ 的变化趋势有 3 种:一是趋于确定的常数,二在某区间之间振荡,三是趋于无穷大.第一种称为 $f(x)$ 有极限,第二、三种称 $f(x)$ 没有极限.

　　定义 1　如果 $|x|$ 无限增大时,函数 $f(x)$ 的值无限趋近于常数 A,则称常数 A 为函数 $f(x)$ 当 $x \to \infty$ 时的极限,记作

$$\lim_{x \to \infty} f(x) = A \text{ 或 } f(x) \to A(x \to \infty).$$

　　如果在上述定义中,限制 x 只取正值或只取负值,即有

$$\lim_{x \to +\infty} f(x) = A \text{ 或 } \lim_{x \to -\infty} f(x) = A,$$

则称常数 A 为 $f(x)$ 当 $x \to +\infty$ 或 $x \to -\infty$ 时函数的极限.且可以得到下面的定理:

　　定理 1　极限 $\lim\limits_{x \to \infty} f(x) = A$ 的充分必要条件是 $\lim\limits_{x \to +\infty} f(x) = \lim\limits_{x \to -\infty} f(x) = A$.

　　例 2　讨论(1) $\lim\limits_{x \to \infty} \sin \dfrac{1}{x}$;(2) $\lim\limits_{x \to \infty} \arctan x$.

解　（1）因为当$|x|$无限增加时，$\dfrac{1}{x}$无限接近于0，即函数$\sin\dfrac{1}{x}$无限接近于0，

所以$\lim\limits_{x\to\infty}\sin\dfrac{1}{x}=0$．

（2）观察函数$y=\arctan x$的图形（见表1-1-1），可以看出当$x\to+\infty$时，y无

限接近于$\dfrac{\pi}{2}$；当$x\to-\infty$时，y无限接近于$-\dfrac{\pi}{2}$．即有$\lim\limits_{x\to+\infty}\arctan x=\dfrac{\pi}{2}$，

$\lim\limits_{x\to-\infty}\arctan x=-\dfrac{\pi}{2}$．因为$\lim\limits_{x\to+\infty}\arctan x\neq\lim\limits_{x\to-\infty}\arctan x$，所以$\lim\limits_{x\to\infty}\arctan x$不存在．

中学里已学过的数列极限$\lim\limits_{n\to\infty}f(n)=A$是函数极限$\lim\limits_{x\to+\infty}f(x)=A$的特殊情

况。由于在数列极限$n\to\infty$的过程中的n是正整数，而在函数极限$x\to+\infty$的过程

中，包含x取正整数的情况，所以说$n\to\infty$是$x\to+\infty$的特殊情况，数列极限

$\lim\limits_{n\to\infty}f(n)=A$是极限$\lim\limits_{x\to+\infty}f(x)=A$的特殊情况，即有下面的定理：

定理 2　若$\lim\limits_{x\to+\infty}f(x)=A$，则$\lim\limits_{n\to\infty}f(n)=A$．

例如，由$\lim\limits_{x\to+\infty}\dfrac{1}{2^x}=0$，有$\lim\limits_{n\to\infty}\dfrac{1}{2^n}=0$．

2. 自变量趋向有限值时函数的极限

例 3　考察当$x\to0$时，函数$f(x)=x^2-1$的变化趋势．

解　如图1-2-2(a)所示，当x无限趋向于0时，x^2无限趋近0，$f(x)=x^2-1$

的值无限趋近于-1．

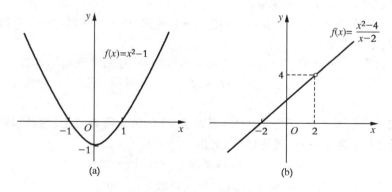

图 1-2-2

例 4　考察当$x\to2$时，函数$f(x)=\dfrac{x^2-4}{x-2}$的变化趋势．

解　如图1-2-2(b)所示，虽然函数$f(x)=\dfrac{x^2-4}{x-2}$在$x=2$处无定义，但是

当 x 无论从左边还是右边无限趋向于 2 时,函数 $f(x) = \dfrac{x^2 - 4}{x - 2}$ 无限趋近于 4.

从例 3 和例 4 可以看到,当 $x \to x_0$ 时函数的变化趋势与函数 $f(x)$ 在 $x = x_0$ 处是否有定义无关.

定义 2　设函数 $f(x)$ 在点 x_0 的某一去心邻域 $\mathring{U}(x_0, \delta)$ 内有定义,当 x 无限趋向于 x_0 时,如果函数 $f(x)$ 无限趋近常数 A,则称常数 A 为**函数 $f(x)$ 当 $x \to x_0$ 时的极限**,记作

$$\lim_{x \to x_0} f(x) = A \text{ 或 } f(x) \to A(x \to x_0).$$

根据定义,容易得出下面的结论:

$$\lim_{x \to x_0} C = C(C \text{ 为常数}), \ \lim_{x \to x_0} x = x_0.$$

为了更好地理解 $x \to x_0$ 时 $f(x)$ 的极限,再举一些极限不存在的典型情形. 图 1-2-3 函数所示列出了极限不存在的 3 种情况:

(1) 当 $x \to 0$ 时,左右极限存在而不相等;

(2) 当 $x \to 0$ 时,$f(x)$ 的值总在 1 与 -1 之间无穷次振荡而不趋向确定的值;

(3) 当 $x \to 0$ 时,函数 $|f(x)|$ 无限变大.

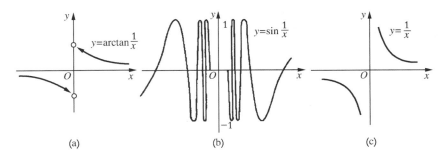

图 1-2-3

3. 左极限和右极限

在定义 2 中,$x \to x_0$ 是指自变量 x 可以从 x_0 的左侧趋向于 x_0,也可以从右侧趋向于 x_0. 在研究某些函数极限问题时,有时仅需考虑从某一侧趋向于 x_0 的情况.

定义 3　当自变量 x 从 x_0 的左侧(或右侧)无限趋向于 x_0 时,函数 $f(x)$ 无限趋近于常数 A,则称 A 为函数 $f(x)$ 在点 x_0 处的**左极限**(或**右极限**),记作

$$\lim_{x \to x_0^-} f(x) = A \text{ 或 } \lim_{x \to x_0^+} f(x) = A,$$

简记为

$$f(x_0 - 0) = A \text{ 或 } f(x_0 + 0) = A.$$

由例 4 和左、右极限的定义可以得:

定理 3　$\lim\limits_{x \to x_0} f(x) = A$ 的充分必要条件是 $\lim\limits_{x \to x_0^-} f(x) = \lim\limits_{x \to x_0^+} f(x) = A.$

例 5 设(1) $f(x) = \begin{cases} x, & x \geqslant 0, \\ 1-x, & x < 0, \end{cases}$ (2) $f(x) = \begin{cases} 1+x, & x > 0, \\ 1-x, & x < 0, \end{cases}$ 求 $\lim\limits_{x \to 0} f(x).$

解 (1) 因为 $\lim\limits_{x \to 0^-} f(x) = \lim\limits_{x \to 0^-} (1-x) = 1, \lim\limits_{x \to 0^+} f(x) = \lim\limits_{x \to 0^+} x = 0,$

即 $$\lim\limits_{x \to 0^-} f(x) \neq \lim\limits_{x \to 0^+} f(x),$$

所以 $$\lim\limits_{x \to 0} f(x) \text{ 不存在}.$$

(2) 因为 $\lim\limits_{x \to 0^-} f(x) = \lim\limits_{x \to 0^-} (1-x) = 1, \lim\limits_{x \to 0^+} f(x) = \lim\limits_{x \to 0^+} f(1+x) = 1,$

即 $$\lim\limits_{x \to 0^-} f(x) = \lim\limits_{x \to 0^+} f(x) = 1,$$

所以 $$\lim\limits_{x \to 0} f(x) = 1.$$

左、右极限的讨论主要应用于分段函数的极限情况:当 $x \to x_0$ 时,如从 x_0 的左侧趋向于 x_0 时,则用定义在 x_0 左侧的函数解析式分析变化趋势;同样,从 x_0 的右侧趋向于 x_0 时,则用定义在 x_0 右侧的函数解析式分析变化趋势.

1.2.2 极限的性质

利用极限的定义,可以得到函数极限的一些重要性质.

性质 1(唯一性) 若极限 $\lim\limits_{x \to x_0} f(x)$ 存在,则其极限是唯一的.

性质 2(有界性) 若极限 $\lim\limits_{x \to x_0} f(x)$ 存在,则函数 $f(x)$ 必在 x_0 的某个去心邻域 $\mathring{U}(x_0, \delta)$ 内有界,即 $| f(x) | \leqslant M (常数\ M > 0).$

性质 3(保号性) 若 $\lim\limits_{x \to x_0} f(x) = A,$ 且 $A > 0$(或 $A < 0$),则在 x_0 的某个去心邻域内恒有 $f(x) > 0$(或 $f(x) < 0$).

推论 1 若 $\lim\limits_{x \to x_0} f(x) = A,$ 且在 x_0 的某个去心邻域内恒有 $f(x) \geqslant 0$(或 $f(x) \leqslant 0$),则有 $A \geqslant 0$(或 $A \leqslant 0$).

练习与思考 1-2

1. 观察当 $x \to -1$ 时,函数 $f(x) = 3x^2 + x + 1$ 的极限.

2. 观察当 $x \to 0$ 时,函数 $f(x) = x\sin\dfrac{1}{x}$ 的极限.

3. 设函数 $f(x) = \begin{cases} x, & x < 3, \\ 3x-1, & x \geqslant 3, \end{cases}$ 作 $f(x)$ 的图形,并讨论 $x \to 3$ 时函数 $f(x)$ 的左、右极限.

4. 设 $f(x) = \dfrac{| x-1 |}{x-1},$ 求 $\lim\limits_{x \to 1^+} f(x)$ 及 $\lim\limits_{x \to 1^-} f(x),$ 并说明 $\lim\limits_{x \to 1} f(x)$ 是否存在.

§1.3　极限的运算

上节讨论了极限概念,它描述了在自变量 x 无限变化的过程($x \to \infty$ 或 $x \to x_0$)中,函数 $f(x)$ 的无限变化趋势.本节开始讨论极限的运算(在 §1.4、§1.5 及 §3.4 中还有讨论).

1.3.1　极限的运算法则

因为初等函数是由基本初等函数经过有限次四则运算与复合步骤构成的,所以要计算初等函数极限,就需要掌握函数四则运算的极限法则与复合函数的极限法则.

法则 1(函数四则运算极限法则)　设 $\lim f(x) = A, \lim g(x) = B$,则

(1) $[f(x) \pm g(x)] = \lim f(x) \pm \lim g(x) = A \pm B$(可推广到有限个函数);

(2) $\lim[f(x) \cdot g(x)] = \lim f(x) \cdot \lim g(x) = A \cdot B$(可推广到有限个函数),

特例　$\lim[Cf(x)] = C \lim f(x) = C \cdot A(C$ 为常数);

(3) $\lim \dfrac{f(x)}{g(x)} = \dfrac{\lim f(x)}{\lim g(x)} = \dfrac{A}{B}$(要求 $B \neq 0$),

其中 $\lim$ 下标未标明自变量变化过程的都是指 $x \to \infty$ 或 $x \to x_0$.

该法则表明,只有在极限存在的条件(对商的极限还要求分母极限不为 0 的条件)下,才有和、差、积、商的极限等于极限的和、差、积、商.

法则 2(复合函数的极限法则)　设 $y = f[g(x)]$ 是由 $y = f(u)$ 及 $u = g(x)$ 复合而成.如果 $\lim\limits_{x \to x_0} g(x) = u_0, \lim\limits_{u \to u_0} f(u) = f(u_0)$,且 $g(x_0) = u_0$,则

$$\lim_{x \to x_0} f[g(x)] = f[\lim_{x \to x_0} g(x)].$$

该法则表明,只要满足法则中的条件,极限符号与函数符号就可以交换.

例 1　求 $\lim\limits_{x \to 2} \left(3x^2 - xe^x + \dfrac{x}{x+1}\right)$ 和 $\lim\limits_{x \to \frac{\pi}{4}} \sqrt{\tan x}$.

解　由于第一式中各项的极限都存在,因此按法则 1,有

$$\lim_{x \to 2} \left(3x^2 - xe^x + \frac{x}{x+1}\right) = 3 \lim_{x \to 2} x^2 - \lim_{x \to 2} x \cdot \lim_{x \to 2} e^x + \frac{\lim\limits_{x \to 2} x}{\lim\limits_{x \to 2}(x+1)}$$

$$= 3 \cdot 2^2 - 2 \cdot e^2 + \frac{2}{2+1} = \frac{38}{3} - 2e^2;$$

由于第二式中函数满足法则 2 的条件,因此按法则 2,有

$$\lim_{x \to \frac{\pi}{4}} \sqrt{\tan x} = \sqrt{\lim_{x \to \frac{\pi}{4}} \tan x} = \sqrt{\tan \frac{\pi}{4}} = \sqrt{1} = 1.$$

计算函数极限,有时不能满足上述法则的条件,需作适当变形(如因式分解、根式有理化、约分、分子分母同除以一个变量等)后才能套用上述法则.

例 2　求 $\lim\limits_{x \to 1} \dfrac{x-1}{x^2-1}$ 和 $\lim\limits_{x \to 0} \dfrac{\sqrt{x+4}-2}{x}$.

解　由于两式中的分母趋于 0,不满足法则 1 的条件.但可先进行变形,使条件满足后再用法则 1,有

$$\lim\limits_{x \to 1} \frac{x-1}{x^2-1} = \lim\limits_{x \to 1} \frac{x-1}{(x+1)(x-1)} = \lim\limits_{x \to 1} \frac{1}{x+1} = \frac{1}{\lim\limits_{x \to 1}(x+1)} = \frac{1}{2};$$

$$\lim\limits_{x \to 0} \frac{\sqrt{x+4}-2}{x} = \lim\limits_{x \to 0} \frac{(\sqrt{x+4}-2)(\sqrt{x+4}+2)}{x(\sqrt{x+4}+2)} = \lim\limits_{x \to 0} \frac{x}{x(\sqrt{x+4}+2)}$$

$$= \frac{1}{\lim\limits_{x \to 0} \sqrt{x+4}+2} = \frac{1}{4}.$$

例 3　求 $\lim\limits_{x \to 1}\left(\dfrac{1}{x-1} - \dfrac{1}{x^2-1}\right)$ 和 $\lim\limits_{x \to \infty} \dfrac{3x^2+4}{2x^2-3x+5}$.

解　由于第一式中的两项与第二式中分子、分母极限都不存在,不能直接用法则 1.类似例 2,将两式变形后,再用法则 1,有

$$\lim\limits_{x \to 1}\left(\frac{1}{x-1} - \frac{2}{x^2-1}\right) = \lim\limits_{x \to 1} \frac{(x+1)-2}{(x+1)(x-1)} = \lim\limits_{x \to 1} \frac{x-1}{(x+1)(x-1)} = \frac{1}{2};$$

$$\lim\limits_{x \to \infty} \frac{3x^2+4}{2x^2-3x+5} = \lim\limits_{x \to \infty} \frac{\dfrac{3x^2+4}{x^2}}{\dfrac{2x^2-3x+5}{x^2}} = \lim\limits_{x \to \infty} \frac{3+\dfrac{4}{x^2}}{2-\dfrac{3}{x}+\dfrac{5}{x^2}}$$

$$= \frac{\lim\limits_{x \to \infty}\left(3+\dfrac{4}{x^2}\right)}{\lim\limits_{x \to \infty}\left(2-\dfrac{3}{x}+\dfrac{5}{x^2}\right)} = \frac{3}{2}.$$

1.3.2　两个重要极限

上述极限法则为计算初等函数极限提供了方便,但也有局限性.例如 $\lim\limits_{x \to 0} \dfrac{\sin x}{x}$ 和 $\lim\limits_{x \to \infty}\left(1+\dfrac{1}{x}\right)^x$,就不能用该法则算出它们的值.而这两个极限在推导某些函数的导数和解决不少实际问题时将要用到,为此需进行讨论.

1. 重要极限(一)

$$\lim\limits_{x \to 0} \frac{\sin x}{x} = 1 \ (x \text{ 以弧度为单位}).$$

列表 1-3-1,观察 $x \to 0$ 时 $\dfrac{\sin x}{x}$ 的变化趋势,易于看出该结论的正确性.

表 1-3-1

x(弧度)	± 0.5	± 0.1	± 0.05	± 0.01	$\cdots$	$\to 0$
$\dfrac{\sin x}{x}$	0.958 86	0.998 33	0.999 58	0.999 98	$\cdots$	$\to 1$

该极限表明:当 $x \to 0$ 时,虽然分子、分母都趋于 0,但它们的比值却趋近于 1. 但 x 必须以弧度为单位,否则(如以角度为单位)则该极限不等于 1.

例 4　求 $\lim\limits_{x \to 0} \dfrac{\tan x}{x}$ 和 $\lim\limits_{x \to 0} \dfrac{x + 2\sin x}{3x + 4\tan x}$.

解　$\lim\limits_{x \to 0} \dfrac{\tan x}{x} = \lim\limits_{x \to 0} \left(\dfrac{\sin x}{x} \cdot \dfrac{1}{\cos x} \right) = \lim\limits_{x \to 0} \dfrac{\sin x}{x} \cdot \lim\limits_{x \to 0} \dfrac{1}{\cos x} = 1;$

$$\lim_{x \to 0} \frac{x + 2\sin x}{3x + 4\tan x} = \lim_{x \to 0} \frac{1 + 2\dfrac{\sin x}{x}}{3 + 4\dfrac{\tan x}{x}} = \frac{\lim\limits_{x \to 0} \left(1 + 2\dfrac{\sin x}{x} \right)}{\lim\limits_{x \to 0} \left(3 + 4\dfrac{\tan x}{x} \right)}$$

$$= \frac{1 + 2\lim\limits_{x \to 0} \dfrac{\sin x}{x}}{3 + 4\lim\limits_{x \to 0} \dfrac{\tan x}{x}} = \frac{1 + 2}{3 + 4} = \frac{3}{7}.$$

例 5　求 $\lim\limits_{x \to 0} \dfrac{\sin 5x}{x}$ 和 $\lim\limits_{x \to 0} \dfrac{1 - \cos x}{x^2}$.

解　对于第一式,令 $5x = u$,有 $x = \dfrac{u}{5}$,且 $x \to 0$ 时,$u \to 0$,则按重要极限(一) 有

$$\lim_{x \to 0} \frac{\sin 5x}{x} = \lim_{u \to 0} \frac{\sin u}{\dfrac{u}{5}} = \lim_{u \to 0} 5\frac{\sin u}{u} = 5\lim_{u \to 0} \frac{\sin u}{u} = 5.$$

把计算过程中的 u 省略,可表示成下列的"计算格式":

$$\lim_{x \to 0} \frac{\sin 5x}{x} = \lim_{x \to 0} \left(\frac{\sin 5x}{5x} \cdot 5 \right) = 5\lim_{x \to 0} \frac{\sin 5x}{5x} = 5;$$

对于第二式,先用三角函数倍角公式,再用复合函数极限法则,最后用重要极限(一)计算得

$$\lim_{x \to 0} \frac{1 - \cos x}{x^2} = \lim_{x \to 0} \frac{2\sin^2 \dfrac{x}{2}}{x^2} = \lim_{x \to 0} \left[\frac{\sin \dfrac{x}{2}}{\dfrac{x}{2}} \right]^2 \cdot \frac{1}{2}$$

$$= \left[\lim_{x \to 0} \frac{\sin \frac{x}{2}}{\frac{x}{2}}\right]^2 \cdot \frac{1}{2} = 1 \cdot \frac{1}{2} = \frac{1}{2}.$$

例 6   设圆的半径为 R,试用极限方法从圆的内接正 n 边形的周长求圆周长.

解   设 AB 是圆 O 内接正 n 边形的一边,OC 是 $\triangle ABO$ 底边 AB 的垂直平分线. 由图 1-3-1 可知:

$$AB = 2AC, \angle AOC = \frac{1}{2}\angle AOB = \frac{1}{2} \cdot \frac{2\pi}{n} = \frac{\pi}{n},$$

于是内接正 n 边形的周长为

$$C_n = n \cdot AB = n \cdot 2AC = n \cdot 2R\sin\angle AOC = 2nR\sin\frac{\pi}{n}.$$

取极限,借助重要极限(一)就得圆周长

$$C = \lim_{n \to \infty} c_n = \lim_{n \to \infty} 2nR\sin\frac{\pi}{n} = 2R\lim_{n \to \infty}\left[\frac{\sin\frac{\pi}{n}}{\frac{\pi}{n}} \cdot \pi\right]$$

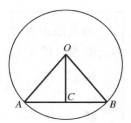

图 1-3-1

$$= 2\pi R \lim_{n \to \infty} \frac{\sin\frac{\pi}{n}}{\frac{\pi}{n}} = 2\pi R.$$

2. 重要极限(二)

$$\lim_{x \to \infty}\left(1 + \frac{1}{x}\right)^x = e$$

先看 x 取正整数的情况: $\lim_{n \to \infty}\left(1 + \frac{1}{n}\right)^n$.

列表 1-3-2,观察 $n \to \infty$ 时 $\left(1 + \frac{1}{n}\right)^n$ 的变化趋势.

表 1-3-2

n	1	2	10	100	1 000	10 000	100 000	...
$\left(1 + \frac{1}{n}\right)^n$	2.000 000	2.250 000	2.593 742	2.704 814	2.716 924	2.718 146	2.718 268	...

由表 1-3-2 中数字可以看出,当 n 不断增大时,$\left(1 + \frac{1}{n}\right)^n$ 的值也不断增大,但增大的速度越来越慢:当 $n > 100$ 时,$\left(1 + \frac{1}{n}\right)^n$ 的前两位数 2.7 就不再改变;当 $n > 1\,000$ 时,$\left(1 + \frac{1}{n}\right)^n$ 的前三位数 2.71 就不再改变;当 $n > 10\,000$ 时,$\left(1 + \frac{1}{n}\right)^n$

的前四位数 2.718 就不再改变. 可以证明,当 n 无限增大时,$\left(1+\dfrac{1}{n}\right)^n$ 就无限趋近

一个常数,这个常数小于 3.通常用字母 e 表示它,即

$$\lim_{n\to\infty}\left(1+\frac{1}{n}\right)^n = \mathrm{e}.$$

这个 e 就是自然对数的底,许多自然现象都需要用它来表达.可算得

$$\mathrm{e} = 2.718\,281\,828\,459\,045\cdots.$$

以上结论,对 x 取任意实数也成立,即

$$\lim_{x\to\infty}\left(1+\frac{1}{x}\right)^x = \mathrm{e}.$$

例 7　求 $\lim\limits_{x\to\infty}\left(1+\dfrac{2}{x}\right)^x$ 和 $\lim\limits_{x\to0}(1+x)^{\frac{1}{x}}$.

解　对于第一式,令 $\dfrac{2}{x}=\dfrac{1}{u}$,有 $x=2u$,且 $x\to\infty$ 时,$u\to\infty$.按复合函数极

限法则及重要极限(二),有

$$\lim_{x\to\infty}\left(1+\frac{2}{x}\right)^x = \lim_{u\to\infty}\left(1+\frac{1}{u}\right)^{2u} = \left[\lim_{u\to\infty}\left(1+\frac{1}{u}\right)^u\right]^2 = \mathrm{e}^2,$$

也可表示成下列"计算格式":

$$\lim_{x\to\infty}\left(1+\frac{2}{x}\right)^x = \lim_{x\to\infty}\left(1+\frac{1}{\frac{x}{2}}\right)^{\frac{x}{2}\cdot2} = \left[\lim_{x\to\infty}\left(1+\frac{1}{\frac{x}{2}}\right)^{\frac{x}{2}}\right]^2 = \mathrm{e}^2.$$

对于第二式,令 $x=\dfrac{1}{u}$,有 $u=\dfrac{1}{x}$,且 $x\to0$ 时,$u\to\infty$,则按重要极限(二),有

$$\lim_{x\to0}(1+x)^{\frac{1}{x}} = \lim_{u\to\infty}\left(1+\frac{1}{u}\right)^u = \mathrm{e},$$

该结论可作公式使用.

*　**例 8**　将本金 A_0 存入银行,设年利率为 r,试计算连续复利.

解　根据已知条件,如果按一年计算一次利息,则

一年后本金与利息和 $= A_0 + A_0 r = A_0(1+r)$;

如果按半年计算一次利息$\left(\text{这时半年利率为}\dfrac{r}{2}\right)$,则

一年后本金与利息和 $= A_0\left(1+\dfrac{r}{2}\right) + A_0\left(1+\dfrac{r}{2}\right)\cdot\dfrac{r}{2} = A_0\left(1+\dfrac{r}{2}\right)^2$;

如果按一年计算利息 n 次$\left(\text{这时每次利率为}\dfrac{r}{n}\right)$,则

一年后本金与利息和 $= A_0\left(1+\dfrac{r}{n}\right)^n$.

当计算复利次数无限增大(即 $n\to\infty$)时,上式的极限就称为连续复利.利用

重要极限(二)可得

$$\text{一年后本金与利息和} = \lim_{n \to \infty} A_0 \left(1 + \frac{r}{n}\right)^n = A_0 \lim_{n \to \infty} \left(1 + \frac{1}{\frac{n}{r}}\right)^{\frac{n}{r} \cdot r}$$

$$= A_0 \left[\lim_{n \to \infty} \left(1 + \frac{1}{\frac{n}{r}}\right)^{\frac{n}{r}}\right]^r = A_0 \, \mathrm{e}^r.$$

练习与思考 1-3

1. 指出下列运算中的错误,并给出正确解法:

(1) $\lim\limits_{x \to 2} \left(\dfrac{1}{x-2} - \dfrac{4}{x^2-4}\right) = \lim\limits_{x \to 2} \dfrac{1}{x-2} - \lim\limits_{x \to 2} \dfrac{4}{x^2-4} = \infty - \infty = 0$;

(2) $\lim\limits_{x \to 3} \dfrac{x^2-9}{x-3} = \dfrac{\lim\limits_{x \to 3}(x^2-9)}{\lim\limits_{x \to 3}(x-3)} = \dfrac{0}{0} = 1$;

(3) $\lim\limits_{x \to \infty} \dfrac{3x^3+1}{x^3+4x-5} = \dfrac{\lim\limits_{x \to \infty}(3x^2+1)}{\lim\limits_{x \to \infty}(x^3+3x-5)} = \dfrac{\infty}{\infty} = 1$;

(4) $\lim\limits_{x \to 0} \dfrac{\sin(x-1)}{x-1} = 1$;

(5) $\lim\limits_{x \to \infty} \left(1 - \dfrac{1}{x}\right)^x = \mathrm{e}$.

2. 计算下列各题:

(1) $\lim\limits_{x \to 1} \left(\dfrac{x^2-x+1}{x+1} + 4x\right)$;　　　　(2) $\lim\limits_{x \to 3} \dfrac{x^2-9}{x-3}$;

(3) $\lim\limits_{x \to 0} \dfrac{4\sin x}{x(x+1)}$;　　　　(4) $\lim\limits_{x \to \infty} \left(1 + \dfrac{5}{x}\right)^{2x}$.

§1.4　无穷小及其比较

前面两节讨论了函数的极限及其运算,本节将讨论一个特殊的极限 —— 无穷小量及其有关问题.

1.4.1　无穷小与无穷大

1. 无穷小①

定义 1　如果当 $x \to x_0$(或 $x \to \infty$) 时,函数 $f(x)$ 的极限为零,即 $\lim\limits_{x \to x_0} f(x) = 0$[或者 $\lim\limits_{x \to \infty} f(x) = 0$],则称函数 $f(x)$ 当 $x \to x_0$(或 $x \to \infty$) 时为**无穷小**.

例如,因为 $\lim\limits_{x \to 1}(\sqrt{x} - 1) = 0$,所以函数 $f(x) = \sqrt{x} - 1$ 当 $x \to 1$ 时为无穷小. 又如,因为 $\lim\limits_{x \to \infty} \dfrac{1}{x^2 + 1} = 0$,所以函数 $f(x) = \dfrac{1}{x^2 + 1}$ 当 $x \to \infty$ 时为无穷小.

注　(1) 一个很小的正数(例如百万分之一)不是无穷小,因为不管 x 在什么趋向下,它总不会趋近于 0.

(2) 函数 $f(x) = 0$ 是无穷小,因为不管 x 在什么趋向下,它的极限是零.

(3) 一个函数是否是无穷小,还必须考虑自变量的变化趋向. 例如,$\lim\limits_{x \to 1}(\sqrt{x} - 1) = 0$,而 $\lim\limits_{x \to 4}(\sqrt{x} - 1) = 1$,所以 $f(x) = \sqrt{x} - 1$ 当 $x \to 1$ 时为无穷小,当 $x \to 4$ 时不为无穷小.

---

① 严密的无穷小量概念的建立经历了曲折的过程.

由于无穷小量在建立微积分学时具有基础性的地位,因此早期的微积分学常称为"无穷小分析". 17世纪下半叶微积分学(即无穷小分析)创立后,解决了过去无法解决的许多问题,显示出了巨大的威力. 但由于当时还没有建立起严密的理论,在实际应用中常常将无穷小量时而变成零,时而又说不是零,显得很"神秘",难以捉摸,引起概念上的混乱. 甚至连微积分的主要创立者牛顿也摆脱不了这种混乱.

当时牛顿把变量称为"流量";把流量的微小改变量称为"瞬",即无穷小量;把变量的变化率称为"流数";把求变化率的方法称为"流数术". 下面是用流数术求 $y = x^3$ 的流数过程.

设流量 x 有一改变量"瞬",记作"0";相应地 y 从 x^3 变到 $(x + 0)^3$,其改变量为
$$(x + 0)^3 - x^3 = 3x^2 \cdot 0 + 3x \cdot 0^2 + 0^3;$$
求比率
$$\frac{(x + 0)^3 - x^3}{0} = 3x^2 + 3x \cdot 0 + 0^2;$$
再舍弃含 0 的乘积项,得到 $y = x^3$ 的流数为 $3x^2$.

上述流数术的结论是正确的,但过程充满了逻辑上的混乱. 先是作为瞬的 0 是无穷小量(即一个非零改变量),后是"把与 0 相乘的项都视为无穷小而被忽略掉"(牛顿语). 违背了逻辑学中的排中律.

正是由于这种混乱受到了反科学的唯心主义者的猛烈攻击. 当时唯心主义哲学家贝克莱主教就把微积分的推导演算说成是"分明的诡辩",嘲笑无穷小量是"已消失量的鬼魂".

为了摆脱这种困境,许多数学家做了大量工作,其中最为突出的是法国数学家柯西. 他在 1821 年的著作《分析教程》中不仅给出了极限定义,而且给出了无穷小量的定义:"如果一个变化量的数值无限减小,以至于朝着极限零收敛,那么这个量就成为无穷小了."继后《无穷小计算讲义》等著作,进一步对无穷小作了分析,明确指出"无穷小量是一个函数,而不是一个数".

后来,德国数学家魏尔斯特拉斯把已经给出的"$\varepsilon\text{-}\delta$"极限定义用于无穷小量概念,使无穷小量有了精确定义.

简略地讲,无穷小是一个绝对值无限变小且以零为极限的函数.

无穷小具有下面的性质:

性质 1 　有限个无穷小的代数和仍是无穷小.

性质 2 　有界函数与无穷小的乘积仍是无穷小.

推论 1 　常数与无穷小的乘积为无穷小.

推论 2 　有限个无穷小的乘积为无穷小.

例 1 　证明 $\lim\limits_{x\to\infty}\dfrac{\sin x}{x}=0$.

证明 　由 $\lim\limits_{x\to\infty}\dfrac{1}{x}=0$,且 $|\sin x|\leqslant 1$($\sin x$ 为有界函数),根据性质 2,有

$$\lim\limits_{x\to\infty}\frac{\sin x}{x}=0.$$

2. 无穷大

定义 2 　如果当 $x\to x_0$(或 $x\to\infty$)时,函数 $f(x)$ 的绝对值 $|f(x)|$ 无限增大,则称函数 $f(x)$ 当 $x\to x_0$(或 $x\to\infty$)时为**无穷大**,记为

$$\lim\limits_{\substack{x\to x_0\\(x\to\infty)}}f(x)=\infty.$$

例如,如图 1-4-1(a) 所示的函数 $f(x)=\dfrac{1}{x-1}$,因为当 $x\to 1$ 时,$\left|\dfrac{1}{x-1}\right|$ 无限地增大,所以 $\lim\limits_{x\to1}\dfrac{1}{x-1}=\infty$. 又如,如图 1-4-1(b) 所示的函数 $f(x)=\tan x$,因为当 $x\to\dfrac{\pi}{2}$ 时,$|\tan x|$ 无限地增大,所以 $\lim\limits_{x\to\frac{\pi}{2}}\tan x=\infty$.

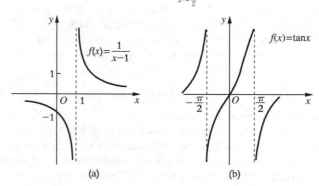

(a) 　　　　　　　　(b)

图 1-4-1

注 　(1) 无穷大(∞)不是一个数,因为对于再大的正数(如 10^{1000})都不会无限增大;(2) 这里的 $\lim\limits_{\substack{x\to x_0\\(x\to\infty)}}f(x)=\infty$,借用了极限记号,只是函数变化趋势的一种表

达,并不表明函数 $f(x)$ 的极限存在. 简略地说,无穷大是个绝对值可以任意大的函数.

在同一变化过程中,无穷小与无穷大之间有如下关系:

定理 1　如果 $\lim\limits_{\substack{x \to x_0 \\ (x \to \infty)}} f(x) = \infty$, 则 $\lim\limits_{\substack{x \to x_0 \\ (x \to \infty)}} \dfrac{1}{f(x)} = 0$; 如果 $\lim\limits_{\substack{x \to x_0 \\ (x \to \infty)}} f(x) = 0$, 且

$f(x) \neq 0$, 则

$$\lim_{\substack{x \to x_0 \\ (x \to \infty)}} \frac{1}{f(x)} = \infty.$$

上述定理表明,无穷小与无穷大互为倒数关系. 例如,因为 $\lim\limits_{x \to 1} \dfrac{1}{x-1} = \infty$, 所以

$$\lim_{x \to 1}(x-1) = 0.$$

应该指出,与无穷小不同的是,在自变量的同一变化过程中,两个无穷大的和、差与商是没有确定结果的,需具体问题具体考虑.

1.4.2　无穷小与极限的关系

因为无穷小是极限为零的函数,所以在无穷小与函数极限之间有着下述密切的联系:

定理 2　$\lim\limits_{\substack{x \to x_0 \\ (x \to \infty)}} f(x) = A$ 的充要条件是 $f(x) = A + \alpha(x)$, 其中 $\alpha(x)$ 当

$x \to x_0$(或 $x \to \infty$) 时为无穷小.

例如,极限 $\lim\limits_{x \to \infty} \dfrac{2x+1}{x} = 2$, 其中函数 $f(x) = \dfrac{2x+1}{x}$, 极限值 $A = 2$. 显然 $\alpha(x)$

$= f(x) - A = \dfrac{2x+1}{x} - 2 = \dfrac{1}{x}$ 当 $x \to \infty$ 时为无穷小.

1.4.3　无穷小的比较与阶

根据无穷小的性质可知,两个无穷小的和、差、积仍是无穷小,但是两个无穷小的商将出现不同的情况. 例如当 $x \to 0$ 时,函数 x^2, $2x$, $\sin x$ 都是无穷小,但是

$$\lim_{x \to 0} \frac{x^2}{2x} = \lim_{x \to 0} \frac{x}{2} = 0;$$

$$\lim_{x \to 0} \frac{2x}{x^2} = \lim_{x \to 0} \frac{2}{x} = \infty;$$

$$\lim_{x \to 0} \frac{\sin x}{2x} = \frac{1}{2} \lim_{x \to 0} \frac{\sin x}{x} = \frac{1}{2}.$$

这说明 $x^2 \to 0$ 比 $2x \to 0$ "快些",或者反过来说 $2x \to 0$ 比 $x^2 \to 0$ "慢些",而 $\sin x \to 0$

与 $2x \to 0$ "快"、"慢" 相差不多. 由此可见, 无穷小虽然都是以零为极限的函数, 但是它们趋向于零的速度不一样. 为了反映无穷小趋向于零的快、慢程度, 我们引进无穷小的阶的概念.

由于函数 $y=0$（它是无穷小）在无穷小的比较中意义不大, 故下面我们所说的无穷小均指非零无穷小.

设 $\alpha(x)$ 与 $\beta(x)$ 是在同一变化过程中的两个无穷小, 且 $\lim \dfrac{\beta(x)}{\alpha(x)}$ 表示的也是在这个变化过程中的极限.

定义 3　设 $\lim \alpha(x)=0$, $\lim \beta(x)=0$.

（1）如果 $\lim \dfrac{\beta(x)}{\alpha(x)}=0$, 则称 $\beta(x)$ 是比 $\alpha(x)$ **高阶的无穷小**, 记作 $\beta=o(\alpha(x))$;

（2）如果 $\lim \dfrac{\beta(x)}{\alpha(x)}=\infty$, 则称 $\beta(x)$ 是比 $\alpha(x)$ **低阶的无穷小**;

（3）如果 $\lim \dfrac{\beta(x)}{\alpha(x)}=C\neq 0$, 则称 $\beta(x)$ 与 $\alpha(x)$ 为**同阶的无穷小**, 特别当常数 $C=1$ 时, 称 $\beta(x)$ 与 $\alpha(x)$ 为**等价无穷小**, 记作 $\beta(x)\sim\alpha(x)$.

如, 由 $\lim\limits_{x\to 0}\dfrac{x^2}{2x}=0$ 得 $x^2=o(2x)(x\to 0)$; 由 $\lim\limits_{x\to 0}\dfrac{\sin x}{x}=1$, 得 $\sin x\sim x(x\to 0)$.

又如 $\lim\limits_{x\to 1}\dfrac{x-1}{x^2-1}=\dfrac{1}{2}$, 所以 $x-1$ 与 x^2-1 为 $x\to 1$ 时的同阶无穷小.

可以证明: 当 $x\to 0$ 时, 有下列各组等价无穷小:

$\sin x\sim x$, $\tan x\sim x$, $1-\cos x\sim\dfrac{x^2}{2}$, $\arctan x\sim x$, $\arcsin x\sim x$, $\mathrm{e}^x-1\sim x$, $\ln(1+x)\sim x$.

等价无穷小可以简化某些极限的计算.

定理 3　设 $x\to x_0$ 时, $\alpha(x)\sim\alpha^*(x)$, $\beta(x)\sim\beta^*(x)$, 且 $\lim\limits_{x\to x_0}\dfrac{\beta^*(x)}{\alpha^*(x)}$ 存在, 则

$$\lim_{x\to x_0}\frac{\beta(x)}{\alpha(x)}=\lim_{x\to x_0}\frac{\beta^*(x)}{\alpha^*(x)}.$$

证明　$\lim\limits_{x\to x_0}\dfrac{\beta(x)}{\alpha(x)}=\lim\limits_{x\to x_0}\left(\dfrac{\beta(x)}{\beta^*(x)}\cdot\dfrac{\beta^*(x)}{\alpha^*(x)}\cdot\dfrac{\alpha^*(x)}{\alpha(x)}\right)$

$=\lim\limits_{x\to x_0}\dfrac{\beta(x)}{\beta^*(x)}\cdot\lim\limits_{x\to x_0}\dfrac{\beta^*(x)}{\alpha^*(x)}\cdot\lim\limits_{x\to x_0}\dfrac{\alpha^*(x)}{\alpha(x)}=\lim\limits_{x\to x_0}\dfrac{\beta^*(x)}{\alpha^*(x)}.$

在上述定理中, 当 x 以其他方式变化时（如 $x\to\infty$, $x\to x_0^+$ 等）, 相应的结论仍成立.

定理表明等价无穷小有一个重要的应用: 在求两个无穷小之比的极限时, 分子及分母都可以用等价无穷小来代替. 如果用来代替的无穷小选择得当的话, 就

可以使计算简化.

例 2　求 $\lim\limits_{x \to 0} \dfrac{\sin 3x}{\tan 2x}$.

解　当 $x \to 0$ 时, $\sin 3x \sim 3x, \tan 2x \sim 2x$, 所以

$$\lim_{x \to 0} \frac{\sin 3x}{\tan 2x} = \lim_{x \to 0} \frac{3x}{2x} = \frac{3}{2}.$$

例 3　求 $\lim\limits_{x \to 0} \dfrac{\tan x - \sin x}{x^3}$.

解　$\lim\limits_{x \to 0} \dfrac{\tan x - \sin x}{x^3} = \lim\limits_{x \to 0} \dfrac{\sin x(1 - \cos x)}{x^3 \cos x}.$

由于当 $x \to 0$ 时, $\sin x \sim x, 1 - \cos x \sim \dfrac{x^2}{2}$, 因此

$$\lim_{x \to 0} \frac{\tan x - \sin x}{x^3} = \lim_{x \to 0} \frac{x \cdot \dfrac{1}{2} x^2}{x^3 \cos x} = \lim_{x \to 0} \frac{1}{2 \cos x} = \frac{1}{2}.$$

应当特别指出, 上述等价定理只能用等价无穷小去替代极限式中的因式, 而不能用等价无穷小去替代某一项 (即: 无穷小等价代换只能用在乘与除时, 而不能用在加与减上), 否则将可能导致错误. 例如, 在求例 3 的极限 $\lim\limits_{x \to 0} \dfrac{\tan x - \sin x}{x^3}$ 时, 如果错误地把分子的两项都各自用无穷小去替代, 就会出现错误结果:

$$\lim_{x \to 0} \frac{\tan x - \sin x}{x^3} = \lim_{x \to 0} \frac{x - x}{x^3} = \lim_{x \to 0} \frac{0}{x^3} = 0.$$

练习与思考 1-4

1. 下列函数中哪些是无穷小? 哪些是无穷大?

　(1) $3 + \dfrac{1}{x}$, 当 $x \to 0$ 时;　　　　　　(2) $\dfrac{2}{x^2 + 2}$, 当 $x \to \infty$ 时;

　(3) 3^{-x}; 当 $x \to +\infty$ 时.

2. 下列函数在什么情况下为无穷大? 在什么情况下为无穷小?

　(1) $y = \dfrac{x + 2}{x - 1}$;　　　　　　　　　　(2) $y = \lg x$;

　(3) $y = \dfrac{x + 2}{x^2}$.

3. 求下列函数的极限:

　(1) $\lim\limits_{x \to 0} x^2 \sin \dfrac{1}{x}$;　　　　　　　　　(2) $\lim\limits_{x \to \infty} \dfrac{\arctan x}{x}$;

　(3) $\lim\limits_{n \to \infty} \dfrac{\cos n^2}{n}$.

4. 当 $x \to 1$ 时,无穷小 $1-x$ 与下列无穷小是否同阶,是否等价?

(1) $1 - \sqrt[3]{x}$;　　　　　(2) $1 - \sqrt{x}$;　　　　　(3) $2(1 - \sqrt{x})$.

5. 利用等价无穷小代换,计算下列极限:

(1) $\lim\limits_{x \to 0} \dfrac{\tan ax}{\tan bx}$;

(2) $\lim\limits_{x \to 0} \dfrac{x}{\sin \frac{x}{2}}$;

(3) $\lim\limits_{x \to 0} \dfrac{\ln(1 + 4x^2)}{\sin x^2}$;

(4) $\lim\limits_{x \to 0} \dfrac{1 - \mathrm{e}^{3x}}{\tan 3x}$.

§1.5　函数的连续性 —— 函数连续变化的数学模型

1.5.1　函数的改变量 —— 描述函数变化的方法

自然界中许多变量都是连续变化的,例如,气温的变化、作物的生长、放射性物质的存量等,这些现象反映在数学上就是函数的连续性. 它是微积分学的又一重要概念.

设函数 $y = f(x)$ 在点 x_0 的某个邻域内有定义,当自变量从 x_0 变到 x,相应的函数值从 $f(x_0)$ 变到 $f(x)$,则称 $x - x_0$ 为自变量的**增量**(或称**改变量**),记作 $\Delta x = x - x_0$,它可正可负;称 $f(x) - f(x_0)$ 为函数的改变量,记作 Δy,即

$$\Delta y = f(x) - f(x_0) \text{ 或 } \Delta y = f(x_0 + \Delta x) - f(x_0).$$

在几何上,函数的改变量 Δy 表示当自变量从 x_0 变到 $x_0 + \Delta x$ 时函数在相应点的纵坐标的改变量,如图 1-5-1 所示.

例1　求函数 $y = x^2$,当 $x_0 = 1, \Delta x = 0.1$ 时的改变量.

解
$$\begin{aligned}
\Delta y &= f(x_0 + \Delta x) - f(x_0) \\
&= f(1 + 0.1) - f(1) \\
&= f(1.1) - f(1) \\
&= 1.1^2 - 1^2 = 0.21.
\end{aligned}$$

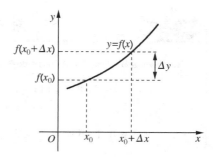

图 1-5-1

1.5.2　函数连续的概念

1. 函数在点 x_0 的连续性

定义1　设函数 $f(x)$ 在点 x_0 的某个邻域内有定义,如果

$$\lim_{\Delta x \to 0} \Delta y = \lim_{\Delta x \to 0} [f(x_0 + \Delta x) - f(x_0)] = 0,　　　　①$$

则称函数 $y = f(x)$ 在点 x_0 处**连续**,x_0 称为 $f(x)$ 的**连续点**.

在上述定义中,设 $x_0 + \Delta x = x$,当 $\Delta x \to 0$ 时,有 $x \to x_0$,而 $\Delta y = f(x_0 + \Delta x)$

$— f(x_0) = f(x) - f(x_0)$,因此,① 式也可以写为
$$\lim_{\Delta x \to 0} \Delta y = \lim_{x \to x_0}[f(x) - f(x_0)] = 0,$$
此式等价于
$$\lim_{x \to x_0} f(x) = f(x_0).$$
所以函数 $y = f(x)$ 在点 x_0 处连续的定义又可以叙述如下:

定义 2 设函数 $f(x)$ 在点 x_0 的某个邻域内有定义,如果有
$$\lim_{x \to x_0} f(x) = f(x_0),$$
则称函数 $y = f(x)$ 在**点 x_0 处连续**.

例 2 证明函数 $f(x) = x^3 + 1$ 在 $x_0 = 2$ 处连续.

证明   因为 $\lim\limits_{x \to 2} f(x) = \lim\limits_{x \to 2}(x^3 + 1) = 9 = f(2)$,
所以 $f(x) = x^3 + 1$ 在 $x = 2$ 处连续.

有时需要考虑函数在某点 x_0 一侧的连续性,由此引进左、右连续的概念.

如果 $\lim\limits_{x \to x_0^+} f(x) = f(x_0)$,则称函数 $f(x)$ 在点 x_0 处**右连续**;如果 $\lim\limits_{x \to x_0^-} f(x) = f(x_0)$,则称函数 $f(x)$ 在点 x_0 处**左连续**.

显然,函数 $y = f(x)$ 在点 x_0 处连续的充要条件是函数 $f(x)$ 在点 x_0 处左连续且右连续.

例 3 讨论函数 $f(x) = |x| = \begin{cases} x, & x \geqslant 0, \\ -x, & x < 0, \end{cases}$ 在 $x = 0$ 处是否连续?

解   因 $f(0) = 0$,即 $f(x)$ 在 $x = 0$ 点有定义;又 $\lim\limits_{x \to 0^-} f(x) = \lim\limits_{x \to 0^-}(-x) = 0$,
$\lim\limits_{x \to 0^+} f(x) = \lim\limits_{x \to 0^+} x = 0$,所以 $\lim\limits_{x \to 0} f(x) = \lim\limits_{x \to 0} |x| = 0$($x \to 0$ 时,函数极限存在);且有
$$\lim_{x \to 0} f(x) = 0 = f(0)(极限值等于函数值),$$
所以函数 $f(x) = |x|$ 在 $x = 0$ 处是连续的.

例 4 设有函数 $f(x) = \begin{cases} \dfrac{\sin ax}{x}, & x < 0, \\ 2, & x = 0, a \neq 0, b \neq 0, \\ (1 + bx)^{\frac{1}{x}}, & x > 0, \end{cases}$

问 a 和 b 各取何值时,$f(x)$ 在点 $x_0 = 0$ 处连续?

解   由连续性定义,$f(x)$ 在点 $x_0 = 0$ 处连续就是指 $\lim\limits_{x \to 0} f(x) = f(0) = 2$,
要使上式成立的充分必要条件是以下两式同时成立:
$$\lim_{x \to 0^-} f(x) = 2, \qquad\qquad\qquad ②$$
$$\lim_{x \to 0^+} f(x) = 2. \qquad\qquad\qquad ③$$
由于 $\lim\limits_{x \to 0^-} f(x) = \lim\limits_{x \to 0^-} \dfrac{\sin ax}{x} = \lim\limits_{x \to 0^-} \dfrac{ax}{x} = a$,

因此由 ② 式得到 $a = 2$.

由于 $\quad \lim\limits_{x \to 0^+} f(x) = \lim\limits_{x \to 0^+} (1 + bx)^{\frac{1}{x}} = \lim\limits_{x \to 0^+} \left[(1 + bx)^{\frac{1}{bx}} \right]^b = e^b,$

因此由 ③ 式得到 $e^b = 2$，即 $b = \ln 2$.

综上可得：只有当 $a = 2, b = \ln 2$ 时，函数 $f(x)$ 在点 $x_0 = 0$ 处连续.

2. 函数在区间上的连续性

如果函数 $f(x)$ 在开区间 (a, b) 内每一点都连续，则称 $f(x)$ 在**区间 (a, b) 内连续**. 如果 $f(x)$ 在区间 (a, b) 内连续，且在 $x = a$ 处右连续，又在 $x = b$ 处左连续，则称函数 $f(x)$ 在**闭区间 $[a, b]$ 上连续**. 函数 $y = f(x)$ 的全体连续点构成的区间称为函数的**连续区间**. 在连续区间上，连续函数的图形是一条连绵不断的曲线.

例 5　证明函数 $y = \sin x$ 在定义域 $(-\infty, +\infty)$ 内是连续函数.

证明　对于任意 $x \in (-\infty, +\infty)$，

$$\Delta y = \sin(x + \Delta x) - \sin x = 2 \sin \frac{\Delta x}{2} \cos \left(x + \frac{\Delta x}{2} \right).$$

当 $\Delta x \to 0$ 时，有 $\qquad \sin \frac{\Delta x}{2} \to 0$，且 $\left| \cos \left(x + \frac{\Delta x}{2} \right) \right| \leqslant 1$，

根据无穷小与有界函数的乘积仍为无穷小这一性质，有

$$\lim_{\Delta x \to 0} \Delta y = 2 \lim_{\Delta x \to 0} \sin \frac{\Delta x}{2} \cos \left(x + \frac{\Delta x}{2} \right) = 0.$$

按定义 $1, y = \sin x$ 在 x 处连续.

又由于 x 为 $(-\infty, \infty)$ 内的任意点，因此 $y = \sin x$ 在 $(-\infty, +\infty)$ 内连续.

1.5.3　函数的间断点

如果函数 $f(x)$ 在点 x_0 处不连续，就称函数 $f(x)$ 在点 x_0 **间断**，x_0 称为函数 $f(x)$ 的**不连续点**或**间断点**.

由函数 $f(x)$ 在点 x_0 处连续的定义 2 可知，如果 $f(x)$ 在点 x_0 处满足下列 3 个条件之一，则点 x_0 是 $f(x)$ 的一个间断点：

（1）函数 $f(x)$ 在点 x_0 处没有定义；

（2）$\lim\limits_{x \to x_0} f(x)$ 不存在；

（3）在点 x_0 处有定义，且 $\lim\limits_{x \to x_0} f(x)$ 存在，但 $\lim\limits_{x \to x_0} f(x) \neq f(x_0)$.

下面讨论函数的间断点的类型.

1. 可去间断点

如果函数 $f(x)$ 在点 x_0 有极限 A，但在 x_0 处 $f(x)$ 无定义，或有定义但

$f(x_0) \neq A$,则称 $x = x_0$ 为函数的**可去间断点**.

例 6　求函数 $f(x) = \dfrac{x^3 - 1}{x - 1}$ 的间断点,并指出其类型.

解　函数 $f(x) = \dfrac{x^3 - 1}{x - 1}$ 在 $x = 1$ 处没有定义,所以 $x = 1$ 是函数的间断点.

又因为

$$\lim_{x \to 1} f(x) = \lim_{x \to 1} \frac{x^3 - 1}{x - 1} = \lim_{x \to 1}(x^2 + x + 1) = 3,$$

所以 $x = 1$ 为函数 $f(x)$ 的可去间断点.

如果补充定义:令 $x = 1$ 时 $f(x) = 3$,则所给函数在 $x = 1$ 连续,所以 $x = 1$ 称为该函数的可去间断点.

例 7　函数 $f(x) = \begin{cases} \dfrac{\sin 3x}{x}, & x \neq 0, \\ 2, & x = 0. \end{cases}$ 试问 $x = 0$ 是否为间断点?

解　$f(x)$ 在 $x = 0$ 处有定义 $f(0) = 2$,但由于

$$\lim_{x \to 0} f(x) = \lim_{x \to 0} \frac{\sin 3x}{x} = 3 \neq f(0),$$

因此 $x = 0$ 为函数 $f(x)$ 的可去间断点.若改变定义 $x = 0$ 时 $f(0) = 3$,则 $f(x)$ 在 $x = 0$ 连续.

2. 跳跃间断点

如果函数 $f(x)$ 在点 x_0 处的左、右极限存在但不相等,则称 $x = x_0$ 为函数 $f(x)$ 的**跳跃间断点**.

例 8　函数 $f(x) = \begin{cases} x + 1, & x < 0, \\ 0, & x = 0, \\ x - 1, & x > 0. \end{cases}$

试问 $x = 0$ 是否为间断点?

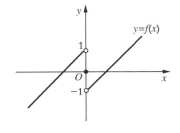

图 1-5-2

解　$\lim\limits_{x \to 0^-} f(x) = \lim\limits_{x \to 0^-}(x + 1) = 1$,

$\lim\limits_{x \to 0^+} f(x) = \lim\limits_{x \to 0^+}(x - 1) = -1$,

即左、右极限不相等,所以 $x = 0$ 为函数 $f(x)$ 的跳跃间断点,如图 1-5-2 所示.

可去间断点和跳跃间断点统称为**第一类间断点**.它是左极限与右极限都存在的间断点.

3. 第二类间断点

如果函数 $f(x)$ 在点 x_0 处的左、右极限 $f(x_0 - 0)$ 与 $f(x_0 + 0)$ 中至少有一个不存在,则称 $x = x_0$ 为函数 $f(x)$ 的**第二类间断点**.

例 9   函数 $f(x) = \dfrac{1}{x-1}$，试问 $x = 1$ 是否为间断点？

解   函数 $f(x) = \dfrac{1}{x-1}$ 在 $x = 1$ 处无定义，所以 $x = 1$ 为 $f(x)$ 的间断点.
因为 $\lim\limits_{x \to 1} f(x) = \infty$，所以 $x = 1$ 为 $f(x)$ 的第二类间断点，如图 1-5-3 所示. 因为 $\lim\limits_{x \to 1} f(x) = \infty$，又称 $x = 1$ 为**无穷间断点**.

例 10   函数 $f(x) = \sin\dfrac{1}{x}$，试问 $x = 0$ 是否为间断点？

解   函数 $f(x) = \sin\dfrac{1}{x}$ 在点 $x = 0$ 处无定义，所以 $x = 0$ 为 $f(x)$ 的间断点. 当 $x \to 0$ 时，$f(x) = \sin\dfrac{1}{x}$ 的值在 -1 与 1 之间无限次地振荡，因而不能趋向于某一定值，于是 $\lim\limits_{x \to 0} \sin\dfrac{1}{x}$ 不存在，所以 $x = 0$ 是 $f(x)$ 的第二类间断点，如图 1-5-4 所示，此时也称 $x = 0$ 为**振荡间断点**.

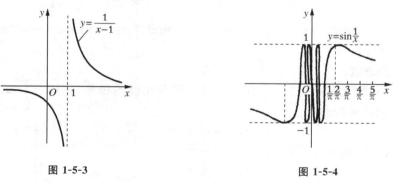

图 1-5-3   图 1-5-4

1.5.4 初等函数的连续性

函数的连续性是通过极限来定义的，因此由极限运算法则和连续定义可得到下列连续函数的运算法则.

法则 1（连续函数的四则运算）   设函数 $f(x)$，$g(x)$ 均在点 x_0 处连续，则 $f(x) \pm g(x)$，$f(x) \cdot g(x)$，$\dfrac{f(x)}{g(x)}\big[g(x_0) \neq 0\big]$ 都在点 x_0 处连续.

这个法则说明连续函数的和、差、积、商（分母不为零）都是连续函数.

法则 2（反函数的连续性）   单调连续函数的反函数在其对应区间上也是单调连续的.

应用函数连续的定义与上述两个法则，可以证明基本初等函数在其定义域内都是连续的.

法则 3(复合函数的连续性) 设函数 $y = f(u)$ 在点 u_0 处连续,又函数 $u = \varphi(x)$ 在点 x_0 处连续,且 $u_0 = \varphi(x_0)$,则复合函数 $y = f[\varphi(x)]$ 在点 x_0 连续.

因为初等函数是由基本初等函数经过有限次的四则运算和复合而构成的,根据上述法则可得如下定理:

定理 一切初等函数在其定义区间内都是连续的.

所谓定义区间,就是包含在定义域内的区间.

由定理可知,如果 $f(x)$ 是初等函数,且 x_0 是 $f(x)$ 的定义区间内的点,则

$$\lim_{x \to x_0} f(x) = f(x_0).$$

由此提供了求极限的一种方法:求初等函数在定义区间内某点处极限值,只需要算出函数在该点的函数值.

例 11 求 $\lim\limits_{x \to 5}[\sqrt{x-4} + \ln(100 - x^2)]$.

解 因为 $f(x) = \sqrt{x-4} + \ln(100 - x^2)$ 是初等函数,且 $x_0 = 5$ 是其定义域内的点,所以

$$\lim_{x \to 5}[\sqrt{x-4} + \ln(100 - x^2)] = f(5) = 1 + \ln 75.$$

练习与思考 1-5

1. 求函数 $y = -x^2 + \dfrac{1}{2}x$,当 $x = 1$,$\Delta x = 0.5$ 时的改变量 Δy.

2. 求函数 $y = \sqrt{1+x}$,当 $x = 3$,$\Delta x = -0.2$ 时的改变量 Δy.

3. 求下列函数的连续区间,并求极限:

(1) $f(x) = \dfrac{1}{x^2 - 3x + 2}$,$\lim\limits_{x \to 0} f(x)$;

(2) $f(x) = \sqrt{x-4} - \sqrt{6-x}$,$\lim\limits_{x \to 5} f(x)$;

(3) $f(x) = \ln(1 - x^2)$,$\lim\limits_{x \to \frac{1}{2}} f(x)$.

4. 求下列函数的间断点,并判断其类型:

(1) $y = \dfrac{x}{(x+2)^3}$;

(2) $y = \dfrac{x^2 - 1}{x^2 - 3x + 2}$;

(3) $f(x) = \begin{cases} x - 3, & x \leqslant 1, \\ 1 - x, & x > 1; \end{cases}$

(4) $f(x) = \begin{cases} \dfrac{\sin x}{x}, & x \neq 0, \\ 2, & x = 0. \end{cases}$

5. 求下列函数的极限:

(1) $\lim\limits_{x \to 0} \sqrt{2x^2 - 3x + 8}$;

(2) $\lim\limits_{x \to +\infty} x \ln\left(\dfrac{x+1}{x}\right)$;

(3) $\lim\limits_{x \to 0} \dfrac{\sqrt{1+x}-1}{\sin 2x}$;

(4) $\lim\limits_{x \to 1} \dfrac{\sqrt{5x-4}-\sqrt{x}}{x-1}$.

6. 设函数

$$f(x) = \begin{cases} e^x, & x < 0, \\ 4, & x = 0, \\ x+1, & x > 0. \end{cases}$$

试问函数 $f(x)$ 在 $x = 0$ 处是否连续？

7. 设函数

$$f(x) = \begin{cases} 2\cos x + 1, & x \leqslant 0, \\ (1+ax)^{\frac{1}{x}}, & x > 0, \end{cases} \text{且 } f(x) \text{ 在 } x = 0 \text{ 处连续，求常数 } a \text{ 的值.}$$

§1.6　数学实验（一）

【实验目的】

（1）利用 Matlab 软件定义一元函数，求函数值；

（2）利用 Matlab 软件作出函数的二维图像（包括同一坐标系内作多图）；

（3）利用 Matlab 软件计算函数的极限（含左右极限）.

【实验环境】

（1）硬件环境：CPU 主频 2.6G 及以上、内存 2G 及以上计算机；

（2）软件环境：预装中文 Office 2000 和数学软件 Matlab 7.0 或预装中文 Windows 7、中文 Office 2007 和数学软件 Matlab 2009 及以上版本；

（3）以后所有实验与本实验软、硬件环境相同.

【实验条件】

（1）熟悉中文 Windows 操作系统，会使用中文 Microsoft Word；

（2）自我熟悉 Matlab 软件各窗口及其菜单项以及使用帮助；

（3）学习了高等数学中函数、极限与连续的内容.

【实验内容】

实验内容 1　定义函数

（1）Matlab 数学运算符及预定义函数. Matlab 的运算符与日常书写的运算符有所不同，下面是其常用运算符：

＋ 加	－ 减
＊ 乘	.＊ 两数列的点乘
/ 右除（正常除法）	./ 两数列的点除
\ 左除	^ 乘方

例如："$a\hat{\ }3/b+c$"表示 $a^3 \div b + c$ 或 $\dfrac{a^3}{b} + c$，"$a\hat{\ }2\backslash(b-c)$"表示 $(b-c) \div a^2$ 或 $\dfrac{b-c}{a^2}$，"$A. * B$"表示数列 A 与 B 的对应相乘（条件是 A 与 B 必须具有相同的项数），即 A 与 B 的对应元素相乘.

Matlab 的关系运算符有 6 个：

< 小于	< = 小于等于
> 大于	> = 大于等于
= = 等于	~ = 不等于

例如："$(a+b) >= 3$"表示 $a + b \geqslant 3$，"$a \sim= 2$"表示 $a \neq 2$.

Matlab 的预定义函数很多，可以说涵盖几乎所有数学领域. 表 1-6-1 列出的仅是最简单、最常用的数学函数.

表 1-6-1　Matlab 常用数学函数

函数	数学含义	函数	数学含义
$abs(x)$	绝对值函数，即 $|x|$；若 x 是复数，即求 x 的模	$csc(x)$	余割函数，x 为弧度
$sign(x)$	符号函数，x 为正得 1，x 为负得 -1，x 为零得 0	$asin(x)$	反正弦函数，即 $\arcsin x$
$sqrt(x)$	平方根函数，即 $\sqrt{x}$	$acos(x)$	反余弦函数，$\arccos x$
$exp(x)$	指数函数，即 e^x	$atan(x)$	反正切函数，$\arctan x$
$log(x)$	自然对数函数，即 $\ln x$	$acot(x)$	反余切函数，$\text{arccot} x$
$log10(x)$	常用对数函数，即 $\lg x$	$asec(x)$	反正割函数，$\text{arcsec} x$
$log2(x)$	2 为底的对数函数，即 $\log_2 x$	$acsc(x)$	反余割函数，$\text{arccsc} x$
$sin(x)$	正弦函数，x 为弧度	$round(x)$	求最接近 x 的整数
$cos(x)$	余弦函数，x 为弧度	$rem(x,y)$	求整除 x/y 的余数
$tan(x)$	正切函数，x 为弧度	$real(Z)$	求复数 Z 的实部
$cot(x)$	余切函数，x 为弧度	$imag(Z)$	求复数 Z 的虚部
$sec(x)$	正割函数，x 为弧度	$conj(Z)$	求复数 Z 的共轭，即求 $\bar{Z}$

（2）自定义函数. Matlab 软件中定义函数的方法有两种，一种是采用赋值的方法，一种是采用编写 m 文件的方法. 前者可以直接应用或计算，后者用于在命令窗口调用.

采用赋值定义函数关系时，要预先定义符号变量，然后才能用赋值法定义函数. 一般格式为

$$\text{syms 符号变量}1 \quad \text{符号变量}2\cdots$$
$$\text{符号函数名} = \text{符号函数表达式}$$

例1 采用赋值的方法定义函数 $y = 2x^2 + 3x - 3$,并计算 $x = 2$ 的函数值.

解

```
>>  syms x                    % 定义符号变量 x
>>  y= 2* x^2+ 3* x- 3        % 定义符号函数 y= 2x² + 3x－3
y =
2* x^2+ 3* x- 3
>>  x= 2;                     % 赋值 x= 2,分号说明不在屏幕显示
>>  y= 2* x^2+ 3* x- 3        % 求 x= 2 的函数值
y =
    11
```

例2 采用编写 m 文件的方式定义例1的函数,并求 $x = 2$ 的函数值.

解 在文件(file)菜单下新建(New)下点选 m-file 菜单项,打开编辑窗口,然后用 function 命令定义函数如下:

```
1  function y= f1(x)          % 定义函数文件 y= f1(x)
2  y= 2* x^2+ 3* x- 3         % 定义函数 y= 2x² + 3x－3
```

并将文件存入工作(work)目录下,文件名为 $f1.m$,在命令窗口调用这个函数,求 $x = 2$ 的函数如下:

```
>>  f1(2)
y =
    11
```

【实验练习1】

1. 分别用赋值法和 m 文件法定义以下函数,并求 $x = 2$ 的函数值:

(1) $y = x\sqrt[3]{x^2 - 1}$;　　　　　　　(2) $y = e^{3x}\sin(2x + 1)$;

(3) $y = x\ln(x^2 - 1)$;　　　　　　　　(4) $y = \arctan(e^x - 1)$.

实验内容2 在一个直角坐标系上作一个或几个函数的图像

Matlab 软件中用 fplot 或 plot 命令作函数的图像,命令格式如下:

$$\text{fplot}('\text{函数表达式}',[\text{自变量范围},\text{函数值范围}],'\text{图像参数}')$$
$$\text{plot}(x,y,'\text{图像参数}')$$

注 （1）fplot 格式中如果输入函数表达式,则该表达式两端必须加单引号,
plot 格式中的 x,y 必须经过定义.

（2）自变量范围和函数值范围一概用实数,有时函数值范围可省略.

（3）图像参数主要用于定义图像的线条、点的形状和颜色等,输入符号
如下：

线条参数：-（实线为默认）--（虚线）-.（点划线）:（点线）
点的形状参数： .(实点) +（加号点）x(叉点) o(小圆点) *（星号点）
颜色参数：r(红色) b(蓝色) k(黑色) g(绿色) y(黄色)

图像参数添加的顺序是先型后色,即先输入线型或点的形状参数后跟色彩参
数,两端必须加单引号.

（4）如果需要在同一坐标系作多个函数图像,采用开关函数 hold（on
或 off）.

例 3 用 fplot 命令在同一坐标系作 $y = \sin x$ 的黑实线和 $y = \cos x$ 的红虚线
图像.

解

```
>> fplot('sin(x)',[0,2* pi],'- k')        % 作 y = sinx 的图像
>> hold on                                 % 开始同一坐标作图
>> fplot('cos(x)',[0,2* pi],'-- r')       % 作 y = cosx 的图像
>> hold off                                % 同一坐标作图结束
```

作出的图像见图 1-6-1.

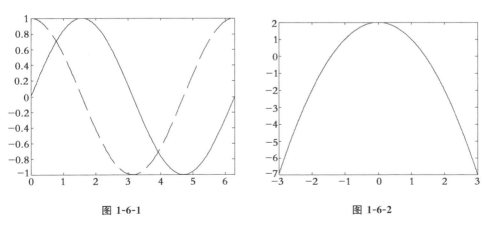

图 1-6-1   图 1-6-2

例 4   用 plot 命令自定义范围作函数 $y = 2 - x^2$ 的图像.

解

```
>> x = [- 3:0.01:3];                  % 定义 x 的取值范围
>> y = 2- x.^2;                       % 计算 y 的函数值
>> plot(x,y,'- r')                    % 作函数的图像
```

作出的图像见图 1-6-2.

【实验练习 2】

1. 定义下列函数并选择适当范围作图：

(1) $y = \dfrac{x}{1 - x^2}$;   (2) $y = x \arctan x$.

2. 在同一坐标系下绘制 $y = \arcsin\left(\dfrac{x}{3}\right), y = x, y = e^{2x}$ 这 3 条曲线在$[-3,$
$3]$ 的图像.

实验内容 3   计算一元函数的极限

Matlab 软件中用命令 limit 求函数的极限,命令格式为

$$\texttt{limit(函数名或其表达式,自变量,变量值,'参数')}$$

注   (1) 函数名必须是已经定义好的函数的名称；

(2) 自变量可以省略(省略时为系统默认自变量),但变量值不能省略；

(3) 求极限的参数只有 left 和 right 两个,分别代表求左极限和右极限.

例 5   求下列极限：

(1) $\lim\limits_{x \to \infty} \dfrac{3x^3 - 8x^2 + 6}{2x^3 - 5}$;   (2) $\lim\limits_{x \to 0}(1 - 3x)^{\frac{1}{x}}$.

解

```
>> limit((3* x^3- 8* x^2+ 6)/(2* x^3- 5),inf)
ans =
   3/2
>> limit((1- 3* x) ^(1/x),0)
ans =
   exp(- 3)
```

例 6   求函数 $f(x) = e^{\frac{1}{x}}$ 在 $x = 0$ 处的左右极限.

解

```
>> limit(exp(1/x),x,0,'left')
ans =
   0
>> limit(exp(1/x),x,0,'right')
ans =
    Inf
```

【实验练习 3】

1. 求下列极限：

(1) $\lim\limits_{x \to 0}(1-x)^{\frac{1}{x}}$；

(2) $\lim\limits_{x \to 0}\dfrac{\tan x - \sin x}{\sin^2 x}$；

(3) $\lim\limits_{t \to \infty} t^2 \left(1 - \cos \dfrac{1}{t}\right)$.

2. 求分段函数 $f(x) = \begin{cases} 2e^{2x}, & x < 0, \\ 1 + \cos x, & x \geqslant 0 \end{cases}$ 在 $x = 0$ 处的左右极限.

【实验总结】

本节有关 Matlab 命令：

定义符号变量　　syms　　　　　　　函数作图　　　fplot

向量函数作图　　plot　　　　　　　多函数作图开关　hold (on/off)

求函数极限　　　limit　　　　　　　左极限参数　　　left

右极限参数　　　right

§1.7　数学建模(一)—— 初等模型

随着科学技术的发展与社会的进步,数学这个重要的基础科学迅速地向自然科学和社会科学的各领域渗透,并在工程技术、经济建设及金融管理等方面发挥了重要作用.然而,一个现实世界中的问题,往往不是自然地以一个现成的数学问题的形式出现的.要充分发挥数学的作用,就要先将所考察的现实问题归结为一个相应的数学问题(即建立该问题的数学模型);再在此基础上,利用数学的概念、方法和理论进行深入的分析和研究,从定性或定量的角度,为解决现实问题提供可靠的指导.这就是所谓的数学建模问题.

教育必须反映社会的实际需要.数学建模进入大学课堂,既是顺应时代发展的潮流,也符合教育改革的要求.本节以及以后有关数学建模的章节,将介绍数学建模的有关内容,其核心是如何用数学去揭示客观事物的内在规律,如何用数学去解决客观世界的一些问题.

1.7.1　数学模型的概念

1. 模型与数学模型

　　模型是实物、过程的表示形式,是人们认识客观事物的一种概念框架,是客观事物的一种简化的表示和体现.人们在现实生活中,总是自觉或不自觉地用各种各样的模型来描述一些事物或现象.地球仪、地图、玩具火车、建筑模型、昆虫标本、恐龙化石等都可看作模型,它们都从某一方面反映了真实现象的特征或属性.

　　模型可分为具体模型和抽象模型两类.数学模型是抽象模型的一种."数学模型是关于部分现实世界为一定目的而作的抽象、简化的数学结构"(著名数学模型专家本德给数学模型所下的定义).具体地讲,数学模型就是对于现实世界的一个特定对象,为了一个特定的目的,根据特定的内在规律,作出一些必要的简化假设,运用适当的数学工具,得到的一个数学结构.例如,万有引力公式 $F = \dfrac{km_1 m_2}{r^2}$,就是牛顿在开普勒天文学三大定律基础上,运用微积分方法,经过简化、抽象而得的物质相互吸引的数学模型.

　　数学模型有三大功能:解释功能(用数学模型说明事物发生的原因),判断功能(用数学模型来判断原来知识、认识的可靠性),预测功能(用数学模型的知识和规律来预测未来的发展,为人们的行为提供指导).下面是一个借用数学模型进行预测的例子 —— 谷神星的发现.

　　1764 年瑞士哲学家彼德出版了《自然观察》一书,德国人提丢斯看后,找出了一个级数,用来表示当时已发现的六颗行星与太阳的距离,后来彼德又作了修改,成为"提丢斯 - 彼德"定则.该定则将行星的轨道半径用天文单位表示,可根据公式

$$R = \frac{(4 + 3 \times 2^n)}{10}$$

理想地表示太阳到水星、金星、地球、火星、木星和土星的轨道半径,与上面六颗行星相对应,n 分别等于 $-10,0,1,2,4,5$.为什么 $n = 3$ 没有行星与之对应呢?火星与木星之间还有别的天体吗?

　　1801 年 1 月 1 日意大利天文学家皮亚齐将望远镜对准金牛星座时,发现一颗从未受人注意过、光线暗弱的新天体,但不久这颗新天体就渺无踪影了.茫茫宇宙苍穹,繁星闪烁,哪里再去寻找?正当大家愁眉不展之时,德国年轻数学家高斯应用皮亚齐的观测资料、"提丢斯 - 彼德"定则以及万有引力定律建立了轨道计算数学模型,算出了这颗天体的轨道(在火星与木星之间)与太阳的平均距离.1802 年元旦之夜,人们根据高斯的计算结果,终于又找到了这颗天体,后来它被命名为谷神星.继谷神星发现后,科学家用相似方法又发现了海王星和冥王星.

2. 数学模型的分类

数学模型可根据不同原则分类：

按模型的应用领域（或所属学科），可分为人口模型、生物模型、生态模型、交通模型、环境模型、作战模型等.

按建立的数学方法（或所属数学分支），可分为初等模型、微分方程模型、网络模型、运筹模型、随机模型等.

按变量的性质，可分为确定型模型、随机型模型、连续型模型、离散型模型等.

按建立模型的目的，可分为描述模型、分析模型、预测模型、决策模型、控制模型等.

按系统的性质，可分为微观模型、宏观模型、集中参数模型、分布参数模型、定常模型、时变模型等.

1.7.2　数学建模及其步骤

1. 数学建模的概念

数学建模就是通过建立数学模型去解决各种实际问题的方法或过程. 这里包含两层意思：首先通过对实际问题探求，经过简化假设，建立数学模型；其次，求解该数学模型，分析和验证所有的解，再去解决实际问题. 过去在中学中曾做过的解数学应用题，就是简单的数学建模.

要达到上述目标，已建立数学模型应满足下列条件（往往需要多次改进才能实现）：

（1）模型的可靠性，即指模型在允许误差范围内，能正确反映出该问题的有关特性的内在联系.

（2）模型的可解性，即指模型易于数学处理与计算. 实际上，完成整个数学建模的过程，往往涉及大量计算，需要计算机的支撑. 而数学与计算机技术的结合，形成一种"新技术"，为数学建模的求解、应用与发展创造了条件.

2. 数学建模的步骤

建立数学模型的方法，大致分为两种：一种是实验归纳的方法，即根据测试或计算数据，按照一定的数学方法，归纳出数学模型；另一种是理论分析法，即根据客观事物本身的性质，分析因果关系，在适当的假设下，用数学工具描述其数量特征.

用理论分析法建立数学模型的主要步骤有以下 6 步.

（1）模型准备：建模者需深刻了解问题的背景，明确建模的目的；分析条件，尽可能掌握建模对象的各种信息；找出问题的内在规律.

（2）模型假设：对各种信息进行必要的合理的简化（抓住主要因素，抛弃次要因素），提出适当的合理的假设，努力做到可解性（不能因为结构太复杂而失去可解性）和可靠性（不能把与实质相关的因素忽略掉而失去可靠性）的统一；在可解性的前提下，力争满意的可靠性.

（3）模型建立：根据假设，利用恰当的数学工具，建立各种因素之间的数学关系．需要指出，同一实际问题，如果选择不同的假设与不同的数学方法，可得到不同的数学模型．

（4）模型求解：用解方程、推理、图解、计算机模拟等方法求出模型的解．

（5）模型解的分析和检验：对解的意义进行分析，该解说明了什么问题，是否达到建模的目的；对模型参数进行分析，以确定模型的适用范围及模型的稳定性、可靠性；对模型的误差进行分析，以确定误差的来源、允许范围及补救措施．

（6）模型应用：用已建立的模型，分析已有的现象，预测未来的趋势，给人们的决策提供指导．

上述过程概括为图 1-7-1.

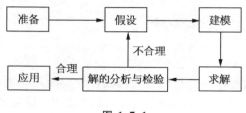

图 1-7-1

1.7.3 初等数学模型建模举例
—— 有空气隔层的双层玻璃窗的节能分析

按建筑物节能要求，许多建筑物将采用有空气隔层的双层玻璃窗，即窗户上安装了两层玻璃，且中间留有一定的空气层，如图 1-7-2 所示．设每块玻璃厚为 d，两玻璃间的空气层厚为 b．试对这种节能措施进行定量分析．

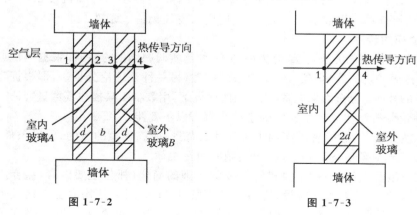

图 1-7-2   图 1-7-3

1. 模型准备

本问题需要建立一个数学建模来描述有空气隔层的双层玻璃窗的热传导过程,并与通常的双倍厚度单层玻璃窗(如图 1-7-3 所示)进行比较,以对前者所减少的热传导量作出定量分析.

查阅相关资料可得:玻璃的热传导系数为 $(4 \sim 8) \times 10^{-3} \left(\dfrac{J}{cm \cdot s \cdot ℃} \right)$,干燥、不对流空气的热传导系数为 $2.5 \times 10^{-4} \left(\dfrac{J}{cm \cdot s \cdot ℃} \right)$.

2. 模型假设

假设(a) 窗户的密封性能好,双层玻璃间的空气不流动且干燥,即认为这种窗户只有热传导作用,无对流与辐射作用.

假设(b) 热传导过程进入稳定状态,即沿热传导方向上单位时间内通过单位面积上的热传导量是常数.

假设(c) 室内温度(室内点 1 处温度)为 T_1,室外温度(室外点 4 温度)为 T_4,且 $T_1 > T_4$;空气隔层内点 2 处的温度为 T_2,空气隔层内点 3 处的温度为 T_3.

假设(d) 玻璃材质均匀,热传导系数为 λ_1;空气不流动且干燥,热传导系数为 λ_2.

3. 模型建立

根据热传导原理,单位时间内通过单位面积上由温度高一侧经介质流向温度低一侧的热传导量公式为

$$Q = \lambda \frac{(T_{高} - T_{低})}{d}, \qquad ①$$

其中 λ 为介质热传导系数,$(T_{高} - T_{低})$ 为介质两侧温度差,d 为介质的厚度.

对于图 1-7-2 所示的有空气隔层的双层玻璃窗,按假设(b),从室内点 1 通过玻璃 A 到空气层中点 2 的热传导量,等于从空气层中点 2 到空气层中点 3 的热传导量,等于从空气层中点 3 通过玻璃 B 到室外点 4 的热传导量,等于从室内点 1 到室外点 4 的热传导量 Q.按公式 ①,有

$$Q = \lambda_1 \frac{T_1 - T_2}{d} = \lambda_2 \frac{T_2 - T_3}{b} = \lambda_1 \frac{T_3 - T_4}{d}. \qquad ②$$

对于图 1-7-3 所示的通常的双倍厚度单层玻璃窗,从室内点 1 到室外点 4 的热传导量 Q_1,按公式 ①,有

$$Q_1 = \lambda_1 \frac{T_1 - T_4}{2d}. \qquad ③$$

4. 模型求解

将式 ② 中的 $Q = \lambda_1 \dfrac{T_1 - T_2}{d}$ 及 $Q = \lambda_1 \dfrac{T_3 - T_4}{d}$ 相加,得

$$2Q = \lambda_1 \frac{(T_1 - T_4) - (T_2 - T_3)}{d},$$ ④

由式 ② 中的 $Q = \lambda_2 \dfrac{T_2 - T_3}{b}$，可得 $T_2 - T_3 = \dfrac{Qb}{\lambda_2}$，代入式 ④ 得

$$2Q = \lambda_1 \frac{T_1 - T_4}{d} - \frac{\lambda_1}{\lambda_2} \frac{Qb}{d}.$$ ⑤

令　　　　　　　　　　　　　$\dfrac{b}{d} = k$ ，$s = \dfrac{\lambda_1}{\lambda_2} k$，

式 ⑤ 变为　　　　　　　　　$2Q = \lambda_1 \dfrac{T_1 - T_4}{d} - sQ$，

从而得　　　　　　　　　　$Q = \lambda_1 \dfrac{T_1 - T_4}{d(s + 2)}.$ ⑥

把式 ③ 与式 ⑥ 相减，可以得到有空气隔层的双层玻璃窗比通常的双倍厚度单层玻璃窗可节省的热传导量为

$$Q_1 - Q = \lambda_1 \frac{(T_1 - T_4)}{d} \times \frac{s}{2(s + 2)}.$$ ⑦

为了进行分析，再把式 ⑦ 与 ③ 相比较，有空气隔层的双层玻璃窗比通常的双倍厚度单层玻璃窗可节省的热传导量相对比值为

$$\Delta = \frac{Q_1 - Q}{Q_1} = \frac{s}{s + 2}.$$ ⑧

5. 解的分析与检验

（1）由式 ⑦ 的右端 > 0，可知 $Q_1 > Q$，即表明有空气隔层的双层玻璃窗具有节能功能.

（2）按模型准备阶段所得资料有

$$\lambda_1 = (4 \sim 8) \times 10^{-3} \left(\frac{J}{cm \cdot s \cdot ℃} \right),$$

$$\lambda_2 = 2.5 \times 10^{-4} \left(\frac{J}{cm \cdot s \cdot ℃} \right),$$

可得　　　　$\dfrac{\lambda_1}{\lambda_2} = 16 \sim 32.$

作最保守的估计，取 $\dfrac{\lambda_1}{\lambda_2} = 16$，代入 $s = \dfrac{\lambda_1}{\lambda_2} k$

式可得 $s = 16k$，从而使式 ⑧ 变为

$$\Delta = \frac{16k}{16k + 2}.$$ ⑨

作出式 ⑨ 的图形如图 1-7-4 所示.

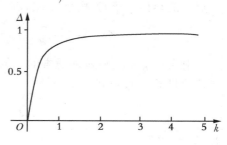

图 1-7-4

当 $k = \dfrac{b}{d} = 4$ 时,由式 ⑨ 计算可得

$$\Delta = 97\%.$$

这表明当有空气隔层的双层玻璃窗的空气层厚度 b 是单层玻璃厚度 d 的 4 倍时,有空气隔层的双层玻璃窗与通常的双倍厚度单层玻璃窗可节省的热传导量相对比值为 97%,效果非常好.当 $k > 4$ 时,由图 1-7-4 可以看出 Δ 的增加十分缓慢,所以 k 不宜选取得太大.

将上述分析与实验结果进行对比,可以检验模型与实际是否相符.

6. 模型应用

根据上述定量分析,我们可以按 $2d < b < 4d$ 设计有空气隔层的双层玻璃窗,节能效果较好.但是在工程实际中,模型假设(a)难以完全满足,因此有空气隔层的双层玻璃窗的实际节能效果比本模型的结果要稍差一些.

从本例可以看出,数学建模的关键是根据问题的特点和建模目的,抓住事物的本质,进行必要的简化,这不仅要求灵活地应用数学知识,还要有敏锐的洞察力和丰富的想象力,所以通过数学建模的实践,对于提高应用能力、创造能力,乃至提高综合素质都是很有意义的.

练习与思考 1-7

1. 设某校有 3 个系,共 200 名学生,其中甲系 100 名,乙系 60 名,丙系 40 名,问:

(1) 如果学生会设 20 个席位,怎样分配席位?

(2) 如果丙系有 6 名学生,转入甲、乙两系各 3 名,又如何分配学生会席位?

本 章 小 结

一、基本思想

函数是微积分(变量数学的主体)的主要研究对象,它的内涵实质是:两个变量间存在着确定的数值对应关系.

极限思维方法是微积分最基本的思维方法.极限概念是通过无限变化的观念与无限逼近的思想描述变量变化趋势的概念.极限方法是从有限中认识无限、从近似中认识精确、从量变中认识质变的数学方法.

连续是用极限来定义的,是一个特殊极限.

二、主要内容

　　本章重点是极限概念、函数在一点的连续性以及计算极限的一些基本方法.

1. 函数、极限、连续的概念

　　(1) 函数 $y = f(x)$ 表示了 x 与 y 间存在着确定的数值对应关系,定义域与对应规律是它的两要素.本教材主要讨论初等函数.

　　(2) 函数极限 $\lim\limits_{\substack{x \to x_0 \\ (x \to \infty)}} f(x) = A$ 表示在自变量 $x \to x_0$ 的无限变化趋向下函数 $f(x)$ 无限趋近一个确定常数 A 的一种确定的变化趋势.

　　(3) 特殊极限 $\lim\limits_{\substack{x \to x_0 \\ (x \to \infty)}} f(x) = 0$ 表示在自变量 $x \to x_0$ 的无限变化趋向下函数 $f(x)$ 为无穷小量,即无穷小量以零为极限的函数.

　　(4) 特殊极限 $\lim\limits_{x \to x_0} f(x) = f(x_0)$ 表示函数 $f(x)$ 在 x_0 处连续,否则 $x = x_0$ 为间断点.

2. 函数极限的计算

　　(1) $\lim\limits_{x \to x_0} f(x) = A \Leftrightarrow \lim\limits_{x \to x_0^-} f(x) = A = \lim\limits_{x \to x_0^+} f(x);$

　　$\lim\limits_{x \to \infty} f(x) = A \Leftrightarrow \lim\limits_{x \to +\infty} f(x) = A = \lim\limits_{x \to -\infty} f(x).$

　　(2) 函数四则运算的极限法则.设 $\lim f(x) = A$; $\lim g(x) = B$, 则

　　(a) $\lim[f(x) \pm g(x)] = \lim f(x) \pm \lim g(x) = A \pm B$(可推广到有限个函数);

　　(b) $\lim[f(x) \cdot g(x)] = \lim f(x) \cdot \lim g(x) = A \cdot B$(可推广到有限个函数), 特例 $\lim[Cf(x)] = C \cdot \lim f(x)$($C$ 为常数);

　　(c) $\lim \dfrac{f(x)}{g(x)} = \dfrac{\lim f(x)}{\lim g(x)} = \dfrac{A}{B}$(要求 $\lim g(x) \neq 0$).

　　(3) 复合函数极限法则.

　　(4) 两个重要极限:

　　$\lim\limits_{x \to 0} \dfrac{\sin x}{x} = 1$($x$ 以弧度为单位); $\lim\limits_{x \to \infty} \left(1 + \dfrac{1}{x}\right)^x = \mathrm{e}$(或 $\lim\limits_{x \to 0}(1+x)^{\frac{1}{x}} = \mathrm{e}$).

　　(5) 无穷小运算规则:

　　(a) 设 $\lim\limits_{\substack{x \to x_0 \\ (x \to \infty)}} f(x) = 0$,且在 $x \to x_0$(或 $x \to \infty$) 条件下,$f(x) \neq 0$,则

$$\lim\limits_{\substack{x \to x_0 \\ (x \to \infty)}} \frac{1}{f(x)} = \infty;$$

　　(b) 设 $\lim\limits_{\substack{x \to x_0 \\ (x \to \infty)}} f(x) = 0$,且在 $x \to x_0$(或 $x \to \infty$) 条件下,$g(x)$ 为有界函数,则

$$\lim\limits_{\substack{x \to x_0 \\ (x \to \infty)}} f(x)g(x) = 0;$$

　　(c) 设 $x \to x_0$(或 $x \to \infty$) 时,$\alpha(x) \sim \alpha^*(x)$,$\beta(x) \sim \beta^*(x)$,且 $\lim\limits_{\substack{x \to x_0 \\ (x \to \infty)}} \dfrac{\beta^*(x)}{\alpha^*(x)}$ 存在,则

$$\lim_{\substack{x \to x_0 \\ (x \to \infty)}} \frac{\beta(x)}{\alpha(x)} = \lim_{\substack{x \to x_0 \\ (x \to \infty)}} \frac{\beta^*(x)}{\alpha^*(x)};$$

（6）设 $f(x)$ 在点 x_0 处连续,则 $\lim\limits_{x \to x_0} f(x) = f(x_0)$.

3. 函数的连续性

（1）函数 $f(x)$ 在 x_0 处连续 $\Leftrightarrow \lim\limits_{x \to x_0} f(x) = f(x_0)$（或 $\lim\limits_{\Delta x \to 0} [f(x_0 + \Delta x) - f(x_0)] = 0$）.

（2）函数 $f(x)$ 在点 x_0 处连续 $\Leftrightarrow f(x)$ 在 x_0 处左连续且右连续.

（3）连续函数经四则运算后所得的函数仍是连续函数;连续函数复合后所得的函数仍是连续函数;单调的连续函数的反函数仍是连续函数;基本初等函数在定义域内是连续函数.

（4）一切初等函数在其定义区间内都是连续的.

本 章 复 习 题

一、选 择 题

1. 函数 $f(x) = \arcsin(1 - x) + \dfrac{1}{\sqrt{x - 1}}$ 的定义域是(　　).

A. $0 \leqslant x \leqslant 2$；
B. $x > 1$；

C. $1 < x \leqslant 2$；
D. $0 \leqslant x \leqslant 1$.

2. 下列函数对中不相同的函数对是(　　).

A. $f(x) = \cos^2 x + \sin^2 x$ 与 $g(x) = 1$；

B. $y = \lg x^2$ 与 $y = 2\lg x$；

C. $y = (x + 1)^2$ 与 $y = x^2 + 2x + 1$；

D. $y = e^{ax}$ 与 $y = e^{au}$.

3. 下列函数中,奇函数是(　　).

A. $1 + \cos x$；
B. $x \cos x$；

C. $\tan x + \cos x$；
D. $|\cos x|$.

4. 设 $f(x) = x^2, g(x) = 2^x$,则 $f[g(x)]$ 等于(　　).

A. 2^{x^2}；
B. x^{2^x}；
C. x^{2x}；
D. 2^{2x}.

5. 函数 $y = |\sin x|$ 的周期是(　　).

A. 4π；
B. 2π；
C. π；
D. $\dfrac{\pi}{2}$.

6. 当 $n \to \infty$ 时,下列数列中极限存在的是(　　).

A. $(-1)^n \sin \dfrac{1}{n}$；
B. $(-1)^n n$；

C. $(-1)^n \dfrac{n}{n + 1}$；
D. $[(-1)^n + 1] n$.

7. 下列极限中正确的是(　　　).

A. $\lim\limits_{x \to 0} 2^{\frac{1}{x}} = \infty$;

B. $\lim\limits_{x \to 0} 2^{-\frac{1}{x}} = 0$;

C. $\lim\limits_{x \to 0} \sin \dfrac{1}{x} = 0$;

D. $\lim\limits_{x \to \infty} \dfrac{\sin x}{x} = 0$.

8. 如果 $\lim\limits_{x \to x_0} f(x)$ 存在,则 $f(x)$ 在 x_0 处(　　　).

A. 必须有定义;

B. 不能有定义;

C. 可以无定义;

D. 可以有定义,但必须有 $f(x_0) = \lim\limits_{x \to x_0} f(x_0)$.

9. 当 $x \to 0$,下列变量是无穷小量的是(　　　).

A. e^x;　　　　　　B. $\sin \dfrac{1}{x+1}$;　　　　　　C. $\ln x$;　　　　　　D. $1 - \cos x$.

10. 下列命题中正确的是(　　　).

A. 无穷小量的倒数是无穷大量;

B. 无穷大量的倒数是无穷小量;

C. 无界变量就是无穷大量;

D. 绝对值越来越接近 0 的变量是无穷小量.

11. 当 $x \to 0$ 时,下列各无穷小量与 x 相比,更高阶的无穷小量是(　　　).

A. $2x^2 + x$;　　　　　　B. $\sqrt{x}$;　　　　　　C. $x + \sin x$;　　　　　　D. $\sqrt{x^3}$.

12. 设 $f(x) = \dfrac{|x|}{x}$,则 $\lim\limits_{x \to 0} f(x) = ($　　　$)$.

A. -1;　　　　　　B. 0;　　　　　　C. 1;　　　　　　D. 不存在.

13. 已知 $\lim\limits_{n \to \infty} \left(1 + \dfrac{k}{n}\right)^{2n} = e^{-1}$,则 $k = ($　　　$)$.

A. $-\dfrac{1}{2}$;　　　　　　B. -2;　　　　　　C. $\dfrac{1}{2}$;　　　　　　D. 2.

14. 设 $f(x) = \begin{cases} \dfrac{\sin bx}{x}, & x \neq 0 \\ a, & x = 0 \end{cases}$,$(a, b$ 是常数) 为连续函数,则 $a = ($　　　$)$.

A. 1;　　　　　　B. 0;　　　　　　C. b;　　　　　　D. $-b$.

15. 函数 $f(x) = \begin{cases} x - 1, & 0 < x \leqslant 1 \\ 2 - x, & 1 < x \leqslant 3 \end{cases}$ 在 $x = 1$ 处间断,是因为(　　　).

A. $f(x)$ 在 $x = 1$ 处无定义;

B. $\lim\limits_{x \to 1^-} f(x)$ 不存在;

C. $\lim\limits_{x \to 1} f(x)$ 不存在;

D. $\lim\limits_{x \to 1^+} f(x)$ 不存在.

二、填空题

1. 设 $y = \begin{cases} 3^x, & -1 < x \leqslant 0 \\ 0, & 0 < x < 2 \\ x - 1, & 2 \leqslant x \leqslant 4 \end{cases}$,则 $f(-0.5) = $ ＿＿＿＿＿＿＿＿, $f(1) = $ ＿＿＿＿＿＿＿＿,

$f(2) = $ _____ , $f(3) = $ _____ .

2. $y = \dfrac{x-1}{x+1}$ 的反函数是 _____ .

3. $y = \dfrac{1}{\ln 4x}$ 的定义域是 _____ .

4. $[(-1,2) \bigcap (0,2)] \bigcup (1,3] = $ _____ .

5. $\lim\limits_{n \to \infty}(\underbrace{\dfrac{1}{n} + \dfrac{1}{n} + \cdots + \dfrac{1}{n}}_{\text{共 } n \text{ 项}}) = $ _____ .

6. $\lim\limits_{n \to \infty} x_n = 1$,则 $\lim\limits_{n \to \infty} \dfrac{x_{n-1} + x_n + x_{n+1}}{3} = $ _____ .

7. $\lim\limits_{x \to \infty} \dfrac{x - \sin x}{2x} = $ _____ .

8. 设 $\lim\limits_{x \to 1}\left(\dfrac{a}{1-x^2} - \dfrac{x}{1-x}\right) = \dfrac{3}{2}$,则 $a = $ _____ .

9. 设 $f(x) = \dfrac{1}{1 + \mathrm{e}^{\frac{1}{x}}}$,则 $\lim\limits_{x \to 0^-} f(x) = $ _____ , $\lim\limits_{x \to 0^+} f(x)$ _____ .

10. $\lim\limits_{x \to 0} (1 + ax)^{\frac{1}{x}} = 2$,则 $a = $ _____ .

11. 已知当 $x \to \infty$ 时,函数 $f(x)$ 与 $\dfrac{1}{x^4}$ 是等价无穷小,则 $\lim\limits_{x \to \infty} xf(x) = $ _____ .

12. $\lim\limits_{x \to x_0} f(x)$ 存在是函数在点 x_0 处连续的 _____ 条件,函数 $f(x)$ 在 x_0 处连续是 $\lim\limits_{x \to x_0} f(x)$ 存在的 _____ 条件.

13. 设 $f(x) = \begin{cases} \dfrac{\ln(1+ax)}{x}, & x \neq 0, \\ 2, & x = 0 \end{cases}$ 在点 $x = 0$ 处连续,则必有 $a = $ _____ .

14. 函数 $f(x) = \sqrt{9 - x^2} + \dfrac{1}{\sqrt{x^2 - 4}}$ 的连续区间是 _____ .

三、解 答 题

1. 求下列函数的定义域:

(1) $y = \arcsin \dfrac{x-2}{5-x}$;　　　　　　　(2) $y = \sqrt{\lg \dfrac{5x - x^2}{4}}$;

(3) $y = \sqrt{3-x} + \arctan \dfrac{1}{x}$;　　　　(4) $y = \sin \sqrt{x}$.

2. 下列函数由哪些基本初等函数复合而成?

(1) $y = \ln(\ln x)$;　　　　　　　　　　(2) $y = \mathrm{e}^{\sin^2(x^2-1)}$;

(3) $(1 + 2x)^{10}$;　　　　　　　　　　(4) $y = (\arcsin \sqrt{1 - x^2})^2$.

3. 求下列极限:

(1) $\lim\limits_{n \to \infty} \dfrac{(n^3+1)(n^2+5n+6)}{2n^5-4n^2+3}$;

(2) $\lim\limits_{n \to \infty} \dfrac{n}{\sqrt{n^2+1}+\sqrt{n^2-1}}$;

(3) $\lim\limits_{n \to \infty}(\sqrt{n+1}-\sqrt{n})$;

(4) $\lim\limits_{n \to \infty}\left(1+\dfrac{1}{n}\right)^{n+2}$;

(5) $\lim\limits_{x \to 1} \dfrac{x^3+x^2-2}{x^2-1}$;

(6) $\lim\limits_{x \to 3} \dfrac{\sqrt{1+x}-2}{x-3}$;

(7) $\lim\limits_{x \to 0} \dfrac{1-\cos x}{x\sin x}$;

(8) $\lim\limits_{x \to 0} \dfrac{\sin^m x}{\tan(x)^m}$;

(9) $\lim\limits_{x \to \infty}\left(1-\dfrac{1}{x}\right)^{2x}$;

(10) $\lim\limits_{x \to 0}(1+\tan x)^{\cot x}$;

(11) $\lim\limits_{x \to 1} x^{\frac{4}{x-1}}$;

(12) $\lim\limits_{x \to \infty} \dfrac{\sqrt[3]{x^2}\cos x}{x^2+1}$.

4. 已知 $\lim\limits_{x \to \infty}(3x-\sqrt{ax^2-x}+1)=\dfrac{7}{6}$,求 a.

5. 设 $f(x)=\begin{cases} \dfrac{\tan ax}{x}, & x<0, \\ x+2, & x\geqslant 0, \end{cases}$ 已知 $\lim\limits_{x \to 0}f(x)$ 存在,求 a 值.

6. 已知当 $x \to 0$ 时,$(\sqrt{1+ax^2}-1)$ 与 $\sin^2 x$ 是等价无穷小,求常数 a 的值.

7. 已知当 $x \to 1$ 时,$f(x)=\dfrac{1-x}{1+x}$ 与 $g(x)=1-\sqrt[3]{x}$ 都是无穷小,现将 $f(x)$ 与 $g(x)$ 进行比较.会得什么样的结论?

8. 讨论函数 $f(x)=\begin{cases} \dfrac{\ln(1-x)}{x}, & x<0, \\ \dfrac{1}{2}, & x=0, \\ \dfrac{\sqrt{1+x}-1}{x}, & x>0 \end{cases}$ 在点 $x=0$ 的连续性.

9. 已知函数 $f(x)=\begin{cases} a+bx^2, & x\leqslant 0, \\ \dfrac{\sin bx}{2x}, & x>0 \end{cases}$ 在点 $x=0$ 连续,问 a,b 应满足什么样的关系?

第 2 章

导 数 与 微 分

数学由初等数学(常量数学)时期向变量数学时期转变,决定性的一步是17世纪后半叶微积分学的创建与发展. 微积分学包括研究导数、微分及其应用的微分学以及研究不定积分、定积分及其应用的积分学.

历史上,积分思想先于微分思想,积分的雏形源于古代求面积、体积等问题,而微分思想是和求曲线的切线问题相联系的.在微积分的发展进程中,下列3类问题导致了微分学的产生:求曲线的切线;求变速运动的瞬时速度;求最大值和最小值.其中,前两类问题都可以归结为函数相对于自变量变化的快慢程度,即所谓的函数变化(速)率问题.莱布尼兹从几何学的角度(求曲线的切线)、牛顿从运动学的角度出发(求变速运动的瞬时速度),分别独立地给出了导数的概念.而第三类问题在当时的生产实践中具有深刻的应用背景,如计算抛射体获得最大射程时的发射角,行星离开太阳时的最远和最近距离等.

一直以来,导数作为函数的变化率,在研究函数变化的性态中有着十分重要的意义.

本章及第 3 章将介绍一元函数微分学的内容.

微积分是与应用联系着发展起来的,最初牛顿借助开普勒行星运动三定律应用微积分学及微分方程导出了万有引力定律.此后,微积分学极大地推动了数学的发展,同时也极大地推动了自然科学、社会科学及应用科学各个分支中的发展,并在这些学科中有越来越广泛的应用,特别是计算机的出现更有助于这些应用的不断发展.

§2.1 导数的概念 —— 函数变化速率的数学模型

导数是微分学中的一个重要概念,在各个领域都有着重要的应用.在化学中,反应物的浓度关于时间的变化率(称为反应速度);在生物学中,种群数量关于时间的变化率(称为种群增长速度);在社会学中,传闻(或新事物) 的传播速度;在钢铁厂,生产 x 吨钢的成本关于产量 x 的变化率(称为边际成本),等等,所有这些涉及变量变化速率的问题都可归结为求已知函数的导数问题.

2.1.1　函数变化率的实例

1. 曲线切线的斜率

对于"曲线的切线",在中学数学中,把圆的切线定义为与这个圆有唯一交点的直线. 但对于一般的曲线,这个定义显然不再适用. 下面给出一般连续曲线的切线定义:

"设点 P 为曲线上的一个定点,在曲线上另取一点 Q,作割线 PQ,当点 Q 沿曲线移动趋向于定点 P 时,若割线 PQ 的极限位置存在,则称其极限位置 PT 为曲线在点 P 处的**切线**."

引例 1　设点 $P(x_0, f(x_0))$ 是曲线 $y = f(x)$ 上的一定点,求曲线在点 P 处切线的斜率 k.

解　如图 2-1-1,在曲线 $y = f(x)$ 上另取一动点 $Q(x_0 + \Delta x, f(x_0 + \Delta x))$,则

$$\Delta y = f(x_0 + \Delta x) - f(x_0),$$

计算割线 PQ 的斜率 $\bar{k}$:

$$\bar{k} = \frac{\Delta y}{\Delta x} = \frac{f(x_0 + \Delta x) - f(x_0)}{\Delta x}.$$

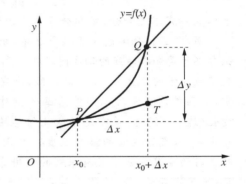

图 2-1-1

当 $\Delta x \to 0$ 时,动点 Q 沿曲线趋向于定点 P,若割线 PQ 趋于极限位置(若存在的话)切线 PT,则割线斜率也趋于极限值切线斜率,即

$$k = \lim_{\Delta x \to 0} \bar{k} = \lim_{\Delta x \to 0} \frac{\Delta y}{\Delta x} = \lim_{\Delta x \to 0} \frac{f(x_0 + \Delta x) - f(x_0)}{\Delta x}.$$

2. 变速直线运动的瞬时速度

在中学物理中,我们知道速度 = 距离 ÷ 时间. 严格来说,这个公式应表述为

平均速度 = 位移的改变量 ÷ 时间的改变量.

当物体做匀速直线运动时,每时每刻的速度都恒定不变,可以用平均速度来衡量. 但实际生活中,运动往往是非匀速的,这时平均速度并不能精确刻画任意时刻物体运动的快慢程度,有必要讨论物体在任意时刻的瞬时速度.

引例 2　设质点作变速直线运动,其位移函数为 $s = s(t)$. 求质点在 t_0 时刻的瞬时速度 $v(t_0)$.

解　不妨考虑 $[t_0, t_0 + \Delta t]$(或 $[t_0 + \Delta t, t_0]$)这一时间间隔:时间的改变量 Δt,位移的改变量 $\Delta s = s(t_0 + \Delta t) - s(t_0)$,容易计算在这一时间间隔内质点的平均速

度为
$$\overline{v} = \frac{\Delta s}{\Delta t} = \frac{s(t_0 + \Delta t) - s(t_0)}{\Delta t}.$$

由于变速运动的速度通常是连续变化的,因此虽然从整体来看,运动确实是变速的;但从局部来看,当时间间隔 $|\Delta t|$ 很短时,在这一时间间隔内速度变化不大,可以近似地看作匀速. 因此可以用平均速度 $\overline{v}$ 来近似瞬时速度 $v(t_0)$,而且时间间隔越小,近似程度越好,平均速度越接近瞬时速度. 当 $\Delta t \to 0$ 时,平均速度 $\overline{v}$ 的极限就是瞬时速度 $v(t_0)$,即
$$v(t_0) = \lim_{\Delta t \to 0}\overline{v} = \lim_{\Delta t \to 0}\frac{\Delta s}{\Delta t} = \lim_{\Delta t \to 0}\frac{s(t_0 + \Delta t) - s(t_0)}{\Delta t}.$$

3. 细长杆质量分布的线密度

对于细长杆,它的横截面相对于长度可忽略不计. 因此,可以认为细长杆的质量仅与其长度有关,定义线密度为单位长度上的质量,即 $\rho = \frac{m}{l}$. 显然,对于均匀细长杆,它的线密度一定是常数;而对于非均匀的细长杆,质量在杆上分布不均匀,所以在杆的不同处,线密度可能不同.

引例 3　取细长杆所在直线为 x 轴,细杆左端点为原点,设细杆从其左端到点 x_0 处的这段杆的质量为 $m(x_0)$,试确定细长杆在点 x_0 处的线密度 $\rho(x_0)$.

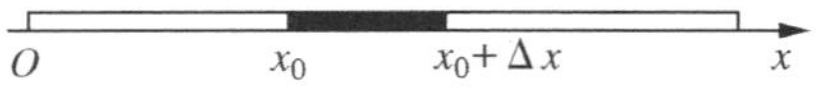

图 2-1-2

解　如图 2-1-2 所示,不妨在杆上点 x_0 附近取一点 $x_0 + \Delta x$,易知在点 x_0 及点 $x_0 + \Delta x$ 之间的这部分杆的质量为 $\Delta m = m(x_0 + \Delta x) - m(x_0)$,相应的平均线密度为
$$\overline{\rho} = \frac{\Delta m}{\Delta x} = \frac{m(x_0 + \Delta x) - m(x_0)}{\Delta x}.$$

如果 Δx 越来越小,那么平均线密度就越来越接近点 x_0 处的线密度,当 $\Delta x \to 0$ 时,平均线密度的极限 $\overline{\rho}$ 就是点 x_0 处的线密度 $\rho(x_0)$,即
$$\rho(x_0) = \lim_{\Delta x \to 0}\overline{\rho} = \lim_{\Delta x \to 0}\frac{\Delta m}{\Delta x} = \lim_{\Delta x \to 0}\frac{m(x_0 + \Delta x) - m(x_0)}{\Delta x}.$$

4. 平均变化率和瞬时变化率

上述 3 个实际问题虽然背景不同,但本质是一样的,都可以归结为这样的运算:

在某一定点 x_0 的 δ 邻域上,计算函数的改变量与自变量的改变量之比,即 $\frac{\Delta y}{\Delta x}$,该比值称为**平均变化率**,从平均意义来衡量 y 相对于 x 的变化速率.

令 $\Delta x \to 0$,对平均变化率求极限,即 $\lim_{\Delta x \to 0}\frac{\Delta y}{\Delta x}$,该极限值称为瞬时变化率,它刻

画了每一瞬间(在点 x_0 处)y 相对于 x 的变化速率.

2.1.2　导数的概念及其物理意义

1. 函数在点 x_0 处的导数定义

　　定义 1　设函数 $y = f(x)$ 在点 x_0 的某个邻域内有定义,若自变量 x 在点 x_0 处有改变量 Δx($\Delta x \neq 0$ 且 $x_0 + \Delta x$ 仍在该邻域内),相应地,函数 $f(x)$ 有改变量 $\Delta y = f(x_0 + \Delta x) - f(x_0)$,作比率

$$\frac{\Delta y}{\Delta x} = \frac{f(x_0 + \Delta x) - f(x_0)}{\Delta x}.$$

若 $x \to 0$ 时上式极限存在,则称它为函数 $f(x)$ 在点 x_0 处可导(或称函数 $f(x)$ 在点 x_0 处具有导数),并称该极限值为函数 $f(x)$ 在点 x_0 处的**导数**(或称瞬时变化率),记为 $f'(x_0)$$\left(\text{也可记作 } y' \big|_{x=x_0} \text{ 或 } \dfrac{\mathrm{d}y}{\mathrm{d}x}\Big|_{x=x_0} \text{ 或 } \dfrac{\mathrm{d}f(x)}{\mathrm{d}x}\Big|_{x=x_0}\right)$,即函数 $f(x)$ 在点 x_0 处的导数为

$$f'(x_0) = \lim_{\Delta x \to 0} \frac{\Delta y}{\Delta x} = \lim_{\Delta x \to 0} \frac{f(x_0 + \Delta x) - f(x_0)}{\Delta x}.$$

　　若极限 $\lim\limits_{\Delta x \to 0} \dfrac{\Delta y}{\Delta x}$ 不存在,则称函数 $f(x)$ 在点 x_0 处不可导(或称函数 $f(x)$ 在点 x_0 处的导数不存在). 特别地,若 $\lim\limits_{\Delta x \to 0} \dfrac{\Delta y}{\Delta x} = \infty$,也可称函数 $f(x)$ 在点 x_0 处的导数为无穷大.

　　注　(1)导数的定义式有两种不同的表达形式:对于给定点 x_0,
若动点用 $x_0 + \Delta x$ 表示,则

$$f'(x_0) = \lim_{\Delta x \to 0} \frac{f(x_0 + \Delta x) - f(x_0)}{\Delta x};$$

若动点用 x 表示(即令 $x = x_0 + \Delta x$),则

$$f'(x_0) = \lim_{x \to x_0} \frac{\Delta y}{\Delta x} = \lim_{x \to x_0} \frac{f(x) - f(x_0)}{x - x_0}.$$

　　(2)从数学结构上看,导数是商式 $\dfrac{\Delta y}{\Delta x}$ 的极限,是借用极限来定义的.

　　(3)导数的定义式可通过口诀"导数 —— 瞬时变化率"来记忆. 其中,"瞬时"体现在取极限:令动点趋向于定点;"变化"即改变量:Δx,Δy;"率"意味着"比率",译作分数线"—".

2. 函数在区间 I 内的导函数定义

　　定义 2　设函数 $y = f(x)$ 在区间 I 内每一点都可导,则对 I 内每一点 x 都有

一个导数值 $f'(x)$ 与之对应, 这样就确定了一个新的函数, 称为函数 $f(x)$ 在区间 I 内的**导函数**（简称为导数）, 记作 $f'(x)$, $\left(\text{也可记作 } y' \text{ 或 } \dfrac{\mathrm{d}y}{\mathrm{d}x} \text{ 或 } \dfrac{\mathrm{d}f(x)}{\mathrm{d}x}\right)$, 即函数 $f(x)$ 的导函数为

$$f'(x) = \lim_{\Delta x \to 0} \frac{\Delta y}{\Delta x} = \lim_{\Delta x \to 0} \frac{f(x + \Delta x) - f(x)}{\Delta x},$$

而点 x_0 的导数为

$$f'(x_0) = \lim_{x \to x_0} \frac{\Delta y}{\Delta x} = \lim_{x \to x_0} \frac{f(x) - f(x_0)}{x - x_0}.$$

注　（1）$f'(x_0)$ 是一个确定的数值; 而 $f'(x)$ 是一个函数.

（2）导函数 $f'(x)$ 在 $x = x_0$ 处的函数值就是 $f'(x_0)$, 即 $f'(x_0) = f'(x)\,|_{x=x_0}$.

（3）根据定义式, 容易推知导数的单位是 $\dfrac{y \text{ 的单位}}{x \text{ 的单位}}$.

根据导数的定义, 重新回顾上一段的 3 个引例:

（1）曲线 $y = f(x)$ 在点 $P(x_0, f(x_0))$ 处的切线斜率就是函数 $f(x)$ 在点 x_0 处的导数

$$k = f'(x_0) = \frac{\mathrm{d}y}{\mathrm{d}x}\bigg|_{x=x_0}.$$

（2）作变速运动的质点在 t_0 时刻的瞬时速度就是其位移函数 $s(t)$ 在点 t_0 处的导数

$$v(t_0) = s'(t_0) = \frac{\mathrm{d}s}{\mathrm{d}t}\bigg|_{t=t_0}.$$

若位移的单位为 m, 时间的单位为 s, 则导数 $s'(t_0)$ 的单位是 $\dfrac{\mathrm{m}}{\mathrm{s}}$, 的确是速度的单位.

（3）细长杆在点 x_0 处的线密度 $\rho(x_0)$ 就是在点 x_0 处质量相对于长度的导数

$$\rho(x_0) = m'(x_0) = \frac{\mathrm{d}m}{\mathrm{d}x}\bigg|_{x=x_0}.$$

若质量的单位为 kg, 长度的单位为 m, 易知线密度 $\rho(x_0)$ 的单位是 $\dfrac{\mathrm{kg}}{\mathrm{m}}$.

3. 常见导数问题

如果 $y = f(x)$, 那么 y 相对于 x 的变化率就是导数 $\dfrac{\mathrm{d}y}{\mathrm{d}x}$. 下面列举一些常见的导数问题:

（1）位移 $s(t)$ 对时间 t 的变化率是速度 $v(t)$, 速度对时间 t 的变化率就是加速度 $a(t)$, 即

$$\text{速度 } v(t) = s'(t) = \frac{\mathrm{d}s}{\mathrm{d}t},$$

$$\text{加速度 } a(t) = v'(t) = \frac{\mathrm{d}v}{\mathrm{d}t}.$$

（2）设物体绕定轴旋转, 在时间间隔 $[0, t]$ 内转过的角度 θ 是 t 的函数. 如果是

匀速旋转,定义平均角速度为单位时间所转过的角度 $\omega = \dfrac{\theta}{t}$；如果旋转是非匀速的,则该物体在 t 时刻的角速度为

$$\omega(t) = \frac{\mathrm{d}\theta}{\mathrm{d}t}.$$

(3) 在电学中,功率 $P(t)$ 定义为功 $W(t)$ 关于时间 t 的变化率,即

$$P(t) = W'(t) = \frac{\mathrm{d}W}{\mathrm{d}t}.$$

(4) 通过导线横截面的电荷量 $Q(t)$ 关于时间 t 的变化率就是电流强度 $I(t)$,即

$$I(t) = Q'(t) = \frac{\mathrm{d}Q}{\mathrm{d}t}.$$

(5) 放射物残留量 $M(t)$ 相对于时间 t 的变化率就是放射物的衰变速率,即

$$M'(t) = \frac{\mathrm{d}M}{\mathrm{d}t}.$$

4. 根据定义求导数

根据定义求导数,可分解为 3 个步骤：

(1) 求函数的改变量 Δy；

(2) 求平均变化率 $\dfrac{\Delta y}{\Delta x}$；

(3) 取极限,计算瞬时变化率(即导数) $\lim\limits_{\Delta x \to 0} \dfrac{\Delta y}{\Delta x}$.

例 1　设函数 $f(x) = x^2$,根据导数定义计算 $f'(2)$.

解　(1) 定点 $x_0 = 2$,动点 $2 + \Delta x$,故函数改变量

$$\Delta y = f(2 + \Delta x) - f(2) = (2 + \Delta x)^2 - 2^2.$$

(2) 平均变化率　$\dfrac{\Delta y}{\Delta x} = \dfrac{(2 + \Delta x)^2 - 2^2}{\Delta x} = 4 + \Delta x.$

(3) 取极限　$f'(2) = \lim\limits_{\Delta x \to 0} \dfrac{\Delta y}{\Delta x} = \lim\limits_{\Delta x \to 0} (4 + \Delta x) = 4.$

例 2　求常数函数 $y = C$ 的导数(其中,C 为常数).

解　(1) 因为 $y = C$,因此不论 x 取什么值,y 恒等于 C,即函数改变量 $\Delta y = 0$.

(2) 平均变化率 $\dfrac{\Delta y}{\Delta x} = 0.$

(3) 取极限　$y' = \lim\limits_{\Delta x \to 0} \dfrac{\Delta y}{\Delta x} = \lim\limits_{\Delta x \to 0} (0) = 0.$

直观来看,常数是恒定不变的,(瞬时)变化率当然为 0,即常数的导数为 0.

5. 可导与连续的关系

根据导数的定义,很容易推出"可导"与"连续"的关系.

定理 1　如果函数 $f(x)$ 在点 x_0 处可导,则 $f(x)$ 在点 x_0 处连续,即"可导"⇒"连续",或称 $f(x)$ 在 x_0 处可导是在 x_0 处连续的充分条件.

注　该定理的逆命题不一定成立.即"可导"⇍"连续",例 3 即为反例.

例 3　讨论 $f(x) = |x| = \begin{cases} x, & x \geqslant 0, \\ -x, & x < 0 \end{cases}$ 在点 $x = 0$ 处的连续性与可导性.

解　(1) 由于

$$\lim_{x \to 0^+} f(x) = \lim_{x \to 0^-} f(x) = f(0) = 0,$$

易知 $f(x) = |x|$ 在点 $x = 0$ 是连续的.

(2) 由于

$$\lim_{x \to 0^+} \frac{f(x) - f(0)}{x - 0} = \lim_{x \to 0^+} \frac{x - 0}{x - 0} = 1, \lim_{x \to 0^-} \frac{f(x) - f(0)}{x - 0} = \lim_{x \to 0^-} \frac{-x - 0}{x - 0} = -1.$$

故 $f'(0) = \lim_{x \to 0} \frac{f(x) - f(0)}{x - 0}$ 不存在,即 $f(x) = |x|$ 在点 $x = 0$ 是不可导的.

2.1.3　导数的几何意义与曲线的切线和法线方程

由引例 1 知:曲线 $y = f(x)$ 在点 x_0 处的切线斜率就是函数 $f(x)$ 在点 x_0 处的导数,这就是导数的几何意义.

如果知道曲线 $y = f(x)$ 上的切点坐标 $(x_0, f(x_0))$ 和斜率 $f'(x_0)$,由直线的点斜式方程可以确定切线方程及相应的法线方程,具体可见表 2-1-1.

表 2-1-1

在切点 x_0 的导数情况		切线方程	法线方程
$f'(x_0) = A$ A 是常数	$f'(x_0) \neq 0$	$y - f(x_0) = f'(x_0)(x - x_0)$	$y - f(x_0) = -\dfrac{1}{f'(x_0)}(x - x_0)$
	$f'(x_0) = 0$	$y = f(x_0)$ (切线平行于 x 轴)	$x = x_0$ (法线垂直于 x 轴)
$f'(x_0) = \infty$		切线垂直于 x 轴,故切线方程为 $x = x_0$	法线平行于 x 轴,故法线方程为 $y = f(x_0)$

注　从表 2-1-1 中可知,"切线存在"与"导数存在"并没有一一对应的关系.若导数不存在,但等于无穷大,此时曲线在切点处具有垂直于 x 轴的切线.

例 4　设曲线 $f(x) = x^2$,求曲线在点 $x = 2$ 处的切线方程、法线方程.

解　由例 1 计算得 $f'(2) = 4$,故有

(1) 切点 $(2, 4)$;切线斜率 $f'(2) = 4$;切线方程 $y - 4 = 4(x - 2)$.

(2) 切点 $(2, 4)$;法线斜率 $-\dfrac{1}{f'(2)} = -\dfrac{1}{4}$;法线方程 $y - 4 = -\dfrac{1}{4}(x - 2)$.

练习与思考 2-1

1. 当物体的温度高于环境温度,物体将降温冷却,若物体的温度 T 与时间 t 的函数关系为 $T = T(t)$,请列式表示物体在时刻 t 时的冷却速度(即温度对时间的变化率).

2. 判断下列命题是否正确?如不正确,请举出反例:

(1) 若函数 $y = f(x)$ 在点 x_0 处不可导,则 $y = f(x)$ 在点 x_0 处一定不连续;

(2) 若函数 $y = f(x)$ 在点 x_0 处不连续,则 $y = f(x)$ 在点 x_0 处一定不可导;

(3) 若曲线 $y = f(x)$ 处处有切线,则 $y = f(x)$ 必定处处可导;

(4) 若函数 $y = f(x)$ 在点 x_0 处不可导,则曲线 $y = f(x)$ 在点 x_0 处必无切线.

§2.2 导数的运算(一)

为方便应用,本节给出常用的基本初等函数的求导公式,并介绍相关的求导法则,采用"代数化"方式(即代公式的方式)计算函数的导数.

2.2.1 函数四则运算的求导

1. 基本初等函数求导公式

常量函数 $C' = 0$(C 为常数);

幂函数 $(x^n)' = nx^{n-1}$(n 为实数);

指数函数 $(a^x)' = a^x \ln a$($a > 0$ 且 $a \neq 1$),特别地,$(e^x)' = e^x$;

对数函数 $(\log_a x)' = \dfrac{1}{x \ln a}$($a > 0$ 且 $a \neq 1$),特别地,$(\ln x)' = \dfrac{1}{x}$;

三角函数 $(\sin x)' = \cos x$; $(\cos x)' = -\sin x$;

             $(\tan x)' = \dfrac{1}{\cos^2 x} = \sec^2 x$; $(\cot x)' = -\dfrac{1}{\sin^2 x} = -\csc^2 x$;

             $(\sec x)' = \sec x \cdot \tan x$; $(\csc x)' = -\csc x \cdot \cot x$;

反三角函数 $(\arcsin x)' = \dfrac{1}{\sqrt{1-x^2}}$; $(\arccos x)' = -\dfrac{1}{\sqrt{1-x^2}}$;

             $(\arctan x)' = \dfrac{1}{1+x^2}$; $(\text{arccot} x)' = -\dfrac{1}{1+x^2}$.

注   有些函数需要恒等变换后,再套用求导公式.如:

$$(\sqrt{x})' = (x^{\frac{1}{2}})' = \frac{1}{2} x^{-\frac{1}{2}} = \frac{1}{2\sqrt{x}}.$$

2. 函数四则运算的求导法则

定理 1　　设函数 $u = u(x)$，$v = v(x)$ 在点 x 处可导，则

（1）$(u \pm v)' = u' \pm v'$；

（2）$(u \cdot v)' = u' \cdot v + u \cdot v'$，特别地，$(C \cdot u)' = C \cdot u'$（$C$ 为常数）；

（3）$\left(\dfrac{u}{v}\right)' = \dfrac{u' \cdot v - u \cdot v'}{v^2}$（$v \neq 0$）。

注　（1）"和（差）求导"关键在于每项求导，可推广到有限项；

（2）"乘积求导"关键在于轮流求导，可推广到有限项；

（3）不要看到函数的商，就利用商法则求导. 有时将其先改写成有利于求导的简单形式会更简单，如将函数 $y = \dfrac{5x^3 + 2\sqrt{x}}{x}$ 先简化成 $y = 5x^2 + 2x^{-\frac{1}{2}}$ 再求导则更简单.

例 1　求函数 $y = x^3 + \mathrm{e}^x - \sin(\pi)$ 的导数 y'.

解　$y' = (x^3 + \mathrm{e}^x - \sin(\pi))' = (x^3)' + (\mathrm{e}^x)' - (\sin(\pi))'$

　　　　$= 3x^2 + \mathrm{e}^x - 0 = 3x^2 + \mathrm{e}^x$.

例 2　求函数 $y = \mathrm{e}^x \cos(x)$ 的导数 y'.

解　$y' = (\mathrm{e}^x \cos x)' = (\mathrm{e}^x)' \cos x + \mathrm{e}^x (\cos x)'$

　　　　$= \mathrm{e}^x \cos x + \mathrm{e}^x (-\sin x) = \mathrm{e}^x (\cos x - \sin x)$.

例 3　求函数 $y = \dfrac{1}{x}$ 的导数 y'.

解　**解法一**　利用求导法则，有

$$y' = \frac{(1)' \cdot x - 1 \cdot (x)'}{x^2} = \frac{0 \cdot x - 1 \cdot 1}{x^2} = -\frac{1}{x^2}.$$

解法二　利用幂函数求导公式，$y' = (x^{-1})' = -x^{-2} = -\dfrac{1}{x^2}$.（解法二更简单.）

例 4　验证 $(\tan x)' = \sec^2 x$.

解　$(\tan x)' = \left(\dfrac{\sin x}{\cos x}\right)' = \dfrac{(\sin x)' \cos x - \sin x (\cos x)'}{\cos^2 x}$

　　　　$= \dfrac{\cos x \cos x - \sin x (-\sin x)}{\cos^2 x}$

　　　　$= \dfrac{\cos^2 x + \sin^2 x}{\cos^2 x} = \dfrac{1}{\cos^2 x} = \sec^2 x.$

2.2.2 复合函数及反函数的求导

1. 复合函数的求导法则

定理 2 设函数 $u = g(x)$ 在点 x 处可导,而函数 $y = f(u)$ 在对应点 u 处可导,则复合函数 $y = f(g(x))$ 在点 x 处可导,且其导数为

$$\frac{\mathrm{d}y}{\mathrm{d}x} = \frac{\mathrm{d}y}{\mathrm{d}u} \cdot \frac{\mathrm{d}u}{\mathrm{d}x},$$

或记作
$$[f(g(x))]' = f'_u \cdot g'_x.$$

注 复合函数的导数等于外层(函数对中间变量)求导乘以内层(函数对自变量)求导. 复合函数的求导法则,又称为链式法则,可推广到有限次复合的情形. 例如,对于由函数 $y = f(u)$,$u = g(v)$,$v = h(x)$ 复合而成的函数 $y = f(g(h(x)))$,其导数为

$$\frac{\mathrm{d}y}{\mathrm{d}x} = \frac{\mathrm{d}y}{\mathrm{d}u} \cdot \frac{\mathrm{d}u}{\mathrm{d}v} \cdot \frac{\mathrm{d}v}{\mathrm{d}x}.$$

例 5 求函数 $y = \sin 2x$ 的导数 y'.

解 可看作是由函数 $y = \sin u$,$u = 2x$ 复合而成,由链式法则可求导数

$$y' = \frac{\mathrm{d}y}{\mathrm{d}x} = \frac{\mathrm{d}y}{\mathrm{d}u} \cdot \frac{\mathrm{d}u}{\mathrm{d}x} = \cos u \cdot 2 = 2\cos 2x.$$

例 6 求函数 $y = \ln(x^2 + 3x)$ 的导数 y'.

解 可看作是由函数 $y = \ln u$,$u = x^2 + 3x$ 复合而成,则由链式法则可求导数

$$y' = \frac{\mathrm{d}y}{\mathrm{d}x} = \frac{\mathrm{d}y}{\mathrm{d}u} \cdot \frac{\mathrm{d}u}{\mathrm{d}x} = (\ln u)'_u \cdot (x^2 + 3x)'_x = \frac{1}{u} \cdot (2x + 3) = \frac{2x + 3}{x^2 + 3x}.$$

在熟练掌握复合函数求导法则后,可以省略中间变量,按照复合函数的复合次序直接计算.

例 7 求函数 $y = (x^3 + 4x)^{60}$ 的导数 y'.

解 $y' = [(x^3 + 4x)^{60}]' = 60(x^3 + 4x)^{59} \cdot (x^3 + 4x)'_x$

$\qquad = 60(x^3 + 4x)^{59} \cdot (3x^2 + 4)$.

例 8 求函数 $y = \sin^2(3x)$ 的导数 y'.

解 $y' = [(\sin(3x))^2]' = 2\sin(3x) \cdot (\sin(3x))'_x$

$\qquad = 2\sin(3x) \cdot \cos(3x) \cdot (3x)'_x$

$\qquad = 2\sin(3x) \cdot \cos(3x) \cdot 3 = 3\sin(6x)$.

若用变化率来解释导数的话,复合函数求导法则的意义就是:$y = f(g(x))$ 相对于 x 的变化率,等于 $y = f(u)$ 相对于 u 的变化率乘以 $u = g(x)$ 相对于 x 的变化率.

例 9 设气体以 $100\mathrm{cm}^3/\mathrm{s}$ 的常速注入球状气球,假定气体的压力不变,那么

当半径为 10cm 时,气球半径增加的速率是多少?

解　分别用字母 V, r 表示气球的体积和半径,它们都是时间 t 的函数,且在 t 时刻气球体积与半径的关系为

$$V(t) = \frac{4}{3}\pi[r(t)]^3.$$

由复合函数求导法则,有

$$\frac{\mathrm{d}V}{\mathrm{d}t} = \frac{\mathrm{d}V}{\mathrm{d}r} \cdot \frac{\mathrm{d}r}{\mathrm{d}t};$$

容易求得

$$\frac{\mathrm{d}V}{\mathrm{d}r} = \frac{4}{3}\pi \cdot 3r^2,$$

又根据题意知 $\dfrac{\mathrm{d}V}{\mathrm{d}t} = 100\mathrm{cm}^3/\mathrm{s}$,代入上式得

$$100 = \left(\frac{4}{3}\pi \cdot 3r^2\right)\frac{\mathrm{d}r}{\mathrm{d}t},$$

即

$$\frac{\mathrm{d}r}{\mathrm{d}t} = \frac{25}{\pi r^2}.$$

因此,当半径为 10cm 时,气球半径增加的速率

$$\frac{\mathrm{d}r}{\mathrm{d}t} = \frac{25}{\pi \cdot (10)^2} = \frac{1}{4\pi}(\mathrm{cm}/\mathrm{s}).$$

2. 反函数的求导法则

定理 3　设单调连续函数 $x = g(y)$ 在点 y 处可导且 $g'(y) \neq 0$,则其反函数 $y = f(x)$ 在对应点 x 处可导,且其导数为

$$\frac{\mathrm{d}y}{\mathrm{d}x} = \frac{1}{\dfrac{\mathrm{d}x}{\mathrm{d}y}} \text{ 或 } f'(x) = \frac{1}{g'(y)}.$$

注　反函数的导数等于直接函数导数的倒数.

例 10　验证 $(\arctan x)' = \dfrac{1}{1+x^2}$.

解　$y = \arctan x$ 是函数 $x = \tan y$ 的反函数. $x = \tan y$ 在 $y \in (-\frac{\pi}{2}, \frac{\pi}{2})$ 是单调连续的,且

$$\frac{\mathrm{d}x}{\mathrm{d}y} = (\tan y)' = \sec^2 y > 0.$$

故由反函数求导法则,有

$$(\arctan x)' = y' = \frac{1}{\dfrac{\mathrm{d}x}{\mathrm{d}y}} = \frac{1}{\sec^2 y} = \frac{1}{1 + \tan^2 y} = \frac{1}{1+x^2}.$$

例 11　验证 $(\log_a x)' = \dfrac{1}{x \cdot \ln a}(a > 0 \text{ 且 } a \neq 1)$.

解　$y = \log_a x$ 是函数 $x = a^y$ 的反函数. $x = a^y$ 在 $y \in (-\infty, +\infty)$ 是单调

连续的,且
$$\frac{\mathrm{d}x}{\mathrm{d}y} = (a^y)' = a^y \cdot \ln a \neq 0.$$

故由反函数求导法则,有
$$(\log_a x)' = y' = \frac{1}{\dfrac{\mathrm{d}x}{\mathrm{d}y}} = \frac{1}{a^y \cdot \ln a} = \frac{1}{x \cdot \ln a}.$$

练习与思考 2-2

1. 判断下列命题是否正确,如不正确,请举出反例:

(1) 若函数 $u(x), v(x)$ 在点 x_0 处不可导,则函数 $u(x) + v(x)$ 在点 x_0 处必定不可导;

(2) 若函数 $u(x)$ 在点 x_0 处可导, $v(x)$ 在点 x_0 处不可导,则函数 $u(x) + v(x)$ 在点 x_0 处必定不可导.

2. 试分辨 $f'(x_0)$ 与 $[f(x_0)]'$ 的区别.

3. 设 A 是半径为 r 的圆的面积,如果圆面积随时间的增加而增大,请用 $\dfrac{\mathrm{d}r}{\mathrm{d}t}$ 表示 $\dfrac{\mathrm{d}A}{\mathrm{d}t}$.

§2.3 导数的运算(二)

2.3.1 二阶导数的概念及其计算

由 §2.1 中的运动学例子可知:位移 $s(t)$ 对时间 t 的导数是速度 $v(t)$;速度 $v(t)$ 对时间 t 的导数是加速度 $a(t)$,即

$$速度\ v(t) = s'(t) = \frac{\mathrm{d}s}{\mathrm{d}t};$$

$$加速度\ a(t) = v'(t) = \frac{\mathrm{d}v}{\mathrm{d}t}.$$

显然,加速度是位移对时间 t 求了一次导后,再求一次导的结果:

$$a(t) = (s'(t))' = \frac{\mathrm{d}}{\mathrm{d}t}\left(\frac{\mathrm{d}s}{\mathrm{d}t}\right),$$

故称加速度是位移对时间的二阶导数,记为

$$a(t) = s''(t) = \frac{\mathrm{d}^2 s}{\mathrm{d}t^2}.$$

定义 1　若函数 $y = f(x)$ 的导函数 $f'(x)$ 仍可导,则称 $f'(x)$ 的导数为函数 $y = f(x)$ 的**二阶导数**,记作 $f''(x)$ $\left(也可记作\ y''\ 或\ \dfrac{\mathrm{d}^2 y}{\mathrm{d}x^2}\ 或\ \dfrac{\mathrm{d}^2 f(x)}{\mathrm{d}x^2}\right).$

注　(1) 为便于理解,今后常将一阶导数类比为"速度",二阶导数类比为"加

速度";

（2）类似定义 $y = f(x)$ 的三阶导数，记作 $f'''(x)$，也可记作 y''' 或 $\dfrac{d^3 y}{dx^3}$ 或 $\dfrac{d^3 f(x)}{dx^3}$.

一般地，$y = f(x)$ 的 n 阶导数，记作 $f^{(n)}(x)\left(\text{也可记作 } y^{(n)} \text{ 或 } \dfrac{d^n y}{dx^n} \text{ 或 } \dfrac{d^n f(x)}{dx^n}\right)$.

欲求函数的二阶（或 n 阶）导数，可以利用学过的求导公式及求导法则，对函数逐次求二次（或 n 次）导数，也可以利用数学软件直接求出结果.

例 1　设函数 $y = e^{2x} + x^3$，求其二阶导数 y''.

解
$$y' = (e^{2x})' + (x^3)' = 2e^{2x} + 3x^2,$$
$$y'' = (2e^{2x})' + (3x^2)' = 4e^{2x} + 6x.$$

例 2　设函数 $f(x) = x \cdot \ln x$，求 $f''(1)$.

解
$$f'(x) = (x)' \cdot \ln x + x \cdot (\ln x)' = \ln x + 1,$$
$$f''(x) = (\ln x)' + 0 = \frac{1}{x},$$

故
$$f''(1) = 1.$$

注　欲求函数在某点处的导数值，必须先求导再代入求值. 若颠倒次序，其结果总是 0.

2.3.2　隐函数求导

定义 2　由二元方程 $F(x, y) = 0$ 所确定的 y 与 x 的函数关系称为**隐函数**，其中因变量 y 不一定能用自变量 x 直接表示出来. 而像 $y = f(x)$ 这样能直接用自变量 x 的表达式来表示因变量 y 的函数关系称为显函数。

之前我们介绍的方法适用于显函数求导. 有些隐函数如 $x + 3y = 4$ 可以化为显函数形式 $y = \dfrac{1}{3}(4 - x)$，再按显函数的求导法求其导数. 但还有些隐函数很难甚至不能化为显函数形式，如由方程 $xy - e^x + e^y = 0$ 确定的函数. 因此，有必要找出直接由方程 $F(x, y) = 0$ 来求隐函数的导数的方法.

隐函数求导法　欲求方程 $F(x, y) = 0$ 确定的隐函数 y 的导数 $\dfrac{dy}{dx}$，只要将 y 看成是 x 的函数 $y(x)$，利用复合函数的求导法则，在方程两边同时对 x 求导，得到一个关于 $\dfrac{dy}{dx}$ 的方程，再从中解出 $\dfrac{dy}{dx}$ 即可.

例 3　求由方程 $xy - e^x + e^y = 0$ 确定的函数的导数 $\dfrac{dy}{dx}$.

解　将 y 看成是 x 的函数 $y(x)$，注意到 e^y 是复合函数，在方程两边同时对 x

求导,得 $$y + x \cdot \frac{\mathrm{d}y}{\mathrm{d}x} - \mathrm{e}^x + \mathrm{e}^y \cdot \frac{\mathrm{d}y}{\mathrm{d}x} = 0,$$

解出隐函数的导数 $$\frac{\mathrm{d}y}{\mathrm{d}x} = \frac{\mathrm{e}^x - y}{x + \mathrm{e}^y}.$$

注 用隐函数求导法所得的导数 $\frac{\mathrm{d}y}{\mathrm{d}x}$ 中允许含有变量 y.

例 4 求由方程 $y^3 + x^3 - 3x = 0$ 确定的函数的导数 $\frac{\mathrm{d}y}{\mathrm{d}x}$.

解 将 y 看成是 x 的函数 $y(x)$,注意到 y^3 是复合函数,在方程两边同时对 x 求导,得 $$3y^2 \cdot y'_x + 3x^2 - 3 = 0,$$

解出隐函数的导数 $$\frac{\mathrm{d}y}{\mathrm{d}x} = y'_x = \frac{3 - 3x^2}{3y^2}.$$

注 本题也可以将隐函数化为显函数形式 $y = \sqrt[3]{3x - x^3}$,再求导.

2.3.3 参数方程所确定的函数求导

在研究物体运动轨迹时,经常会用参数方程表示曲线. 因此有必要讨论对于参数方程所确定的函数求导的一般方法.

参数方程的求导法 若参数方程 $\begin{cases} x = A(t), \\ y = B(t) \end{cases}$ 确定了 y 是 x 的函数,其中, $x = A(t)$, $y = B(t)$ 都可导且 $A'(t) \neq 0$,那么由这个参数方程所确定的函数的导数为 $$\frac{\mathrm{d}y}{\mathrm{d}x} = \frac{\dfrac{\mathrm{d}y}{\mathrm{d}t}}{\dfrac{\mathrm{d}x}{\mathrm{d}t}} = \frac{B'(t)}{A'(t)}.$$

例 5 求摆线 $\begin{cases} x = a(t - \sin t), \\ y = a(1 - \cos t) \end{cases}$ 确定的函数的导数 $\frac{\mathrm{d}y}{\mathrm{d}x}$.

解 由参数方程的求导公式,得

$$\frac{\mathrm{d}y}{\mathrm{d}x} = \frac{\dfrac{\mathrm{d}y}{\mathrm{d}t}}{\dfrac{\mathrm{d}x}{\mathrm{d}t}} = \frac{[a(1 - \cos t)]'}{[a(t - \sin t)]'} = \frac{a\sin t}{a(1 - \cos t)} = \frac{\sin t}{1 - \cos t}.$$

例 6 求椭圆 $\begin{cases} x = a\cos t, \\ y = b\sin t \end{cases}$ 在 $t = \dfrac{\pi}{4}$ 处的切线方程和法线方程.

解 由参数方程的求导公式,得

$$\frac{\mathrm{d}y}{\mathrm{d}x} = \frac{\dfrac{\mathrm{d}y}{\mathrm{d}t}}{\dfrac{\mathrm{d}x}{\mathrm{d}t}} = \frac{(b\sin t)'}{(a\cos t)'} = \frac{b\cos t}{-a\sin t} = -\frac{b}{a}\cot t.$$

在 $t = \dfrac{\pi}{4}$ 处,切点 $\left(\dfrac{a}{\sqrt{2}}, \dfrac{b}{\sqrt{2}} \right)$,切线斜率为 $-\dfrac{b}{a} \cot \dfrac{\pi}{4} = -\dfrac{b}{a}$,法线斜率为 $\dfrac{a}{b}$,

故切线方程为
$$y - \frac{b}{\sqrt{2}} = -\frac{b}{a} \left(x - \frac{a}{\sqrt{2}} \right),$$

法线方程为
$$y - \frac{b}{\sqrt{2}} = \frac{a}{b} \left(x - \frac{a}{\sqrt{2}} \right).$$

练习与思考 2-3

1. 一物体作变速直线运动,其位移函数为 $s(t) = t^3 + 1$. 求物体在 $t = 3$ 时的速度和加速度.

2. 求曲线 $3y^2 = x^2(x+1)$ 在点 $(2,2)$ 处的切线方程和法线方程.

3. 求曲线 $\begin{cases} x = 2\sin t, \\ y = \cos 2t \end{cases}$ 在 $t = \dfrac{\pi}{4}$ 的切线方程和法线方程.

§2.4   微分 —— 函数变化幅度的数学模型

在实际问题中,常常会面临这样的问题:当自变量 x 有微小变化时,需要确定函数 $y = f(x)$ 相应地改变了多少. 这个问题看似简单,利用公式 $\Delta y = f(x_0 + \Delta x) - f(x_0)$ 直接计算即可. 然而,要精确计算 Δy 有时可能很困难;且在实际应用中,我们往往也只需了解 Δy 的近似值. 如果设法将 Δy 表示成 Δx 的线性函数,即线性化,就可把复杂的问题简单化. 微分就是实现这种线性化、用以描述函数变化幅度的数学模型.

2.4.1   微分的概念及其计算

1. 微分的定义

引例 1   一块正方形金属薄片受热均匀膨胀,边长从 x_0 变为 $x_0 + \Delta x$,问此薄片的面积改变了多少?

解   若记正方形的边长为 x,面积为 y,则 $y = x^2$. 当自变量 x 从 x_0 变为 $x_0 + \Delta x$,相应的面积改变量为 $\Delta y = (x_0 + \Delta x)^2 - (x_0)^2 = 2x_0 \Delta x + (\Delta x)^2$.

显然 Δy 包含两部分:第一部分 $2x_0 \Delta x$ 是 Δx 的线性函数,即图 2-4-1 中的两个矩形面积之和($S_1 + S_3$);第二部分 $(\Delta x)^2$ 是图中右上角的正方形面积 S_2. 当 $\Delta x \to 0$ 时,$(\Delta x)^2$ 是比 Δx 高阶的无穷小,说明 $(\Delta x)^2$ 比

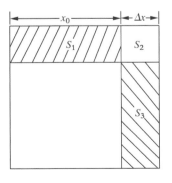

图 2-4-1

$2x_0 \Delta x$ 要小得多,可以忽略. 因此,当 $\Delta x \to 0$ 时,面积的改变量 Δy 可以近似地用 $2x_0 \Delta x$ 表示,即 $\Delta y \approx 2x_0 \Delta x$,并且称 $2x_0 \Delta x$ 是面积函数 $y = x^2$ 在点 x_0 处的微分.

由此导出微分的概念.

定义 1 设函数 $y = f(x)$ 在点 x_0 的某个邻域内有定义,当自变量 x 从 x_0 变为 $x_0 + \Delta x$,相应的函数改变量为 $\Delta y = f(x_0 + \Delta x) - f(x_0)$. 若 Δy 可以表示为

$$\Delta y = A \cdot \Delta x + o(\Delta x),$$

其中 $A \cdot \Delta x$ 是 Δy 中的线性主部,则称函数 $f(x)$ 在点 x_0 处**可微**,并且称线性主部 $A \cdot \Delta x$ 是函数 $f(x)$ 在点 x_0 处的**微分**,记为

$$\mathrm{d}y \mid_{x = x_0} = A \cdot \Delta x.$$

注 (1) 当 $\Delta x \to 0$ 时,$o(\Delta x)$ 是比 Δx 高阶的无穷小,即 $A \cdot \Delta x$ 是 Δy 中的主要部分,因此微分就是函数改变量中的线性主部;

(2) A 必须是与 Δx 无关的常数,即 $A \cdot \Delta x$ 是 Δx 的线性函数;

若函数 $y = f(x)$ 在 x_0 点可微,由微分定义有 $\Delta y = A \Delta x + 0(\Delta x)$,两边同除以 Δx,并取 $\Delta x \to 0$ 时的极限,有 $\lim\limits_{x \to 0} \dfrac{\Delta y}{\Delta x} = \lim\limits_{x \to 0} \left[A + \dfrac{0(\Delta x)}{\Delta x} \right] = A$,即 $A = f'(x_0)$. 因此有以上定理.

定理 1 函数 $y = f(x)$ 在点 x_0 处可微的充要条件是函数 $f(x)$ 在点 x_0 处可导(即"可微"$\Leftrightarrow$"可导"),且其微分

$$\mathrm{d}y \mid_{x = x_0} = f'(x_0) \cdot \Delta x.$$

若 $f(x)$ 在任意点 x 处可微,则函数 $f(x)$ 在任意点 x 处的微分(称为函数的微分)为

$$\mathrm{d}y = f'(x) \cdot \Delta x.$$

特别地,当函数 $f(x) = x$ 时,函数的微分 $\mathrm{d}f(x) = f'(x) \cdot \Delta x$,即得 $\mathrm{d}x = \Delta x$,因此我们规定自变量的微分等于自变量的改变量. 据此重新给出微分的定义式如下:

定义 2 若函数 $y = f(x)$ 在点 x_0 处可微,则函数 $f(x)$ 在点 x_0 处的微分

$$\mathrm{d}y \mid_{x = x_0} = f'(x_0) \mathrm{d}x.$$

若函数 $y = f(x)$ 在任意点 x 处可微,则函数 $f(x)$ 的微分

$$\mathrm{d}y = f'(x) \mathrm{d}x.$$

注 在微分的定义式的两边同时除以 $\mathrm{d}x$,即得 $\dfrac{\mathrm{d}y}{\mathrm{d}x} = f'(x)$. 可见,导数可以看作是函数的微分与自变量的微分之商,故导数又名"微商".

例 1 求函数 $y = x^3$ 在 $x_0 = 2, \Delta x = 0.01$ 时的微分.

解 已知 $\mathrm{d}x = \Delta x = 0.01, y = x^3$,易知 $y' \mid_{x=2} = 3x^2 \mid_{x=2} = 12$,故函数 $y = x^3$ 在 $x_0 = 2, \Delta x = 0.01$ 时的微分

$$\mathrm{d}y \mid_{x=2} = y' \mid_{x=2} \mathrm{d}x = 12 \times 0.01 = 0.12.$$

2. 微分的几何意义

如图 2-4-2 所示,曲线 $y = f(x)$ 在定点 $P(x_0, f(x_0))$ 处的切线为 PT,根据导数的几何意义,切线 PT 的斜率 $k = \dfrac{TS}{PS} = f'(x_0)$.

在曲线 $y = f(x)$ 上邻近定点 P 处另取一点 $Q(x_0 + \Delta x, f(x_0 + \Delta x))$. 显然

$$\mathrm{d}x = \Delta x = PS, \quad \Delta y = QS.$$

因此,函数 $y = f(x)$ 在点 P 处的微分

$$\mathrm{d}y = f'(x_0)\mathrm{d}x = TS.$$

由此可知,微分 $\mathrm{d}y = f'(x_0)\mathrm{d}x$ 在几何上表示当自变量 x 从 x_0 变为 $x_0 + \Delta x$ 时,曲线 $y = f(x)$ 在点 x_0 处的切线的纵坐标的改变量.

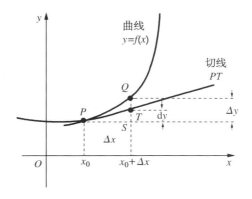

图 2-4-2

一般地,$\Delta y \neq \mathrm{d}y$. 但是当自变量的改变量 $|\Delta x|$ 很小时(记作 $|\Delta x| \ll 1$),可以用函数的微分 $\mathrm{d}y$ 近似地代替函数的改变量 Δy,即 $\qquad \Delta y \approx \mathrm{d}y$(当 $|\Delta x| \ll 1$ 时).

从几何上看就是用切线的改变量近似地代替曲线函数的改变量(以直代曲).

3. 微分的运算

要计算函数 $y = f(x)$ 的微分,只要先求出导数 $f'(x)$,再在其后乘以自变量的微分即可,即:微分 $\mathrm{d}y = f'(x)\mathrm{d}x$. 因此根据基本求导公式和求导法则,容易推导出相应的微分基本公式和运算法则.

(1) 基本初等函数的微分公式:

常量函数 $\quad \mathrm{d}(C) = 0$(C 为常数);

幂函数 $\quad \mathrm{d}(x^n) = nx^{n-1}\mathrm{d}x$($n$ 为实数);

指数函数 $\quad \mathrm{d}(a^x) = a^x \ln a\,\mathrm{d}x$ ($a > 0$ 且 $a \neq 1$),特别地,$\mathrm{d}(\mathrm{e}^x) = \mathrm{e}^x\mathrm{d}x$;

对数函数 $\quad \mathrm{d}(\log_a x) = \dfrac{1}{x\ln a}\mathrm{d}x$($a > 0$ 且 $a \neq 1$),特别地,$\mathrm{d}(\ln x) = \dfrac{1}{x}\mathrm{d}x$;

三角函数 $\quad \mathrm{d}(\sin x) = \cos x\,\mathrm{d}x$; $\qquad\qquad \mathrm{d}(\cos x) = -\sin x\,\mathrm{d}x$;

$\qquad\qquad\quad \mathrm{d}(\tan x) = \dfrac{1}{\cos^2 x}\mathrm{d}x = \sec^2 x\,\mathrm{d}x$; $\quad \mathrm{d}(\cot x) = -\dfrac{1}{\sin^2 x}\mathrm{d}x = -\csc^2 x\,\mathrm{d}x$;

$\qquad\qquad\quad \mathrm{d}(\sec x) = \sec x \cdot \tan x\,\mathrm{d}x$; $\qquad \mathrm{d}(\csc x) = -\csc x \cdot \cot x\,\mathrm{d}x$;

反三角函数 $\quad \mathrm{d}(\arcsin x) = \dfrac{1}{\sqrt{1 - x^2}}\mathrm{d}x$; $\qquad \mathrm{d}(\arccos x) = -\dfrac{1}{\sqrt{1 - x^2}}\mathrm{d}x$;

$\qquad\qquad\quad\ \mathrm{d}(\arctan x) = \dfrac{1}{1 + x^2}\mathrm{d}x$; $\qquad\qquad \mathrm{d}(\mathrm{arccot}\,x) = -\dfrac{1}{1 + x^2}\mathrm{d}x$.

（2）微分的四则运算法则：

定理 2   设函数 $u = u(x)$，$v = v(x)$ 在点 x 处可微，则有

$$d(u \pm v) = du \pm dv;$$

$$d(uv) = vdu + udv, 特别地, d(Cu) = Cdu;$$

$$d\left(\frac{u}{v}\right) = \frac{vdu - udv}{v^2}(v \neq 0).$$

（3）一阶微分形式的不变性：

设函数 $y = f(u)$ 可微，则它的微分为

$$dy = f'(u)du.$$

设函数 $y = f(u)$，$u = g(x)$ 都可微，则复合函数 $y = f(g(x))$ 的微分为

$$dy = f'_x dx = f'(u)g'(x)dx.$$

而函数 $u = g(x)$ 的微分 $du = g'(x)dx$，故 $y = f(g(x))$ 的微分也可写成

$$dy = f'(u)du.$$

比较上面两段的结果可以看出，不论 u 是自变量，还是中间变量，它的微分形式都是一样的，这一性质称为一阶微分形式的不变性.

因此，函数 $y = f(u)$ 的微分形式总可以写成

$$dy = f'(u)du.$$

例 2   设函数 $y = \ln(x^2 + 2)$，求微分 dy.

解   **解法一**   利用微分定义式，有

$$dy = f'(x)dx = \frac{1}{x^2 + 2}(x^2 + 2)'dx = \frac{2x}{x^2 + 2}dx.$$

解法二   利用一阶微分形式的不变性，

$$dy = \frac{1}{x^2 + 2}d(x^2 + 2) = \frac{2x}{x^2 + 2}dx.$$

例 3   对由方程 $x^2 + y^2 = 25$ 确定的隐函数 $y = y(x)$，求其微分 dy 及导数 $\dfrac{dy}{dx}$.

解   将 y 看作是 x 的函数，则 y^2 是复合函数，中间变量是 y. 对方程两边求微分，得

$$2xdx + 2ydy = 0,$$

解得隐函数的微分 $dy = -\dfrac{x}{y}dx$，导数 $\dfrac{dy}{dx} = -\dfrac{x}{y}$.

注   求隐函数的导数，既可利用复合函数求导法（见 §2.3），也可以利用微分运算（例 3）来计算.

2.4.2   微分作近似计算 —— 函数局部线性逼近

由微分的概念及几何意义可知：当 $|\Delta x| \ll 1$ 时，可以用微分 dy 近似函数的

改变量 Δy，即 $\Delta y \approx \mathrm{d}y$. 将 $\Delta y = f(x_0 + \Delta x) - f(x_0)$，$\mathrm{d}y = f'(x_0) \cdot \Delta x$ 代入，经整理即得　　　　　$f(x_0 + \Delta x) \approx f(x_0) + f'(x_0)\Delta x$.

当已知 $f(x_0)$，但在点 x_0 附近的函数值 $f(x_0 + \Delta x)$ 不易计算时，这个公式提供了求函数近似值的办法.

定理 3　若函数 $f(x)$ 在点 x_0 处可导，函数值 $f(x_0)$ 已知（或容易计算），那么函数值 $f(x_0 + \Delta x)$ 可用下列线性逼近公式近似：
$$f(x_0 + \Delta x) \approx f(x_0) + f'(x_0)\Delta x \, (\text{当} |\Delta x| \ll 1 \text{时}).$$

若令 $x = x_0 + \Delta x$，则定理 3 可以表述为定理 4 的形式.

定理 4　若函数 $f(x)$ 在点 x_0 处可导，函数值 $f(x_0)$ 已知（或容易计算），如果点 x 在点 x_0 附近（即 $|x - x_0|$ 很小时），那么函数值 $f(x)$ 可用下列线性逼近公式近似：
$$f(x) \approx f(x_0) + f'(x_0)(x - x_0) \, (\text{当} |x - x_0| \ll 1 \text{时}).$$

注　特别地，当 $x_0 = 0$ 且 $|x| \ll 1$ 时，有 $f(x) \approx f(0) + f'(0)x$.

线性逼近公式的思想是"以直代曲". 如图 2-4-3 所示，在切点 $x = x_0$ 附近，曲线 $y = f(x)$ 与其切线 PT 很接近，因此当点 x 在点 x_0 附近时，可以把曲线 $f(x)$ 在点 x_0 处的切线作为曲线 $f(x)$ 的一个近似，即用切线 PT 在点 x 处的纵坐标来近似曲线 $f(x)$ 在点 x 处的纵坐标.

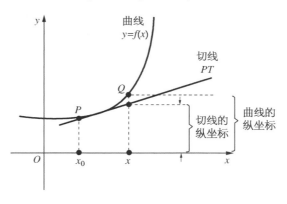

图 2-4-3

由于切线方程为 $y = f(x_0) + f'(x_0)(x - x_0)$，故 $f(x) \approx f(x_0) + f'(x_0)(x - x_0)$.

例 4　利用线性近似，求函数 $f(x) = \ln x$ 在 $x = 1.05$ 处的函数近似值.

解　注意到 $f(1.05) = \ln 1.05$ 不易计算，但 $f(1) = 0$. 由于点 $x = 1.05$ 与点 $x_0 = 1$ 很接近，故考虑用 $f(x)$ 在 $x_0 = 1$ 处的切线
$$y = f(x_0) + f'(x_0)(x - x_0) = \ln 1 + (\ln x)' \big|_{x=1}(x - 1) = x - 1.$$

近似曲线 $f(x) = \ln x$，即 $\ln x \approx x - 1$，则
$$\ln 1.05 \approx 1.05 - 1 = 0.05.$$

例 5　利用线性近似，试估计 $\mathrm{e}^{0.02}$ 的值.

解　设 $f(x) = \mathrm{e}^x$，注意到 $f(0) = 1$，不妨设点 $x_0 = 0$，$x = 0.02$. 由于点 x 很接近 x_0，可以用切线

$$y = f(x_0) + f'(x_0)(x - x_0) = e^0 + e^0(x - 0) = 1 + x$$

近似曲线 $f(x) = e^x$，即 $e^x \approx 1 + x$，则

$$e^{0.02} \approx 1 + 0.02 = 1.02.$$

2.4.3　一元方程的近似根

对于一元二次方程 $ax^2 + bx + c = 0$，有一个常用的求根公式. 但是对于更一般的一元方程 $f(x) = 0$，求根就比较困难，甚至有的方程如 $x^2 + e^x + 1 = 0$ 并没有实根. 本节将介绍如何求一元方程的近似根.

1. 闭区间上连续函数的零值定理

定理5(零值定理)　设函数 $f(x)$ 在闭区间 $[a, b]$ 上连续，且 $f(a)$ 与 $f(b)$ 异号，那么，在开区间 (a, b) 内，方程 $f(x) = 0$ 至少存在一个根 x_0，满足 $f(x_0) = 0$.

例6　证明方程 $x^3 + 3x - 1 = 0$ 在区间 $(0, 0.5)$ 内至少存在一个根.

解　不妨设 $f(x) = x^3 + 3x - 1$，计算得

$$f(0) = -1 < 0, f(0.5) = 0.625 > 0.$$

由零值定理，可知方程 $f(x) = 0$ 在区间 $(0, 0.5)$ 内至少存在一个根.

2. 用二分法求一元方程的近似根

利用零值定理，只能给出根所在的一个区间范围. 二分法的思想就是通过不断地把方程的根所在的区间一分为二，逐步缩小这个区间范围来逼近方程的根. 使用二分法求方程 $f(x) = 0$ 近似根的步骤为：

(1) 通过画图或应用零值定理，确定根所在的区间范围 (a, b)；

(2) 取区间 (a, b) 的中点 $c = \dfrac{a + b}{2}$；

(3) 计算 $f(c)$，

　　若 $f(c) = 0$，则 c 就是方程 $f(x) = 0$ 的精确根；

　　若 $f(c)$ 与 $f(a)$ 异号，则根一定在区间 (a, c) 内，选择区间 (a, c)；

　　若 $f(c)$ 与 $f(b)$ 异号，则根一定在区间 (c, b) 内，选择区间 (c, b)；

(4) 对选择的区间，继续循环操作步骤(2)和(3)，直到达到精度要求，确定近似根.

例7　求方程 $x^3 + 3x - 1 = 0$ 的一个近似根.(精确到0.1)

解　不妨设 $f(x) = x^3 + 3x - 1$，且 $f(0) < 0, f(0.5) > 0$，则初始区间可以取 $(0, 0.5)$.

对于区间 $(0, 0.5)$，$f(0.25) = -0.234 < 0, f(0.5) > 0$，故选择区间 $(0.25, 0.5)$；

对于区间 $(0.25, 0.5)$，$f(0.375) = 0.178 > 0, f(0.25) < 0$，故选择区

间 $(0.25, 0.375)$;

对于区间 $(0.25, 0.375)$, $f(0.313) = -0.03 < 0$, $f(0.375) > 0$, 故选择区间 $(0.313, 0.375)$;

对于区间 $(0.313, 0.375)$, $f(0.344) = 0.073 > 0$, $f(0.313) < 0$, 故选择区间 $(0.313, 0.344)$.

由于 0.313、0.344 精确到 0.1 的近似值都是 0.3, 故方程的近似根 $x \approx 0.3$.

3. 切线法求一元方程近似根

求方程 $f(x) = 0$ 的根, 在几何上等价于求曲线 $f(x)$ 与 x 轴的交点的横坐标. 切线法的思想仍然是源于"以直代曲":通过逐次用切线与 x 轴的交点来近似曲线与 x 轴的交点, 不断逼近方程的根. 使用泰勒中值公式可导出求方程近似根的切线法. 具体步骤如下:

不妨记所求方程 $f(x) = 0$ 的根为 $x = r$.

(1) 先从第一个猜测值 $x = x_1$ 开始, 作曲线 $f(x)$ 在 $x = x_1$ 处的切线, 切线方程为
$$y = f(x_1) + f'(x_1)(x - x_1).$$

令 $y = 0$, 求出切线与 x 轴的交点的横坐标.
$$x_2 = x_1 - \frac{f(x_1)}{f'(x_1)} \ (f'(x_1) \neq 0).$$

将 x_2 作为方程的根 $x = r$ 的近似值, 如图 2-4-4 所示, x_2 比 x_1 更接近 r.

(2) 在 $x = x_2$ 处, 作曲线 $f(x)$ 的切线, 切线方程为
$$y = f(x_2) + f'(x_2)(x - x_2).$$

令 $y = 0$, 求出切线与 x 轴的交点
$$x_3 = x_2 - \frac{f(x_2)}{f'(x_2)} \ (f'(x_2) \neq 0).$$

将 x_3 作为方程的根 $x = r$ 的近似值, 如图 2-4-4 所示, x_3 比 x_2 更接近 r.

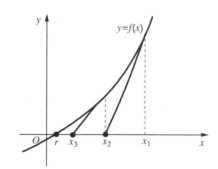

图 2-4-4

(3) 重复上述步骤, 如果第 n 次的近似值为 x_n 且 $f'(x_n) \neq 0$, 则第 $n+1$ 次的近似值为
$$x_{n+1} = x_n - \frac{f(x_n)}{f'(x_n)} \ (f'(x_n) \neq 0),$$

由此可得到一系列的近似值 $x_1, x_2, \cdots, x_{n+1}$.

(4) 如果要求近似值精确到小数点后 k 位, 那么只要最后两次的估计值 x_n 和 x_{n+1} 的小数点后 k 位都相同, 即可停止上述迭代.

注　初始猜测值 $x = x_1$ 的选取很重要. 选取得不好, 切线法就可能失败. 如图 2-4-5 所示, 与 x_1 相比, x_2 反而是更差的估计值. 当 $f'(x_1)$ 接近 0 时, 往往会发

生这种情况,这种情况下估计值甚至可能落在 $f(x)$ 的定义域之外.

例 8 利用切线法求方程 $x^3 - 2x - 5 = 0$ 的根,初始值选 $x_1 = 2$.(精确到小数点后四位)

解 不妨设 $f(x) = x^3 - 2x - 5$,则 $f'(x) = 3x^2 - 2$.应用切线法的迭代公式,有 $x_2 = 2 - \dfrac{f(2)}{f'(2)} = 2.1$,

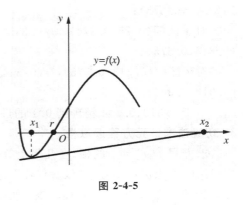

图 2-4-5

$$x_3 = 2.1 - \frac{f(2.1)}{f'(2.1)} \approx 2.094\,6,$$

$$x_4 = 2.0946 - \frac{f(2.094\,6)}{f'(2.094\,6)} \approx 2.094\,6.$$

求得方程 $x^3 - 2x - 5 = 0$ 的近似根为 2.094 6,精确到小数点后四位.

2.4.4 弧的微分与曲率

1. 弧的微分

"以直代曲"的思想还可以应用于求曲线弧长的微分.如图 2-4-6 所示,欲求曲线 s 上很短的一段曲线弧 $\overset{\frown}{PQ}$,可以用切线近似曲线,即用切线段 PT 近似曲线弧 $\overset{\frown}{PQ}$,称为弧的微分,记作 $\mathrm{d}s$.利用勾股定理,得曲线弧的微分公式

$$\mathrm{d}s = \sqrt{(\mathrm{d}x)^2 + (\mathrm{d}y)^2}.$$

如果曲线 s 方程为 $y = f(x)$,则

$$\mathrm{d}s = \sqrt{1 + (y')^2}\,\mathrm{d}x;$$

如果由参数方程确定的曲线 s 方程为

$$\begin{cases} x = A(t), \\ y = B(t), \end{cases}$$

则 $\mathrm{d}s = \sqrt{(A'(t))^2 + (B'(t))^2}\,\mathrm{d}t$.

2. 曲率

在设计铁路、公路的弯道等实际应用中,必须考虑(弯道处的)弯曲程度,那么到底哪些量与曲线的弯曲程

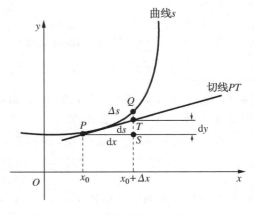

图 2-4-6

度有关呢?从图 2-4-7 可见,当动点从点 A 沿弧 $\overset{\frown}{AB}$ 移动到点 B,切线也随之变动,切线转过的角度(以下简称转角)为 $\Delta\alpha_1$;当动点从点 C 沿弧 $\overset{\frown}{CD}$ 移动到点 D,转角

为 $\Delta\alpha_2$. 注意到,弯曲程度较大的弧 $\overset{\frown}{CD}$,其转角也较大. 但切线的转角并不能完全刻画曲线的弯曲程度. 尽管弧 $\overset{\frown}{PQ}$ 与弧 $\overset{\frown}{MN}$ 的转角都是 $\Delta\alpha$,但弧长较短的 $\overset{\frown}{MN}$ 弯曲程度较大. 因此,曲线弧 $\overset{\frown}{AB}$ 的弯曲程度与切线转角 $\Delta\alpha$ 及曲线弧长 Δs 都有关.

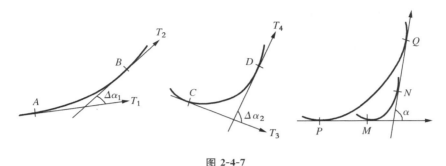

图 2-4-7

定义 3　设曲线弧 $\overset{\frown}{AB}$ 的切线转角为 $\Delta\alpha$,弧长为 Δs,用比值

$$\bar{K} = \left| \frac{\Delta\alpha}{\Delta s} \right|$$

来刻画曲线的弯曲程度,称之为该曲线弧的**平均曲率**. 令点 B 沿弧 $\overset{\frown}{AB}$ 趋于点 A(即令 $\Delta s \to 0$),对平均曲率取极限,如果极限

$$K = \lim_{\Delta s \to 0} \left| \frac{\Delta\alpha}{\Delta s} \right| = \left| \frac{\mathrm{d}\alpha}{\mathrm{d}s} \right|$$

存在,则称 K 为曲线在点 A 处的**曲率**. 曲率 K 越大,曲线在该点的弯曲程度越厉害.

一般地,设曲线为 $y = f(x)$,且 $f(x)$ 具有二阶导数. 由导数的几何意义可知 $y' = \tan\alpha$(α 为切线与 x 正半轴的夹角). 故 $y'' = \sec^2\alpha \dfrac{\mathrm{d}\alpha}{\mathrm{d}x}$. 经整理得

$$\frac{\mathrm{d}\alpha}{\mathrm{d}x} = \frac{y''}{\sec^2\alpha} = \frac{y''}{1 + \tan^2\alpha} = \frac{y''}{1 + (y')^2},$$

于是得

$$\mathrm{d}\alpha = \frac{y''}{1 + (y')^2} \mathrm{d}x.$$

又根据弧的微分公式　$\mathrm{d}s = \sqrt{1 + (y')^2} \, \mathrm{d}x$,

可得直角坐标系下曲率的计算公式

$$K = \left| \frac{\mathrm{d}\alpha}{\mathrm{d}s} \right| = \frac{|y''|}{[1 + (y')^2]^{\frac{3}{2}}}.$$

显然,对于直线 $y = kx + b$,由于 $y' = k, y'' = 0$,因此曲率 $K = 0$,即直线的弯曲程度为 0(直线不弯曲).

定义 4　设曲线 $y = f(x)$ 在点 $A(x, y)$ 处的曲率为 $K(K \neq 0)$. 如图 2-4-8

所示,在点 A 处的曲线的法线上,凹的一侧取一点 D,使 $|DA| = \dfrac{1}{K}$,以 D 为圆心, $\dfrac{1}{K}$ 为半径作圆,称这个圆为曲线 $f(x)$ 在点 A 处的 **曲率圆**,并称其半径 $R = \dfrac{1}{K}$ 为曲线 $f(x)$ 在点 A 处的 **曲率半径**.

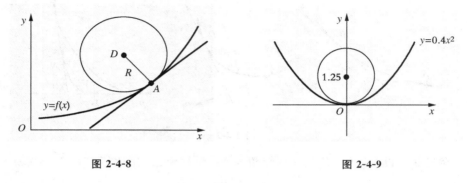

图 2-4-8　　　　　　　　　　　　　　　图 2-4-9

　　例 9　设元件内表面的截线为抛物线 $y = 0.4x^2$,现用砂轮磨削其内表面,问应选用半径多大的砂轮?(提示:为了使内表面处处都能快速磨到,但又不被磨削得太多,所选砂轮应当恰好等于该抛物线上的最小曲率半径.)

　　解　(1) $y' = 0.8x$, $y'' = 0.8$,则抛物线上各点处的曲率

$$K = \frac{|y''|}{[1 + (y')^2]^{\frac{3}{2}}} = \frac{0.8}{[1 + (0.8x)^2]^{\frac{3}{2}}}.$$

显然,抛物线在其顶点 $x = 0$ 处的曲率最大,从图 2-4-9 也显而易见,最大曲率 $K = 0.8$.

　　(2) 由于曲率半径 $R = \dfrac{1}{K}$,说明取到最大曲率时,曲率半径最小. 因此,该抛物线上的最小曲率半径就是 $R = \dfrac{1}{0.8} = 1.25$,所以建议选用半径为 1.25 的砂轮.

练习与思考 2-4

　　1. 设函数 $y = f(x) > 0$ 是连续函数,$A(x)$ 表示曲线 $f(x)$ 与 x 轴在区间 $[0, x]$ 之间所围的面积.求面积函数的微分 $\mathrm{d}A$.(提示:利用定义 1“微分是函数改变量的线性主部”求解.)

　　2. “微分”与“导数”有何联系?又有何区别?其几何意义又是什么?

　　3. 当 $|x| \ll 1$ 时,证明下列近似公式:

　　(1) $\sin x \approx x$;(2) $\mathrm{e}^x \approx 1 + x$;(3) $\sqrt[n]{1 + x} \approx 1 + \dfrac{x}{n}$.

　　4. 对于方程 $x^3 - 3x + 6 = 0$,为什么以 $x = 1$ 作为初始值估计时,切线法会失败?

本　章　小　结

一、基本思想

　　导数与微分是微分学的两个基本概念,都是在自变量微小变化下,分析函数变化的变化速率与变化幅度的.导数是用极限定义的,是函数改变量与自变量改变之比(商式)的极限;微分是用无穷小定义的,是函数的改变量的线性主部.

　　变化率分析法是微积分的基本分析法,有着广泛的应用.

　　局部线性化方法也是微积分的基本分析法,不仅可作近似计算,而且在定积分概念及应用中起到重要作用.

二、主要内容

　　本章重点是导数与微分的概念、导数的计算以及导数的几何、物理意义.

1. 导数与微分的概念

　　(1) 导数 $\dfrac{\mathrm{d}y}{\mathrm{d}x}$(或 $f'(x)$)表示函数 $y = f(x)$ 相对于自变量 x 的变化(速)率.

　　微分 $\mathrm{d}y$(且 $\mathrm{d}y = f'(x)\mathrm{d}x$)是函数改变量 Δy 中的线性主部,反映了函数的变化幅度.

　　(2) 函数 $y = f(x)$ 在点 x_0 处的导数(或称瞬时变化率)

$$f'(x_0) = \lim_{\Delta x \to 0} \frac{\Delta y}{\Delta x} = \lim_{\Delta x \to 0} \frac{f(x_0 + \Delta x) - f(x_0)}{\Delta x} = \lim_{x \to x_0} \frac{f(x) - f(x_0)}{x - x_0}.$$

　　函数 $y = f(x)$ 在点 x_0 处的微分

$$\mathrm{d}y \big|_{x = x_0} = f'(x_0)\mathrm{d}x.$$

　　(3) 函数 $y = f(x)$ 在点 x_0 处"可导"$\Leftrightarrow$"可微",但"可导"$\underset{\Leftarrow}{\nRightarrow}$"连续".

2. 导数与微分的几何意义

　　如图所示,可以确定导数与微分的几何意义如下:

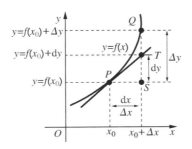

(1) 导数 $f'(x_0)$ 为曲线 $f(x)$ 在点 x_0 处的切线斜率,微分 $\mathrm{d}y$ 为曲线 $f(x)$ 在点 x_0 处切线的纵坐标改变量.

(2) 曲线 $y = f(x)$ 在点 $(x_0, f(x_0))$ 处的切线方程为

$$y - f(x_0) = f'(x_0)(x - x_0),$$

法线方程为 $\qquad y - f(x_0) = -\dfrac{1}{f'(x_0)}(x - x_0), f'(x_0) \neq 0$ 时.

3. 导数的物理意义

(1) 物体位移函数 $s = s(t)$ 对时间 t 的一阶导数为速度:

$$v(t) = s'(t) = \frac{\mathrm{d}s}{\mathrm{d}t};$$

物体位移函数 $s = s(t)$ 对时间 t 的二阶导数为加速度:

$$a(t) = v'(t) = s''(t) = \frac{\mathrm{d}^2 s}{\mathrm{d}t^2}.$$

(2) 旋转物体运动函数 $\theta = \theta(t)$ 对时间 t 的一阶导数为角速度:

$$\omega(t) = \theta'(t) = \frac{\mathrm{d}\theta}{\mathrm{d}t};$$

旋转物体运动函数 $\theta = \theta(t)$ 对时间 t 的二阶导数为角加速度:

$$\omega'(t) = \theta''(t) = \frac{\mathrm{d}^2 \theta}{\mathrm{d}t^2}.$$

(3) 细长杆质量函数 $m = m(x)$ 对位置 x 的一阶导数为线密度:

$$\rho(t) = m'(x) = \frac{\mathrm{d}m}{\mathrm{d}t}.$$

(4) 导线通过横截面的电流量函数 $Q = Q(t)$ 对时间 t 的一阶导数为电流强度:

$$I(t) = Q'(t) = \frac{\mathrm{d}Q}{\mathrm{d}t}.$$

(5) 力学、电学中的功函数 $W = W(t)$ 对时间 t 的一阶导数为功率:

$$P(t) = W'(t) = \frac{\mathrm{d}W}{\mathrm{d}t}.$$

(6) 放射物残留量函数 $M(t)$ 对时间 t 的一阶导数为衰变速度:

$$M(t) = M'(t) = \frac{\mathrm{d}M}{\mathrm{d}t}.$$

4. 导数的计算

函数 $f(x)$ 在点 x_0 处的导数 $f'(x_0) = f'(x)\,|_{x=x_0}$(先求导再代入). 而求导函数的方法如下:

(1) 基本初等函数求导公式.

(2) 四则运算求导法则:

$$(u \pm v)' = u' \pm v';\ (u \cdot v)' = u' \cdot v + u \cdot v';\ \left(\frac{u}{v}\right)' = \frac{u' \cdot v - u \cdot v'}{v^2}\ (v \neq 0).$$

(3) 复合函数求导法则:由 $y = f(u)$,$u = g(x)$ 复合而成的函数的导数为 $\dfrac{\mathrm{d}y}{\mathrm{d}x} = \dfrac{\mathrm{d}y}{\mathrm{d}u} \cdot \dfrac{\mathrm{d}u}{\mathrm{d}x}.$

（4）反函数求导法则：反函数的导数等于直接函数导数的倒数，即 $\dfrac{\mathrm{d}y}{\mathrm{d}x} = \dfrac{1}{\dfrac{\mathrm{d}x}{\mathrm{d}y}}$.

（5）隐函数求导法：将 $F(x,y) = 0$ 中的 y 看成 x 的函数，对方程两边关于 x 求导，解出 $\dfrac{\mathrm{d}y}{\mathrm{d}x}$.

（6）由参数方程所确定的函数的求导法：若参数方程 $\begin{cases} x = A(t), \\ y = B(t) \end{cases}$，则导数

$$\frac{\mathrm{d}y}{\mathrm{d}x} = \frac{\dfrac{\mathrm{d}y}{\mathrm{d}t}}{\dfrac{\mathrm{d}x}{\mathrm{d}t}} = \frac{B'(t)}{A'(t)}.$$

5. 微分的计算及应用

（1）由微分的定义式 $\mathrm{d}y = f'(x)\mathrm{d}x$，求微分总可以化为求导数的问题．且由"一阶微分形式的不变性"知，x 可以是自变量，也可以是中间变量．

（2）利用微分作近似计算

$$f(x) = f(x_0) + f'(x_0)(x - x_0).$$

6. 一元方程的近似根

应用零值定理判定根所在的区间．使用二分法、切线法求一元方程的近似根．

7. 弧的微分与曲率

（1）弧的微分 $\mathrm{d}s = \sqrt{(\mathrm{d}x)^2 + (\mathrm{d}y)^2}$，特别地，若曲线为 $y = f(x)$，则 $\mathrm{d}s = \sqrt{1 + (y')^2}\,\mathrm{d}x$.

（2）曲线在某点处的曲率 $K = \left| \dfrac{\mathrm{d}\alpha}{\mathrm{d}s} \right|$，曲率半径 $R = \dfrac{1}{K}$.

特别地，若曲线为 $y = f(x)$，则曲率 $K = \dfrac{|y''|}{\left[1 + (y')^2\right]^{\frac{3}{2}}}$，曲率半径 $R = \dfrac{1}{K}$.

本 章 复 习 题

一、填空题

1. 设函数 $f(x) = e^{x^2+1}$ 在 $x = 1$ 处自变量的改变量为 Δx，则此时函数改变量 $\Delta y = $ ＿＿＿＿＿＿＿＿＿，此时微分 $\mathrm{d}y \mid_{x=1} = $ ＿＿＿＿＿＿＿＿＿.

2. 根据导数的定义（不用计算结果），$f'(0) = \lim\limits_{x \to 0}$ ＿＿＿＿＿＿＿，$f'(1) = \lim\limits_{\Delta x \to 0}$ ＿＿＿＿＿＿＿.

3. 设函数 $f(x)$ 在点 x_0 处不连续，则下列说法正确的是＿＿＿＿＿＿＿.

A. $f'(x_0)$ 必存在；　　　　　　　　　　B. $f'(x_0)$ 必不存在；

C. $\lim\limits_{x \to x_0} f(x)$ 必存在；　　　　　　　D. $\lim\limits_{x \to x_0} f(x)$ 必不存在.

4. 设 $f(x) = \begin{cases} x^2, & x \leqslant 1, \\ ax + b, & x > 1, \end{cases}$ 当 $a = $ ＿＿＿＿＿＿＿，$b = $ ＿＿＿＿＿＿＿时，$f(x)$ 在 $x = 1$ 处可导.

5. 将一只番薯置于温度设定恒为 150℃ 的烤箱中，番薯的温度 T 与时间 $t(\min)$ 的关系为 $T = -100\mathrm{e}^{-0.029t} + 150$，求 t 时刻该番薯的温度相对于时间的变化率为_____.

6. 设曲线为 $y = \dfrac{1}{x^2}$，则它在点 $x = 1$ 处的切线斜率为_____，切线方程为_____，法线方程为_____；设质点的位移函数 $s(t) = 3t - 5t^2$，位移的单位是 m，时间的单位是 s，则该质点的速度函数为_____，质点在 $t = 1\mathrm{s}$ 时的加速度为_____.

二、解答题

1. 求下列函数的导函数或者在指定点处的导数值：

(1) $y = \dfrac{1}{x + \cos x}$；

(2) $y = x\ln x + \dfrac{\ln x}{x}$；

(3) $y = \arcsin(1 + 2x)$；

(4) $y = (\sqrt{x} - 1)(x + 1)$；

(5) $y = \ln(\ln(\ln(x)))$；

(6) $y = \sin(x^3 - 1)$；

(7) $y = x^2 \cdot 2^x + \mathrm{e}^{\sqrt{2}}$；

(8) $x + \mathrm{e}^y = \ln(x + y)$；

(9) $\arctan(xy) = \ln(1 + x^2 y^2)$；

(10) $\begin{cases} x = t + 1, \\ y = (t + 1)^2; \end{cases}$

(11) $\begin{cases} x = \mathrm{e}^t \cos t, \\ y = \mathrm{e}^t \sin t, \end{cases}$ 在 $t = \dfrac{\pi}{2}$ 处；

(12) $y = (1 + x^3)\left(5 - \dfrac{1}{x^2}\right)$，在 $x = 1$ 处.

2. 求下列函数的二阶导数：

(1) $y = x^5 + 4x^3 + 2x$；

(2) $y = x\mathrm{e}^{2x}$，在 $x = 0$ 处.

3. 求下列函数的微分：

(1) $y = \ln(\sin 3x)$；

(2) $y = \mathrm{e}^x \cos x$；

(3) $y = \sqrt{4 - x^2}$；

(4) $y = \arctan(\mathrm{e}^x)$；

(5) $xy = \mathrm{e}^{x+y}$；

(6) $3y^2 = x^2(x + 1)$.

4. 应用题：

(1) 设曲线方程为 $y = \dfrac{1}{3}x^3 - x^2 + 2$，求其平行于 x 轴的切线方程.

(2) 在曲线 $y = x^3 (x > 0)$ 上求一点 A，使过点 A 的切线平行于直线 $2x - y - 1 = 0$.

(3) 一个雪球受热融化，其体积以 $100\ \mathrm{cm}^3/\min$ 的速率减小，假定雪球在融化过程中仍然保持圆球状，那么当雪球的直径为 10 cm 时，其直径减小的速率是多少？

(4) 半径为 10 cm 的金属片受热后均匀膨胀，半径增加了 0.05 cm，问面积大约增加了多少？

(5) 水管壁的横截面是一个圆环，设其内径为 r，壁厚为 h，试用微分计算该圆环面积的近似值.

5. 利用线性近似求近似值：

(1) $\sqrt[3]{998.5}$；　(2) $\sin 46°$（保留四位小数）.（提示：将角度化为弧度制.）

6. 利用二阶泰勒多项式求近似值：

(1) $\ln 0.98$（保留四位小数）；

(2) $\cos 29°$（保留四位小数）.

7. 用二分法求方程 $x^4 + x = 4$ 在区间 $(1,2)$ 内的一个根(精确到小数点后一位数字).

8. 用切线法近似计算求 $\sqrt[6]{2}$,要求精确到小数点后 8 位数字.(提示:即求方程 $x^6 - 2 = 0$ 的近似根.)

9. 求曲线 $y = \sin x$ 在 $x = \dfrac{\pi}{2}$ 处的曲率及曲率半径.

第 **3** 章

导数的应用

前面我们从分析一些问题的因变量相对于自变量的变化快慢出发,引入了导数的概念.导数作为函数的变化率,在研究函数变化的形态方面有着十分重要的意义,因而在自然科学、工程技术及社会科学等领域中有着广泛的应用.

上一章我们已利用导数研究了运动函数的速度与加速度、曲线的切线与法线方程等.本章将以微分学基本定理(也称微分中值定理)为基础,进一步利用导数研究函数的形态:判断函数的单调性与凹凸性;求函数的极限、极值、最大(小)值以及函数作图的方法.

§3.1　函数的单调性与极值

在 §1.1 中,我们已用初等数学的方法研究了函数的单调性,但其使用范围较小,且有些需要借助特殊技巧,不具有一般性.本节将以导数为工具,先介绍判断函数单调性的简便且具有一般性的方法.

3.1.1　拉格朗日[①]微分中值定理

为了借助导数研究函数形态,先介绍揭示函数(在某区间上的整体性质)与(函数在该区间内某一点的)导数之间的关系定理——微分中值定理,它是用微分学知识解决应用问题的理论基础.

定理 1(拉格朗日微分中值定理)　如果函数 $y = f(x)$ 在闭区间 $[a\ b]$ 上连

---

①　拉格朗日(Lagrange, J. L., 1736—1813 年),法国数学家、力学家、天文学家.1736 年生于意大利都灵,在中学时代就对数学和天文学深感兴趣,进入都灵皇家炮兵学院学习后,读了天文学家哈雷介绍牛顿的微积分的一篇短文,开始钻研数学.19 岁任该校数学教授,23 岁被选为柏林科学院院士,30 岁任柏林科学院主席兼物理数学所所长.1766 年经欧拉推荐,德国普鲁士国王邀他到德皇宫任职.在柏林的 20 年间,他完成了牛顿以后最伟大的经典力学著作《分析力学》,运用变分法原理与分析方法建立了完整的力学体系.1786 年德国国王去世后应法国国王路易十六的邀请定居巴黎,直至去世.他在为微积分奠定基础方面作了独特尝试,被认为是对分析数学产生全面影响的数学家之一.

续,在开区间(a,b)内可导,则在(a,b)内至少存在一点 ξ,使

$$\frac{f(b)-f(a)}{b-a}=f'(\xi).$$

该定理可从图 3-1-1 中看出来,公式左端是弦 AB 的斜率 $\tan\alpha = \dfrac{f(b)-f(a)}{b-a}$,右端是在$(a,b\ )$内可微曲线弧 $\overset{\frown}{AB}$ 上点 C 处的切线斜率

$f'(x)\big|_{x=\xi}=f'(\xi)$;在定理所给的条件下,可微曲线弧$\overset{\frown}{AB}$上至少存在一点$C$,使点 C 处的切线平行于弦AB,即 $f'(\xi)=\dfrac{f(b)-f(a)}{b-a}$.

图 3-1-2 表明,如果定理中有任一条件不满足,就不能保证在曲线弧上存在点 C,使该点切线平行弦 AB,即不能保证定理成立.

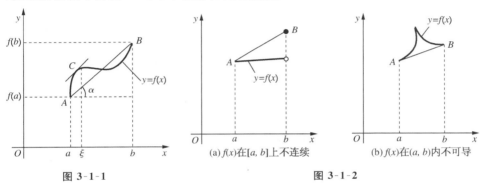

图 3-1-1　　　　　　　　　　　　　图 3-1-2

3.1.2　函数的单调性

先看函数单调性与其导数符号的关系. 如果函数 $y=f(x)$ 在$[a,b]$上单调增加(见图 3-1-3(a))或单调减少(见图 3-1-3(b)),则它的图形是一条沿 x 轴正向上升(或下降)的曲线,曲线上各点处的切线斜率 $k=\tan\alpha$ 是非负的(或非正的),按导数的几何意义就是 $y'=f'(x)\geqslant 0$(或<0). 反过来,就是判断函数单调性的充分条件.

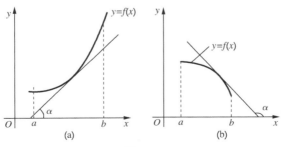

图 3-1-3

定理 2　函数单调性的判定法

设函数 $y = f(x)$ 在 $[a,b]$ 上连续,在 (a,b) 内可导,那么

(1) 如果在 (a,b) 内 $f'(x) > 0$,则函数 $y = f(x)$ 在 $[a,b]$ 上单调增加;

(2) 如果在 (a,b) 内 $f'(x) < 0$,则函数 $y = f(x)$ 在 $[a,b]$ 上单调减少.

这是因为,在 (a,b) 内任取两点,不妨设 $x_1 < x_2$.按给定条件,$f(x)$ 在 $[x_1,x_2](\subset (a,b))$ 上满足拉格朗日微分中值定理的条件,在 (x_1,x_2) 内至少存在一点 ξ,使

$$\frac{f(x_2) - f(x_1)}{x_2 - x_1} = f'(\xi).$$

由于在 (a,b) 内 $f'(x) > 0$(或 < 0),自然 $f'(\xi) > 0$(或 < 0),且 $x_2 - x_1 > 0$,有 $f(x_2) - f(x_1) = f'(\xi)(x_2 - x_1) > 0$(或 < 0),即 $f(x_2) > $(或 $<$)$f(x_1)$,从而表明 $f(x)$ 在 $[x_1,x_2]$ 上单调增加(或单调减少);又由于所取 x_1,x_2 是任意的,因此 $f(x)$ 在 $[a,b]$ 上单调增加(或单调减少).

需要指出的是:

(1) 如果上述判定法中的区间改成其他各种区间(包括无穷区间),结论仍成立;

(2) 如果上述判定法中所给条件 $f'(x) > 0$(或 < 0)改为 $f'(x) \geqslant 0$(或 $\leqslant 0$),结论仍成立,即在 $[a,b]$ 内个别点处导数为零并不影响函数在该区间上的单调性.例如 $y = x^3$ 在 $(-\infty,\infty)$ 内单调增加,但其导数 $y' = 3x^2$ 在 $x = 0$ 处为零.

一般地,由于确定导数的符号比直接根据定义确定函数的单调性容易,因此上述结论有很大的实用价值.

例 1　讨论函数 $y = x^3 - 3x$ 的单调性.

解　所给函数的定义域为 $(-\infty,\infty)$,且

$$y' = 3x^2 - 3 = 3(x^2 - 1).$$

因为在 $(-\infty,-1)$ 和 $(1,+\infty)$ 内 $y' > 0$,所以 $y = x^3 - 3x$ 在该区间上单调增加;而在 $(-1,1)$ 内 $y' < 0$,所以 $y = x^3 - 3x$ 在该区间上单调减少.

作出 $y = x^3 - 3x$ 的图形,如图 3-1-4 所示,易于看出 $x = -1$ 和 $x = 1$ 是函数单调增加区间与单调减少区间的分界点,且 $y'|_{x=-1} = 0$,$y'|_{x=1} = 0$.虽然函数 $y = x^3 - 3x$ 在定义域内不是单调的,但用导数等于零的点把定义域划分成 3 个小区间后,可使函数在这些小区间上变成单调的.我们把这些单调的小区间称为**单调区间**.

例 2　讨论函数 $y = \sqrt[3]{x^2}$ 的单调性.

解　函数定义域为 $(-\infty,\infty)$,且当 $x \neq 0$ 时,

$$y' = \frac{2}{3\sqrt[3]{x}}.$$

显然,$x = 0$ 时函数的导数不存在.但在 $(-\infty,0)$ 内,$y' < 0$,即函数在 $(-\infty,0]$ 上

单调减少；在$(0, +\infty)$内，$y' > 0$，即函数在$[0, +\infty)$上单调增加.

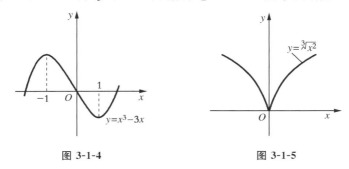

图 3-1-4　　　　　　　　　　　图 3-1-5

按 §1.3 作出它的图形，如图 3-1-5 所示. 易于看出 $x = 0$ 是函数单调减少区间与单调增加区间的分界点，且函数在该点的导数不存在. 因此，在讨论函数单调性过程中，把定义域划分成若干小区间时，也应包含导数不存在的点.

由上述两例，可得讨论函数 $y = f(x)$ 单调性的步骤是：

（1）写出函数定义域，求出一阶导数 $f'(x)$；

（2）求出所有一阶导数等于 0 的点和一阶导数不存在的点（称为不可导点）；

（3）用（2）中求得的点把定义域划分成若干个小区间，列表讨论在各个小区间上的导数符号，判定在各个小区间上的函数的单调性.

例 3　判定函数 $y = (2x - 5)\sqrt[3]{x^2}$ 的单调区间.

解　（1）函数定义域为 $(-\infty, \infty)$，且

$$y' = 2\sqrt[3]{x^2} + (2x - 5)\frac{2}{3\sqrt[3]{x}} = \frac{10(x - 1)}{3\sqrt[3]{x}}.$$

（2）令 $y' = 0$，由分子 $10(x - 1) = 0$，解得 $x = 1$；而 $x = 0$ 时，y' 不存在.

（3）用 $x = 0$，$x = 1$ 把定义域 $(-\infty, \infty)$ 划分成 3 个小区间，列表 3-1-1 判定在各个小区间上的函数单调性，可见函数在 $(-\infty, 0]$，$[1, +\infty)$ 上单调增加，在 $[0, 1]$ 上单调减少.

表 3-1-1

x	$(-\infty, 0)$	0	$(0, 1)$	1	$(1, +\infty)$
y'	$+$	不存在	$-$	0	$+$
y	↗		↘		↗

3.1.3　函数的极值

在中学里，曾用初等方法讨论过二次函数

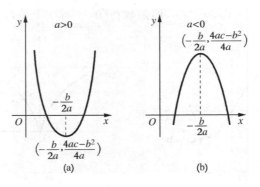

图 3-1-6

$$y = ax^2 + bx + c = a(x + \frac{b}{2a})^2 + \frac{4ac - b^2}{4a}$$

的极值. 如图 3-1-6 所示, 当 $a > 0$（或 < 0）时, 点 $(-\frac{b}{2a}, \frac{4ac - b^2}{4a})$ 是函数的极小（或极大）点, 它是单调减少（或增加）区间与单调增加（或减少）区间的分界点, 它的函数值比它某邻域内所有点的函数值都小（或大）. 上述讨论二次函数极值的方法很特殊, 不具有一般性. 下面将以导数为工具, 讨论一般函数极值的求法.

定义 1 设函数 $y = f(x)$ 在 x_0 的某邻域 $U(x_0, \delta)$ 内有定义, 如果当 $x \in \mathring{U}(x_0, \delta)$ 且 $x \neq x_0$ 时, 恒有

$$f(x) > f(x_0)（或 f(x) < f(x_0)）,$$

则称 $f(x_0)$ 是函数 $y = f(x)$ 的一个**极小值**（或**极大值**）.

函数的极小值和极大值统称为函数的**极值**, 使函数取得极值的点称为**极值点**. 例如, 在图 3-1-7 中, x_1, x_4, x_6 是极大值点, x_2, x_5 是极小值点.

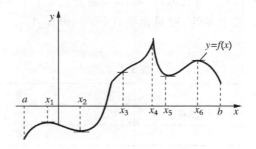

图 3-1-7

函数在某一点取得极大值（或极小值）是对该点的邻近范围而言的, 是局部范围内的最大值（或最小值）. 正因为极值指的是函数的局部形态, 所以这一点极小值可以大于另一点的最大值. 如图 3-1-7 中 x_5 处的极小值 $f(x_5)$ 大于 x_1 处的极大

值 $f(x_1)$.

从图 3-1-7 又可以看到,在可导函数取得极值处的曲线的切线是水平的,即函数在极值点处的导数等于 0(如 $f'(x_1) = f'(x_2) = f'(x_5) = f'(x_6) = 0$);但曲线上有水平切线的地方,函数不一定取得极值(如 $x = x_3$ 处). 于是得到

定理 3(函数具有极值的必要条件)　如果函数 $f(x)$ 在点 x_0 处可导,且在 x_0 处取得极值,则函数 $f(x)$ 在 x_0 处的导数等于 0,即 $f'(x_0) = 0$.

通常把导数等于 0 的点称为函数的**驻点**. 按定理 3,可导函数的极值点必定是它的驻点,但函数的驻点却不一定是极值点.

此外,从图 3-1-7 还可以看到,函数在它的不可导点(如 $x = x_4$)也可能取得极值.

当我们求出函数的驻点与不可导点后,还需从这些点中判定哪些是极值点,以及进一步对极值点进行判定是极大值点还是极小值点. 由图 3-1-7 知道,x_1,x_4,x_6 是极大值点,它的左侧图形都是单调增加的(即函数的一阶导数大于 0),右侧图形都是单调减少的(即函数的一阶导数小于 0);x_2,x_5 是极小值点,它的左侧图形都是单调减少的(即函数的一阶导数小于 0),右侧图形都是单调增加的(即函数的一阶导数大于 0);x_3 不是极值点,它的左、右侧图形都是单调增加的(即函数的一阶导数符号不变). 由此可得函数极值第一充分条件:

定理 4(函数极值第一判定法)　设 $f(x)$ 在点 x_0 的某邻域 $U(x_0, \delta)$ 内连续并可导(也可以 $f'(x_0)$ 不存在),那么

(1) 如果当 $x \in (x_0 - \delta, x_0)$ 时 $f'(x) > 0$,当 $x \in (x_0, x_0 + \delta)$ 时 $f'(x) < 0$,则 $f(x_0)$ 是函数 $f(x)$ 的极大值;

(2) 如果当 $x \in (x_0 - \delta, x_0)$ 时 $f'(x) < 0$,当 $x \in (x_0, x_0 + \delta)$ 时 $f'(x) > 0$,则 $f(x_0)$ 是函数 $f(x)$ 的极小值;

(3) 如果在 x_0 的左右邻域 $f'(x)$ 具有相同的符号,则 $f(x_0)$ 不是 $f(x)$ 的极值.

综上分析,求连续函数 $f(x)$ 极值的步骤如下:

(1) 确定函数的定义域,求出一阶导数 $f'(x)$;

(2) 令 $f'(x) = 0$,求出 $f(x)$ 的全部驻点;令 $f'(x)$ 为 ∞,求出不可导点;

(3) 用驻点与不可导点把定义域划分成若干个小区间,列表确定各个小区间上 $f'(x)$ 的符号,进而确定函数的极值;

(4) 算出各极值点的函数值,得到 $f(x)$ 的全部极值.

例 4　求 $f(x) = (5 - x)x^{2/3}$ 的极值.

解　(1) $f(x)$ 在定义域 $(-\infty, \infty)$ 上连续,且

$$f'(x) = -x^{2/3} + (5 - x) \cdot \frac{2}{3}x^{-1/3} = \frac{-5(x-2)}{3\sqrt[3]{x}}.$$

（2）令 $f'(x) = 0$，得驻点 $x = 2$；而 $x = 0$ 时 $f'(x)$ 不可导.

（3）列表 3-1-2，判定驻点与不可导点是否是极值点：

表 3-1-2

x	$(-\infty, 0)$	0	$(0, 2)$	2	$(2, +\infty)$
$f'(x)$	$-$	不存在	$+$	0	$-$
$f(x)$	↘	极小值	↗	极大值	↘

（4）算出 $f(x)$ 的极大值 $f(2) = 3\sqrt[3]{4}$，极小值 $f(0) = 0$，如图 3-1-8 所示.

定理 4 是函数极值一阶导数判定法，如果函数 $f(x)$ 在驻点处二阶导数存在且不等于 0，则有函数极值的第二充分条件：

定理 5（函数极值的第二判定法） 设函数 $f(x)$ 在 x_0 处具有二阶导数，且 $f'(x_0) = 0, f''(x_0) \neq 0$，那么

（1）当 $f''(x_0) < 0$ 时，$f(x)$ 在 x_0 处取得极大值；

（2）当 $f''(x_0) > 0$ 时，$f(x)$ 在 x_0 处取得极小值.

例 5 求函数 $f(x) = (x^2 - 1)^3 + 1$ 的极值.

解 （1）$f'(x) = 6x(x^2 - 1)^2, f''(x) = 6(x^2 - 1)(5x^2 - 1)$.

（2）令 $f'(x) = 0$，得驻点 $x_1 = -1, x_2 = 0, x_3 = 1$.

（3）因为 $f''(0) = 6 > 0$，故 $f(x)$ 在 $x = 0$ 处取极小值，且极小值 $f(0) = 0$. 因为 $f''(-1) = 0$，定理 5 无法判定，还需用定理 4 判定. 在 $x = -1$ 处左侧 $f'(x) < 0$，右侧 $f'(x) < 0$，按定理 4(3)，$f(x)$ 在 $x = -1$ 处没有极值. 同理，在 $x = 1$ 处函数也没有极值，如图 3-1-9 所示.

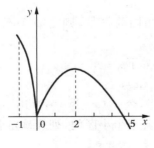

图 3-1-8

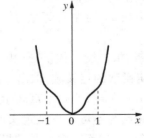

图 3-1-9

练习与思考 3-1

1. 选择题：

（1）设 $f(x)$ 在 $[a,b]$ 上连续，在 (a,b) 内可导，则 $f'(x)$ 在 (a,b) 恒为正是 $f(x)$ 在 $[a,b]$ 上

单调增加的（　　）.

　　A. 充分但不必要条件；　　　　　　B. 必要但不充分条件；

　　C. 充分且必要条件；　　　　　　　D. 既不充分也不必要条件.

（2）设 $f(x)$ 在 x_0 的某邻域内连续，则 x_0 为函数 $f(x)$ 的驻点或不可导点是 $f(x)$ 在 x_0 处取得极值的（　　）.

　　A. 必要条件；　　　　　　　　　　B. 充分条件；

　　C. 充分必要条件；　　　　　　　　D. 无关条件.

（3）设 $f'(x_0) = 0$，$f''(x_0) = 0$，则函数 $y = f(x)$ 在 $x = x_0$ 处（　　）.

　　A. 一定有极大值；　　　　　　　　B. 一定有极小值；

　　C. 不一定有极值；　　　　　　　　D. 一定没有极值.

2. 求下列函数的单调区间：

（1）$y = -3x^2 + 6x$；　　　　　　　　（2）$y = (x-1)\sqrt[3]{x}$.

3. 求下列函数的极值：

（1）$f(x) = x^3 - 6x^2 + 9x$；　　　　　（2）$f(x) = (x-4)\sqrt[3]{(x+1)^2}$.

§3.2　函数的最值 —— 函数最优化的数学模型

在工农业生产、工程技术及科学实验中，常常会遇到这样的一类问题：在一定条件下，如何使"产量最多"，或使"用料最省"，或使"成本最低"，或使"效率最高"等. 这类问题在数学上常常可归结为某一函数的最大值或最小值问题（也称为函数最优化问题）. 本节将以导数为工具，研究与这类实际问题相关的问题.

3.2.1　函数的最值

上节讨论了在某邻域内函数的最大值或最小值 —— 函数的极值，它是函数的一个局部形态. 现在来研究在闭区间上的函数的整体形态 —— 函数的最大值及最小值.

所谓函数 $f(x)$ 在闭区间 $[a,b]$ 上的最大值及最小值，是指在闭区间 $[a,b]$ 上所有点的函数值中的最大一个函数值及最小一个函数值. 函数的最大值及最小值统称函数的最值. 如在图 3-2-1 中，函数值 $f(x_3)$ 比 $[a,b]$ 上所有点的函数值都大，即

$$f(x_3) \geqslant f(x) \quad (x \in [a,b]),$$

所以 $f(x_3)$ 是 $[a,b]$ 上的最大值；而函数值 $f(a) \leqslant f(x)(x \in [a,b])$，所以 $f(a)$ 是

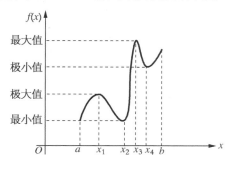

图 3-2-1

$[a,b]$ 上的最小值.

　　需要指出,函数在某闭区间上的最值与函数在某点处的极值是两个不同的概念. 前者是就整个闭区间而言的,是函数在闭区间上整体的、绝对的形态;后者是仅就一点邻域而言的,是函数在一点处的局部的、相对的形态.

　　现在的问题是:

　　(1)是否所有函数在某闭区间上都有最大值及最小值,即函数在闭区间上存在最大值及最小值的条件是什么?

　　(2)如何在闭区间上求出函数的最大值及最小值?

　　定理 1(最大值及最小值存在定理)　　该函数 $f(x)$ 在闭区间 $[a,b]$ 上连续,则函数 $f(x)$ 在 $[a,b]$ 上至少存在一个最大值,同时至少存在一个最小值.

　　这是因为 $f(x)$ 在 $[a,b]$ 上每一点处都连续(包括 a 处右连续,b 处左连续),自然在每一点处函数值都存在,于是通过比较所有点处的函数值大小,就可至少找到一个最大值,同时至少找到一个最小值. 如图 3-2-1 所示,$f(x)$ 在 $[a,b]$ 上有一个最大值 $f(x_3)$,有两个最小值 $f(a)=f(x_2)$.

　　但是如果函数在开区间内连续或在闭区间上有间断点,则函数在闭区间上就不一定存在最大值及最小值. 如图 3-2-2 所示,函数 $f(x)=x$ 在开区间 $(-1,1)$ 内连续,函数

$$f(x)=\begin{cases}-1-x, & -1\leqslant x<0,\\ 0, & x=0,\\ 1-x, & 0<x\leqslant 1\end{cases}$$

在闭区间 $[-1,1]$ 上有间断点 $x=0$,它们在闭区间 $[-1,1]$ 上既不存在最大值也不存在最小值.

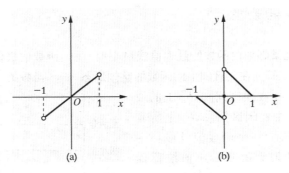

图 3-2-2

　　由图 3-2-1 可知,函数在区间 (a,b) 内的最大值 $f(x_3)$ 及最小值 $f(x_1)$ 一定是函数的极大值及极小值;由上节又可知,函数的极值点不是函数的驻点就是不可导点. 于是得到在闭区间 $[a,b]$ 上求连续函数 $f(x)$ 的最大值及最小值的步骤如下:

（1）检验函数 $f(x)$ 是否在闭区间 $[a,b]$ 上连续，确认函数 $f(x)$ 是否在 $[a,b]$ 上存在最大值及最小值；

（2）求出函数 $f(x)$ 在开区间 (a,b) 内所有驻点及不可导点；

（3）计算所有驻点、不可导点的函数值，以及两端点 a,b 的函数值，并进行比较，函数值大者为最大值，小者为最小值.

例 1　求函数 $f(x)=\sqrt[3]{(x^2-2x)^2}$ 在 $[-1,4]$ 上的最大值及最小值.

解　（1）初等函数 $f(x)=\sqrt[3]{(x^2-2x)^2}$ 在定义区间 $(-\infty,\infty)$ 内连续，自然在 $[-1,4]$ 上连续，按定理 1，$f(x)$ 在 $[-1,4]$ 上存在最大值及最小值.

（2）求函数的导数 $f'(x)=\dfrac{2}{3}(x^2-2x)^{-\frac{1}{3}}(2x-2)=\dfrac{4(x-1)}{3\sqrt[3]{x^2-2x}}$，令 $f'(x)=0$，得驻点 $x=1$；而 $x=0$ 及 $x=2$ 为 $f(x)$ 的不可导点.

（3）计算驻点函数值 $f(1)=1$，不可导点的函数值 $f(0)=0$，$f(2)=0$；计算两端点函数值 $f(-1)=\sqrt[3]{9}$，$f(4)=4$.

比较这些函数值，可得 $f(x)$ 在 $[-1,4]$ 上的最大值是 $f(4)=4$，最小值是 $f(0)=f(2)=0$. 即：函数在 $[-1,4]$ 上有一个最大值、两个最小值.

特殊地，如果可导函数 $f(x)$ 在区间（有限或无限，开或闭）内有且仅有一个极大值，没有极小值，则此极大值就是 $f(x)$ 在该区间上的最大值. 同样地，如果可导函数 $f(x)$ 在区间内有且仅有一个极小值，无极大值，则此极小值就是 $f(x)$ 在该区间上的最小值. 如图 3-2-3 所示，这时函数 $f(x)$ 在某点处的极值与函数 $f(x)$ 在某闭区间 $[a,b]$ 上的最值就统一起来：极大值就是最大值，极小值就是最小值. 例如，上节图 3-1-6 中的二次函数 $f(x)=ax^2+bx+c$，它在 $(-\infty,\infty)$ 内可导且只有一个驻点 $\left(-\dfrac{b}{2a},\dfrac{4ac-b^2}{4a}\right)$. 所以当 $a>0$ 时，$f(x)$ 的极小值 $f\left(-\dfrac{b}{2a}\right)=\dfrac{4ac-b^2}{4a}$，就是 $f(x)$ 在 $(-\infty,\infty)$ 上的最小值；当 $a<0$ 时，$f(x)$ 的极大值 $f\left(-\dfrac{b}{2a}\right)=\dfrac{4ac-b^2}{4a}$，就是 $f(x)$ 在 $(-\infty,\infty)$ 内的最大值.

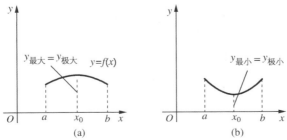

图 3-2-3

例 2　在科学实验中，度量某量 n 次，得 n 个数值 $a_1, a_2, \cdots, a_n$. 试证：当该量 x 取 $\dfrac{1}{n}(a_1 + a_2 + \cdots + a_n)$ 时，可使 x 与 $a_1, a_2, \cdots, a_n$ 之误差平方和

$$Q(x) = (x - a_1)^2 + (x - a_2)^2 + \cdots + (x - a_n)^2$$

达到最小.

证　将 $Q(x)$ 对 x 求导数，有

$$Q'(x) = 2(x - a_1) + 2(x - a_2) + \cdots + 2(x - a_n),$$
$$Q''(x) = 2n > 0.$$

令 $Q'(x) = 0$，得唯一驻点

$$x = \frac{1}{n}(a_1 + a_2 + \cdots + a_n).$$

由于 $Q''(x)$ 恒大于 0，因此上述驻点就是 $Q(x)$ 的极小值点；又由于 $Q(x)$ 在所论区间上可导且只有一个极小值点，没有极大值点，因此上述驻点 $x = \dfrac{1}{n}(a_1 + a_2 + \cdots + a_n)$ 就是 $Q(x)$ 的最小点.

例 2 表明，当度量某量 n 次，其度量值的算术平均值作为该量的近似值，可使其形成的误差平方和为最小. 这就是日常生活中经常取度量值的算术平均值作该量近似值的原因.

3.2.2　实践中的最优化问题举例

实际问题中的最大值或最小值有两个特点：

（1）对实际问题的某一指标（如产量、成本、效率等），如果存在最大值，就不可能存在最小值；如果存在最小值，就不可能存在最大值. 即对实际问题的某一指标，不可能既存在最大值又存在最小值.

（2）实际问题在所论区间内往往只有一个驻点，如果实际问题存在最大值，则该驻点就是最大点；如果存在最小值，则该驻点就是最小点.

求实际问题的最大值或最小值的步骤如下：

（1）把实际问题化为数学问题，即建立函数关系式；

（2）根据实际分析，求出上述函数的最大值或最小值.

例 3　设工厂 A 到铁路的垂直距离为 $20\,\mathrm{km}$，垂足为 B. 铁路上距 B 为 $100\,\mathrm{km}$ 处有一原料供应站，如图 3-2-4 所示. 现要在铁路 BC 段上选一处 D 修建一个原料中转站，再由中转站 D 向工厂 A 修一条连接 DA 的直线公路. 如果已知每千米铁路运费与公路运费之比为 $3:5$，试问中转站 D 选在何处，才能使原料从供应站 C 途径中转站 D 到达工厂 A 所需的运费最省？

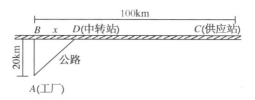

图 3-2-4

解　（1）建立运费的函数关系式. 设 B,D 之间的距离为 $x(\text{km})$，则 $DC = 100 - x(\text{km})$. 又设公路运费为 a（元／千米），由已知条件则铁路运费为 $\dfrac{3}{5}a$（元／千米）. 由图 3-2-4 所示，原料从 C 经 D 到达 A 的运费为

$$y = \frac{3}{5}a \cdot |CD| + a \cdot |DA| = \frac{3}{5}a(100 - x) + a\sqrt{20^2 + x^2} \quad (0 \leqslant x \leqslant 100).$$

（2）求运费最小的 x 值. 对上式求导数，有

$$y' = -\frac{3}{5}a + \frac{ax}{\sqrt{20^2 + x^2}} = \frac{a(5x - 3\sqrt{20^2 + x^2})}{5\sqrt{20^2 + x^2}}.$$

令 $y' = 0$，即 $25x^2 = 9(20^2 + x^2)$，得驻点 $x_1 = 15, x_2 = -15$（舍去）. 由于 $x_1 = 15$ 是运费函数 y 在定义域 $[0, 100]$ 内唯一驻点，且运费存在最小值（最大值无实际意义），所以 $x_1 = 15(\text{km})$ 就是运费 y 的最小值点，这时的最少运费为

$$y\big|_{x=15} = \frac{3}{5}a(100 - x) + a\sqrt{20^2 + x^2}\,\big|_{x=15} = 76a.$$

例 4　欲造一个容积为 V_0 的无盖圆筒形容器，侧面与底面的厚度均为 a，问容器内半径及内高为多少时所用材料最省？

解　（1）建立容器所用材料的函数关系式. 设容器内半径为 R，内高为 h，则所用材料为

$$
\begin{aligned}
V &= V_{\text{侧面}} + V_{\text{底面}} \\
&= [\pi(R + a)^2 - \pi R^2]h + \pi(R + a)^2 \cdot a \\
&= \pi h(2Ra + a^2) + \pi a(R + a)^2.
\end{aligned}
$$

因为容器容积为 V_0，即 $V_0 = \pi R^2 h$，所以 $h = \dfrac{V_0}{\pi R^2}$. 把它代入上式，得

$$V = V_0\left(\frac{2a}{R} + \frac{a^2}{R^2}\right) + \pi a(R + a)^2 \quad (R > 0).$$

（2）求 V 最小的 R 值. 将上式对 R 求导数，得

$$\frac{\mathrm{d}V}{\mathrm{d}R} = V_0\left(-\frac{2a}{R^2} - \frac{2a^2}{R^3}\right) + 2\pi a(R + a).$$

令 $\dfrac{\mathrm{d}V}{\mathrm{d}R} = 0$，得

$$\frac{2a(R + a)}{R^3}\,V_0 = 2\pi a(R + a),$$

解得驻点 $$R = \sqrt[3]{\frac{V_0}{\pi}}.$$

由于 $R = \sqrt[3]{\frac{V_0}{\pi}}$ 是所用材料函数 V 在定义域内唯一驻点,且所用材料 V 存在最小

值(最大值无实际意义),因此 $R = \sqrt[3]{\frac{V_0}{\pi}}$ 就是所用材料的最小点,于是当

$$R = \sqrt[3]{\frac{V_0}{\pi}}, h = \frac{V_0}{\pi\sqrt[3]{\left(\frac{V_0}{\pi}\right)^2}} = \sqrt[3]{\frac{V}{\pi}}$$

时,所用材料 $V = 3aV_0^{2/3}\pi^{1/3} + 3a^2V_0^{1/3}\pi^{2/3} + \pi a^3$ 为最小.

例 5 由材料力学可知,矩形截面横梁承受弯曲的能力与横梁的抗弯截面系数 W 有关,其中截面系数 W 与矩形截面的宽度 b 成正比,与矩形截面的高度平方 h^2 成正比.现欲将一根直径为 d 的圆木锯成具有最大抗弯强度的矩形截面,问矩形截面的高度 h 和宽度 b 之比应是多少?

解 (1)建立矩形横梁抗弯截面系数的函数关系式.按题意,W 与 b 成正比,与 h^2 成正比.设 $$W = kbh^2 (比例常数 k > 0).$$

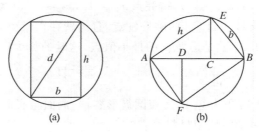

图 3-2-5

如图 3-2-5(a) 所示,$h^2 = d^2 - b^2$,代入上式得

$$W = kb(d^2 - b^2)(0 < b < d).$$

(2)求矩形截面系数最大的 b 值.将上式对 b 求导数,得

$$\frac{\mathrm{d}W}{\mathrm{d}b} = k^2(d^2 - 3b^2).$$

令 $\frac{\mathrm{d}W}{\mathrm{d}b} = 0$,得驻点 $b_1 = \frac{d}{\sqrt{3}}$,$b_2 = -\frac{d}{\sqrt{3}}$(舍去).

由于 $b_1 = \frac{d}{\sqrt{3}}$ 是矩形截面系数函数 W 在定义域内的唯一驻点,且矩形截面系数 W 存在最大值(最小值无实际意义),因此 $b_1 = \frac{d}{\sqrt{3}}$ 就是矩形截面系数 W 的最大

点,于是当
$$b_1 = \frac{d}{\sqrt{3}}, h = \sqrt{d^2 - \left(\frac{d}{\sqrt{3}}\right)^2} = \sqrt{\frac{2}{3}} d$$

(即 $h : b_1 = \sqrt{2} : 1$) 时,$W = k \cdot \frac{d}{\sqrt{3}} \cdot \frac{2}{3} d^2 = \frac{2\sqrt{3}}{9} k d^3$ 最大.

容易证明,把直径 AB 三等分,过分点 C, D 作 AB 的垂直线分别交圆周于 E,F,那么 $AEBF$ 为截面的横梁,它的截面系数 W 最大,如图 3-2-5(b) 所示.

又 $h : b = \sqrt{2} : 1 \approx 1.4 : 1 = 7 : 5$,这一结果在我国宋代的李诚于公元 1100 年所写的《营造法式》一书中已有记载.

例 6　从坐标原点发射炮弹,其弹道函数(不计空气阻力) 为
$$y = mx - \frac{m^2 + 1}{800} x^2 (m > 0),$$

其中 m 为弹道函数图形在原点处的切线斜率.

(1) 问 m 多大时,水平射程最大?

(2) 在离发射点 300m 处有一座高为 80m 的峭壁,问 m 多大时炮弹能击中峭壁上的目标?

解　(1) 先求炮弹水平射程的函数关系式.为此令 $y = 0$,得
$$mx - \frac{m^2 + 1}{800} x^2 = 0,$$

解得
$$x = \frac{800}{m^2 + 1} (m > 0; x = 0 \text{ 无意义,删除}).$$

再求炮弹水平射程 x 的最大值.上式对 m 求导,得
$$\frac{\mathrm{d}x}{\mathrm{d}m} = \frac{800(1 - m^2)}{(m^2 + 1)^2},$$

令 $\frac{\mathrm{d}x}{\mathrm{d}m} = 0$,得驻点 $m_1 = 1, m_2 = -1$(舍去).

由于 $m_1 = 1$ 是炮弹水平射程 x 在定义域内唯一驻点,且炮弹水平射程存在最大值(最小值无实际意义),因此 $m_1 = 1$ 就是炮弹水平射程的最大点.它的最大水平射程为
$$x \big|_{m=1} = \frac{800}{1 + 1} = 400 \text{(m)}.$$

(2) 先求离发射点 300(m) 处炮弹击中的高度函数关系式.为此,把 $x = 300$(m) 代入炮弹弹道函数,得
$$y \big|_{x=300} = 300m - \frac{900}{8}(m_2 + 1) (m > 0).$$

再求 y 的最大值.上式对 m 求导,得

$$\frac{\mathrm{d}y}{\mathrm{d}m} = 300 - \frac{900}{4}m,$$

令 $\frac{\mathrm{d}y}{\mathrm{d}m} = 0$，得驻点 $m = \frac{4}{3}$．

由于 $m = \frac{4}{3}$ 是离发射点 $300(\mathrm{m})$ 处炮弹击中高度函数 y 在定义域内的唯一驻点，且 y 存在最大值(最小值无实际意义)，因此 $m = \frac{4}{3}$ 就是 y 的最大点．它在离发射点 $300(\mathrm{m})$ 处击中的最大高度为

$$y\Big|_{m=\frac{4}{3}} = 300 \times \frac{4}{3} - \frac{900}{8}\Big[(\frac{4}{3})^2 + 1\Big] = 87.5(\mathrm{m}) > 80(\mathrm{m}).$$

以上计算表明，当 $m = \frac{4}{3}$ (即炮弹发射角大于 $53.13°$) 时，从原点发射的炮弹就能击中 $80(\mathrm{m})$ 高的峭壁上的目标．

练习与思考 3-2

1. 试分析函数 $f(x)$ 在 $[a,b]$ 上的最值与 $f(x)$ 在 x_0 处的极值之区别及联系．

2. 求函数 $f(x) = x^3 - 3x + 3$ 在区间 $[-3, \frac{3}{2}]$ 上的最大值及最小值．

3. 求函数 $f(x) = \sqrt{2x - x^2}$ 在区间 $[0,2]$ 上的最大值及最小值．

§3.3　一元函数图形的描绘

为了从几何上直观地了解函数的性质与变化规律，常常需要作出函数的图形．如何作出函数的图形?在中学里，我们曾用描点作图法作出过一些简单函数的图形．但是，如用这种方法去描绘一些较复杂的函数，常常会遗漏该图形的一些关键点(如极值点、拐点等)，也很难准确地显示该图形的单调性与凹凸性．本节将以导数为工具来描绘一元函数的图形．

3.3.1　函数图形的凹凸性与拐点

在 §3.1 中，我们研究了函数的单调性与极值，这对描绘函数的图形有很大帮助．但仅仅知道这些，还不能比较准确地描绘出函数的图形．例如，图 3-3-1 中两曲线 $y = x^2$ 与 $y = \sqrt{x}$，虽然都是单调上升的，但上升时的弯曲方向有着明显的不同：$y = x^2$ 的图形是一条向上弯曲的曲线，即曲线是(上)凹的；$y = \sqrt{x}$ 的图形是一条

向下弯曲的曲线,即曲线是(上)凸的.

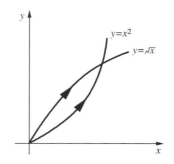

图 3-3-1

下面来研究函数图形的凹(或凸)性及其判别法.

定义 1　设函数 $f(x)$ 在 (a,b) 内连续,如果对 (a,b) 内任意两点 x_1,x_2,恒有

$$f\left(\frac{x_1 + x_2}{2}\right) < \frac{f(x_1) + f(x_2)}{2},$$

则称 $f(x)$ 在 (a,b) 内的图形是(上)凹的,如图 3-3-2(a) 所示;如果恒有

$$f\left(\frac{x_1 + x_2}{2}\right) > \frac{f(x_1) + f(x_2)}{2},$$

则称 $f(x)$ 在 (a,b) 内的图形是(上)凸的,如图 3-3-2(b) 所示.

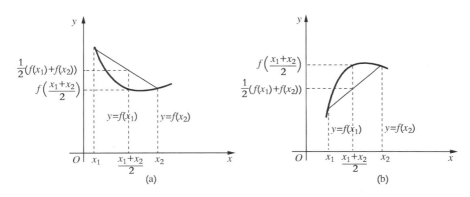

图 3-3-2

按照定义,我们称 $y = x^2$ 的图形在 $x > 0$ 时是(上)凹的,称 $y = \sqrt{x}$ 的图形在 $x > 0$ 时是(上)凸的.

函数图形的凹凸性具有明显的几何意义.对于凹曲线 $y = x^2$,当 x 从 x_1 增加到 x_2 时,其曲线的切线斜率 $k = \tan\alpha$ 从 $\tan\alpha_1$ 变到 $\tan\alpha_2$;由于 $\alpha_2 > \alpha_1$,有 $\tan\alpha_2 > \tan\alpha_1$,按导数几何意义,$y' = \tan\alpha$ 是单调增加的,如图 3-3-3(a) 所示.对于凸曲线 $y = \sqrt{x}$,当 x 从 x_1 增加到 x_2 时,其曲线的线斜率 $k = \tan\alpha$ 从 $\tan\alpha_1$ 变到 $\tan\alpha_2$;由

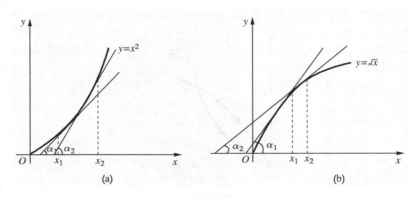

图 3-3-3

于 $\alpha_2 < \alpha_1$，有 $\tan\alpha_2 < \tan\alpha_1$，即 $y' = \tan\alpha$ 是单调减少的，如图 3-3-3(b) 所示．反过来，就是函数图形的凹凸性的导数判定法．

定理 1（函数图形凹凸性的判定法） 设 $f(x)$ 在 $[a,b]$ 上连续，在 (a,b) 内具有一阶和二阶导数，那么

（1）如果在 (a,b) 内 $f''(x) > 0$，则 $f(x)$ 在 (a,b) 内的图形是（上）凹的；

（2）如果在 (a,b) 内 $f''(x) < 0$，则 $f(x)$ 在 (a,b) 内的图形是（上）凸的．

例 1 判断 $y = \sin x$ 的图形在 $(0,2\pi)$ 内的凹凸性．

解 $y = \sin x$ 在 $[0,2\pi]$ 上连续，在 $(0,2\pi)$ 内 $y' = \cos x$，$y'' = -\sin x$．

在 $(0,\pi)$ 内，$y'' < 0$，故 $y = \sin x$ 的图形在 $(0,\pi)$ 内是凸的；在 $(\pi,2\pi)$ 内 $y'' > 0$，故 $y = \sin x$ 的图形在 $(\pi,2\pi)$ 内是凹的，如图 3-3-4 所示．

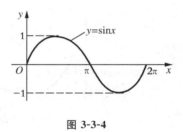

图 3-3-4

例 1 中的点 $(\pi,0)$ 是函数图形从左边的凸到右边的凹的分界点，也是函数的二阶导数从左边的 $y'' < 0$ 到右边的 $y'' > 0$ 的分界点，我们称该点为函数图形的拐点．

定义 2 设函数 $f(x)$ 的图形连续，则把该函数图形的凹部与凸部的分界点称为该函数图形的**拐点**．

定理 2（函数图形拐点的判定法） 该函数 $f(x)$ 在 (a,b) 上具有二阶连续导数，x_0 为 (a,b) 内的一点，那么

（1）当 x_0 左、右附近处的 $f''(x)$ 符号变号时，则点 $(x_0, f(x_0))$ 为函数图形上的一个拐点，这时 $f''(x_0)$ 必定等于零或不存在；

（2）当 x_0 左、右附近处的 $f''(x)$ 符号不变号时，则点 $(x_0, f(x_0))$ 不是函数图形的一个拐点．

综上所述，可得判定函数图形凹凸与求出函数图形拐点的一般步骤如下：

（1）写出函数 $f(x)$ 的定义域,求出 $f'(x)$, $f''(x)$；

（2）求出所有 $f''(x) = 0$ 的点与 $f''(x)$ 不存在的点；

（3）用(2)中求得的点,把定义域划分成若干个小区间,列表讨论各个小区间上 $f(x)$ 的二阶导数符号,判定各小区间上函数图形的凹凸性,求出函数图形的拐点.

例 2　判定 $f(x) = (x-1)\sqrt[3]{x^2}$ 图形的凹凸性与求出 $f(x)$ 图形的拐点.

解　（1）定义域为 $(-\infty, \infty)$,且

$$f'(x) = \frac{5}{3}x^{\frac{2}{3}} - \frac{2}{3}x^{-\frac{1}{3}},$$

$$f''(x) = \frac{10}{9}x^{-\frac{1}{3}} + \frac{2}{9}x^{-\frac{4}{3}} = \frac{10x+2}{9\sqrt[3]{x^4}}.$$

（2）令 $f''(x) = 0$,得 $x = -\dfrac{1}{5}$；而 $x = 0$ 时 $f''(x)$ 不存在.

（3）列表 3-3-1 判定. 由表 3-3-1 可知,在 $\left(-\infty, -\dfrac{1}{5}\right)$ 内函数图形是凸的,在 $\left(-\dfrac{1}{5}, 0\right)$ 与 $(0, +\infty)$ 内函数图形是凹的；点 $\left(-\dfrac{1}{5}, -\dfrac{6}{25}\sqrt[3]{5}\right)$ 为函数图形的拐点,点 $(0,0)$ 不是函数图形的拐点,如图 3-3-5 所示.

表 3-3-1

x	$\left(-\infty, -\dfrac{1}{5}\right)$	$-\dfrac{1}{5}$	$\left(-\dfrac{1}{5}, 0\right)$	0	$(0, +\infty)$
$f''(x)$	$-$	0	$+$	不存在	$+$
$f(x)$	$\frown$	拐点	$\smile$		$\smile$

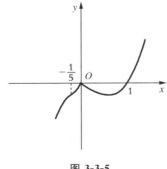

图 3-3-5

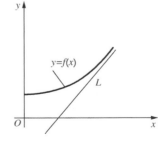

图 3-3-6

3.3.2　函数图形的渐近线

有些函数的定义域和值域都是有限区间,其图形仅属于一定的范围之内,如圆、椭

圆等.而有些函数的定义域和值域却是无限区间,其图形向无限远延伸,如抛物线、双曲线等.为了把握函数图形在无限变化中的趋势,这里将介绍函数图形的渐近线.

定义 3 如果函数 $y = f(x)$ 图形上的动点沿图形移向无限远时,该点与某条定直线 L 的距离无限趋近于零,如图 3-3-6 所示,则该直线 L 就称为函数 $f(x)$ 图形的一条**渐近线**.

渐近线分为水平渐近线、垂直渐近线与斜渐近线 3 种.这里只介绍前两种.

如果函数 $y = f(x)$ 的定义域是无穷区间,且

$$\lim_{x \to \infty} f(x) = C (或 \lim_{x \to +\infty} f(x) = C 或 \lim_{x \to -\infty} f(x) = C),$$

则称直线 $y = C$ 为函数 $y = f(x)$ 图形的**水平渐近线**;如果函数 $y = f(x)$ 在点 x_0 处间断,且

$$\lim_{x \to x_0} f(x) = \infty (或 \lim_{x \to x_0^-} f(x) = \infty, 或 \lim_{x \to x_0^+} f(x) = \infty),$$

则称直线 $x = x_0$ 为函数 $y = f(x)$ 图形的**铅垂渐近线**.

例如函数 $f(x) = \dfrac{1}{x-1}$,因为 $\lim\limits_{x \to \infty} \dfrac{1}{x-1} = 0$,所以 $y = 0$ 是函数 $f(x) = \dfrac{1}{x-1}$ 图形的水平渐近线;因为 $\lim\limits_{x \to 1} \dfrac{1}{x-1} = \infty$,所以 $x = 1$ 是函数 $f(x) = \dfrac{1}{x-1}$ 的铅垂渐近线,如图 3-3-7 所示.又如函数 $f(x) = \arctan x$,因为 $\lim\limits_{x \to +\infty} \arctan x = \dfrac{\pi}{2}$,$\lim\limits_{x \to -\infty} \arctan x = -\dfrac{\pi}{2}$,所以直线 $y = \dfrac{\pi}{2}$ 及 $y = -\dfrac{\pi}{2}$ 为函数 $f(x) = \arctan x$ 图形的两条水平渐近线,如图 3-3-8 所示.

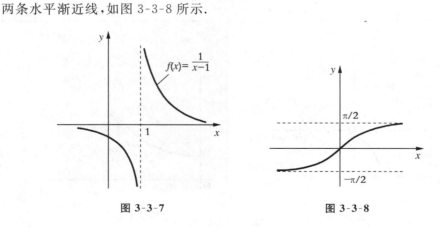

图 3-3-7   图 3-3-8

3.3.3 一元函数图形的描绘

根据上面的讨论,给出利用导数描绘一元函数图形的步骤如下:

（1）确定函数的定义域,判断函数的奇偶性(或对称性)、周期性;

（2）求函数的一阶导数和二阶导数;

（3）在定义域内求一阶导数及二阶导数的零点与不可导点;

（4）用(3)所得的零点及不可导点把定义域划分成若干个小区间,列表讨论函数在各个小区间上的单调性、凹凸性,确定极值点、拐点;

（5）确定函数图形的渐近线;

（6）算出极值和拐点的函数值,必要时再补充一些点;

（7）根据以上讨论,在 xOy 坐标平面上画出渐近线,描出极值点、拐点及补充点,再根据单调性、凹凸性,把这些点用光滑曲线连接起来.

例 3　描绘函数 $f(x) = -3x^5 + 5x^3$ 的图形.

解　（1）定义域为 $(-\infty, \infty)$,由于 $f(-x) = -3(-x)^5 + 5(-x)^3 = -f(x)$,所以 $f(x)$ 为奇函数(函数图形关于原点对称).

（2）$f'(x) = -15x^4 + 15x^2 = -15x^2(x-1)(x+1)$,

$f''(x) = -60x^3 + 30x = -30x(2x^2 - 1)$.

（3）令 $f'(x) = 0$,得驻点 $x = 0, x = \pm 1$;令 $f''(x) = 0$,得 $x = 0, x = \pm \dfrac{\sqrt{2}}{2}$.

（4）列表 3-3-2 讨论函数的单调性、凹凸性,确定极值点、拐点.

表 3-3-2

x	$(-\infty, -1)$	-1	$\left(-1, -\frac{\sqrt{2}}{2}\right)$	$-\frac{\sqrt{2}}{2}$	$\left(-\frac{\sqrt{2}}{2}, 0\right)$	0	$\left(0, \frac{\sqrt{2}}{2}\right)$	$\frac{\sqrt{2}}{2}$	$\left(\frac{\sqrt{2}}{2}, 1\right)$	1	$(1, +\infty)$
$f'(x)$	$-$	0	$+$		$+$	0	$+$		$+$	0	$-$
$f''(x)$	$+$		$+$	0	$-$	0	$+$	0	$-$		$-$
$f(x)$	↘	极小值	↗	拐点	↗	拐点	↗	拐点	↗	极大值	↘

（5）无水平、铅垂渐近线.

（6）算出极小值 $f(-1) = -2$,极大值 $f(1) = 2$,拐点值 $f\left(-\dfrac{\sqrt{2}}{2}\right) = -\dfrac{7\sqrt{2}}{8}$,

$f(0) = 0, f\left(\dfrac{\sqrt{2}}{2}\right) = \dfrac{7\sqrt{2}}{8}$;得极小值点 $(-1, -2)$,极大值点 $(1, 2)$,拐点 $\left(-\dfrac{\sqrt{2}}{2}, -\dfrac{7\sqrt{2}}{8}\right), (0, 0), \left(\dfrac{\sqrt{2}}{2}, \dfrac{7\sqrt{2}}{8}\right)$;再补充两点 $\left(-\dfrac{\sqrt{15}}{3}, 0\right), \left(\dfrac{\sqrt{15}}{3}, 0\right)$.

（7）综合以上结果,作出 $f(x) = -3x^5 + 5x^3$ 的图形如图 3-3-9 所示.

例 4　描绘高斯函数 $f(x) = e^{-\frac{x^2}{2}}$ 的图形.

解　（1）定义域为 $(-\infty, \infty)$;由于 $f(-x) = e^{-\frac{(-x)^2}{2}} = f(x)$,所以 $f(x)$ 为偶

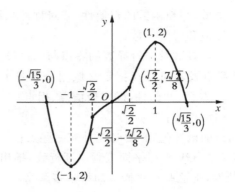

图 3-3-9

函数（函数图形关于 y 轴对称）.

（2）$f'(x) = e^{-\frac{x^2}{2}}(-x) = -xe^{-\frac{x^2}{2}}$，

$f''(x) = -\left[e^{-\frac{x^2}{2}} + x \cdot e^{-\frac{x^2}{2}}(-x)\right] = (x^2-1)e^{-\frac{x^2}{2}}$.

（3）令 $f'(x) = 0$，得驻点 $x = 0$；令 $f''(x) = 0$，得 $x = \pm 1$.

（4）列表 3-3-3 判定（按对称性可以只列一半表）.

表 3-3-3

x	$(-\infty, -1)$	-1	$(-1, 0)$	0	$(0, 1)$	1	$(1, +\infty)$
$f'(x)$	$+$		$+$	0	$-$		$-$
$f''(x)$	$+$	0	$-$		$-$	0	$+$
$f(x)$	↗	拐点	↗	极大值	↘	拐点	↘

（5）算出极大值 $f(0) = 1$，拐点值 $f(-1) = \dfrac{1}{\sqrt{e}}$，$f(1) = \dfrac{1}{\sqrt{e}}$；从而得到极大值点 $(0, 1)$，拐点 $\left(-1, \dfrac{1}{\sqrt{e}}\right)$，$\left(1, \dfrac{1}{\sqrt{e}}\right)$；再补充两点 $\left(-2, \dfrac{1}{e^2}\right)$，$\left(2, \dfrac{1}{e^2}\right)$.

（6）因为 $\lim\limits_{x \to \infty} e^{-\frac{x^2}{2}} = 0$，所以 $y = 0$ 为函数图形的水平渐近线.

（7）作出图形如图 3-3-10 所示.

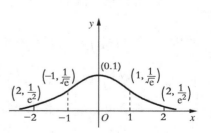

图 3-3-10

练习与思考 3-3

1. 选择题:设 $f(x)$ 在 (a,b) 上具有二阶导数,且(　　　　),则函数图形在 (a,b) 上单调增加且是凹的.

   A. $f'(x) > 0, f''(x) > 0$;　　　　　　　　B. $f'(x) > 0, f''(x) < 0$;

   C. $f'(x) < 0, f''(x) > 0$;　　　　　　　　D. $f'(x) < 0, f''(x) < 0$.

2. 判定函数 $f(x)$ 图形的凹凸性,并求出函数图形的拐点:

   (1) $f(x) = \sqrt[3]{x}$;　　　　　　　　　　　(2) $f(x) = 2 + (x-4)^{1/3}$.

3. 描绘函数 $f(x) = x^3 - x^2 - x + 1$ 的图形.

§3.4　罗必达法则 —— 未定式计算的一般方法

在 §1.3 中,我们曾经计算过在 $x \to x_0$(或 $x \to \infty$)条件下两个函数 $f(x),g(x)$ 都趋向无穷小或无穷大时比式 $\dfrac{f(x)}{g(x)}$ 的极限. 在那里往往需要经过适当的变形,转化成可利用极限计算法则或重要极限的形式进行. 这种变形没有一般方法,需看问题而定. 由于这种比式 $\dfrac{f(x)}{g(x)}$ 的极限 $\lim\limits_{x \to x_0} \dfrac{f(x)}{g(x)}$(或 $\lim\limits_{x \to \infty} \dfrac{f(x)}{g(x)}$)可能存在,也可能不存在. 通常把这种极限称为**未定式**,用 $\dfrac{0}{0}$ 或 $\dfrac{\infty}{\infty}$ 表示. 例如 $\lim\limits_{x \to 0} \dfrac{\sin x}{x}$ 就是 $\dfrac{0}{0}$ 型未定式, $\lim\limits_{x \to +\infty} \dfrac{e^x}{x^2}$ 则是 $\dfrac{\infty}{\infty}$ 型未定式. 下面将以导数为工具,介绍计算未定式的一般方法 —— 罗必达法则.

3.4.1　柯西微分中值定理

柯西微分中值定理是 §3.1 中拉格朗日微分中值定理的一个推广. 这种推广的主要意义在于给出罗必达法则.

定理 1(柯西[①]微分中值定理)

设 $y = f(x)$ 与 $y = g(x)$ 在 $[a,b]$ 上连续,在 (a,b) 内可导,且 $g'(x) \neq 0$,则在 (a,b) 内至少存在一点 ξ,使

---

① 柯西(Cauchy, A. L., 1789—1857 年),法国数学家. 1809 年当上一名工程师后听从拉格朗日和拉普拉斯的劝告转攻数学. 1816 年晋升为巴黎综合工科学院教授. 他一生写的论文 800 多篇,出版专著 7 本,全集共 27 卷. 从 23 岁写第一篇论文到 68 岁逝世的 45 年中,平均每月发表论文两篇. 仅 1849 年 8 月至 12 月科学院 9 次会议上,他就提出 24 篇短文和 15 篇研究报告. 一生中最大的贡献之一是在微积分学中引入严格的方法. 1821 年出版的《分析教程》以及以后的著作《无穷小计算讲义》和《无穷小计算在几何中的应用》具有划时代的价值,其中提出分析数学中的一系列基本概念的严格定义.

$$\frac{f(b) - f(a)}{g(b) - g(a)} = \frac{f'(\xi)}{g'(\xi)}.$$

作为特例，当 $g(x) = x$ 时，上式就变成拉格朗日微分中值公式，

$$\frac{f(b) - f(a)}{b - a} = f'(\xi),$$

从而表明柯西微分中值定理是拉格朗日微分中值定理的推广.

柯西微分中值定理与拉格朗日微分中值定理有相同的几何意义，都是在可微曲线弧 $\overset{\frown}{AB}$ 上至少存在一点 C，该点处的切线平行于该曲线弧两端点连线构成的弦 AB. 它们的差别在于：拉格朗日中值定理中的曲线弧由 $y = f(x)$ 给出，而柯西中值定理中的曲线弧由参数方程

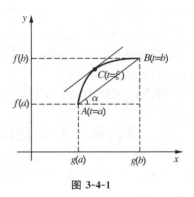

图 3-4-1

$$\begin{cases} x = g(t) \\ y = f(t) \end{cases} \quad (a \leqslant t \leqslant b)$$

给出，如图 3-4-1 所示. 事实上，在柯西中值定理的条件下，这个参数方程所代表的曲线弧 $\overset{\frown}{AB}$ 两端点连线构成的弦 AB，在 xOy 坐标平面上的斜率为

$$\tan\alpha = \frac{f(b) - f(a)}{g(b) - g(a)},$$

而曲线弧 $\overset{\frown}{AB}$ 上在 $t = \xi$ 时在 C 点处的切线斜率，按 §2.3.3 为

$$\frac{\mathrm{d}y}{\mathrm{d}x}\bigg|_{t=\xi} = \frac{f'(\xi)}{g'(\xi)}.$$

于是就有

$$\frac{f(b) - f(a)}{g(b) - g(a)} = \frac{f'(\xi)}{g'(\xi)}.$$

3.4.2 罗必达法则

下面借用柯西中值定理给出罗必达法则.

1. 求 $\dfrac{0}{0}$ 型未定式的罗必达[①]法则

[①] 罗必达（L'Hospital, G. F., 1661—1704 年），法国数学家. 青年时期一度任骑兵军官，因视力不好转向学术研究. 他早年就显示数学才华，曾解出了当时数学家提出的两个著名教学难题. 他的最大功绩是 1696 年写了世界上第一本系统的微积分教程《用于理解曲线的无穷小分析》，为在欧洲大陆（特别在法国）普及微积分起了重要作用. 他在该书的第九章给出了求未定式的一般计算方法（后人称为罗必达法则），其实是他的老师约翰·伯努利（Johann Bernoulli, 1667—1748 年）1694 年在给他的一封信中告诉他的.

定理 2　设

(1) 当 $x \to x_0$ 时，$f(x)$ 及 $g(x)$ 都趋向于 0；

(2) 在点 x_0 的某去心邻域 $\overset{\circ}{U}(x_0, \delta)$ 内，$f'(x)$、$g'(x)$ 均存在，且 $g'(x) \neq 0$；

(3) $\lim\limits_{x \to x_0} \dfrac{f'(x)}{g'(x)}$ 存在（或无穷大），则 $\lim\limits_{x \to x_0} \dfrac{f(x)}{g(x)} \overset{(\frac{0}{0})}{=\!=\!=} \lim\limits_{x \to x_0} \dfrac{f'(x)}{g'(x)}$.

这是因为，求 $\dfrac{f(x)}{g(x)}$ 在 $x \to x_0$ 时极限与 $f(x_0)$，$g(x_0)$ 无关，不妨设 $f(x_0) = g(x_0) = 0$. 如果 $x \in \overset{\circ}{U}(x_0, \delta)$，按定理给定的条件，$f(x)$，$g(x)$ 在 $[x_0, x]$（或 $[x, x_0]$）上满足柯西中值定理，有

$$\frac{f(x)}{g(x)} = \frac{f(x) - f(x_0)}{g(x) - g(x_0)} = \frac{f'(\xi)}{g'(\xi)} \quad (\xi\ 在\ x_0\ 与\ x\ 之间).$$

当 $x \to x_0$ 时上式两端求极限，注意到 $x \to x_0$ 时，$\xi \to x_0$ 及 $\lim\limits_{x \to x_0} \dfrac{f'(x)}{g'(x)}$ 存在（或无穷大），就得

$$\lim\limits_{x \to x_0} \frac{f(x)}{g(x)} = \lim\limits_{\xi \to x_0} \frac{f'(\xi)}{g'(\xi)} = \lim\limits_{x \to x_0} \frac{f'(x)}{g'(x)}.$$

定理表明，在给定的 3 个条件下，如果等号后面的极限 $\lim\limits_{x \to x_0} \dfrac{f'(x)}{g'(x)}$ 存在，就能保证等号前面的极限 $\lim\limits_{x \to x_0} \dfrac{f(x)}{g(x)}$ 也存在，且两者相等.

上述定理给出了在一定条件下，通过对分子、分母分别求导数后，再求极限来确定未定式的方法称为**罗必达法则**.

例 1　求下列极限：

(1) $\lim\limits_{x \to 0} \dfrac{\ln(1 + x) - x}{x^2}$；　　　　　　(2) $\lim\limits_{x \to 1} \dfrac{x^3 - 3x + 2}{x^3 - x^2 - x + 1}$.

解　这两个极限都是 $x \to x_0$ 时的 $\dfrac{0}{0}$ 型未定式，按定理 2 求解.

(1) $\lim\limits_{x \to 0} \dfrac{\ln(1 + x) - x}{x^2} \overset{\frac{0}{0}}{=\!=\!=} \lim\limits_{x \to 0} \dfrac{(\ln(1 + x) - x)'}{(x^2)'} \lim\limits_{x \to 0} \dfrac{\dfrac{1}{1 + x} - 1}{2x}$

$= \lim\limits_{x \to 0} \dfrac{-1}{2(1 + x)} = -\dfrac{1}{2}$.

(2) $\lim\limits_{x \to 1} \dfrac{x^3 - 3x + 2}{x^3 - x^2 - x + 1} \overset{\frac{0}{0}}{=\!=\!=} \lim\limits_{x \to 1} \dfrac{(x^3 - 3x + 2)'}{(x^3 - x^2 - x + 1)'} = \lim\limits_{x \to 1} \dfrac{3x^2 - 3}{3x^2 - 2x - 1}$

$\overset{\frac{0}{0}}{=\!=\!=} \lim\limits_{x \to 1} \dfrac{(3x^2 - 3)'}{(3x^2 - 2x - 1)'} = \lim\limits_{x \to 1} \dfrac{6x}{6x - 2} = \dfrac{3}{2}$.

以上是 $x \to x_0$ 时的未定式 $\dfrac{0}{0}$ 型的罗必达法则. 对于 $x \to \infty$ 时的未定式 $\dfrac{0}{0}$ 型

有相应的罗必达法则.

定理 3 设

(1) 当 $x \to \infty$ 时,$f(x),g(x)$ 都趋向于 0;

(2) 对充分大的 $|x|,f'(x),g'(x)$ 都存在,且 $g'(x) \neq 0$;

(3) $\lim\limits_{x \to \infty} \dfrac{f'(x)}{g'(x)}$ 存在(或无穷大),

则
$$\lim_{x \to \infty} \frac{f(x)}{g(x)} \xlongequal{\frac{0}{0}} \lim_{x \to \infty} \frac{f'(x)}{g'(x)}.$$

例 2 求下列极限:

(1) $\lim\limits_{x \to +\infty} \dfrac{\dfrac{\pi}{2} - \arctan x}{\dfrac{1}{x}}$;

(2) $\lim\limits_{x \to +\infty} \dfrac{\ln\left(1 + \dfrac{1}{x}\right)}{\operatorname{arccot} x}$.

解 这两个极限都是 $\dfrac{0}{0}$ 型未定式,按定理 3 有下面的求解.

(1) $\lim\limits_{x \to +\infty} \dfrac{\dfrac{\pi}{2} - \arctan x}{\dfrac{1}{x}} \xlongequal{\frac{0}{0}} \lim\limits_{x \to +\infty} \dfrac{\left(\dfrac{\pi}{2} - \arctan x\right)'}{\left(\dfrac{1}{x}\right)'} = \lim\limits_{x \to +\infty} \dfrac{0 - \dfrac{1}{1+x^2}}{-\dfrac{1}{x^2}}$

$= \lim\limits_{x \to +\infty} \dfrac{x^2}{1+x^2} = 1.$

(2) $\lim\limits_{x \to +\infty} \dfrac{\ln\left(1 + \dfrac{1}{x}\right)}{\operatorname{arccot} x} \xlongequal{\frac{0}{0}} \lim\limits_{x \to +\infty} \dfrac{\left(\ln\left(1 + \dfrac{1}{x}\right)\right)'}{(\operatorname{arccot} x)'} \lim\limits_{x \to +\infty} \dfrac{\dfrac{1}{1 + \dfrac{1}{x}}\left(-\dfrac{1}{x^2}\right)}{-\dfrac{1}{1+x^2}}$

$= \lim\limits_{x \to -\infty} \dfrac{1+x^2}{x^2+x} = 1.$

2. 求 $\dfrac{\infty}{\infty}$ 型未定式的罗必达法则

除去上面的求 $x \to x_0$(或 $x \to \infty$) 时 $\dfrac{0}{0}$ 型未定式的罗必达法则外,还有求 $x \to x_0$(或 $x \to \infty$) 时 $\dfrac{\infty}{\infty}$ 型未定式的罗必达法则.

定理 4 设

(1) 当 $x \to x_0$(或 $x \to \infty$) 时,$f(x),g(x)$ 都趋向无穷大;

(2) 在点 x_0 的某去心邻域内(或在 $|x|$ 充分大时),$f'(x),g'(x)$ 存在,且 $g'(x) \neq 0$;

（3）$\lim\limits_{x \to x_0} \dfrac{f'(x)}{g'(x)}$（或 $\lim\limits_{x \to \infty} \dfrac{f'(x)}{g'(x)}$）存在或无穷大，则

$$\lim_{x \to x_0} \frac{f(x)}{g(x)} \overset{\frac{\infty}{\infty}}{=\!=\!=} \lim_{x \to x_0} \frac{f'(x)}{g'(x)} \left(\text{或} \lim_{x \to \infty} \frac{f(x)}{g(x)} \overset{\frac{\infty}{\infty}}{=\!=\!=} \lim_{x \to \infty} \frac{f'(x)}{g'(x)}\right).$$

例 3　求下列极限：

（1）$\lim\limits_{x \to +\infty} \dfrac{x^2}{\mathrm{e}^x}$；

（2）$\lim\limits_{x \to 0^+} \dfrac{\ln\sin x}{\ln x}$.

解　这两个极限都是 $\dfrac{\infty}{\infty}$ 型的未定式，按定理 4 求解.

（1）$\lim\limits_{x \to +\infty} \dfrac{x^2}{\mathrm{e}^x} \overset{\frac{\infty}{\infty}}{=\!=\!=} \lim\limits_{x \to +\infty} \dfrac{(x^2)'}{(\mathrm{e}^x)'} = \lim\limits_{x \to +\infty} \dfrac{2x}{\mathrm{e}^x} \overset{\frac{\infty}{\infty}}{=\!=\!=} \lim\limits_{x \to +\infty} \dfrac{2}{\mathrm{e}^x} = 0.$

（2）$\lim\limits_{x \to 0^+} \dfrac{\ln\sin x}{\ln x} \overset{\frac{\infty}{\infty}}{=\!=\!=} \lim\limits_{x \to 0^+} \dfrac{(\ln\sin x)'}{(\ln x)'} = \lim\limits_{x \to 0^+} \dfrac{\frac{\cos x}{\sin x}}{\frac{1}{x}} = \lim\limits_{x \to 0^+} \left(\dfrac{x}{\sin x} \cdot \cos x\right) = 1.$

使用罗必达法则求未定式时，应注意以下几点：

（1）每次使用前，要检验 $\lim\limits_{x \to x_0} \dfrac{f(x)}{g(x)}$ 或 $\lim\limits_{x \to \infty} \dfrac{f(x)}{g(x)}$ 是否属于 $\dfrac{0}{0}$ 型或 $\dfrac{\infty}{\infty}$ 型未定式，即检验是否满足定理中的条件（1）. 例如 $\lim\limits_{x \to 0} \dfrac{\cos x}{x-1}$，就不是 $\dfrac{0}{0}$ 型或 $\dfrac{\infty}{\infty}$ 型未定式，就不能用罗必达法则.

（2）罗必达法则是求未定式的一种有效方法，但未必简单，最好先做一些简化工作. 例如，灵活综合运用极限四则运算法则、应用等价无穷小代换的两个重要极限、根式有理化等，可使运算更简捷.

例 4　求 $\lim\limits_{x \to 0} \dfrac{\tan x - x}{x^2 \sin x}$.

解　如果直接用罗必达法则，那么分母的导数（尤其是高阶导数）较繁，如果作一个无穷小代换并借助重要极限，那运算就方便得多. 即借助 $x \to 0$ 时 $\sin \sim x$ 及 $\lim\limits_{x \to 0} \dfrac{\tan x}{x} = 1$，有

$$\lim_{x \to 0} \frac{\tan x - x}{x^2 \sin x} = \lim_{x \to 0} \frac{\tan x - x}{x^2 \cdot x} \overset{\frac{0}{0}}{=\!=\!=} \lim_{x \to 0} \frac{\sec^2 x - 1}{3x^2} \overset{\frac{0}{0}}{=\!=\!=} \lim_{x \to 0} \frac{2\sec x(\sec x \tan x)}{6x}$$

$$= \frac{1}{3} \lim_{x \to 0} \left[\sec^2 x \cdot \frac{\tan x}{x}\right] = \frac{1}{3} \lim_{x \to 0} \sec^2 x \cdot \lim_{x \to 0} \frac{\tan x}{x} = \frac{1}{3}.$$

（3）罗必达法则的条件是充分条件而非必要条件. 当定理中的条件（3）不满足（即 $\lim\limits_{x \to 0} \dfrac{f'(x)}{g'(x)}$ 或 $\lim\limits_{x \to \infty} \dfrac{f'(x)}{g'(x)}$ 不存在或不为无穷大）时，却不能判定 $\lim\limits_{x \to 0} \dfrac{f(x)}{g(x)}$ 不存

在.

例如，$\lim\limits_{x\to\infty}\dfrac{x-\sin x}{x+\sin x}$ 属 $\dfrac{\infty}{\infty}$ 型未定式，按罗必达法则有

$$\lim_{x\to\infty}\frac{x-\sin x}{x+\sin x}\xlongequal{\frac{\infty}{\infty}}\lim_{x\to\infty}\frac{(x-\sin x)'}{(x+\sin x)'}=\lim_{x\to\infty}\frac{1-\cos x}{1+\cos x},$$

因为 $\lim\limits_{x\to\infty}\cos x$ 不存在，所以上式中最后一式的极限不存在（即定理中的条件（3）不成立）. 但并不表明该极限不存在，因为

$$\lim_{x\to\infty}\frac{x-\sin x}{x+\sin x}=\lim_{x\to\infty}\frac{1-\dfrac{\sin x}{x}}{1+\dfrac{\sin x}{x}}=1.$$

3. 其他未定式的求法

除了 $\dfrac{0}{0}$ 与 $\dfrac{\infty}{\infty}$ 型的未定式外，还有 $0\cdot\infty$，$\infty-\infty$，1^{∞}，0^{0}，∞^{0} 型未定式. 前两种可通过简单数学变形化为 $\dfrac{0}{0}$ 与 $\dfrac{\infty}{\infty}$ 型处理；后 3 种属幂指函数，可通过取对数方法处理.

例 5　求下列极限：

(1) $\lim\limits_{x\to 0}x^{2}e^{\frac{1}{x^{2}}}$；　　　　(2) $\lim\limits_{x\to\frac{\pi}{2}}(\sec x-\tan x)$；　　　　(3) $\lim\limits_{x\to 0^{+}}x^{\sin x}$.

解　(1) $\lim\limits_{x\to 0}x^{2}e^{\frac{1}{x^{2}}}$ 属于 $0\cdot\infty$ 型未定式，经变形有

$$\lim_{x\to 0}x^{2}e^{\frac{1}{x^{2}}}\xlongequal{0\cdot\infty}\lim_{x\to 0}\frac{e^{\frac{1}{x^{2}}}}{\dfrac{1}{x^{2}}}\xlongequal{\frac{\infty}{\infty}}\lim_{x\to 0}\frac{e^{\frac{1}{x^{2}}}(-\dfrac{2}{x^{3}})}{(-\dfrac{2}{x^{3}})}=\lim_{x\to 0}e^{\frac{1}{x^{2}}}=\infty.$$

(2) $\lim\limits_{x\to\frac{\pi}{2}}(\sec x-\tan x)$ 属于 $\infty-\infty$ 型未定式，经变形有

$$\lim_{x\to\frac{\pi}{2}}(\sec x-\tan x)\xlongequal{\infty-\infty}\lim_{x\to\frac{\pi}{2}}\frac{1-\sin x}{\cos x}\xlongequal{\frac{0}{0}}\lim_{x\to\frac{\pi}{2}}\frac{0-\cos x}{-\sin x}=0.$$

(3) $\lim\limits_{x\to 0^{+}}x^{\sin x}$ 属 0^{0} 型未定式，令 $y=x^{\sin x}$，取对数有

$$\ln y=\sin x\ln x.$$

先计算　$\lim\limits_{x\to 0^{+}}\ln y=\lim\limits_{x\to 0^{+}}\sin x\ln x\xlongequal{0\cdot\infty}\lim\limits_{x\to 0^{+}}\dfrac{\ln x}{\csc x}\xlongequal{\frac{\infty}{\infty}}\lim\limits_{x\to 0^{+}}\dfrac{\dfrac{1}{x}}{-\csc x\cot x}$

$$=-\lim_{x\to 0^{+}}\left(\frac{\sin x}{x}\cdot\tan x\right)=0,$$

于是
$$\lim_{x \to 0^+} x^{\sin x} = \lim_{x \to 0^+} y = e^0 = 1.$$

练习与思考 3-4

1. 下列计算错在哪里?

(1) $\lim\limits_{x \to 1} \dfrac{2x^2 - x - 1}{x^3 - 2x^2 - 1} = \lim\limits_{x \to 1} \dfrac{4x - 1}{3x^2 - 4x} = \lim\limits_{x \to 1} \dfrac{4}{6x - 4} = 2;$

(2) $\lim\limits_{x \to \infty} \dfrac{\sin x}{x} = \lim\limits_{x \to \infty} \dfrac{\cos x}{1} = 1;$

(3) $\lim\limits_{x \to \infty} \dfrac{x + \cos x}{x - \cos x} = \lim\limits_{x \to \infty} \dfrac{1 - \sin x}{1 + \sin x} = \lim\limits_{x \to \infty} \dfrac{-\cos x}{\cos x} = -1;$

(4) $\lim\limits_{x \to 1} \left(\dfrac{x}{x - 1} - \dfrac{1}{\ln x} \right) = \infty - \infty = 0.$

2. 用罗必达法则计算下列极限:

(1) $\lim\limits_{x \to \frac{\pi}{2}} \dfrac{\cos x}{x - \dfrac{\pi}{2}};$

(2) $\lim\limits_{x \to 0} \dfrac{e^x + e^{-x} - 2}{1 - \cos x};$

(3) $\lim\limits_{x \to +\infty} \dfrac{x}{e^x};$

(4) $\lim\limits_{x \to 0^+} x \cdot \ln x;$

(5) $\lim\limits_{x \to 0} \left(\dfrac{1}{x} - \dfrac{1}{e^x - 1} \right).$

§3.5　数学实验(二)

【实验目的】

（1）会利用 Matlab 软件计算一元函数的一阶导数及高阶导数;

（2）会利用 Matlab 软件对隐函数、参数方程所确定的函数求导;

（3）会利用数学软件求解方程(组);

（4）求函数的最值.

【实验环境】同数学实验(一).

【实验条件】学习了导数的概念与运算性质、导数应用的有关知识.

【实验内容】

实验内容 1　求一元函数的导数

Matlab 软件中使用命令 diff 求一元函数的一阶及高阶导数,命令格式如下:

> diff(函数名或其表达式,自变量,阶数)

说明　（1）函数名必须是经过定义的;

（2）当函数表达式中只有一个符号变量时,命令中的自变量可省略;

（3）阶数省略或漏输入，默认为求一阶导数.

例 1   求下列函数的一阶导数：

(1) $y = \cos(ax^2 - 1)$;   (2) $y = \sin ax^3$.

解

```
(1) >> diff(cos(a* x^2- 1),'x')
    ans =
        - 2* sin(a* x^2- 1)* a* x
```

故 $y' = -2ax\sin(ax^2 - 1)$.

```
(2) >> diff(sin(a* x^3))
    ans =
        3* cos(a* x^3)* a* x^2
```

故 $y' = 3ax^2\cos ax^3$.

例 2   求函数 $y = e^x(\sqrt{x} + 2^x)$ 的二阶和三阶导数.

解

```
>> syms x                    % 定义符号变量
>> S = exp(x)* (sqrt(x)+ 2^x); % 定义符号函数
>> dsx = diff(S,2)           % 求该函数的二阶导数
dsx =
    exp(x)* (x^(1/2)+ 2^x)+ 2* exp(x)* (1/2/x^(1/2)+ 2^x* log(2))+
    exp(x)* (- 1/4/x^(3/2)+ 2^x* log(2)^2)
>> diff(S,3)                  % 求该函数的三阶导数
ans =
    exp(x)* (x^(1/2)+ 2^x)+ 3* exp(x)* (1/2/x^(1/2)+ 2^x* log(2))+
    3* exp(x)* (- 1/4/x^(3/2)+ 2^x* log(2)^2)+ exp(x)* (3/8/x^(5/2)
    + 2^x* log(2)^3)
```

【实验练习 1】

1. 求下列函数的导数：

(1) $y = \dfrac{x^2}{\sqrt{1+x^2}}$;   (2) $y = \sin(e^x)$.

2. 求函数 $y = e^{2x}$ 和 $y = e^{3x}\sin 2x$ 的二阶导数.

实验内容 2   求隐函数及参数方程所确定的函数的导数

（1）求一元隐函数的导数. 根据一元隐函数 $F(x,y) = 0$ 的求导方法可知，$\dfrac{\mathrm{d}y}{\mathrm{d}x}$

$=-\dfrac{\dfrac{\mathrm{d}F}{\mathrm{d}x}}{\dfrac{\mathrm{d}F}{\mathrm{d}y}}$，因此，Matlab 中求一元隐函数导数可以先对变量 x 求导数，再对变量 y

求导数，然后相除加负号就是 y 对 x 的一阶导数，或直接一次性求出：

> − diff(隐函数表达式,x)/diff(隐函数表达式,y)

例 3　　求隐函数 $x^2 - xy + 2y^2 - 3x + y - 5 = 0$ 的一阶导数.
解

```
方法 1
>> syms x y                              % 定义符号变量 x,y
>> f= x^2- x* y+ 2* y^2- 3* x+ y- 5;     % 输入隐函数表达式
>> dfx= diff(f)                          % 求表达式对 x 的导数
dfx=
    2* x- y- 3
>> dfy= diff(f,y)                        % 求表达式对 y 的导数
dfy=
    - x+ 4* y+ 1
>> dyx= - dfx/dfy                        % 由公式求 y 对 x 的导数
dyx=
    (- 2* x+ y+ 3)/(- x+ 4* y+ 1)
方法 2
>> syms x y
>> f= x^2- x* y+ 2* y^2- 3* x+ y- 5;
>> dyx= - diff(f)/diff(f,y)             % 求该隐函数的导数
dyx=
>> (- 2* x+ y+ 3)/(- x+ 4* y+ 1)
```

（2）求参数方程所确定的函数的导数. 由参数方程所确定的函数的求导法则

可知，如果定义参数方程 $x = A(t)$，$y = B(t)$，则 y 对 x 的一阶导数为 $\dfrac{\mathrm{d}y}{\mathrm{d}x} = \dfrac{\dfrac{\mathrm{d}B}{\mathrm{d}t}}{\dfrac{\mathrm{d}A}{\mathrm{d}t}}$.

使用 Matlab 求其导数的格式为

> diff(y的参数方程,参变量)/diff(x的参数方程,参变量)

例 4　　设 $\begin{cases} x = a\cos 2t, \\ y = b\sin 2t, \end{cases}$ 求 y 对 x 的导数 $\dfrac{\mathrm{d}y}{\mathrm{d}x}$.

解

```
>> syms a b t                      % 定义符号变量
>> x= a* cos(2* t);                % 输入 x 的参数方程
>> y= b* sin(2* t);                % 输入 y 的参数方程
>> dyx= diff(y)/diff(x)            % 求 y 对 x 的一阶导数
dyx =
    - b* cos(2* t)/a/sin(2* t)
```

【实验练习 2】

1. 求下列函数的导数：

(1) $ye^x + \ln y = 0$;

(2) $e^y - y\sin x = e$;

(3) $\begin{cases} x = 1 - t^2, \\ y = t - t^3; \end{cases}$

(4) $\begin{cases} x = at^2, \\ y = bt^3. \end{cases}$

2. 求曲线 $\begin{cases} x = 2\sin t, \\ y = \cos 2t \end{cases}$ 在 $t = \dfrac{\pi}{4}$ 处的切线斜率.

实验内容 3   求解代数方程(组)

Matlab 软件中求代数方程的解使用 solve 命令,命令格式如下：

solve('代数方程','未知变量') 或 x= solve('代数方程','未知变量')

说明   (1) 当未知变量为系统默认变量时,未知变量的输入可以省略；

(2) 方程中允许含有符号变量,但必须预先定义；

(3) 当求解由 n 个代数方程组成的方程组时调用的格式为

[未知变量组]= solve('代数方程组','未知变量组')

未知变量组中的各变量之间、代数方程组的各方程之间用逗号分隔,如果各未知变量是由系统默认的,则未知变量组的输入可以省略.

例 5   解方程 $2x^2 - 5x - 3 = 0$.

解

```
>> solve('2* x^2- 5* x- 3')        % 解代数方程 2x² - 5x - 3 = 0
ans =
    3
    - 1/2
```

例 6   求解高次符号方程 $x^4 - 3ax^2 + 4b = 0$.

解

```
>> syms x a b                    % 定义符号变量
>> solve(x^4- 3* a* x^2+ 4* b)    % 求解高次方程
ans =
     1/2* (6* a+ 2* (9* a^2- 16* b) ^(1/2)) ^(1/2)
     - 1/2* (6* a+ 2* (9* a^2- 16* b) ^(1/2)) ^(1/2)
     1/2* (6* a- 2* (9* a^2- 16* b) ^(1/2)) ^(1/2)
     - 1/2* (6* a- 2* (9* a^2- 16* b) ^(1/2)) ^(1/2)
```

例 7　解方程组

$$\begin{cases} x_1 + 2x_2 + x_3 = a, \\ - x_1 + 9x_2 + 2x_3 = b, \\ 2x_1 + 3x_3 = 1. \end{cases}$$

解

```
>> [x1 x2 x3]= solve('x1+ 2* x2+ x3- a','- x1+ 9* x2+ 2* x3- b','2* x1+
3* x3- 1')
x1 =
     - 5/23+ 27/23* a- 6/23* b
x2 =
     - 3/23+ 7/23* a+ 1/23* b
x3 =
     11/23- 18/23* a+ 4/23* b
```

【实验练习 3】

1. 解下列方程或方程组：

(1) $x^2 - 3x + 1 = 0$；

(2) $\begin{cases} x + 2y = 0, \\ 2x - y = 5; \end{cases}$

(3) $\begin{cases} x + y = 13, \\ \sqrt{x+1} + \sqrt{y-1} = 5; \end{cases}$

(4) $\begin{cases} x + y - z = 4, \\ x^2 + y^2 - z^2 = 12, \\ x^3 + y^3 - z^3 = 34. \end{cases}$

实验内容 4　求一元函数的最值

Matlab 软件中用命令 fminbnd 求一元函数在某一闭区间上的极小值,其命令格式如下：

```
[x, y]= fminbnd('函数表达式',区间左端点,区间右端点)
[x, y]= fminbnd(@ 函数名,区间左端点,区间右端点)
```

说明　(1) 前一种用法必须直接输入函数表达式,且表达式两端有单引号;

(2) 后一种用法中函数必须预先定义好并且存入 work 工作空间;

(3) 如果要求函数在某一区间上的极大值,则输入 $-f(x)$,所得极小值即为 $f(x)$ 极大值的相反数;

(4) 区间必须包含所有的驻点;

(5) 只要分别求得函数在闭区间端点的函数值及在开区间内的极值,即可比较大小,判断最值.

例8　求函数 $f(x) = x^3 - 3x^2 - 9x + 5$ 在 $[-2,6]$ 上的最大值和最小值.

解

```
>> clear
>> syms x
>> ya = compose(sym('x^3- 3* x^2- 9* x+ 5'),- 2)      % 求左端点函数值
ya =
      3
>> yb = compose(sym('x^3- 3* x^2- 9* x+ 5'),6)        % 求右端点函数值
yb =
      59
>> [x,yjx] = fminbnd('x^3- 3* x^2- 9* x+ 5',- 2,6)    % 求函数在该开区
                                                         间上的极小值
x =
      3.0000
yjx =
      - 22.0000
>> [x,yjd] = fminbnd('- x^3+ 3* x^2+ 9* x- 5',- 2,6)  % 求函数在该开区
                                                         间上的极大值的相
                                                         反数
x =
      - 1.0000
yjd =
      - 10.0000
```

所以,函数的最大值为 $f(6) = 59$,最小值为 $f(3) = -22$.

【实验练习4】

1. 求下列函数在所给闭区间上的最大值、最小值:

(1) $y = x^3 - 6x + 2$,区间 $[-3,2]$;　　　(2) $y = (x^2 - 1)^3 + 1$,区间 $[-1,3]$.

2. 将太空飞船发射到太空. 从 $t = 0$ 到 $t = 126$s 时抛离火箭推进器,飞船的速

度模型如下：

$$v(t) = 0.001\,302t^3 - 0.09\,029t^2 + 23.61t - 3.083（单位：ft/s）.$$

使用该模型，估计飞船从发射到抛离推进器这段时间内加速度的最大值和最小值（保留两位小数）.

【实验总结】

本节有关 Matlab 命令：

求函数的导数　　diff　　　　　　　　　　解方程（组）　solve

函数的极小值　　fminbnd

§3.6　数学建模（二）—— 最优化模型

3.6.1　磁盘最大存储量模型

例 1　磁盘的最大存储量. 微型计算机把数据存储在磁盘上. 磁盘是带有磁性介质的圆盘，并由操作系统将其格式化成磁道和扇区. 磁道是指不同半径所构成的同心轨道，扇区是指被同心角分割所成的扇形区域如图 3-6-1 所示. 磁道上的定长弧段可作为基本存储单元，根据其磁化与否，可分别记录数据 0 或 1，这个基本单元通常被称为比特（bit）. 为了保障磁盘的分辨率，磁道宽必须大于 ρ_t，每比特所占用的磁道长度不得小于 ρ_b. 为了数据检索便利，磁盘格式化时要求所有磁道要具有相同的比特数.

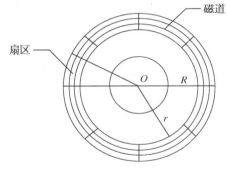

图 3-6-1

现有一张半径为 R 的磁盘，它的存储区是半径介于 r 与 R 之间的环形区域，试确定 r 使磁盘具有最大存储量.

假设有一张直径 5.25in（1 in = 25.4 mm）的双面高密软盘，其有效存储半径 $R = 2.25$in，磁道宽度 $\rho_t = 0.006\,1$in，每比特长度 $\rho_b = 0.001\,1$in. 试计算此磁盘的最大容量，并与实际情况相比较.

模型分析

由题意知　　　　存储量 = 磁道数 × 每磁道的比特数.

设存储区的半径介于 r 与 R 之间，故磁道数最多可达 $\dfrac{R - r}{\rho_t}$. 由于每条磁道上的比特数相同，为获得最大存储量，最内一条磁道必须装满，即每条磁道上的比特

数可达 $\dfrac{2\pi r}{\rho_b}$.

模型建立

因此,磁盘总存储量 B 是存储区半径 r 的函数

$$B(r) = \frac{R-r}{\rho_t} \frac{2\pi r}{\rho_b} = \frac{2\pi}{\rho_t \rho_b} r(R-r).$$

为求 $B(r)$ 的极值,将 $B(r)$ 求导,得

$$B'(r) = \frac{2\pi}{\rho_t \rho_b}(R - 2r).$$

令 $B'(r) = 0$,得 $r = R/2$,且 $B''\left(\dfrac{R}{2}\right) < 0$,所以当 $r = R/2$ 时,磁盘具有最大存储

量. 此时最大存储量 $$B_{\max} = \frac{\pi R^2}{2\rho_t \rho_b}.$$

模型应用

当磁盘是一张直径 $5.25\text{in}(1\ \text{in} = 25.4\ \text{mm})$ 的双面高密软盘时,其有效存储半径 $R = 2.25\text{in}$,磁道宽度 $\rho_t = 0.006\ 1\text{in}$,每比特长度 $\rho_b = 0.001\ 1\text{in}$. 此时磁盘最大容量为

$$B_{\max} = 2 \times \frac{\pi R^2}{2\rho_t \rho_b} = \frac{\pi \times 2.25^2}{0.006\ 1 \times 0.001\ 1} = 2\ 370\ 240(\text{bit}) \approx 2\ 314(\text{kb}).$$

其中 $1\text{kb} = 1\ 024\text{bit}$.

对于实际格式化量来说,磁盘每面分成 80 条磁道、15 个扇区,每个扇区有 512bit,故磁盘的实际储量为

$$B = 80 \times 15 \times 512 \times 2 = 1\ 228\ 800(\text{bit}) = 1\ 200(\text{kb}) = 1.2(\text{Mb}).$$

实际格式化时,$R = 2.25$, $r = 1.34$; $r = 0.6R > 0.5R$,故它还可以存储更多信息.

3.6.2 易拉罐优化设计模型

例 2 每年我国易拉罐的使用量很大(近年来我国每年用易拉罐 60 亿 ~ 70 亿只),如果每个易拉罐在形状和尺寸作优化设计,节约一点用料,总的节约就很大了. 为此提出下述问题:

(1)取一个饮料量为 $355\ \text{mL}$ 的易拉罐(例如 $355\ \text{mL}$ 的可口可乐饮料罐),测量验证模型所需要的数据(例如易拉罐各部分的直径、高度、厚度等),并把数据列表加以说明.

(2)设易拉罐是一个正圆柱体. 什么是它的最优设计?其结果是否可以合理地说明所测量的易拉罐的形状和尺寸(例如半径和高之比等等).

(3)设易拉罐的上面部分是一个正圆台,下面部分是一个正圆柱体. 什么是它的最优设计?其结果是否可以合理地说明所测量的易拉罐的形状和尺寸.

分析与假设

从纯数学的观念出发,当圆柱体的体积给定以后,半径和高的尺寸为 1∶2 时其表面积最小. 也就是说,对于易拉罐而言,当高是半径的 2 倍时(即为等边圆柱体),其表面积最小,消耗的材料较少,生产成本较低. 但在实际生活中,我们所看到的易拉罐并不是这样的形状,现把测量的 355 mL 的百事可乐、可口可乐、醒目和雪碧的易拉罐数据列于表 3-6-1 中.

表 3-6-1   单位:mm

参 数\n产 品	圆柱体直径	圆台上直径	圆柱体材料的厚度	圆台盖材料的厚度	圆柱体高	圆台高
百事可乐	65.56	58.68	0.14	0.49	109.86	13.25
可口可乐	66.40	59.06	0.14	0.47	110.48	12.96
醒目	65.82	58.65	0.15	0.48	110.40	12.52
雪碧	64.60	58.84	0.14	0.49	110.12	12.64

经过比较可以发现这些公司生产的易拉罐的形状和尺寸几乎是一样的. 易拉罐圆柱部分的直径和高的比大约为 $66/110 = 0.6$,比较接近黄金分割比 0.618. 这是巧合,还是这样的比例看起来最舒服,最美?这并非偶然,应该是某种意义下的最优设计.

事实上,体积一定的易拉罐的形状和尺寸的设计问题,不仅与表面积的大小有关,而且还与易拉罐的上、下底面和侧面所用材料的价格有关,也与制造过程中焊接口的工作量的多少和焊缝长短有关. 此时,易拉罐的高就不可能是底圆半径的两倍.

假设:(1)不考虑制造过程中焊接口的工作量的多少和焊缝长短问题,只考虑表面积和所用材料的问题;

(2)不考虑易拉罐底部上拱问题,模型中易拉罐的底部以平底处理;

(3)不考虑易拉罐的拉环;

(4)只考虑对 355mL 的可口可乐易拉罐的形状和尺寸为例进行设计,应用层次分析法确定 4 个方案.

第一方案

根据等周原理,在所有周长一定的闭合图形中,圆的面积最大. 所以在面积一定的情况下,圆的周长最短. 在实际应用中,由于圆球的制造与应用的局限,因此选用易拉罐的形状为圆柱体. 事实上,由于制造工艺等因素,它不能正好是数学上的圆柱体,但这种化简假设是近似合理的,材料的厚度以及切割损耗等可忽略. 因此在这种前提下假设:

（1）易拉罐是用同一材料制成的正圆柱体，且其材料的厚度不计；

（2）圆柱体的半径为 r，高为 h，表面积为 S，体积为 V。

示意图如图 3-6-2 所示。

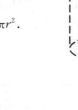

图 3-6-2

根据图 3-6-2 有　　　$V = \pi r^2 h, S = 2\pi rh + 2\pi r^2$。

由 $V = \pi r^2 h$，得　　　$h = \dfrac{V}{\pi r^2}$，

代入 $S = 2\pi rh + 2\pi r^2$，建立模型有

$$S = \pi r \frac{V}{\pi r^2} + 2\pi r^2,$$

化简为　　　　　　　　　　　　$S = \dfrac{2V}{r} + 2\pi r^2.$

为了求 S 的极值，将 S 对 r 求导，得

$$S'(r) = \frac{2V}{r^2} + 4\pi r.$$

令 $S'(r) = 0$，解得　　　　　$r = \sqrt[3]{\dfrac{V}{2\pi}},$

$$h = \frac{V}{\pi r^2} = \frac{V}{\pi} \sqrt[3]{\frac{4\pi^2}{V^2}} = \sqrt[3]{\frac{8V}{2\pi}} = 2\sqrt[3]{\frac{V}{2\pi}} = 2r = d.$$

为了验证 r 确实是使 S 达到极小，计算 S 的二阶导数

$$S''(r) = \frac{4V}{r^3} + 4\pi > 0(r > 0),$$

所以这个 r 确实是使 S 达到局部极小。因为极小点仅有一个，因此这个点也是最小点。所以当圆柱体易拉罐的高度与底面直径相等时，它所需材料最少。对于装有 355mL 的可口可乐易拉罐，当它的半径

$$r = \sqrt[3]{\frac{355}{2\pi}} \approx 3.837\ 863\ 902(\text{cm}),$$

$$h = 2r \approx 7.675\ 727\ 804(\text{cm})$$

时，用材最少，此时的表面积约为 277.498 115 4（cm²）。

但此时的结果与我们所测的易拉罐的尺寸并不相同（比如：我们的计算结果为 $h : r = 1 : 2$，而测量结果为 $h : r = 1 : 3.74$），也即不能合理地说明我们所测量的尺寸。

第二方案

在第一方案的基础上，考虑到罐内饮料存在气体使罐内压强增大，所以在设计时我们必须为其预留一定空间以缓解罐所受到的压力。假设：

（1）$1\,cm^3$ 的水和饮料的重量都是 $1\,g$，对于 $355\,mL$（即 $355\,g$）的可口可乐，我们测得未打开罐时饮料罐的重量为 $370\,g$，空的饮料罐重量为 $15\,g$，装满水的饮料罐重量为 $380\,g$，这说明饮料罐不能装满饮料，而要留有 $10\,mL$ 的空间余量；

（2）易拉罐材料的厚度相同；

（3）圆柱体的半径与高度与第一方案相同，圆柱体的上部是一个上半径为 r_0、高为 h_0 的正圆台，该易拉罐总高为 H；

（4）为了保证第一方案中的圆柱体与我们所加的正圆台之间衔接牢固、耐压，不妨设圆台母线与其底面的斜率为 0.3.

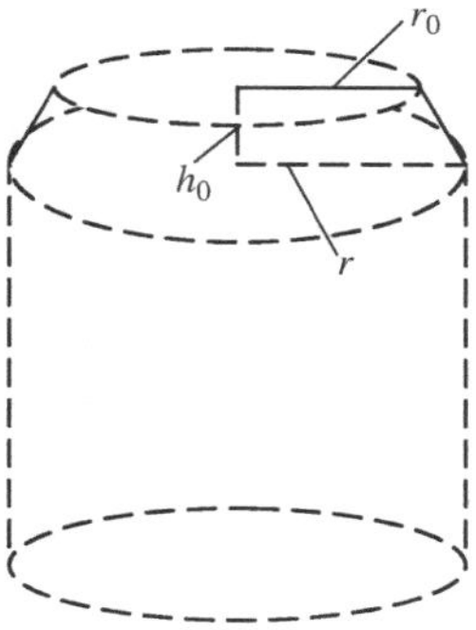

示意图如图 3-6-3 所示.建立模型，则有圆台体积

$$10 = \frac{1}{3}(\pi r^2 + \pi r_0^2 + \pi r r_0)0.3(r - r_0),$$

图 3-6-3

将第一方案中的 r 值代入，求得

$$r_0 = \sqrt[3]{\frac{255}{2\pi}} \approx 3.437\,110\,64(cm),$$

则圆台的高为

$$h_0 = 0.3 \times (r - r_0) = 0.3\left(\sqrt[3]{\frac{355}{2\pi}} - \sqrt[3]{\frac{255}{2\pi}}\right) \approx 0.120\,225\,978(cm).$$

因此第二方案的总表面积为

$$S = 2\pi rh + \pi r^2 + \pi r_0^2 + \frac{1}{2}(2\pi r_0 + 2\pi r)\sqrt{1.09}(r - r_0),$$

代入 r,h,r_0 的值，有

$$S \approx 277.901\,197\,3(cm^2).$$

此时，即 $H/r = \dfrac{h + h_0}{r} \approx 2.031\,326\,27$ 时，为它的最优化设计.

此种结果也不能合理地说明我们所测量的易拉罐的尺寸.

第三方案

假设：

（1）第三方案易拉罐的形状与第二方案保持一致，同时本方案各部分的材料也相同；

（2）考虑到实际中易拉罐上底的强度必须要大一点，因此顶部的厚度与侧面的厚度不同，我们假设罐侧面的厚度为 b，顶部的厚度为 $3b$；

（3）本方案的底部与侧面的厚度相同.

根据第三方案，则侧面所用材料的体积为

$$V_1 = [\pi(r+b)^2 - \pi r^2](h+b) = 2\pi hb + 2\pi rb^2 + \pi b^2 h + \pi b^3,$$

顶盖所用材料的体积为 $\qquad V_2 = 3b\pi r_0^2,$

底部所用材料的体积为 $\qquad V_3 = b\pi r^2,$

圆台侧面所用材料的体积为

$$V_4 = \frac{1}{2}\left[2\pi(r+b) + 2\pi(r_0+b)\right]\sqrt{1.09}(r-r_0) \times b$$

$$\pi\sqrt{1.09}[r^2 - r_0^2 + 2b(r-r_0)] \times b$$

$$= \sqrt{1.09}b\pi(r^2 - r_0^2) + 2\sqrt{1.09}b^2\pi(r-r_0),$$

则总体所用材料的体积为

$$V = V_1 + V_2 + V_3 + V_4$$

$$= 2\pi rhb + 2\pi rb^2 + \pi^2 bh + \pi b^3 + 3b\pi r_0^2 + b\pi r^2$$

$$+ \sqrt{1.09}b\pi(r^2 - r_0^2) + 2\sqrt{1.09}b^2\pi(r-r_0).$$

因为 $b \ll r$，所以带 b^2, b^3 的项可以忽略，因此

$$V \approx 2\pi rhb + 3b\pi r_0^2 + b\pi r^2 + \sqrt{1.09}b\pi(r^2 - r_0^2)$$

$$= b\pi\left(5\sqrt[3]{\left(\frac{355}{2\pi}\right)^2} + \sqrt{1.09}\sqrt[3]{\left(\frac{355}{2\pi}\right)^2} + 3\sqrt[3]{\left(\frac{255}{2\pi}\right)^2} - \sqrt{1.09}\sqrt[3]{\left(\frac{255}{2\pi}\right)^2}\right)$$

$$= 4.569\ 308\ 534\ 365\ 7(\text{mL}).$$

下底的面积为 $\qquad S_1 = \pi(r+b)^2,$

柱身的面积为 $\qquad S_2 = 2\pi(r+b)(h+b),$

圆台顶盖的面积为 $\qquad S_3 = \pi(r_0+b)^2,$

圆台侧面的面积为 $\qquad S_4 = \frac{1}{2}\left[2\pi(r+b) + 2\pi(r_0+b)\right]\sqrt{1.09}(r-r_0),$

故总的表面积为 $\qquad S = S_1 + S_2 + S_3 + S_4,$

代入相关数据，有 $\qquad S \approx 279.834\ 327\ 541\ 74(\text{cm}^2).$

此时，易拉罐高 $H' =$ 第二方案的高 $H +$ 顶盖厚 $3b +$ 底厚 $b,$

$\qquad$易拉罐的半径 $R =$ 第二方案的半径 $r +$ 侧面厚 $b.$

即当 $H'/R = 2.039\ 499\ 57$ 时，为它的最优化设计.

第四方案

考虑到现实中材料造价的不同，为了使生产成本降低，那么当高与半径之比为多少时才能使造价最少？这不能不作为我们思考的一个问题. 假设：

（1）设第四方案顶盖的单位造价为 p，其他部分的单位造价为 q；

（盖料价格最贵，通常为 LME A199.7 原铝锭价格为 $1\ 500 \sim 1\ 800$ 美元 /t，罐身价格为 LME A199.7，价格为 700 美元 /t.）

（2）我们先不计圆台，把第四方案的易拉罐看成一个圆柱体，此时圆台的高为

h（外高），底面半径为 r（外径）；

（3）体积 V 表示第四方案易拉罐的总体积，包括材料体积、饮料体积以及空余量体积.（数值上大约等于 369.569 308 534 365 7mL.）

圆柱体的体积为 $$V = \pi r^2 h, \tag{①}$$

圆柱体的造价为 $$y = 2\pi r^2 p + 2\pi r h q, \tag{②}$$

由 ① 式得 $$h = \frac{V}{\pi r^2}, \tag{③}$$

将 ③ 式代入 ② 式，得 $$y = 2\pi r^2 p + 2\pi r \frac{V}{\pi r^2} q = 2\pi r^2 p + \frac{2Vq}{r},$$

将 y 对 r 求导，有 $$y'(r) = 4\pi p r - \frac{2Vq}{r^2},$$

令 $y'(r) = 0$，得 $$r = \sqrt[3]{\frac{Vq}{2\pi q}}.$$

将有关数值代入，解得 $r \approx 2.927\ 594(\text{cm})$，$h \approx 13.725\ 35(\text{cm})$.

此时，第四方案易拉罐的表面积为 $$S = \pi r^2 + 2\pi r h,$$

代入相关数据，有 $$S \approx 306.\ 164\ 544\ 493\ 61(\text{cm}^2),$$

即当 $h/r \approx 4.688\ 27$，$h/d \approx 2.344\ 135$ 时，为它的最优化设计.

模型结果分析　在研究的过程中，第一、第二、第三方案都是通过理论计算获得的，没有考虑到实际因素. 而第四方案是通过造价的不同、美观程度等修正了第三方案的结果. 虽然第四方案的总表面积大于前三个方案的总表面积，但它更符合实际，采用第四方案才是比较正确的选择. 因此当高与半径之比 4.688 27 时，这一模型与市场上的易拉罐形状和尺寸基本上相同.

本课题的研究是从建立最简单的模型开始，逐步优化，首先解释了现实中易拉罐的模型，最后得出了合理的易拉罐的最优设计. 这种优化的方法也可以用于其他相关问题的优化.

 练习与思考 3-6

1. 雪球融化模型. 假定一个雪球是半径为 r 的球，其融化时体积的变化率正比于雪球的表面积，比例常数为 $k > 0$（k 与环境的相对湿度、阳光、空气温度等因素有关）. 已知 2h 内融化了其体积的四分之一，问其余部分在多长时间内全部融化完？

2. 油井收入模型. 一个月产 300 桶原油的油井，在 3 年后将要枯竭. 预计从现在开始 t 个月后，原油价格将是每桶 $$P(t) = 18 + 0.3\sqrt{t}(\text{美元}).$$

假定原油一生产出来就被售出，问从这口井可得到多少美元的收入？

3. 大型塑像的视角. 大型的塑像通常都有一个比人还高的底座，看起来雄伟壮观. 但当观看者与塑像的水平距离不同时，观看像身的视角就不一样. 那么在离塑像的水平距离为多远时，观看像身的视角最大？

本 章 小 结

一、基 本 思 想

　　导数作为变化率在自然科学、工程技术及社会经济等领域有着广泛的应用，而这些应用基础是微分中值定理.

　　微分中值定理（拉格朗日微分中值定理与柯西微分中值定理）揭示了函数（在某区间上整体性质）与（函数在该区间内某一点的）导数之间的关系. 用拉格朗日中值定理可导出函数单调性、凹凸性的判定法则，用柯西定理可导出罗必达法则.

　　最优化方法是微积分的基本分析法，也是实践中常用的思维方法.

二、主 要 内 容

　　本章重点是利用导数研究函数形态（单调性、极值、最值等）和计算未定式.

1. 几个基本概念

　　（1）函数 $f(x)$ 在 $U(x_0,\delta)$ 内的极值：设 $f(x)$ 在 $U(x_0,\delta)$ 内有定义，如果对于任意 $x \in U(x_0,\delta)$ 且 $x \neq x_0$，恒有　　　$f(x_0) > f(x)$（或 $f(x_0) < f(x)$），
称 $f(x_0)$ 为 $f(x)$ 在 $\bigcup(x_0,\delta)$ 内的极大值（或极小值）. $f(x)$ 的极大值和极小值统称为 $f(x)$ 的极值. x_0 称为 $f(x)$ 的极大（或极小）值点. 极值是函数 $f(x)$ 的局部性态.

　　（2）函数 $f(x)$ 在 $[a,b]$ 上的最值：设 $f(x)$ 在 $[a,b]$ 上连续，如果对于任意 $x_1,x_2 \in [a,b]$，恒有　　　　　　　$f(x_1) \leqslant f(x) \leqslant f(x_2)$，
称 $f(x_1)$ 为 $f(x)$ 在 $[a,b]$ 上的最小值，$f(x_2)$ 为 $f(x)$ 在 $[a,b]$ 上的最大值. $f(x)$ 的最小值和最大值统称为 $f(x)$ 在 $[a,b]$ 上的最值. 最值是函数 $f(x)$ 在 $[a,b]$ 上的整体性态.

　　（3）函数 $f(x)$ 的驻点：函数导数等于零的点称为函数驻点. 可导函数的极值点必定是驻点，但驻点不一定是极值点.

　　（4）未定式：当 $x \to x_0$（或 $x \to \infty$）时，如果 $f(x),g(x)$ 都无限趋近于 0（或 ∞），称 $\lim\limits_{\substack{x \to x_0 \\ (x \to \infty)}} \dfrac{f(x)}{g(x)}$
为未定式，记作 $\dfrac{0}{0}$（或 $\dfrac{\infty}{\infty}$）.

　　（5）函数的凹凸性与拐点.

　　（6）函数渐近线.

2. 微分中值定理

　　（1）拉格朗日微分中值定理：如果函数 $f(x)$ 在 $[a,b]$ 上连续，在 (a,b) 内可导，则在 (a,b) 内至少存在一点 ξ，使　　　　　　$\dfrac{f(b)-f(a)}{b-a} = f'(\xi)$.

(2) 柯西微分中值定理：如果函数 $f(x)$，$g(x)$ 在 $[a,b]$ 上连续，在 (a,b) 内可导 $g'(x) \neq 0$，则在 (a,b) 内至少存在一点 ξ，使　$\dfrac{f(b)-f(a)}{g(b)-g(a)} = \dfrac{f'(\xi)}{g'(\xi)}$.

上述两个定理揭示了函数（在某区间上的整体性质）与（函数在该区间内某一点的）导数之间的联系，为用导数解决应用问题奠定了理论基础.

3. 函数单调性、极值与最值的判定

(1) 函数 $f(x)$ 单调性判定法，设 $f(x)$ 在 $[a,b]$ 上连续，在 (a,b) 内可导，如果在 (a,b) 内恒有 $f'(x) > 0$（或 $f'(x) < 0$），则 $f(x)$ 在 $[a,b]$ 上单调增加（或单调减少）.

(2) 函数 $f(x)$ 极值判定法.

(a) 函数具有极值的必要条件：如果 $f(x)$ 在 x_0 处可导，且在 x_0 处取得极值，则 $f'(x_0) = 0$.

(b) 函数 $f(x)$ 极值第一判定法：设 $f(x)$ 在 $U(x_0,\delta)$ 内连续且可导（也可以 $f'(x_0)$ 不存在），如果当 $x \in (x_0-\delta, x_0)$ 时 $f'(x_0) > 0$（或 $f'(x_0) < 0$），当 $x \in (x_0, x_0+\delta)$ 时 $f'(x) < 0$（或 $f'(x_0) > 0$），则 $f(x_0)$ 是 $f(x)$ 的极大值（或极小值）；如果在 x_0 两侧 $f'(x)$ 具有相同的符号，则 $f(x_0)$ 不是 $f(x)$ 的极值.

(c) 函数 $f(x)$ 极值第二判定法：设 $f(x)$ 在 x_0 处具有二阶导数，且 $f'(x_0) = 0$，$f''(x_0) \neq 0$，如果 $f''(x_0) < 0$（或 $f''(x_0) > 0$）时，则 $f(x)$ 在 x_0 处取得极大值（或极小值）.

(3) 函数 $f(x)$ 在 $[a,b]$ 上的最值判定法.

(a) 函数 $f(x)$ 在 $[a,b]$ 上存在最大值及最小值定理：设 $f(x)$ 在 $[a,b]$ 上连续，则 $f(x)$ 在 $[a,b]$ 上至少存在一个最大值及一个最小值.

(b) 函数 $f(x)$ 在 $[a,b]$ 上最大值及最小值的求法：先求 $f(x)$ 在 (a,b) 内所有驻点与不可导点，再比较驻点、不可导点、两端点的函数值，函数值大者为最大值，小者为最小值.

(c) 函数 $f(x)$ 在区间（有限或无限、开或闭）最大值或最小值判定法：设 $f(x)$ 在区间内可导，如果在区间内有且仅有一个极大值（或极小值）而没有极小值（或极大值），则该极大值（或极小值）就是 $f(x)$ 在该区间上的最大值（或最小值）.

4. 未定式的一般计算方法 —— 罗必达法则

(1) 求 $\dfrac{0}{0}$ 型未定式的罗必达法则. 设

(a) 当 $x \to x_0$（或 $x \to \infty$）时，$f(x)$，$g(x)$ 都趋向于 0；

(b) 在点 x_0 某去心邻域 $\mathring{U}(x_0,\delta)$ 内（或在 $|x|$ 充分大时），$f'(x)$，$g'(x)$ 均存在，且 $g'(x) \neq 0$；

(c) $\lim\limits_{x \to x_0} \dfrac{f'(x)}{g'(x)}$（或 $\lim\limits_{x \to \infty} \dfrac{f'(x)}{g'(x)}$）存在或无穷大，

则　　　　　　　$\lim\limits_{x \to x_0} \dfrac{f(x)}{g(x)} \xlongequal{\frac{0}{0}} \lim\limits_{x \to x_0} \dfrac{f'(x)}{g'(x)}$（或 $\lim\limits_{x \to \infty} \dfrac{f(x)}{g(x)} \xlongequal{\frac{0}{0}} \lim\limits_{x \to \infty} \dfrac{f'(x)}{g'(x)}$）.

(2) 求 $\dfrac{\infty}{\infty}$ 型未定式的罗达法则. 设

(a) 当 $x \to x_0$（或 $x \to \infty$）时，$f(x)$，$g(x)$ 都趋向于无穷大；

(b) 在点 x_0 的某去心邻域 $\mathring{U}(x_0,\delta)$ 内（或在 $|x|$ 充分大时），$f'(x)$，$g'(x)$ 均存在且 $g'(x)$

$\neq 0$;

(c) $\lim\limits_{x\to x_0} \dfrac{f'(x)}{g'(x)}$(或 $\lim\limits_{x\to\infty} \dfrac{f'(x)}{g'(x)}$) 存在或无穷大,

则
$$\lim_{x\to x_0} \frac{f(x)}{g(x)} \overset{\frac{\infty}{\infty}}{=\!=\!=} \lim_{x\to x_0} \frac{f'(x)}{g'(x)} (\text{或} \lim_{x\to\infty} \frac{f(x)}{g(x)} \overset{\frac{\infty}{\infty}}{=\!=\!=} \lim_{x\to\infty} \frac{f'(x)}{g'(x)}).$$

(3) $0 \cdot \infty ; \infty , -\infty$ 型未定式可通过恒等变形化为 $\dfrac{0}{0}$ 或 $\dfrac{\infty}{\infty}$ 型未定式处理;$1^\infty, 0^0, \infty^0$ 型未定式属幂指数函数,可通过取对数方法处理.

5. 一元函数图形的描绘

利用导数描绘函数图形,需先分析其单调性、凹凸性,求出极值点、拐点、渐近线,再在 xOy 平面画出其图形.

本章复习题

一、选择题

1. 函数 $f(x)=\sin x$ 在区间 $\left[0, \dfrac{\pi}{2}\right]$ 上满足拉格朗日中值定理的条件和结论,这时 ξ 的值为 (   ).

    A. $2\dfrac{2}{\pi}$;   B. $\cos\dfrac{2}{\pi}$;   C. $\arccos\dfrac{2}{\pi}$;   D. $\dfrac{\pi}{2}$.

2. 若在 (a,b) 内恒有 $f'(x)<0$,则 $f(x)$ 在 (a,b) 内是(   ).

    A. 单增的;   B. 单减的;   C. 凹的;   D. 凸的.

3. 函数 $f(x)=\mathrm{e}^{-x}$ 在其定义域内是(   ).

    A. 单增且是凹的;   B. 单减且是凹的;

    C. 单增且是凸的;   D. 单减且是凸的.

4. 点 $x=0$ 是函数 $y=x^4$ 的(   ).

    A. 驻点但非极值点;   B. 拐点;

    C. 驻点且是拐点;   D. 驻点且是极值点.

5. 函数 $f(x)=\ln(1+x^4)$ 在 $[-1,2]$ 上的极小值为(   ).

    A. $\ln 2$;   B. $4\ln 2$;   C. 0;   D. 不能确定.

6. 函数 $y=x-\sin x$ 在 $(-2\pi, 2\pi)$ 内的拐点个数是(   ).

    A. 1;   B. 2;   C. 3;   D. 4.

7. 曲线 $y=-\mathrm{e}^{2(x+1)}$ 的渐近线情况是(   ).

    A. 只有水平渐近线;

    B. 只有铅垂渐近线;

    C. 既有水平渐近线,又有铅垂渐近线;

D. 既无水平渐近线，又无铅垂渐近线.

8. 曲线 $y = ax^3 + bx^2 + 1$ 的拐点 $(1,3)$，则 a,b 的值为（　　　）.

　A. $a = \dfrac{4}{5}, b = \dfrac{6}{5}$；　　　　　　　　B. $a = 2, b = 0$；

　C. $a = -\dfrac{3}{2}, b = \dfrac{9}{2}$；　　　　　　　D. $a = -1, b = 3$.

9. 函数 $f(x) = 2x^2 - \ln x$ 在区间 $(0,2)$ 内（　　　）.

　A. 单调减少；　　B. 单调增加；　　C. 有增有减；　　D. 不增不减.

10. 如果函数 $f(x)$ 的导数 $f'(x)$ 连续，且 $\lim\limits_{x \to 0} f'(x) = 1$，则 $f(0) = ($　　　$)$.

　A. 一定是 $f(x)$ 的极大值；　　　　　B. 一定是 $f(x)$ 的极小值；

　C. 一定不是 $f(x)$ 的极值；　　　　　D. 不一定是 $f(x)$ 的极值.

11. 函数 $f(x) = 1 + x^2$ 在区间 $(-1,1)$ 内的最大值（　　　）.

　A. 0；　　　　　　B. 1；　　　　　　C. 2；　　　　　　D. 不存在.

12. 下列极限中能用罗必达法则的是（　　　）.

　A. $\lim\limits_{x \to 0} \dfrac{x^2 \sin \dfrac{1}{x}}{x}$；　　　　　　　B. $\lim\limits_{x \to +\infty} x\left(\dfrac{\pi}{2} - \arctan x\right)$；

　C. $\lim\limits_{x \to \frac{\pi}{2}} \left(\dfrac{\sec x}{\tan x}\right)$；　　　　　　　D. $\lim\limits_{x \to \infty} \dfrac{\sqrt{1 + x^2}}{x}$.

二、填空题

1. 如果函数 $y = f(x)$ 在 $[a,b]$ 上可导，则在 (a,b) 内至少存在一点 ξ，使 $f'(\xi)$ = ＿＿＿＿＿＿.

2. 如果函数 $f(x)$ 在点 x_0 可导，且取得极值，则 $f'(x_0) = $ ＿＿＿＿＿＿.

3. 函数 $f(x) = x^2 + (3 - x)^2$ 在 $[0,3]$ 上的最小值点为＿＿＿＿＿＿，最小值为＿＿＿＿＿＿.

4. 函数 $f(x) = xe^x$ 在区间＿＿＿＿＿＿内单调增加，在区间＿＿＿＿＿＿内单调减少，在点＿＿＿＿＿＿处有极值.

5. 函数 $f(x) = x^{\frac{5}{3}}$ 在区间 ＿＿＿＿＿＿ 内是凸的，在区间 ＿＿＿＿＿＿ 内是凹的，拐点为＿＿＿＿＿＿.

6. 函数 $f(x) = \dfrac{x}{x^2 - 1} + x$ 在＿＿＿＿＿＿上单调增加，在＿＿＿＿＿＿单调减少.

7. 函数 $f(x)$ 在 x_0 处具有两阶导数，且 $f'(x_0) = 0, f''(x_0) < 0$，则 $f(x_0)$ 是 $f(x)$ 的极＿＿＿＿＿＿值.

8. 函数 $f(x) = \dfrac{1}{9}x^3 - \dfrac{1}{3}x^2 - x$ 在 $x = $ ＿＿＿＿＿＿处取得极大值. 在 $x = $ ＿＿＿＿＿＿处取极小值，点＿＿＿＿＿＿是拐点.

9. 如果 $\lim \dfrac{f'(x)}{g'(x)}$ 存在，则未定式 $\lim \dfrac{f(x)}{g(x)}$ 的值＿＿＿＿＿＿存在.

三、解答题

1. 求下列函数的极限:

(1) $\lim\limits_{x \to a} \dfrac{x^m - a^m}{x^n - a^n}$;

(2) $\lim\limits_{x \to \infty} \dfrac{\ln(x^2 + 1)}{x^2}$;

(3) $\lim\limits_{x \to +\infty} \dfrac{\ln x}{\sqrt{x}}$;

(4) $\lim\limits_{x \to +\infty} \dfrac{e^x}{x^3}$;

(5) $\lim\limits_{x \to 0} \left(\dfrac{1}{x} - \dfrac{1}{e^x - 1} \right)$;

(6) $\lim\limits_{x \to 0} \dfrac{e^x - e^{-x} - 2x}{x - \sin x}$.

2. 求下列函数的极值:

(1) $y = (x - 3)^2 (x - 2)$;

(2) $y = 2x^2 - \ln x$.

3. 求函数 $y = x^5 - 5x^4 + 5x^3 + 1$ 在区间 $[-1, 2]$ 上的最大值和最小值.

4. 求函数 $y = 3x^5 - 5x^3$ 的凹凸区间和拐点.

5. 建造一个容积为 $300\,\mathrm{m}^3$ 的圆柱形无盖水池,已知池底的单位造价是侧围单位造价的两倍,问如何设计才使造价最低?

第 **4** 章

定积分与不定积分及其应用

前面两章,我们讨论了一元函数微分学,即函数的导数和微分以及它们的应用. 本章我们讨论一元函数积分学,即定积分和不定积分以及它们的应用. 定积分是积分学中的一个重要概念,是微积分思想的重要体现;而不定积分则是导数和微分的逆运算,对简化定积分的运算求解微分方程方面等有着重要的作用. 本章先介绍定积分,后介绍不定积分,再讨论它们的计算,最后介绍它们的应用.

§4.1 定积分 —— 函数变化累积效应的数学模型

4.1.1 引例

数学知识来源于社会实践,反过来又为社会实践服务. 伴随着 17 世纪欧洲工业革命诞生的微积分闪耀着人类数学思想智慧的光辉. 微积分学的诞生,不仅解决了困扰人类上千年的不规则图形计算和复杂工程计算问题,而且为人类数学思想宝库增添了一颗耀眼的明珠. 我们通过以下 3 个例子说明定积分的产生及它的实际意义.

1. 曲边梯形的面积

曲边梯形的定义如图 4-1-1 所示,曲线 $y = f(x)$ 和 3 条直线 $x = a$, $x = b$ 和 $y = 0$(即 Ox 轴) 所围成的图形,叫做**曲边梯形**. 曲线 $y = f(x)(a \leqslant x \leqslant b)$ 叫做曲边梯形的曲边,在 Ox 轴上的线段 $[a, b]$ 叫做曲边梯形的底.

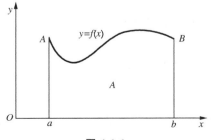

图 4-1-1

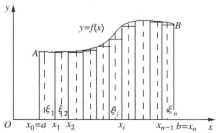

图 4-1-2

当矩形的长和宽已知时，它的面积可按公式

$$矩形面积 = 长 \times 宽$$

来计算. 但曲边梯形在底边上各点处的高 $f(x)$ 在区间 $[a,b]$ 上是连续变动的，因此它的面积不能直接按上述公式来计算. 但是，如果将区间 $[a,b]$ 分成许多小区间，把曲边梯形分成许多个小的曲边梯形. 在这些小的曲边梯形上，它的高虽然仍然变化，但变化不大，近似于不变. 在每个小曲边梯形的底边上取其中某一点处的高来近似代替这个小区间上的小曲边梯形上所有高的平均值. 那么，每个小曲边梯形就可近似地看作一个小矩形. 将这些小矩形面积相加，就得原曲边梯形的面积近似值. 如果将区间 $[a,b]$ 无限细分，即使每一个小区间的长度都趋于零，这样求出的所有小矩形面积之和就是原曲边梯形精确的面积值. 上述计算曲边梯形面积的具体方法详述如下：

在区间 $[a,b]$ 中作任意插入若干个分点：

$$a = x_0 < x_1 < x_2 < \cdots < x_{n-1} < x_n = b,$$

把 $[a,b]$ 分成 n 个小区间：

$$[x_0, x_1], [x_1, x_2], \cdots, [x_{n-1}, x_n],$$

它们的长度依次为

$$\Delta x_1 = x_1 - x_0, \Delta x_2 = x_2 - x_1, \cdots, \Delta x_n = x_n - x_{n-1}.$$

经过每一个分点作平行于 y 轴的直线段，把曲边梯形分成 n 个小曲边梯形. 在每个小区间 $[x_{i-1}, x_i]$ 上任取一点 ξ_i，以 $[x_{i-1}, x_i]$ 为底、$f(\xi_i)$ 为高的小矩形近似替代第 i 个窄曲边梯形 ($i = 1, 2, \cdots, n$)，把这样得到的 n 个小矩形面积之和作为所求曲边梯形面积 S 的近似值，如图 4-1-2 所示，即

$$S \approx f(\xi_1)\Delta x_1 + f(\xi_2)\Delta x_2 + \cdots + f(\xi_n)\Delta x_n = \sum_{i=1}^{n} f(\xi_i)\Delta x_i.$$

为了保证所有小区间的长度都无限缩小，要求小区间长度中的最大值趋于零，如记 $\lambda = \max\{\Delta x_1, \Delta x_2, \cdots, \Delta x_n\}$，则上述条件可表为 $\lambda \to 0$. 当 $\lambda \to 0$ 时（这时分段数 n 无限多，即 $n \to \infty$），即上述和式的极限，就化近似为精确，便得曲边梯形的面积

$$S = \lim_{\lambda \to 0} \sum_{i=1}^{n} f(\xi_i)\Delta x_i.$$

2. 变速直线运动的路程

设某物体作变速直线运动. 已知速度 $v = v(t)$ 是时间间隔 $[a,b]$ 上 t 的连续函数，且 $v(t) \geqslant 0$，计算在这段时间内物体所经过的路程 s.

如果物体作匀速直线运动，即速度是常量时，根据公式

$$路程 = 速度 \times 时间$$

就可以求出物体所经过的路程. 但是，这里物体运动的速度 $v = v(t)$ 不是常量而是随时间连续变化的变量，因此，所求路程 s 不能直接按等速直线运动的路程公式

来计算. 当把时间间隔 $[a,b]$ 分成许多小时间段,在这些很短的时间段内,速度的变化很小,近似于等速. 采用计算曲边梯形面积同样的方法,把时间间隔分小,在每小段时间内,以其中某一点的速度代替这个时间段的速度的平均值,用等速直线运动的距离计算公式就可算出每一个小的时间段上路程的近似值;再求和,便得到在时间段 $[a,b]$ 上路程的近似值;如果将时间间隔无限细分,这时所有这些小的时间间隔上路程的近似值之和就是所求变速直线运动的路程的精确值.

具体计算步骤如下:

在时间间隔 $[a,b]$ 内任意插入若干个分点:

$$a = t_0 < t_1 < t_2 < \cdots < t_{n-1} < t_n = b,$$

把 $[a,b]$ 分成 n 个小段:

$$[t_0,t_1], [t_1,t_2], \cdots, [t_{n-1},t_n],$$

各小段时间的长度依次为

$$\Delta t_1 = t_1 - t_0, \ \Delta t_2 = t_2 - t_1, \ \cdots, \ \Delta t_n = t_n - t_{n-1}.$$

相应地,在各段时间内物体经过的路程依次为

$$\Delta s_1, \ \Delta s_2, \ \cdots, \ \Delta s_n,$$

在时间间隔 $[t_{i-1}, t_i]$ 上任取一个时刻 $\xi_i (t_{i-1} \leqslant \xi_i \leqslant t_i)$,以 ξ_i 时的速度 $v(\xi_i)$ 来代替 $[t_{i-1}, t_i]$ 上各个时刻的速度,得到各部分路程 Δs_i 的近似值,即

$$\Delta s_i \approx v(\xi_i)\Delta t_i \qquad (i = 1, 2, \cdots, n).$$

于是这 n 段部分路程的近似值之和就是所求变速直线运动路程 s 的近似值,即

$$s \approx v(\xi_1)\Delta t_1 + v(\xi_2)\Delta t_2 + \cdots + v(\xi_n)\Delta t_n = \sum_{i=1}^{n} v(\xi_i)\Delta t_i,$$

记 $\lambda = \max\{\Delta t_1, \Delta t_2, \cdots, \Delta t_n\}$,当 $\lambda \to 0$,取上述和式的极限,即得变速直线运动的路程

$$s = \lim_{\lambda \to 0} \sum_{i=1}^{n} v(\xi_i)\Delta t_i.$$

总结以上两例可知,这种计算整体量的方法可分为 4 步:第一步,分割,即任意将要计算的整体量分为 n 个部分;第二步,近似,即在每一个部分上计算出近似值;第三步,求和,即将这 n 个部分的近似值相加,求得整体量的近似值;第四步,取极限,即对整体量近似值的和式取极限,从而求出整体量精确值.

3. 非均匀细棒的质量

设一非均匀细棒的长为 L,其线密度随着细棒长度的变化而变化,试求它的质量.

以细棒一端为原点作坐标轴 x 轴,如图 4-1-3 所示,设细棒的线密度为 $\rho(x)$,则 x 的定义范围为 $[0, L]$. 用上两例的方法求其质量如下:

（1）分割. 在区间 $[0, L]$ 中任意插入若干个分点:

$$0 = x_0 < x_1 < x_2 < \cdots < x_{n-1} < x_n = L,$$

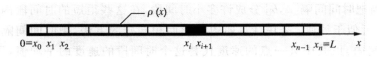

图 4-1-3

把$[0,L]$分成n个小段：

$$[x_0,x_1],[x_1,x_2],\cdots,[x_{n-1},x_n],$$

它们的长度依次为

$$\Delta x_1=x_1-x_0,\Delta x_2=x_2-x_1,\cdots,\Delta x_n=x_n-x_{n-1},$$

这样把细棒分成n个小段.

（2）近似. 在每个小段$[x_{i-1},x_i]$上任取一点ξ_i，以ξ_i点的密度$\rho(\xi_i)$近似替代第i段的平均密度$(i=1,2,\cdots,n)$，将$\rho(\xi_i)\Delta x_i$作为第i段细棒质量的近似值ΔM_i，即

$$\Delta M_i\approx\rho(\xi_i)\Delta x_i.$$

（3）求和. 把这样得到的n个小段的质量之和作为所求细棒质量的近似值，即

$$M\approx\rho(\xi_1)\Delta x_1+\rho(\xi_2)\Delta x_2+\cdots+\rho(\xi_n)\Delta x_n=\sum_{i=1}^n\rho(\xi_i)\Delta x_i.$$

（4）取极限. 记$\lambda=\max\{\Delta x_1,\Delta x_2,\cdots,\Delta x_n\}$，当$\lambda\to0$时取上述和式的极限，便得细棒的质量

$$M=\lim_{\lambda\to0}\sum_{i=1}^n\rho(\xi_i)\Delta x_i.$$

4.1.2　定积分的定义

上面3个实际问题，虽然实际意义不同，但是处理的思想方法和计算步骤是完全相同的，即分割、近似代替、求和，最后都归结为求一个连续函数某一闭区间上的和式的极限问题. 删除它们的实际意义，把这种计算方法抽象出来，单纯地对一个连续函数在一个区间上做这样的计算，得到下列的数学定义.

定义　设函数$f(x)$在区间$[a,b]$上连续，任意用分点

$$a=x_0<x_1<\cdots<x_{i-1}<x_i<\cdots<x_n=b$$

把区间$[a,b]$分成n个小区间：$[x_0,x_1],[x_1,x_2],\cdots,[x_{n-1},x_n]$，各个小区间的长度依次为$\Delta x_1=x_1-x_0,\Delta x_2=x_2-x_1,\cdots,\Delta x_n=x_n-x_{n-1}$，在每个小区间$[x_{i-1},x_i]$上任取一点$\xi_i(x_{i-1}\leqslant\xi_i\leqslant x_i)$，有相应的函数值$f(\xi_i)$，作乘积$f(\xi_i)\Delta x_i(i=1,2,\cdots,n)$，并求和式

$$I_n=\sum_{i=1}^n f(\xi_i)\Delta x_i,$$

其中 $\lambda = \max\limits_{1 \leqslant i \leqslant n}\{\Delta x_i\}$，如果不论对 $[a,b]$ 怎样分法，又不论在小区间 $[x_{i-1}, x_i]$ 上点怎样选取，只要当 $\lambda \to 0$ 时，和式 I_n 总趋近于一个确定极限. 我们把这个极限值叫做函数 $f(x)$ 在区间 $[a,b]$ 上的**定积分**，记作 $\int_a^b f(x)\mathrm{d}x$，即

$$\int_a^b f(x)\mathrm{d}x = \lim_{\lambda \to 0} \sum_{i=1}^n f(\xi_i)\Delta x_i,$$

其中，符号"$\int$"叫积分号（表示对 $f(\xi_i)\Delta x_i$ 求和取极限）；a 与 b 分别叫做积分下限和上限，区间 $[a,b]$ 叫做积分区间，函数 $f(x)$ 叫做被积函数，x 叫做积分变量，$f(x)\mathrm{d}x$ 叫做被积表达式. 在不至于混淆时，定积分也简称积分.

根据定积分的定义，就可以有下列结论：

（1）曲边梯形的面积 S 等于其曲边所对应的函数 $f(x)$（$f(x) \geqslant 0$）在其底所在区间 $[a,b]$ 上的定积分　　　　　$S = \int_a^b f(x)\mathrm{d}x.$

（2）变速直线运动的物体所经过的路程 s 等于其速度 $v = v(t)$（$v(t) \geqslant 0$）在时间区间 $[a,b]$ 上的定积分　　　　$s = \int_a^b v(t)\mathrm{d}t.$

（3）非均匀细棒的质量 M 等于其密度 $\rho = \rho(x)$ 在其长度区间 $[0, L]$ 上的定积分　　　　　　　　　$M = \int_0^L \rho(x)\mathrm{d}x.$

为了更好地理解定积分的含义，对定积分的定义作如下说明：

（1）从数学结构上看，定积分是一个和式的极限，这个极限值与区间的划分、与点的取法无关.

（2）定积分表述的是一元函数 $f(x)$ 在区间 $[a,b]$ 上的整体量，代表一个确定的常数. 它的值与被积函数 $f(x)$ 和积分区间 $[a,b]$ 有关，与积分变量无关，即

$$\int_a^b f(x)\mathrm{d}x = \int_a^b f(t)\mathrm{d}t = \int_a^b f(u)\mathrm{d}u.$$

（3）在定义中，实际上假定了 $a < b$. 为了计算与应用的方便，补充两个规定：

（a）当 $a > b$ 时，规定 $\int_a^b f(x)\mathrm{d}x = -\int_b^a f(x)\mathrm{d}x$；

（b）当 $a = b$ 时，规定 $\int_a^a f(x)\mathrm{d}x = 0.$

（4）如果 $f(x)$ 在 $[a,b]$ 上连续，或只有有限个第一类间断点，则定积分一定存在. 这时我们称 $f(x)$ 在 $[a,b]$ 上**可积**.

4.1.3　定积分的几何意义

由曲边梯形面积问题的讨论和定积分的定义，已经知道，在 $[a,b]$ 上 $f(x) \geqslant 0$

时，定积分 $\int_a^b f(x)\mathrm{d}x$ 在几何上表示由曲线 $y=f(x)$，直线 $x=a$，$x=b$ 与 x 轴所围成的曲边梯形的面积.

如果在 $[a,b]$ 上 $f(x)\leqslant 0$，则 $\int_a^b f(x)\mathrm{d}x$ 为负值. 而面积是一个几何量，总认为是正数，这时以 $[a,b]$ 为底边，曲线 $y=f(x)(f(x)\leqslant 0)$ 为曲边的曲边梯形位于 x 轴的下方，如图 4-1-4 所示，其面积 $A=-\int_a^b f(x)\mathrm{d}x$，即定积分 $\int_a^b f(x)\mathrm{d}x(f(x)\leqslant 0)$ 是几何上表示上述曲边梯形面积的相反数.

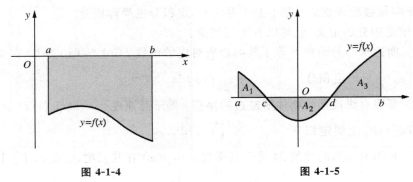

图 4-1-4　　　　　　　　　　　　图 4-1-5

如果 $f(x)$ 在 $[a,b]$ 上连续，且有时为正、有时为负，如图 4-1-5 所示，则连续曲线 $y=f(x)$，直线 $x=a$，$x=b$ 及 x 轴所围成的图形由 3 个曲边梯形组成. 由定义可得

$$\int_a^b f(x)\mathrm{d}x = A_1 - A_2 + A_3.$$

例 1　利用定积分表示图 4-1-6 和图 4-1-7 中阴影部分的面积.

解　图 4-1-6 中阴影部分的面积为

$$A = \int_{-1}^2 x^2 \mathrm{d}x.$$

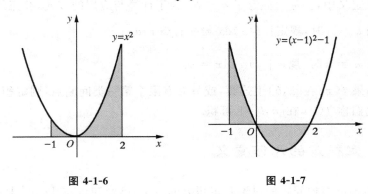

图 4-1-6　　　　　　　　　　　　图 4-1-7

图 4-1-7 中阴影部分的面积为

$$A = \int_{-1}^{0} \left[(x-1)^2 - 1 \right] \mathrm{d}x - \int_{0}^{2} \left[(x-1)^2 - 1 \right] \mathrm{d}x.$$

4.1.4　定积分的性质

设 $f(x)$，$g(x)$ 在相应区间上可积,利用定积分的定义可得以下几个简单的性质:

性质 1(线性运算性质)　设 k_1, k_2 为常数,则

$$\int_{a}^{b} \left[k_1 f(x) + k_2 g(x) \right] \mathrm{d}x = k_1 \int_{a}^{b} f(x) \mathrm{d}x + k_2 \int_{a}^{b} g(x) \mathrm{d}x.$$

这一性质对有限的函数也成立.

性质 2　设在 $[a,b]$ 上函数 $f(x) \equiv 1$,则

$$\int_{a}^{b} f(x) \mathrm{d}x = \int_{a}^{b} \mathrm{d}x = b - a.$$

性质 3(对区间的可加性质)　不论 a,b,c 的相对位置如何,则

$$\int_{a}^{b} f(x) \mathrm{d}x = \int_{a}^{c} f(x) \mathrm{d}x + \int_{c}^{b} f(x) \mathrm{d}x.$$

性质 4(单调性质)　设在 $[a,b]$ 上 $0 \leqslant f(x) \leqslant g(x)$,则

$$0 \leqslant \int_{a}^{b} f(x) \mathrm{d}x \leqslant \int_{a}^{b} f(x) \mathrm{d}x.$$

性质 5(估值性质)　设 M, m 分别是函数 $f(x)$ 在区间 $[a,b]$ 上的最大、最小值,则

$$m(b-a) \leqslant \int_{a}^{b} f(x) \mathrm{d}x \leqslant M(b-a).$$

性质 6(积分中值定理)　设函数 $f(x)$ 在闭区间 $[a,b]$ 上连续,则在 $[a,b]$ 上至少存在一点 ξ,使

$$\int_{a}^{b} f(x) \mathrm{d}x = f(\xi)(b-a).$$

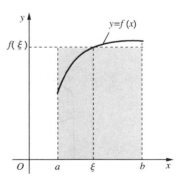

图 4-1-8

当 $f(x) \geqslant 0$ 时,积分中值定理具有简单的几何意义:在 $[a,b]$ 上至少存在一点 ξ,使得以 $[a,b]$ 为底、以 $f(\xi)$ 为高的矩形面积正好等于以 $[a,b]$ 为底、以曲线 $y = f(x)$ 为曲边的曲边梯形面积,如图 4-1-8 所示. 通常称 $f(\xi)$ 为该曲边梯形在 $[a,b]$ 上的“平均高度”,也称它为 $f(x)$ 在 $[a,b]$ 上的平均值,即

$$f(\xi) = \frac{1}{b-a} \int_{a}^{b} f(x) \mathrm{d}x, \ \xi \in [a,b].$$

练习与思考 4-1

1. 填空题:

(1) 由直线 $y = 1$, $x = a$, $x = b$ 及 Ox 轴围成的图形的面积等于_____,用定积分表示为_____.

(2) 一物体以速度 $v = 2t + 1$ 作直线运动,该物体在时间 $[0,3]$ 内所经过的路程 s 用定积分表示为_____.

(3) 定积分 $\int_{-2}^{3} \cos 2t dt$ 中,积分上限是_____,积分下限是_____,积分区间是_____.

2. 用定积分表示图 4-1-9 阴影部分的面积 A.

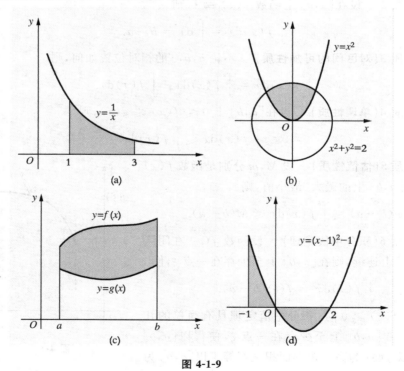

图 4-1-9

§4.2 微积分基本公式

在上一节中我们定义了一个函数 $f(x)$ 在区间 $[a,b]$ 上的定积分,它是通过对积分区间的分割、在各小区间上的近似求值、然后求和、最后取极限而达到的. 定积分的出现解决了不规则图形的精确计算等问题,但是这种计算方法相当繁琐,有时甚至无法求出结果. 为了简化定积分的运算,这一节我们讨论定积分与导数或微分的关系问题,以寻求计算定积分的有效方法.

我们先从实际问题 —— 变速直线运动中的位置函数与速度函数之间的联系中寻找解决问题的线索.

4.2.1　引例

在直线上取定原点、正向与长度单位,使它成为数轴. 有一物体作变速直线运动,设时刻 t 时的位置函数为 $s(t)$、速度函数为 $v(t)$. 下面用两种方法来计算物体从 $t=a$ 到 $t=b$ 所走过的路程.

（1）如果已知位置函数 $s=s(t)$,那么从 $t=a$ 到 $t=b$ 物体所走过的路程,就是在这段时间内位置函数改变量 $s(b)-s(a)$,如图 4-2-1 所示,即

图 4-2-1

$$s = s(b) - s(a).$$

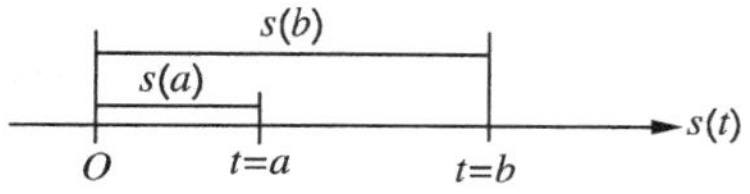

（2）如果已知速度函数 $v(t)$,那么从 $t=a$ 到 $t=b$ 物体所走过的路程,就是上节讲过的速度函数在 $[a,b]$ 上的定积分,即

$$s = \int_a^b v(t)\mathrm{d}t.$$

显然上面两种算法的结果应该相等,即

$$s = \int_a^b v(t)\mathrm{d}t = s(b) - s(a).$$

这样,求速度函数 $v(t)$ 在 $[a,b]$ 上的定积分问题,就转化为位置函数 $s(t)$ 改变量 $s(b)-s(a)$ 的问题了.

我们知道,位置函数 $s(t)$ 与速度函数 $v(t)$ 有如下关系：

$$s'(t) = v(t),$$

它表明由位置函数 $s(t)$ 去求速度函数 $v(t)$,就是由函数（位置函数）去求它的导函数（速度函数）；反之,由速度函数 $v(t)$ 去求位置函数 $s(t)$,就是由导函数（速度函数）去求原来的函数（位置函数）.

为了一般地描述 $F'(x) = f(x)$ 中 $F(x)$ 与 $f(x)$ 的关系,进而说明 $s'(t) = v(t)$ 中 $s(t)$ 与 $v(t)$ 的关系. 这里引入原函数的概念.

定义 1　设 $f(x)$ 是一个定义在某区间上函数,如果存在函数 $F(x)$,使得该区间内任一点都有 $\qquad F'(x) = f(x)$,
则称 $F(x)$ 为 $f(x)$ 在该区间上的**原函数**.

根据上述定义,位置函数 $s(t)$ 就是速度函数 $v(t)$ 的原函数. 类似地,因为 $\left(\dfrac{1}{3}x^3\right)' = x^2$,所以 $\dfrac{1}{3}x^3$ 就是 x^2 的原函数;因为 $(\sin x)' = \cos x$,所以 $\sin x$ 为 $\cos x$ 的原函数.

有了原函数的概念,关系式

$$\int_a^b v(t)\mathrm{d}t = s(b) - s(a)$$

可以这样来描述:速度函数 $v(t)$ 在 $[a,b]$ 上的定积分,等于速度函数 $v(t)$ 的原函数 —— 位置函数 $s(t)$ 在 $[a,b]$ 上的改变量 $s(b) - s(a)$.

上述结论具有一般性,即函数 $f(x)$ 在 $[a,b]$ 上的定积分 $\int_a^b f(x)\mathrm{d}x$ 等于 $f(x)$ 的原函数 $F(x)$ 在 $[a,b]$ 上的改变量 $F(b) - F(a)$,即

$$\int_a^b f(x)\mathrm{d}x = F(b) - F(a).$$

下面就来详细地说明上述结论.

4.2.2　积分上限函数及其导数

设函数 $f(x)$ 在区间 $[a,b]$ 上连续,x 为 $[a,b]$ 上的一点,则 $f(x)$ 在 $[a,x]$ 上连续,从而定积分

$$\int_a^x f(x)\mathrm{d}x$$

存在. 由于这里的 x,既是积分上限,又是积分变量,为避免混淆,把积分变量 x 改为 t(定积分值与积分变量无关),把上式改写为

$$\int_a^x f(t)\mathrm{d}t.$$

如果积分上限 x 在 $[a,b]$ 上连续变动,则对于每一个取定的 x 值,定积分都有一个确定值与之对应. 按照函数定义,$\int_a^x f(t)\mathrm{d}t$ 在 $[a,b]$ 上定义了一个以 x 为自变量的函数,称其为**积分上限函数**(也叫变上限积分),记作 $\varPhi(x)$,即

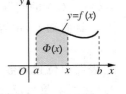

图 4-2-2

$$\varPhi(x) = \int_a^x f(x)\mathrm{d}t \quad (a \leqslant x \leqslant b).$$

在几何上,$\varPhi(x)$ 表示右侧边界可移动的曲边梯形面积,如图 4-2-2 所示. 它的值随 x 位置变动而变动. 当 x 值确定后,面积 $\varPhi(x)$ 就随之确定.

关于 $\varPhi(x)$ 的可导性,有下面的定理:

定理 1(微积分学基本定理)　设函数 $f(x)$ 在区间 $[a,b]$ 上连续,则积分上限函数

$$\Phi(x) = \int_a^x f(t)\,dt$$

在 $[a,b]$ 上可导,且有 $\Phi'(x) = \dfrac{d}{dx}\displaystyle\int_a^x f(t)\,dt = f(x)$.

这是因为,设 $x \in [a,b]$,取 $|\Delta x|$ 充分小,使 $x+\Delta x \in [a,b]$,则据定积分性质,有

$$\Delta\Phi(x) = \Phi(x+\Delta x) - \Phi(x) = \int_a^{x+\Delta x} f(t)\,dt - \int_a^x f(t)\,dt$$

$$= \left[\int_a^x f(t)\,dt + \int_x^{x+\Delta x} f(t)\,dt\right] - \int_a^x f(t)\,dt$$

$$= \int_x^{x+\Delta x} f(t)\,dt = f(\xi) \cdot \Delta x, \ \xi \in [x,\, x+\Delta x].$$

由于函数 $f(x)$ 在 x 处连续,并注意到 $\Delta x \to 0$ 时 $\xi \to x$,因此

$$\Phi'(x) = \lim_{\Delta x \to 0}\frac{\Delta\Phi(x)}{\Delta x} = \lim_{\xi \to x}f(\xi) = f(x).$$

定理 1 表明:积分上限函数的导数就是被积函数在积分上限处的函数值. 由于它揭示了微分(或导数)与定积分之间的内在联系,可以称它为微积分学基本定理.

例 1   求下列函数的导数:

(1) $\Phi(x) = \displaystyle\int_1^x \cos t\,dt$; (2) $\Phi(x) = \displaystyle\int_1^{x^2} \cos t\,dt$; (3) $\Phi(x) = \displaystyle\int_{\sqrt{x}}^1 \cos t\,dt$.

解   (1) $\Phi'(x) = \dfrac{d}{dx}\displaystyle\int_1^x \cos t\,dt = \cos x$.

(2) 令 $u = x^2$,则 $\Phi(x)$ 是 $\Phi(u) = \displaystyle\int_1^u \cos t\,dt$ 与 $u = x^2$ 的复合函数. 按复合函数求导法则,得 $\Phi'(x) = \Phi'(u) \cdot u_x{}' = \cos u \cdot 2x = 2x\cos x^2$.

(3) 利用定积分补充规定(a)及复合函数求导法则,有

$$\Phi'(x) = \frac{d}{dx}\int_{\sqrt{x}}^1 \cos t\,dt = \frac{d}{dx}\left[-\int_1^{\sqrt{x}} \cos t\,dt\right]$$

$$= -(\cos\sqrt{x})\frac{1}{2\sqrt{x}} = -\frac{1}{2\sqrt{x}}\cos\sqrt{x}.$$

由定理 1 可知,只要 $f(x)$ 在 $[a,b]$ 上连续,则 $\Phi(x)$ 就是连续函数 $f(x)$ 的一个原函数,于是得原函数存在定理.

定理 2(原函数存在定理)   如果函数 $f(x)$ 在 $[a,b]$ 上连续,则 $f(x)$ 在 $[a,b]$ 上的原函数一定存在,其积分上限函数 $\Phi(x) = \displaystyle\int_a^x f(t)\,dt$ 就是 $f(x)$ 的一个原函数.

4.2.3　微积分基本公式

借助微积分学基本定理，就可得到计算定积分的有效、简便公式.

定理3(微积分基本公式)　设函数 $f(x)$ 在闭区间 $[a,b]$ 上连续，且在 $[a,b]$ 上存在一个函数 $F(x)$，使 $F'(x) = f(x)$（即 $F(x)$ 为 $f(x)$ 的原函数），则

$$\int_a^b f(x)\mathrm{d}x = F(b) - F(a).$$

这是因为，按题目所给条件可知 $F(x)$ 是 $f(x)$ 的一个原函数，又根据定理1可知积分上限函数 $\Phi(x) = \int_a^x f(x)\mathrm{d}t$ 也是 $f(x)$ 的一个原函数，于是两原函数之差导数

$$[F(x) - \Phi(x)]' = f(x) - f(x) = 0.$$

由于导数等于零时函数必为常数，因此 $F(x) - \Phi(x) = C$，即

$$F(x) - \int_a^x f(t)\mathrm{d}t = C.$$

在上式中令 $x = a$，得　　　　　$F(a) - \int_a^a f(t)\mathrm{d}t = C.$

按定积分补充规定(b)，得 $F(a) = C$，代入上式得

$$F(x) - \int_a^x f(t)\mathrm{d}t = F(a),$$

再令 $x = b$，代入得　　　$F(b) - \int_a^b f(t)\mathrm{d}t = F(a),$

即

$$\int_a^b f(t)\mathrm{d}t = F(b) - F(a).$$

把积分变量换成 x，有

$$\int_a^b f(x)\mathrm{d}x = F(b) - F(a).$$

上述公式就是本节引例导出的公式. 它表示 $f(x)$ 在 $[a,b]$ 的定积分 $\int_a^b f(x)\mathrm{d}x$ 等于 $f(x)$ 的一个原函数 $F(x)$ 在 $[a,b]$ 上的改变量，揭示了定积分与原函数的内在联系，为计算定积分提供了一个简便且有效的方法. 由于上述公式是牛顿与莱布尼兹两个人各自发现的，所以称上式为牛顿-莱布尼兹公式（简称牛-莱公式）；又由于该公式在微积分学中具有基础性重要意义，所以又称为微积分基本

公式[①]. 为了使用方便,通常把上式写成

$$\int_a^b f(x)\mathrm{d}x = F(x)\Big|_a^b = F(b) - F(a).$$

例 2　计算下列定积分.

$$(1)\ \int_0^1 x^2\,\mathrm{d}x;\qquad\qquad (2)\ \int_0^1 \frac{1}{1+x^2}\,\mathrm{d}x;\qquad\qquad (3)\ \int_0^{\frac{\pi}{2}} \sin^2\frac{x}{2}\,\mathrm{d}x.$$

---

① 微积分的创立,是科学史上的一件大事,标志着古老的数学方法进入崭新的变量数学阶段. 由于牛顿与莱布尼兹彼此独立地建立了微积分的基本概念和基本定理,所以,人们把微积分学创立归功于他们两个人.

　　牛顿(Newton, 1642—1727 年),英国数学家、物理学家、天文学家,被人们公认为最伟大的科学巨匠之一. 他出生于英国林肯郡的一个农民家庭,既是遗腹儿,又是早产儿. 少年多病体弱,学业平庸,但有不服人的劲头,后跃为全班第一名. 1661 年考入剑桥大学三一学院,开始了苦读生涯. 他自己做实验,并研读了大量自然科学名著,其中包括笛卡儿的《几何学》、沃利斯的《无穷算术》、伽利略的《恒星使节》、开普勒的《光学》等著作. 正当结束大学课程步入研究工作时,学院因伦敦地区鼠疫流行而关闭,他回到家乡伊耳索浦. 从 1665 年夏到 1667 年春的期间,他进行了机械、数学、光学上的研究工作,有了三大发现 —— 流数术(微积分)、万有引力及光的分析. 当时他把连续量的导数称为"流数",先后建立了"正流数术"(微分法)、"反流数术"(积分法),并在 1666 年 10 月完成一篇总结性论文《流数简论》. 综合了自古以来求解无穷小问题的各种技巧,统一为两类普遍的算法 —— 微分与积分,建立了这两类运算的互逆关系. 但该文未正式发表,直到 40 年后的 1704 年出版的《光学》著作的附录中才公布于世. 1687 年他出版了名著《自然科学的数学原理》,书中修正了他关于流数的观点. 他以几何直观为基础,把流数解释为"消失量的最终比",显露了某种模糊的极限思想,但终究未能为微积分奠定坚实的逻辑基础.

　　莱布尼兹(Leibniz, 1646—1716 年),德国自然科学家、数学家、哲学家,他研究涉及逻辑学、数学、力学、法学、神学、地质学、生物学等 41 个领域,其目的是寻求一个可以获得知识和创造发明的普遍方法,因而被誉为"德国百科全书式的天才". 他出生于德国莱比锡的一个书香门第,父亲是哲学教授,自幼聪慧好学,自学小学、中学课程后,15 岁(1661 年)进入大学法律系学习,17 岁获学士学位,18 岁、20 岁分别获硕士、博士学位. 1672 年被派往巴黎任德国驻法大使. 他在巴黎逗留 4 年期间,在与荷兰物理学家惠更斯的接触中激发了对数学的兴趣,系统地研究了当时一批著名数学家的著作,从此开始思考求曲线的切线和曲线所围面积问题. 1684 年发表了关于微分学的论文《一种求极大与极小值和求切线的新方法》,是有史以来第一篇关于微分学的论文. 1686 年又发表了关于积分学的论文,其中叙述了求积问题与求切线问题互逆关系,建立了沟通微分与积分内在联系的微积分学基本定理. 在这些论文中,深受他哲学思想的支配,用 $\mathrm{d}x$ 表示 x 的微分,并称 $\mathrm{d}x$ 与 x 相比,如同点和地球或地球半径与宇宙半径之比;把积分看作无穷小的和,并把拉丁语"summa"(和)第一个字母"s"拉长表示积分. 他在数学其他领域也有许多发现,如组合分析理论、代数行列式理论、曲线包络理论、二进制、符号逻辑学. 他还制作了四则运算的计算机(1673 年). 他更是数学史上最伟大的符号学者之一,他创设的符号有商"a/b"、比"$a:b$"、相似"$\backsim$"、全等"$\cong$"、并"$\bigcup$"、交"$\bigcap$"以及函数和行列式的符号关系.

　　牛顿和莱布尼兹对微积分都作出了巨大贡献,但两人的方法和途径不同. 牛顿是在力学研究的基础上,运用几何方法研究微积分的;莱布尼兹主要在研究曲线的切线和面积的问题上,运用分析学方法引进微积分要领的. 牛顿在微积分的应用上更多地结合了运动学,造诣精深;但莱布尼兹的表达形式简洁准确,胜过牛顿. 在微积分具体内容的研究上,牛顿先有导数概念,后有积分概念;莱布尼兹则先有求积分概念,后有导数概念. 除此之外,他们的学风也迥然不同. 作为科学家的牛顿,治学严谨,他迟迟不发表微积分著作《流数简论》的原因,很可能是因为他没有找到合理的逻辑基础,也可能是"害怕遭到反对的心理"所致. 作为哲学家的莱布尼兹,比较大胆,富于想象,勇于推广,结果造成创作年代上牛顿领先于莱布尼兹,而在发表时间上莱布尼兹却早于牛顿.

　　虽然牛顿和莱布尼兹研究微积分方法各异,但殊途同归,各自独立地完成了创建微积分的盛业,光荣应由他们两人共享. 牛顿与莱布尼兹一样,都终生未娶. 牛顿 1727 年因患肺炎而溘然辞世,莱布尼兹 1716 年因微积分发明权的争论而痛苦地离别世界.

解 （1）因为 $\left(\dfrac{1}{3}x^3\right)' = x^2$，所以 $\dfrac{1}{3}x^3$ 是 x^2 的一个原函数. 按牛-莱公式有

$$\int_0^1 x^2\,\mathrm{d}x = \frac{1}{3}x^3\,\bigg|_0^1 = \frac{1}{3} - 0 = \frac{1}{3}.$$

（2）因为 $(\arctan x)' = \dfrac{1}{1+x^2}$，所以 $\arctan x$ 是 $\dfrac{1}{1+x^2}$ 的一个原函数，故

$$\int_0^1 \frac{1}{1+x^2}\,\mathrm{d}x = \arctan x\,\bigg|_0^1 = \arctan 1 - \arctan 0 = \frac{\pi}{4}.$$

（3）由于 $\sin^2\dfrac{x}{2} = \dfrac{1}{2}(1-\cos x)$，且 $(\sin x)' = \cos x$，$(x)' = 1$，按定积分性质和牛-莱公式有

$$\int_0^{\frac{\pi}{2}} \sin^2\frac{x}{2}\,\mathrm{d}x = \int_0^{\frac{\pi}{2}} \frac{1}{2}(1-\cos x)\,\mathrm{d}x = \frac{1}{2}\left[\int_0^{\frac{\pi}{2}} 1\,\mathrm{d}x - \int_0^{\frac{\pi}{2}} \cos x\,\mathrm{d}x\right]$$

$$= \frac{1}{2}\left[x\,\bigg|_0^{\frac{\pi}{2}} - \sin x\,\bigg|_0^{\frac{\pi}{2}}\right] = \frac{1}{2}\left[\left(\frac{\pi}{2} - 0\right) - \left(\sin\frac{\pi}{2} - \sin 0\right)\right]$$

$$= \frac{1}{2}\left(\frac{\pi}{2} - 1\right).$$

练习与思考 4-2

1. 设 $F'(x) = f(x)$，且 $f(x)$ 在所论区间上连续，试问下列式子中哪些正确？哪些不正确？

（1）$\displaystyle\int_a^x f(t)\,\mathrm{d}t = F(x) + C$（$C$ 为一个常数）；   （2）$\dfrac{\mathrm{d}}{\mathrm{d}x}\displaystyle\int_0^x f(t)\,\mathrm{d}t = F'(x)$；

（3）$\dfrac{\mathrm{d}}{\mathrm{d}x}\displaystyle\int_a^x f(t)\,\mathrm{d}t = \dfrac{\mathrm{d}}{\mathrm{d}x}\displaystyle\int_a^b f(x)\,\mathrm{d}x$；   （4）$\displaystyle\int_0^x F'(x)\,\mathrm{d}x = F(x)$.

2. 求下列函数的导数：

（1）$\varPhi(x) = \displaystyle\int_a^x t\sin t\,\mathrm{d}t$；   （2）$\varPhi(x) = \displaystyle\int_x^1 \dfrac{\cos t}{1+t^2}\,\mathrm{d}t$.

3. 计算下列定积分：

（1）$\displaystyle\int_1^3 3x^3\,\mathrm{d}x$；   （2）$\displaystyle\int_0^1 (8x^2 - \sin x + 3)\,\mathrm{d}x$；

（3）$\displaystyle\int_{-\frac{1}{2}}^{\frac{1}{2}} \dfrac{1}{\sqrt{1-x^2}}\,\mathrm{d}x$；   （4）$\displaystyle\int_0^{\frac{\pi}{4}} \tan^2\theta\,\mathrm{d}\theta$.

4. 求由 $y = x^2$ 与直线 $x = 1$，$x = 2$ 及 x 轴所围成的图形的面积.

§4.3   不定积分与积分计算(一)

上节的牛-莱公式给出了计算定积分的有效方法 —— 把计算定积分问题转化为寻求原函数问题. 本节先由原函数引入不定积分的概念及基本积分表，再讨论

比较复杂的不定积分与定积分的计算问题.

4.3.1　不定积分概念与基本积分表

1. 不定积分的概念

　　我们知道,如果在某区间 $F'(x) = f(x)$,则 $F(x)$ 是 $f(x)$ 在该区间上的原函数,且当 $f(x)$ 在该区间上连续时,$f(x)$ 的原函数一定存在. 其实对于任意常数 C,仍有 $(F(x) + C)' = f(x)$,即表明 $F(x) + C$ 仍是 $f(x)$ 的原函数. 因为 C 可取无穷多值,所以 $f(x)$ 的原函数有无穷多个.

　　定义　　如果在某区间上 $F(x)$ 是 $f(x)$ 的一个原函数,则把 $f(x)$ 的所有原函数 $F(x) + C$ 称为 $f(x)$ 在该区间上的**不定积分**,记作 $\int f(x)\mathrm{d}x$,即

$$\int f(x)\mathrm{d}x = F(x) + C,$$

其中,符号"$\int$"称为积分号(表示对 $f(x)$ 实施求原函数的运算),函数 $f(x)$ 称为被积函数,表达式 $f(x)\mathrm{d}x$ 称为被积表达,变量 x 称为积分变量,任意常数 C 称为积分常数.

　　关于不定积分定义,可作如下说明:

　　(1) 一个函数 $f(x)$ 的不定积分 $F(x) + C$ 是一族函数,而不是一个函数,更不是一个数值. 在几何上,通常把 $f(x)$ 的原函数 $F(x)$ 的图形称为**积分曲线**,所以 $f(x)$ 的不定积分 $F(x) + C$ 表示一族积分曲线. 例如,$\int 2x\mathrm{d}x = x^2 + C$(因为 $(x^2)' = 2x$)在几何上就表示由抛物线 $y = x^2$ 上、下平移所构成的一族抛物线,如图 4-3-1 所示.

　　(2) 求一个函数 $f(x)$ 的不定积分,关键是找出 $f(x)$ 的一个原函数 $F(x)$,然后加上积分常数 C. 例如,因为 $(\sin x)' = \cos x$,即 $\sin x$ 是 $\cos x$ 的一个原函数,所以 $\cos x$ 的不定积分就是 $\sin x$ 再加一个 C,即

$$\int \cos x\mathrm{d}x = \sin x + C.$$

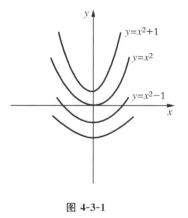

图 4-3-1

　　(3) 由于在某区间上的连续函数一定存在原函数(§4.2 定理 2),所以在某区间上的连续函数也一定存在不定积分,这时称该函数是可积的.

例 1　求不定积分 $\int \dfrac{1}{x}\mathrm{d}x$.

解　当 $x > 0$ 时，因 $(\ln x)' = \dfrac{1}{x}$，所以 $\int \dfrac{1}{x}\mathrm{d}x = \ln x + C$；当 $x < 0$ 时，

因 $[\ln(-x)]' = \dfrac{1}{-x}(-x)' = \dfrac{1}{x}$，所以 $\int \dfrac{1}{x}\mathrm{d}x = \ln(-x) + C$. 综合上述可得：

$$\int \frac{1}{x}\mathrm{d}x = \ln|x| + C \quad (x \neq 0).$$

由不定积分定义，可以得到不定积分的两个性质（假设所论函数都是可积的）.

（1）（微分运算与积分运算的互逆性质）

$$\left(\int f(x)\mathrm{d}x\right)' = f(x) \quad 或 \quad \mathrm{d}\!\int f(x)\mathrm{d}x = f(x)\mathrm{d}x,$$

$$\int F'(x)\mathrm{d}x = F(x) + C \quad 或 \quad \int \mathrm{d}F(x) = F(x) + C.$$

上式表明，微分运算（求导数或微分的运算）与积分运算（求原函数或不定积分的运算）是互逆的. 当两种运算连在一起时，$\mathrm{d}\!\int$ 完全抵消，$\int\mathrm{d}$ 抵消后相差一个常数.

（2）（线性运算性质）

$$\int [k_1 f(x) + k_2 g(x)]\mathrm{d}x = k_1 \int f(x)\mathrm{d}x + k_2 \int g(x)\mathrm{d}x (k_1, k_2 \ 为常数).$$

2. 基本积分表

如前所述，如果 $F'(x) = f(x)$，则 $\int f(x)\mathrm{d}x = F(x) + C$，因此，有一个导数公式，便对应一个不定积分公式.

例如，因为 $\left(\dfrac{x^{u+1}}{u+1}\right)' = x^u$，所以 $\dfrac{x^{u+1}}{u+1}$ 是 x^u 的一个原函数，即有不定积分公式

$$\int x^u \mathrm{d}x = \frac{x^{u+1}}{u+1} + C \quad (u \neq -1).$$

类似地，可得到其他不定积分公式. 下面是由一些基本的不定积分公式构成的表，称为**基本积分表**. 读者要与导数公式联系起来记住这些公式，因为它是积分计算的基础.

（1）$\int k\mathrm{d}x = kx + C(k \ 是常数)$；

（2）$\int x^\alpha \mathrm{d}x = \dfrac{1}{\alpha+1}x^{\alpha+1} + C \quad (\alpha \neq -1)$；

（3）$\int \dfrac{1}{x}\mathrm{d}x = \ln|x| + C$；

(4) $\int a^x \mathrm{d}x = \dfrac{a^x}{\ln a} + C \quad (a > 0 \text{ 且 } a \neq 1)$;

(5) $\int \mathrm{e}^x \mathrm{d}x = \mathrm{e}^x + C$;

(6) $\int \sin x \mathrm{d}x = -\cos x + C$;

(7) $\int \cos x \mathrm{d}x = \sin x + C$;

(8) $\int \sec^2 x \mathrm{d}x = \tan x + C$;

(9) $\int \csc^2 x \mathrm{d}x = -\cot x + C$;

(10) $\int \sec x \tan x \mathrm{d}x = \sec x + C$;

(11) $\int \csc x \cot x \mathrm{d}x = -\csc x + C$;

(12) $\int \dfrac{1}{\sqrt{1-x^2}} \mathrm{d}x = \arcsin x + C$;

(13) $\int \dfrac{1}{1+x^2} \mathrm{d}x = \arctan x + C$.

注　按微分形式的不变性,上述每个积分公式中积分变量 x 可扩充到 x 的函数 $u = \varphi(x)$,例如,$\int x^u \mathrm{d}x = \dfrac{1}{u+1} x^{u+1} + C$ 可扩充到 $\int u^\alpha \mathrm{d}u = \dfrac{1}{\alpha+1} u^{\alpha+1} + C$,其中 u 是 x 的可微函数 $\varphi(x)$.

利用上述基本积分表与线性运算性质,就可计算一些简单的不定积分.

例 2　求:(1) $\int \left(2\sin x - \dfrac{2}{x} + x^2 \right) \mathrm{d}x$;　　　　(2) $\int \sqrt{x}(x^2 - 5) \mathrm{d}x$.

解　(1) 原式 $= 2\int \sin x \mathrm{d}x - 2\int \dfrac{1}{x} \mathrm{d}x + \int x^2 \mathrm{d}x$

$$= -2\cos x - 2\ln|x| + \dfrac{1}{3}x^3 + C.$$

(2) 原式 $= \int (x^{\frac{5}{2}} - 5x^{\frac{1}{2}}) \mathrm{d}x = \int x^{\frac{5}{2}} \mathrm{d}x - 5\int x^{\frac{1}{2}} \mathrm{d}x$

$$= \dfrac{2}{7} x^{\frac{7}{2}} - 5 \cdot \dfrac{2}{3} x^{\frac{3}{2}} + C = \dfrac{2}{7} x^3 \sqrt{x} - \dfrac{10}{3} x \sqrt{x} + C.$$

有些不定积分,不能直接套用基本积分表中积分公式,需要对被积函数作一些代数或三角恒等变形后,再套用积分公式.

例 3　求:(1) $\int \tan^2 x \mathrm{d}x$;　　　　　　　(2) $\int \dfrac{x^2 - 1}{x^2 + 1} \mathrm{d}x$.

解   (1) 原式 $= \int (\sec^2 x - 1) \mathrm{d}x = \int \sec^2 x \mathrm{d}x - \int \mathrm{d}x = \tan x - x + C.$

(2) 原式 $= \int \dfrac{x^2 + 1 - 2}{x^2 + 1} \mathrm{d}x = \int \left(1 - \dfrac{2}{x^2 + 1} \right) \mathrm{d}x = x - 2\arctan x + C.$

例 4   求：(1) $\int \cos^2 \dfrac{x}{2} \mathrm{d}x$;   (2) $\int \dfrac{1}{x^2(1 + x^2)} \mathrm{d}x.$

解   (1) 原式 $= \int \dfrac{1 + \cos x}{2} \mathrm{d}x = \dfrac{1}{2} \int (1 + \cos x) \mathrm{d}x = \dfrac{1}{2}(x + \sin x) + C.$

(2) 原式 $= \int \left(\dfrac{1}{x^2} - \dfrac{1}{1 + x^2} \right) \mathrm{d}x = -\dfrac{1}{x} - \arctan x + C.$

练习与思考 4-3A

1. 填空题：

(1) 设 x^3 是 $f(x)$ 的一个原函数，则 $\int f(x)\mathrm{d}x = $ _____，$\int f'(x)\mathrm{d}x = $ _____.

(2) 设 $f(x) = \sin x + \cos x$，则 $\int f(x)\mathrm{d}x = $ _____，$\int f'(x)\mathrm{d}x = $ _____.

2. 计算下列积分：

(1) $\int \left(3 + \sqrt[3]{x} + \dfrac{1}{x^3} + 3^x \right) \mathrm{d}x$;   (2) $\int \left(\dfrac{1}{x} + \mathrm{e}^x \right) \mathrm{d}x$;

(3) $\int \left(\sin x + \dfrac{2}{\sqrt{1 - x^2}} \right) \mathrm{d}x$;   (4) $\int \sin^2 \dfrac{x}{2} \mathrm{d}x$;

(5) $\int \cot^2 x \mathrm{d}x$;   (6) $\int \dfrac{1 + 2x^2}{x^2(1 + x^2)} \mathrm{d}x.$

4.3.2   换元积分法

1. 第一类换元积分法

由牛-莱公式及不定积分定义可知，计算定积分和求不定积分都归结为求原函数，而单靠基本积分表和线性运算性质只能解决一些简单函数的计算，当被积函数是函数的复合或函数的乘积时，又如何求它的原函数呢？下面先介绍基本积分方法之一的复合函数积分法 —— 换元积分法；在 §4.4 节中再介绍基本积分方法之二的函数乘积积分法 —— 分部积分法.

先考察不定积分 $\int \cos 2x \mathrm{d}x$，由于被积函数 $\cos 2x$ 是由 $\cos u$ 与 $u = 2x$ 复合而成的函数，所以求 $\cos 2x$ 原函数的问题就归结为求复合函数原函数问题. 下面将给出复合函数不定积分公式.

定理 1(不定积分第一类换元公式)　设 $\int f(u)\mathrm{d}u = F(u) + C$,对于具有连续导数的 $u = \varphi(x)$,则

$$\int f[\varphi(x)]\varphi'(x)\mathrm{d}x = \int f[\varphi(x)]\mathrm{d}\varphi(x) \xrightarrow[\text{换元}]{\varphi(x) = u} \int f(u)\mathrm{d}u$$

$$= F(u) + C \xrightarrow[\text{回代}]{u = \varphi(x)} F[\varphi(x)] + C.$$

例 5　求 :(1) $\int \cos 2x \mathrm{d}x$;　　　　　　　　(2) $\int (2x+3)^{100}\mathrm{d}x.$

解　(1) $\int \cos 2x \mathrm{d}x = \int \cos 2x\left[\dfrac{1}{2}(2x)'\mathrm{d}x\right]$

$$= \frac{1}{2}\int \cos 2x(2x)'\mathrm{d}x \xrightarrow[\text{换元}]{2x = u} \frac{1}{2}\int \cos u \mathrm{d}u$$

$$= \frac{1}{2}\sin u + C \xrightarrow[\text{回代}]{u = 2x} \frac{1}{2}\sin 2x + C.$$

(2) $\int (2x+3)^{100}\mathrm{d}x = \int (2x+3)^{100}\left[\dfrac{1}{2}(2x+3)'\right]\mathrm{d}x$

$$= \frac{1}{2}\int (2x+3)^{100}(2x+3)'\mathrm{d}x \xrightarrow[\text{换元}]{2x+3 = u} \frac{1}{2}\int u^{100}\mathrm{d}u$$

$$= \frac{1}{202}u^{101} + C \xrightarrow[\text{回代}]{u = 2x+3} \frac{1}{202}(2x+3)^{101} + C.$$

再考察定积分 $\int_0^1 \mathrm{e}^{3x}\mathrm{d}x$,这是一个复合函数定积分问题. 与定理 1 相类似,下面给出复合函数定积分公式.

定理 2(定积分第一类换元公式)　设 $F(u)$ 是 $f(u)$ 的原函数,对于 $u = \varphi(x)$,如果 $\varphi'(x)$ 在$[a,b]$上连续,且 $f(u)$ 在 $\varphi(x)$ 的值域区间上连续,则

$$\int_a^b f[\varphi(x)]\varphi'(x)\mathrm{d}x = \int_a^b f[\varphi(x)]\mathrm{d}\varphi(x) \xrightarrow[\text{换元}]{\varphi(x) = u} \int_{\varphi(a)}^{\varphi(b)} f(u)\mathrm{d}u$$

$$= F(u) + C \Big|_{\varphi(a)}^{\varphi(b)} = F[\varphi(b)] - F[\varphi(a)].$$

注　由于作变量代换 $\varphi(x) = u$ 后,把变量 x 的上、下限 b 和 a 换成变量 u 的上、下限 $\varphi(b)$ 和 $\varphi(a)$,可以省略(定理 1 需要)回代的过程,使计算简化.

例 6　求 :(1) $\int_0^1 \mathrm{e}^{3x}\mathrm{d}x$;　　　　　　　　(2) $\int_1^{\mathrm{e}} \dfrac{\ln x}{x}\mathrm{d}x.$

解　(1) $\int_0^1 \mathrm{e}^{3x}\mathrm{d}x = \int_0^1 \mathrm{e}^{3x}\left[\dfrac{1}{3}(3x)'\right]\mathrm{d}x$

$$= \frac{1}{3}\int_0^1 \mathrm{e}^{3x}(3x)'\mathrm{d}x \xrightarrow[\text{换元}]{3x = u} \frac{1}{3}\int_0^3 \mathrm{e}^u \mathrm{d}u$$

$$= \frac{1}{3}\mathrm{e}^u + C \Big|_0^3 = \frac{1}{3}(\mathrm{e}^3 - \mathrm{e}^0) = \frac{1}{3}(\mathrm{e}^3 - 1).$$

(2) $\int_1^e \dfrac{\ln x}{x}\mathrm{d}x = \int_1^e \ln x(\ln x)'\mathrm{d}x \xrightarrow[\text{换元}]{\ln x = u} \int_0^1 u\mathrm{d}u = \dfrac{1}{2}u^2 \Big|_0^1 = \dfrac{1}{2}$.

从上面的分析可以看出，进行第一类换元积分的关键是把被积表达式 $g(x)\mathrm{d}x$ 凑成两部分：一部分是 $\varphi(x)$ 的函数 $f[\varphi(x)]$，另一部分是 $\varphi(x)$ 的微分 $\varphi'(x)\mathrm{d}x$，即把 $g(x)\mathrm{d}x$ 凑写成 $f[\varphi(x)]\cdot\varphi'(x)\mathrm{d}x$. 然后令 $u = \varphi(x)$，便有

$$g(x)\mathrm{d}x = f[\varphi(x)]\varphi'(x)\mathrm{d}x = f(u)\mathrm{d}u,$$

这样就把积分 $\int g(x)\mathrm{d}x$ 或 $\int_a^b g(x)\mathrm{d}x$ 转化为积分 $\int f(u)\mathrm{d}u$ 或 $\int_{\varphi(a)}^{\varphi(b)} f(u)\mathrm{d}u$，因为这种转化是通过凑常数和换元来完成，所以叫做**凑微分法**.

当运算熟悉后，上述 u 可以不必写出来.

例 7 求：(1) $\int \tan x\mathrm{d}x$； (2) $\int \dfrac{1}{a^2+x^2}\mathrm{d}x$； (3) $\int_0^2 x\sqrt{x^2+1}\,\mathrm{d}x$.

解 (1) $\int\tan x\mathrm{d}x = \int\dfrac{\sin x}{\cos x}\mathrm{d}x = \int\dfrac{1}{\cos x}[-(\cos x)'\mathrm{d}x]$

$$= -\int\dfrac{1}{\cos x}\mathrm{d}\cos x = -\ln|\cos x|+C.$$

(2) $\int\dfrac{1}{a^2+x^2}\mathrm{d}x = \int\dfrac{1}{a^2\left(1+\left(\dfrac{x}{a}\right)^2\right)}\mathrm{d}x = \dfrac{1}{a^2}\int\dfrac{1}{1+\left(\dfrac{x}{a}\right)^2}\left[a\left(\dfrac{x}{a}\right)'\mathrm{d}x\right]$

$$= \dfrac{1}{a}\int\dfrac{1}{1+\left(\dfrac{x}{a}\right)^2}\mathrm{d}\left(\dfrac{x}{a}\right) = \dfrac{1}{a}\arctan\dfrac{x}{a}+C.$$

(3) $\int_0^2 x\sqrt{x^2+1}\mathrm{d}x = \int_0^2 (x^2+1)^{\frac{1}{2}}\left[\dfrac{1}{2}(x^2+1)'\mathrm{d}x\right]$

$$= \dfrac{1}{2}\int_0^2 (x^2+1)^{\frac{1}{2}}\mathrm{d}(x^2+1) = \dfrac{1}{2}\dfrac{1}{\dfrac{3}{2}}(x^2+1)^{\frac{3}{2}}\Big|_0^2$$

$$= \dfrac{1}{3}(\sqrt{125}-1).$$

类似例 7，可得到下列积分公式，作为基本积分表的补充：

(14) $\int\dfrac{1}{a^2+x^2}\mathrm{d}x = \dfrac{1}{a}\arctan\dfrac{x}{a}+C$（公式(13) 的推广）；

(15) $\int\dfrac{1}{a^2-x^2}\mathrm{d}x = \dfrac{1}{2a}\ln\left|\dfrac{a+x}{a-x}\right|+C$；

(16) $\int\dfrac{1}{\sqrt{a^2-x^2}}\mathrm{d}x = \arcsin\dfrac{x}{a}+C$（公式(12) 的推广）；

(17) $\int\tan x\mathrm{d}x = -\ln|\cos x|+C$；

(18) $\int \cot x \mathrm{d}x = \ln \mid \sin x \mid + C$;

(19) $\int \sec x \mathrm{d}x = \ln \mid \sec x + \tan x \mid + C$;

(20) $\int \csc x \mathrm{d}x = \ln \mid \csc x - \cot x \mid + C$.

2. 第二类换元积分法

前面讲的第一类换元积分法,是通过变量代换 $u = \varphi(x)$ 把积分 $\int f[\varphi(x)]\varphi'(x)\mathrm{d}x$ 转化成积分 $\int f(u)\mathrm{d}u$. 现在介绍第二类换元积分法,它是通过变量代换 $x = \varphi(t)$ 将积分 $\int f(x)\mathrm{d}x$ 转化成积分 $\int f[\varphi(t)]\varphi'(t)\mathrm{d}t$,即

$$\int f(x)\mathrm{d}x = \int f[\varphi(t)]\varphi'(t)\mathrm{d}t \xlongequal{\quad} \int g(t)\mathrm{d}t.$$

在求出 $\int g(t)\mathrm{d}t$ 之后,再用 $x = \varphi(t)$ 的反函数 $t = \varphi^{-1}(x)$ 代回原变量,从而求出 $\int f(x)\mathrm{d}x$.

下面给出第二类换元积分公式.

定理 3(不定积分第二类换元公式)　设 $x = \varphi(t)$ 单调、可导,且 $\varphi'(t) \neq 0$,又设 $f[\varphi(t)]\varphi'(t)$ 存在有原函数 $F(t)$,则

$$\int f(x)\mathrm{d}x \xlongequal[\text{换元}]{x = \varphi(t)} \int f[\varphi(t)]\varphi'(t)\mathrm{d}t = F(t) + C \xlongequal[\text{回代}]{t = \varphi^{-1}(x)} F[\varphi^{-1}(x)] + C,$$

其中 $t = \varphi^{-1}(x)$ 是 $x = \varphi(t)$ 的反函数.

定理 4(定积分第二类换元公式)　设 $f(x)$ 在 $[a,b]$ 上连续,令 $x = \varphi(t)$,如果

(1) $\varphi(\alpha) = a, \varphi(\beta) = b$,且 $a \leqslant \varphi(t) \leqslant b$;

(2) $\varphi(t)$ 在以 α, β 为端点的区间内有连续导数,

则有　　　　　　　$$\int_a^b f(x)\mathrm{d}x \xlongequal[\text{换元}]{x = \varphi(t)} \int_\alpha^\beta f[\varphi(t)]\varphi'(t)\mathrm{d}t.$$

注　定理 4 中在作变量代换 $x = \varphi(t)$ 的同时,积分上、下限从 $x = a$ 到 b 也变换成从 $t = \alpha$ 到 $t = \beta$,这样在求出关于 t 的原函数后,可直接将 t 的上、下限代入,省略了定理 3 中的回代过程.

例 8　求不定积分:

(1) $\int \dfrac{1}{1 + \sqrt{x}}\mathrm{d}x$;　　　　(2) $\int \dfrac{x + 1}{x\sqrt{x - 4}}\mathrm{d}x$;　　　　(3) $\int \sqrt{1 - x^2}\mathrm{d}x$.

解　为了套用积分表中的积分公式,需要作变量代换,消去根号.

(1) 令 $\sqrt{x} = t$,即作变量代换 $x = t^2 (t > 0)$,从而有 $\mathrm{d}x = 2t\mathrm{d}t$,于是

$$\int \frac{1}{1+\sqrt{x}}dx \xlongequal[\text{换元}]{x=t^2} \int \frac{2t}{1+t}dt = 2\int \frac{(t+1)-1}{t+1}dt$$

$$= 2\Big[\int dt - \int \frac{1}{1+t}dt\Big] = 2\Big[t - \int \frac{1}{1+t}d(1+t)\Big]$$

$$= 2\big[t - \ln \mid t+1 \mid \big] + C$$

$$\xlongequal[\text{回代}]{t=\sqrt{x}} 2\big[\sqrt{x} - \ln \mid 1+\sqrt{x} \mid \big] + C.$$

（2）令 $\sqrt{x-4} = t$，即 $x = t^2 + 4\ (t > 0)$，有 $dx = 2tdt$，于是

$$\int \frac{x+1}{x\ \sqrt{x-4}}dx \xlongequal[]{x=t^2+4} \int \frac{t^2+4+1}{(t^2+4)t} \cdot 2tdt$$

$$= 2\int \Big[1 + \frac{1}{t^2+4}\Big]dt = 2\Big[t + \frac{1}{2}\arctan \frac{t}{2}\Big] + C$$

$$\xlongequal[\text{回代}]{t=\sqrt{x-4}} 2\ \sqrt{x-4} + \arctan \frac{\sqrt{x-4}}{2} + C.$$

（3）令 $x = \sin t,\ t \in \big(-\frac{\pi}{2}, \frac{\pi}{2}\big)$，有 $dx = \cos t dt$，于是

$$\int \sqrt{1-x^2}dx \xlongequal[\text{换元}]{x=\sin t} \int \cos t \cdot \cos t dt$$

$$= \int \cos^2 t dt = \int \frac{1}{2}(1+\cos 2t)dt$$

$$= \frac{1}{2}\Big[\int dt + \frac{1}{2}\int \cos 2t d(2t)\Big]$$

$$= \frac{1}{2}\Big[t + \frac{1}{2}\sin 2t\Big] + C$$

$$= \frac{1}{2}[t + \sin t \cos t] + C.$$

为将变量 t 换回成变量 x，可借 $x = \sin t$ 作一个辅助三角

形，如图 4-3-2 所示，可得 $\cos t = \sqrt{1-x^2}$，所以

$$\int \sqrt{1-x^2}dx = \frac{1}{2}[t + \sin t \cos t] + C$$

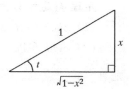

图 4-3-2

$$\xlongequal[\text{回代}]{t=\arcsin x} \frac{1}{2}[\arcsin x + x\ \sqrt{1-x^2}] + C.$$

例 9　计算定积分：

（1）$\displaystyle\int_0^4 \frac{x+2}{\sqrt{2x+1}}dx$；　　　　　　　（2）$\displaystyle\int_1^{\sqrt{3}} \frac{dx}{x^2\ \sqrt{1+x^2}}$.

解　（1）令 $\sqrt{2x+1} = t$，即 $x = \frac{t^2-1}{2}\ (t > 0)$，有 $dx = tdt$；

当 $x = 0$ 时，$t = 1$，当 $x = 4$ 时，$t = 3$，于是

$$\int_0^4 \frac{x+2}{\sqrt{2x+1}} \mathrm{d}x = \int_1^3 \frac{\frac{1}{2}(t^2-1)+2}{t} t\, \mathrm{d}t = \frac{1}{2} \int_1^3 (t^2+3)\, \mathrm{d}t$$

$$= \frac{1}{2}\left[\frac{1}{3}t^3 + 3t\right]\bigg|_1^3 = \frac{22}{3}.$$

（2）令 $x = \tan x$，$\mathrm{d}x = \sec^2 t\, \mathrm{d}t$；当 $x = 1$ 时，$t = \frac{\pi}{4}$，$x = \sqrt{3}$ 时，当 $t = \frac{\pi}{3}$，于是

$$\int_1^{\sqrt{3}} \frac{1}{x^2 \sqrt{1+x^2}} \mathrm{d}x = \int_{\frac{\pi}{4}}^{\frac{\pi}{3}} \frac{\sec^2 t}{\tan^2 t \sec t} \mathrm{d}t = \int_{\frac{\pi}{4}}^{\frac{\pi}{3}} \frac{\cos t}{\sin^2 t} \mathrm{d}t$$

$$= \int_{\frac{\pi}{4}}^{\frac{\pi}{3}} \frac{1}{\sin^2 t} \mathrm{d}\sin t = -\frac{1}{\sin t}\bigg|_{\frac{\pi}{4}}^{\frac{\pi}{3}} = \sqrt{2} - \frac{2}{3}\sqrt{3}.$$

例 10　设 $f(x)$ 在 $[-a, a]$ 上连续，证明：

（1）当 $f(x)$ 为偶函数时，$\int_{-a}^{a} f(x)\mathrm{d}x = 2\int_0^a f(x)\mathrm{d}x$；

（2）当 $f(x)$ 为奇函数时，$\int_{-a}^{a} f(x)\mathrm{d}x = 0$.

证明　因为　　　$\int_{-a}^{a} f(x)\mathrm{d}x = \int_{-a}^{0} f(x)\mathrm{d}x + \int_0^a f(x)\mathrm{d}x$，

在上式右端第一项中令 $x = -t$，有

$$\int_{-a}^{0} f(x)\mathrm{d}x = \int_a^0 f(-t)(-\mathrm{d}t) = -\int_a^0 f(-t)\mathrm{d}t = \int_0^a f(-t)\mathrm{d}t = \int_0^a f(x)\mathrm{d}x,$$

于是　　　　　$\int_{-a}^{a} f(x)\mathrm{d}x = \int_0^a f(-x)\mathrm{d}x + \int_0^a f(x)\mathrm{d}x.$

（1）当 $f(x)$ 为偶函数，即 $f(-x) = f(x)$，所以

$$\int_{-a}^{a} f(x)\mathrm{d}x = 2\int_0^a f(x)\mathrm{d}x.$$

（2）当 $f(x)$ 为奇函数，即 $f(-x) = -f(x)$，所以

$$\int_{-a}^{a} f(x)\mathrm{d}x = 0.$$

练习与思考 4-3B

1. 填空题：

（1）$\mathrm{d}x = $ ＿＿＿＿＿ $\mathrm{d}(7x-3)$；　　（2）$\frac{1}{\sqrt{x}}\mathrm{d}x = $ ＿＿＿＿＿ $\mathrm{d}(\sqrt{x})$；

（3）$x\mathrm{d}x = $ ＿＿＿＿＿ $\mathrm{d}(1-x^2)$；　　（4）$\mathrm{e}^{2x}\mathrm{d}x = $ ＿＿＿＿＿ $\mathrm{d}(\mathrm{e}^{2x})$；

（5）$\frac{1}{x}\mathrm{d}x = $ ＿＿＿＿＿ $\mathrm{d}(3-5\ln x)$；

(6) $\sin \dfrac{2}{3}x\mathrm{d}x = $ _____ $\mathrm{d}(\cos \dfrac{2}{3}x)$；

(7) $\dfrac{1}{1+4x^2}\mathrm{d}x = $ _____ $\mathrm{d}(\arctan 2x)$；

(8) $\dfrac{x}{\sqrt{1-x^2}}\mathrm{d}x = $ _____ $\mathrm{d}(\sqrt{1-x^2})$．

2. 计算下列不定积分：

(1) $\displaystyle\int (1+5x)^9\mathrm{d}x$；

(2) $\displaystyle\int \dfrac{1}{3x-1}\mathrm{d}x$；

(3) $\displaystyle\int \mathrm{e}^{1-3x}\mathrm{d}x$；

(4) $\displaystyle\int x^2\sqrt{x^3+1}\mathrm{d}x$；

(5) $\displaystyle\int \dfrac{1}{x+\sqrt{x}}\mathrm{d}x$；

(6) $\displaystyle\int \dfrac{1}{\sqrt{x}+\sqrt[3]{x^2}}\mathrm{d}x$．

3. 计算下列定积分：

(1) $\displaystyle\int_{-2}^{1}\dfrac{1}{(11+5x)^3}\mathrm{d}x$；

(2) $\displaystyle\int_{0}^{1}\dfrac{1}{\sqrt[3]{x}+1}\mathrm{d}x$．

§4.4　积分计算(二)与广义积分

4.4.1　分部积分法

　　上节所介绍的换元积分法，实际上是与微分学中的复合函数微分法相对应的一种积分方法．本节所要介绍的分部积分法则与微分学中的函数乘积微分法相对应的一种积分方法，是又一个基本积分方法．

　　设函数 $u = u(x)$，$v = v(x)$ 都有连续导数，则

$$\mathrm{d}(uv) = u\mathrm{d}v + v\mathrm{d}u,$$

移项有

$$u\mathrm{d}v = \mathrm{d}(uv) - v\mathrm{d}u,$$

两边求积分，得

$$\int u\mathrm{d}v = uv - \int v\mathrm{d}u.$$

这就是**不定积分的分部积分公式**．

　　如果 $u(x),v(x)$ 在 $[a,b]$ 上具有连续导数，则

$$\mathrm{d}(uv) = u\mathrm{d}v + v\mathrm{d}u,$$

$$u(\mathrm{d}v) = \mathrm{d}(uv) - v\mathrm{d}u,$$

两边从 a 到 b 求定积分，得　　$\displaystyle\int_{a}^{b}u\mathrm{d}v = uv\Big|_{a}^{b} - \int_{a}^{b}v\mathrm{d}u.$

这就是**定积分的分部积分公式**．

　　分部积分法主要用于求两类性质不同函数的乘积之积分．当 $\displaystyle\int u\mathrm{d}v$ 不好计算，

而 $\displaystyle\int v\mathrm{d}u$ 易于计算,就可用上面的公式来计算积分.

例如,对于 $\displaystyle\int x\mathrm{e}^x\mathrm{d}x$,令 $u=x,\mathrm{d}v=\mathrm{e}^x\mathrm{d}x$,有 $\mathrm{d}u=\mathrm{d}x,v=\mathrm{e}^x$;按分部积分公式,

得
$$\int x\mathrm{e}^x\mathrm{d}x=x\cdot\mathrm{e}^x-\int\mathrm{e}^x\cdot\mathrm{d}x=x\mathrm{e}^x-\mathrm{e}^x+C.$$

但是令 $u=\mathrm{e}^x$, $\mathrm{d}v=x\mathrm{d}x$,有 $\mathrm{d}u=\mathrm{e}^x\mathrm{d}x$, $v=\dfrac{1}{2}x^2$;按分部积分公式,得

$$\int x\mathrm{e}^x\mathrm{d}x=\frac{1}{2}\int\mathrm{e}^x\mathrm{d}x^2=\mathrm{e}^x\cdot x^2-\int x^2\mathrm{d}\mathrm{e}^x=\frac{1}{2}\Big(x^2\mathrm{e}^x-\int x^2\mathrm{e}^x\mathrm{d}x\Big).$$

显然, $\displaystyle\int x^2\mathrm{e}^x\mathrm{d}x$ 比 $\displaystyle\int x\mathrm{e}^x\mathrm{d}x$ 来得复杂,更不易计算. 因此利用分部积分法计算积分的关键是如何把被积表达式分成 u 与 $\mathrm{d}v$ 两部分. 选择的原则是:积分容易者选为 $\mathrm{d}v$,求导简单者选为 u,目的是 $\displaystyle\int u\mathrm{d}v$ 转换成 $\displaystyle\int v\mathrm{d}u$ 易于求解. 一般地,有下列规律:

（1）如果被积函数是幂函数（指数为正整数）与指数函数或正（余）弦函数的乘积,可选幂函数作为 u;

（2）如果被积函数是幂函数与对数函数或反三角函数的乘积,可选对数函数或反三角函数作为 u;

（3）如果被积函数是指数函数与正（余）弦函数的乘积, u 可任意选.

例 1　求不定积分:

(1) $\displaystyle\int x\cos x\mathrm{d}x$;　　　　(2) $\displaystyle\int x\ln x\mathrm{d}x$;　　　　(3) $\displaystyle\int\mathrm{e}^x\sin x\mathrm{d}x$.

解　(1) 令 $u=x$, $\mathrm{d}v=\cos x\mathrm{d}x$,有 $\mathrm{d}u=\mathrm{d}x$, $v=\sin x$,于是按不定积分分部积分公式得

$$\int x\cos x\mathrm{d}x=\int x\mathrm{d}\sin x=x\cdot\sin x-\int\sin x\mathrm{d}x$$
$$=x\sin x-(-\cos x)+C=x\sin x+\cos x+C.$$

(2) 令 $u=\ln x$, $\mathrm{d}v=x\mathrm{d}x$,有 $\mathrm{d}u=\dfrac{1}{x}\mathrm{d}x$, $v=\dfrac{1}{2}x^2$,于是

$$\int x\ln x\mathrm{d}x=\frac{1}{2}\int\ln x\mathrm{d}x^2=\frac{1}{2}\Big(\ln x\cdot x^2-\int x^2\cdot\mathrm{d}\ln x\Big)=\frac{1}{2}\Big(x^2\ln x-\int x\mathrm{d}x\Big)$$
$$=\frac{1}{2}x^2\ln x-\frac{1}{4}x^2+C.$$

(3) 令 $u=\sin x$, $\mathrm{d}v=\mathrm{e}^x\mathrm{d}x$,有 $\mathrm{d}u=\cos x\mathrm{d}x$, $v=\mathrm{e}^x$,于是

$$\int\mathrm{e}^x\sin x\mathrm{d}x=\int\sin x\mathrm{d}\mathrm{e}^x=\sin x\cdot\mathrm{e}^x-\int\mathrm{e}^x\cos x\mathrm{d}x.\qquad\qquad①$$

对上式右端第二项,再令 $u=\cos x,\mathrm{d}v=\mathrm{e}^x\mathrm{d}v$,有 $\mathrm{d}u=-\sin x\mathrm{d}x$, $v=\mathrm{e}^x$,则

$$\int e^x \cos x dx = \int \cos x de^x = \cos x \cdot e^x - \int e^x(-\sin x)dx = e^x \cos x + \int e^x \sin x dx.$$

代入 ① 式，得　　$\int e^x \sin x dx = e^x \sin x - \left(e^x \cos x + \int e^x \sin x dx\right).$

把 $\int e^x \sin x dx$ 移到左边，再两端除以 2，得

$$\int e^x \sin x dx = \frac{1}{2}(e^x \sin x - e^x \cos x) + C.$$

例 2　计算定积分：

(1) $\int_0^{\frac{1}{2}} \arcsin x dx$；　　　　　　(2) $\int_0^4 e^{\sqrt{x}} dx.$

解　(1) 令 $u = \arcsin x$，$dv = dx$，有 $du = \dfrac{1}{\sqrt{1-x^2}}dx$，$v = x$，按定积分的分部积分公式，得

$$\int_0^{\frac{1}{2}} \arcsin x dx = \arcsin x \cdot x \Big|_0^{\frac{1}{2}} - \int_0^{\frac{1}{2}} x \cdot \frac{1}{\sqrt{1-x^2}}dx$$

$$= \frac{\pi}{6} \cdot \frac{1}{2} - \int_0^{\frac{1}{2}} \frac{1}{\sqrt{1-x^2}}\left[-\frac{1}{2}d(1-x^2)\right]$$

$$= \frac{\pi}{12} + \frac{1}{2}\int_0^{\frac{1}{2}}(1-x^2)^{-\frac{1}{2}}d(1-x^2) = \frac{\pi}{12} + (1-x^2)^{\frac{1}{2}} \Big|_0^{\frac{1}{2}}$$

$$= \frac{\pi}{12} + \frac{\sqrt{3}}{2} - 1.$$

(2) 令 $\sqrt{x} = t$，即 $x = t^2(t > 0)$，有 $dx = 2tdt$；当 $x = 0$ 时，$t = 0$，当 $x = 4$ 时，$t = 2$，于是　　$\int_0^4 e^{\sqrt{x}}dx = \int_0^2 e^t \cdot 2tdt = 2\int_0^2 te^t dt.$

再令 $u = t$，$dv = e^t dt$，有 $du = dt$，$v = e^t$，则

$$\int_0^4 e^{\sqrt{x}}dx = 2\int_0^2 te^t dt = 2\left(t \cdot e^t \Big|_0^2 - \int_0^2 e^t dt\right)$$

$$= 2\left(2e^2 - e^t \Big|_0^2\right) = 2[2e^2 - (e^2 - 1)] = 2(e^2 + 1).$$

练习与思考 4-4A

1. 利用分部积分公式 $\int u dv = uv - \int v du$，正确选择 u，完成填空：

(1) $\int x^2 \sin x dx$，令 $u = $ _____；

(2) $\int xe^{2x}dx$，令 $u = $ _____；

(3) $\int \ln(x^2+1)\mathrm{d}x$, 令 $u=$ _____ ;

(4) $\int x^2 \arctan x\,\mathrm{d}x$, 令 $u=$ _____ .

2. 计算下列积分:

(1) $\int x\sin x\,\mathrm{d}x$;

(2) $\int \ln\dfrac{x}{2}\mathrm{d}x$;

(3) $\int_0^1 x\mathrm{e}^{-x}\mathrm{d}x$;

(4) $\int_0^1 x\arctan x\,\mathrm{d}x$.

4.4.2　定积分的近似积分法

定积分的产生虽然解决了不规则图形面积的计算问题,但它是建立在被积函数为已知且其原函数可以求得的基础上. 然而在工程上的很多场合,要计算的图形边界线函数的原函数是很难求出或不能求出的. 在这种情况下,我们要计算的图形就不能应用定积分的基本公式(牛-莱公式)求出. 因此利用定积分解决问题的思路、求图形近似值的方法,在计算技术和计算工具已十分发达的今天就具有十分重要的实用意义.

1. 矩形法与梯形法

设有 $y=f(x)$, $y=0$, $x=a$, $x=b$ 围成的曲边梯形,现应用定积分的思想求其面积的近似值.

所谓矩形法与梯形法,就是把曲边梯形分成若干个窄曲边梯形,再用小矩形与小梯形,近似代替窄曲边梯形,从而求得定积分的近似值,具体做法如下:

如图 4-4-1 所示,将区间 $[a,b]$ 分成 n 个相等的小区间,每一个小区间的长为 $\Delta x=\dfrac{b-a}{n}$,各分点为 $a=x_0, x_1, x_2, \cdots, x_n=b$,它们所对应的纵坐标为 $y_0, y_1, y_2, \cdots, y_n$.

如果通过每条纵线的上端点 $M_0, M_1, M_2, \cdots, M_{n-1}$ 向右作水平线与相邻右边纵线相交(见图 4-4-1),或通过每条纵线的上端点 $M_1, M_2, M_3, \cdots, M_n$ 向左作水平线与相邻左边的纵线相交,都可以得到 n 个小矩形. 分别取这 n 个小矩形的面积和作为曲边梯形的近似值,就可以得到矩形近似积分法的两个公式:

$$\int_a^b f(x)\mathrm{d}x \approx \frac{b-a}{n}\big[y_0+y_1+y_2+\cdots+y_{n-1}\big]$$

或

$$\int_a^b f(x)\mathrm{d}x \approx \frac{b-a}{n}\big[y_1+y_2+y_3+\cdots+y_n\big].$$

如果通过每相邻两纵线的上端点作曲线的弦 $\overline{M_0 M_1}$, $\overline{M_1 M_2}$, $\overline{M_2 M_3}$, $\cdots$, $\overline{M_{n-1} M_n}$, 就可以得 n 个小的梯形(见图 4-4-2),以这 n 个梯形的面积和作为曲边梯形的近似值,就可以得到梯形近似积分法公式

$$\int_a^b f(x)\,\mathrm{d}x \approx \frac{b-a}{n}\left[\frac{1}{2}(y_0+y_1)+\frac{1}{2}(y_1+y_2)+\cdots+\frac{1}{2}(y_{n-1}+y_n)\right]$$

$$= \frac{b-a}{n}\left[\frac{1}{2}y_0+y_1+y_2+y_3+\cdots+\frac{1}{2}y_n\right].$$

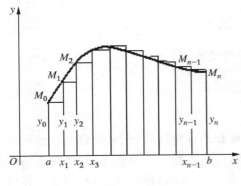

图 4-4-1

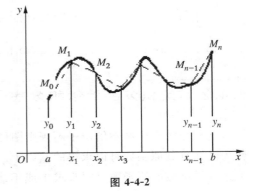

图 4-4-2

2. 抛物线法

矩形法是将窄曲边梯形的曲边近似成水平直线,梯形法是将窄曲边梯形的曲边近似成联结相邻纵线上端点的斜线,而抛物线法是将窄曲边梯形的曲边用通过相邻 3 条纵线上端点的抛物线来代替.

把区间 $[a,b]$ 分成 n(n 为偶数)个相等的小区间,每一个小区间的长为 $\Delta x = \dfrac{b-a}{n}$,它们的分点为 $a=x_0,x_1,$

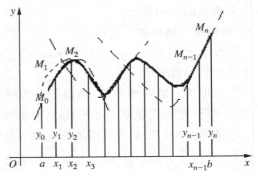

图 4-4-3

$x_2,\cdots,x_n=b$,它们所对应的纵坐标为 $y_0,y_1,y_2,\cdots,y_n$. 因为过 3 点可确定一条抛物线,所以要在两个相邻小区间 $[x_0,x_2]$ 上过 $y=f(x)$ 上的 3 点 $M_0(x_0,y_0)$,$M_1(x_1,y_1)$,$M_2(x_2,y_2)$ 作一段对称轴平行于 y 轴的抛物线近似代替窄曲边梯形的曲边 $\overset{\frown}{M_0 M_2}$(见图 4-4-3).

设抛物线方程为 $y=ax^2+bx+c$(其中 a,b,c 为待定系数),把 3 点直接代入,

得
$$y_0 = a x_0^2 + b x_0 + c,$$
$$y_1 = a x_1^2 + b x_1 + c,$$
$$y_2 = a x_2^2 + b x_2 + c.$$

由此,可确定系数 a,b,c. 这样区间 $[x_0,x_2]$ 上的抛物线下的面积为

$$\Delta S_1 = \int_{x_0}^{x_2}(a x^2 + bx + c)\mathrm{d}x$$

$$= \left[\frac{a x^3}{3} + \frac{b x^2}{2} + cx\right]_{x_0}^{x_2} = \frac{a}{3}(x_2^3 - x_0^3) + \frac{b}{2}(x_2^2 - x_0^2) + c(x_2 - x_0)$$

$$= \frac{1}{6}(x_2 - x_0)\left[2a(x_2^2 + x_0 x_2 + x_0^2) + 3b(x_2 + x_0) + 6c\right]$$

$$= \frac{1}{6}(x_2 - x_0)\left[(a x_0^2 + bx_0 + c) + (a x_2^2 + bx_2 + c) + a(x_0 + x_2)^2\right.$$

$$\left. + 2b(x_0 + x_2) + 4c\right].$$

因为 $\dfrac{x_0 + x_2}{2} = x_1$,且 $x_2 - x_0 = 2\Delta x$,则有

$$\Delta S_1 = \frac{1}{6}(x_2 - x_0)\left[(a x_0^2 + bx_0 + c) + (a x_2^2 + bx_2 + c)\right.$$

$$\left. + 4a x_1^2 + 4bx_1 + 4c\right]$$

$$= \frac{1}{6}(x_2 - x_0)(y_0 + 4y_1 + y_2)$$

$$= \frac{1}{3}\Delta x(y_0 + 4y_1 + y_2).$$

类似地,依次有

$$\Delta S_2 = \frac{1}{3}\Delta x(y_2 + 4y_3 + y_4),$$

$$\Delta S_3 = \frac{1}{3}\Delta x(y_4 + 4y_5 + y_6),$$

$$\cdots\cdots$$

$$\Delta S_{\frac{n}{2}} = \frac{1}{3}\Delta x(y_{n-2} + 4y_{n-1} + y_n).$$

把所有这些抛物线下面积相加,$\Delta S_1 + \Delta S_2 + \cdots + \Delta S_{n/2}$ 作为原曲边梯形的近似值,得抛物线法的近似积分公式

$$\int_a^b f(x)\mathrm{d}x \approx \frac{\Delta x}{3}\left[y_0 + 4y_1 + 2y_2 + 4y_3 + 2y_4 + \cdots + 4y_{n-1} + y_n\right]$$

$$= \frac{\Delta x}{3}\left[y_0 + y_n + 4(y_1 + y_3 + \cdots + y_{n-1}) + 2(y_2 + y_4 + \cdots + y_{n-2})\right].$$

例 3   某船厂建造的一艘船的一个横截面,宽 15m,每隔 0.5m 测量船深一次,则得数据如表 4-4-1 所示,试用矩形法、梯形法和抛物线法近似积分求其面积.

表 4-4-1

x	0.5	1.0	1.5	2.0	2.5	3.0	3.5	4.0	4.5	5.0	5.5	6.0	6.5	7.0
y	0.8	1.2	1.6	2.0	2.4	2.8	3.2	3.3	3.6	3.9	4.2	4.4	4.6	4.8
x	7.5	8.0	8.5	9.0	9.5	10.0	10.5	11.0	11.5	12.0	12.5	13.0	13.5	14.0
y	5.0	4.8	4.6	4.4	4.2	3.9	3.6	3.3	3.2	2.8	2.4	2.0	1.6	1.2
x	14.5	15.0												
y	0.8	0												

解   由题设可知 $\Delta x = 0.5\mathrm{m}, n = 30$,列计算表如表 4-4-2 所示.

注意梯形法的首尾两项 y_0, y_n 各乘 1/2;抛物线法中除首尾 y_0, y_n 两项外,其余单数项乘 4,双数项乘 2,然后累加.

表 4-4-2

序号	x	y	梯形法	抛物线法
0	0	0	0	0
1	0.5	0.8	0.8	3.2
2	1.0	1.2	1.2	2.4
3	1.5	1.6	1.6	6.4
4	2.0	2.0	2.0	4.0
5	2.5	2.4	2.4	9.6
6	3.0	2.8	2.8	5.6
7	3.5	3.2	3.2	12.8
8	4.0	3.3	3.3	6.6
9	4.5	3.6	3.6	14.4
10	5.0	3.9	3.9	7.8
11	5.5	4.2	4.2	16.8
12	6.0	4.4	4.4	8.8
13	6.5	4.6	4.6	18.4
14	7.0	4.8	4.8	9.6
15	7.5	5.0	5.0	20.0
16	8.0	4.8	4.8	9.6
17	8.5	4.6	4.6	18.4
18	9.0	4.4	4.4	8.8
19	9.5	4.2	4.2	16.8
20	10.0	3.9	3.9	7.8
21	10.5	3.6	3.6	14.4

序号	x	y	梯形法	抛物线法
22	11.0	3.3	3.3	6.6
23	11.5	3.2	3.2	12.8
24	12.0	2.8	2.8	5.6
25	12.5	2.4	2.4	9.6
26	13.0	2.0	2.0	4.0
27	13.5	1.6	1.6	6.4
28	14.0	1.2	1.2	2.4
29	14.5	0.8	0.8	3.2
30	15.0	0	0	0
合计		90.6	90.6	272.8

由矩形法计算 $S = \dfrac{b-a}{n}(y_0 + y_1 + y_2 + \cdots + y_{n+1}) = \dfrac{15-0}{30} \times 90.6 = 45.3$；

由梯形法计算 $S = \dfrac{b-a}{n}\left(\dfrac{1}{2}y_0 + y_1 + \cdots + y_{n-1} + \dfrac{1}{2}y_n\right) = \dfrac{15-0}{30} \times 90.6 = 45.3$；

用抛物线法计算

$$S = \dfrac{\Delta x}{3}(y_0 + 4y_1 + 2y_2 + 4y_3 + \cdots + 4y_{n-1} + y_n) = \dfrac{0.5}{3} \times 272.8 = 45.5.$$

4.4.3　广义积分

前面所讨论的定积分都是在积分区间为有限区间和被积函数在积分区间有界的条件下进行的,这种积分叫常义积分. 但在实际问题中常常会遇到积分区间为无限区间、或被积函数在有限的积分区间上为无界函数的积分问题,这两种积分都称为广义积分(或反常积分). 下面介绍积分区间为无穷的广义积分的概念及计算方法.

定义 1　设函数 $f(x)$ 在区间 $[a, +\infty)$ 内连续,取 $b > a$,如果极限

$$\lim_{b \to +\infty} \int_a^b f(x)\mathrm{d}x.$$

存在,则称该极限值为 $f(x)$ 在 $[a, +\infty)$ 上的**广义积分**,记为

$$\int_a^{+\infty} f(x)\mathrm{d}x = \lim_{b \to +\infty} \int_a^b f(x)\mathrm{d}x.$$

若上述极限 $\lim\limits_{b \to +\infty} \int_a^b f(x)\mathrm{d}x$ 存在,则称广义积分 $\int_a^{+\infty} f(x)\mathrm{d}x$ **收敛**；若上述极限不存在,则称广义积分 $\int_a^{+\infty} f(x)\mathrm{d}x$ **发散**.

类似地,可以定义广义积分

$$\int_{-\infty}^{b} f(x)\mathrm{d}x = \lim_{a \to -\infty} \int_{a}^{b} f(x)\mathrm{d}x$$

和

$$\int_{-\infty}^{+\infty} f(x)\mathrm{d}x = \int_{-\infty}^{c} f(x)\mathrm{d}x + \int_{c}^{+\infty} f(x)\mathrm{d}x, \; c \in (-\infty, +\infty).$$

按定义可知,广义积分是常义积分的极限,因此广义积分的计算就是先计算常义积分,再取极限.

例 4 求:(1) $\displaystyle\int_{0}^{+\infty} \frac{\mathrm{d}x}{1+x^2}$, (2) $\displaystyle\int_{a}^{+\infty} \frac{1}{x^2}\mathrm{d}x$ $(a > 0)$ (3) $\displaystyle\int_{-\infty}^{+\infty} \frac{1}{1+x^2}\mathrm{d}x$.

解 (1) $\displaystyle\int_{0}^{+\infty} \frac{\mathrm{d}x}{1+x^2} = \lim_{b \to +\infty} \int_{0}^{b} \frac{1}{1+x^2}\mathrm{d}x = \lim_{b \to +\infty} \arctan x \Big|_{0}^{b}$

$$= \lim_{b \to +\infty} (\arctan b - \arctan 0) = \frac{\pi}{2}.$$

(2) $\displaystyle\int_{a}^{+\infty} \frac{1}{x^2}\mathrm{d}x = \lim_{b \to +\infty} \int_{a}^{b} \frac{1}{x^2}\mathrm{d}x = \lim_{b \to +\infty} \left(-\frac{1}{x}\right)\Big|_{a}^{b} = \lim_{b \to +\infty} \left(\frac{1}{a} - \frac{1}{b}\right) = \frac{1}{a}.$

(3) **方法 1** 因被积函数 $f(x) = \dfrac{1}{1+x^2}$ 在 $(-\infty, +\infty)$ 为偶函数,故

$$\int_{-\infty}^{+\infty} \frac{1}{1+x^2}\mathrm{d}x = 2\int_{0}^{+\infty} \frac{1}{1+x^2}\mathrm{d}x.$$

再利用例 1 的结果,有 $\displaystyle\int_{-\infty}^{+\infty} \frac{1}{1+x^2}\mathrm{d}x = 2 \times \frac{\pi}{2} = \pi.$

方法 2 $\displaystyle\int_{-\infty}^{+\infty} \frac{1}{1+x^2}\mathrm{d}x = \int_{-\infty}^{0} \frac{1}{1+x^2}\mathrm{d}x + \int_{0}^{+\infty} \frac{1}{1+x^2}\mathrm{d}x$

$$= \lim_{a \to -\infty} \int_{a}^{0} \frac{1}{1+x^2}\mathrm{d}x + \lim_{b \to +\infty} \int_{0}^{b} \frac{1}{1+x^2}\mathrm{d}x$$

$$= \lim_{a \to -\infty} \arctan x \Big|_{a}^{0} + \lim_{b \to +\infty} \arctan x \Big|_{0}^{b}$$

$$= \lim_{a \to -\infty} (-\arctan a) + \lim_{b \to +\infty} \arctan b = -\left(-\frac{\pi}{2}\right) + \frac{\pi}{2} = \pi.$$

例 5 讨论 $\displaystyle\int_{1}^{+\infty} \frac{1}{x^p}\mathrm{d}x$($p$ 为常数)的敛散性.

解 (1) 当 $p \neq 1$ 时,有

$$\int_{1}^{+\infty} \frac{1}{x^p}\mathrm{d}x = \lim_{b \to +\infty} \int_{1}^{b} \frac{1}{x^p}\mathrm{d}x = \lim_{b \to +\infty} \left(\frac{x^{1-p}}{1-p}\right)\Big|_{1}^{b} = \begin{cases} \dfrac{1}{p-1}, & p > 1, \\ +\infty, & p < 1. \end{cases}$$

(2) 当 $p = 1$ 时,有

$$\int_{1}^{+\infty} \frac{1}{x}\mathrm{d}x = \lim_{b \to +\infty} \int_{1}^{b} \frac{1}{x}\mathrm{d}x = \lim_{b \to +\infty} \ln x \Big|_{1}^{b} = +\infty.$$

综上所述,广义积分 $\int_1^{+\infty} \dfrac{1}{x^p}\mathrm{d}x$,当 $p > 1$ 时收敛,当 $p \leqslant 1$ 时发散.

如果被积函数有无穷不连续点,即被积函数是积分区间上的无界函数,也可以采用取极限的方法,确定该积分的收敛或发散.

 练习与思考 4-4B

1. 求下列广义积分:

(1) $\int_1^{+\infty} \dfrac{1}{x^3}\mathrm{d}x$;

(2) $\int_0^{+\infty} \mathrm{e}^{-ax}\mathrm{d}x \quad (a > 0)$;

(3) $\int_1^{+\infty} \dfrac{1}{\sqrt{x}}\mathrm{d}x$;

(4) $\int_{-\infty}^0 \dfrac{x}{1+x^2}\mathrm{d}x$;

(5) $\int_1^2 \dfrac{\mathrm{d}x}{\sqrt{x-1}}$;

(6) $\int_0^1 \dfrac{1}{x^2}\mathrm{d}x$.

§4.5　定积分的应用

我们前面已经学习了定积分的概念、性质和计算方法,这一节主要讨论定积分在几何上的应用. 通过本节的学习,不仅要掌握一些具体的计算公式,更重要的是要学会用定积分解决实际问题的方法 —— 微元法.

4.5.1　微元法 —— 积分思想的再认识

在 §4.1 节中,我们讨论过曲边梯形求面积的问题,可以看到,它是按"分割,近似,求和,取极限"这 4 个步骤导出所求量的积分表达式. 现在我们来学习"微元法".

在上述 4 个步骤中,关键的是第二步,这一步是确定 Δs_i 的近似值,再根据求和取极限来求得 S 的精确值.

为了方便起见,我们省略下标 i,用 Δs 表示任意一个小区间 $[x, x+\mathrm{d}x]$ 上窄曲边梯形的面积,这样整个面积为所有窄曲边梯形面积之和,即

$$S = \sum \Delta S.$$

如图 4-5-1 所示,取 $[x, x+\mathrm{d}x]$ 的左端点 x 为 ξ,以点 x 处的函数值 $f(x)$ 为高,$\mathrm{d}x$ 为底的矩形的面积 $f(x)\mathrm{d}x$ 为 ΔS 的近似值,如图 4-5-1 中的阴影部分,即

$$\Delta S \approx f(x)\mathrm{d}x.$$

上式右端 $f(x)\mathrm{d}x$ 叫作**面积元素**,记为 $\mathrm{d}S = f(x)\mathrm{d}x$,于是

$$S \approx \sum \mathrm{d}S = \sum f(x)\mathrm{d}x,$$

而 $S = \lim \sum f(x)\mathrm{d}x = \int_a^b f(x)\mathrm{d}x.$
上述这种求定积分的方法叫做微元
法.

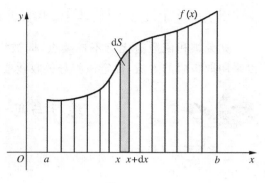

图 4-5-1

　　一般地，若所求总量 F 与变量 x 的变化区间 $[a,b]$ 有关，且关于区间 $[a,b]$ 具有可加性，在 $[a,b]$ 中的任意一个小区间 $[x,x+\mathrm{d}x]$ 上找出所求量的部分量的近似值 $\mathrm{d}F = f(x)\mathrm{d}x,$
然后以它作为被积表达式，而得到所求总量的积分表达式

$$F = \int_a^b f(x)\mathrm{d}x.$$

这种方法叫做**微元法**，$\mathrm{d}F = f(x)\mathrm{d}x$ 称为所求总量 F 的**微元**.

　　用微元法求实际问题整体量 F 的一般步骤是：

　　（1）建立适当的直角坐标系，取方便的积分变量（假设为 x），确定积分区间 $[a,b]$；

　　（2）在区间 $[a,b]$ 上，任取一小区间 $[x,x+\mathrm{d}x]$，求出该区间上所求整体量 F 的微元　　　　　　　　　　　　$\mathrm{d}F = f(x)\mathrm{d}x$；

　　（3）以 $\mathrm{d}F = f(x)\mathrm{d}x$ 为被积表达式，在闭区间 $[a,b]$ 上求定积分，即得所求整体量　　　　　　　　　　　　　$F = \int_a^b f(x)\mathrm{d}x.$

　　应用微元法，不仅可以讨论平面图形的面积、旋转体体积以及物理、经济类方面的问题，而且可以学些分析解决问题的方法以及用微元分析法解决问题的一些技巧.

4.5.2　定积分在几何上的应用

1. 平面图形的面积

　　我们已经知道，由曲线 $y = f(x)$ $(f(x) \geqslant 0)$ 与 x 轴和直线 $x = a, x = b$ 所围成的曲边梯形的面积为 $S = \int_a^b f(x)\mathrm{d}x.$

　　应用定积分不但可以计算曲边梯形的面积，还可以计算一些比较复杂的平面图形的面积. 下面通过具体例子来计算一些平面图形的面积，并归纳出一些规律.

　　例 1　求由两条抛物线 $y = x^2$，$y^2 = x$ 围成的图形的面积.

解　如图 4-5-2 所示,解方程组

$$\begin{cases} y = x^2, \\ y^2 = x \end{cases}$$

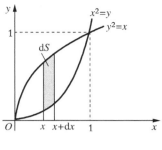

图 4-5-2

得两抛物线的交点为 $(0,0)$ 及 $(1,1)$,从而可知图形在直线 $x = 0$ 及 $x = 1$ 之间.

取积分变量为 x,积分区间为 $[0,1]$,在区间 $[0,1]$ 上任取一个小区间 $[x,x+\mathrm{d}x]$ 构成的窄曲边梯形的面积近似于高为 $\sqrt{x}-x^2$,底为 $\mathrm{d}x$ 的窄矩形的面积,从而得到面积微元为

$$\mathrm{d}S = (\sqrt{x} - x^2)\mathrm{d}x,$$

于是所要求的面积为

$$S = \int_0^1 (\sqrt{x} - x^2)\mathrm{d}x = \left(\frac{2}{3}x^{\frac{3}{2}} - \frac{x^3}{3} \right)\Big|_0^1 = \frac{2}{3} - \frac{1}{3} = \frac{1}{3}.$$

一般地,设函数 $f(x),g(x)$ 在区间 $[a,b]$ 上连续,并且在 $[a,b]$ 上有

$$0 \leqslant g(x) \leqslant f(x),$$

则曲线 $f(x),g(x)$ 与直线 $x = a, x = b$ 所围成的图形面积 S 应该是两个曲边梯形面积的差,如图 4-5-3 所示,得

$$S = \int_a^b [f(x) - g(x)]\mathrm{d}x.$$

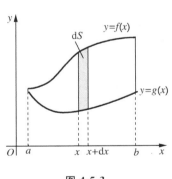

图 4-5-3

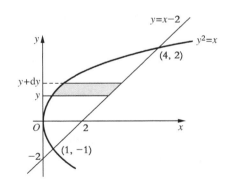

图 4-5-4

例 2　求由抛物线 $y^2 = x$ 与直线 $y = x - 2$ 所围成的图形的面积.

解　如图 4-5-4 所示,解方程组

$$\begin{cases} y^2 = x, \\ y = x - 2 \end{cases}$$

得抛物线与直线的交点为 $(4,2)$ 和 $(1,-1)$.

取积分变量为 y,积分区间为 $[-1,2]$,在区间 $[-1,2]$ 上任取一个小区间 $[y,y+dy]$,对应的窄曲边梯形的面积近似等于长为 $(y+2)-y^2$,宽为 dy 的小矩形的面积,从而得到面积微元为

$$dS = [(y+2) - y^2]dy,$$

于是所要求的面积为

$$S = \int_{-1}^{2} (y+2-y^2)dy = \left(\frac{1}{2}y^2 + 2y - \frac{1}{3}y^3 \right) \Big|_{-1}^{2} = \frac{9}{2}.$$

若此题取 x 为积分变量,应该怎样去计算?

一般地,如图 4-5-5 所示,由 $[c,d]$ 上的连续曲线 $x = \varphi(y)$,$x = \psi(y)$ $(\varphi(y) \geqslant \psi(y))$ 与直线 $y = c, y = d$ 所围成的平面图形的面积为

$$S = \int_{c}^{d} [\varphi(y) - \psi(y)]dy.$$

2. 极坐标下的平面图形的面积

设平面上连续曲线是由极坐标方程 $r = \varphi(\theta)$ 表示,它与极径 $\theta = \alpha$,$\theta = \beta$ 围成一图形,简称为**曲边扇形**,如图 4-5-6 所示. 设其面积为 S,我们来求 S 的计算公式,这里假设 $\varphi(\theta)$ 在 $[\alpha, \beta]$ 上连续,且 $\varphi(\theta) \geqslant 0$.

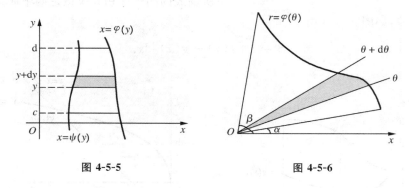

图 4-5-5　　　　　　　　　　图 4-5-6

由于当 θ 在 $[\alpha, \beta]$ 上变动时,极径 $r = \varphi(\theta)$ 也随之变动,因此所求图形的面积不能直接利用圆扇形面积公式 $S = \frac{1}{2}r^2\theta$ 来计算,下面仍用定积分的微元法分析导出 S 的计算公式.

(1) 选取极角 θ 为积分变量,它的变化区间为 $[\alpha, \beta]$;

(2) 对于区间 $[\alpha, \beta]$ 上的任一小区间 $[\theta, \theta + d\theta]$ 所对应的窄曲边扇形的面积,可以近似用半径 $r = \varphi(\theta)$、中心角为 $d\theta$ 的圆扇形的面积来代替,从而得到这个窄曲边扇形面积的近似值,即曲边扇形的面积元素为

$$dS = \frac{1}{2}[\varphi(\theta)]^2 d\theta;$$

（3）以 $\dfrac{1}{2}\left[\varphi(\theta)\right]^2\mathrm{d}\theta$ 为被积表达式，在闭区间 $[\alpha,\beta]$ 上积分，得到所求曲边扇形

的面积为 $$S=\int_{\alpha}^{\beta}\dfrac{1}{2}\left[\varphi(\theta)\right]^2\mathrm{d}\theta.$$

例 3 计算阿基米德螺线

$$r=a\theta \quad (a>0)$$

上相应于 θ 从 0 变到 2π 的一段弧与极轴所围成的图形的面积.

解 如图 4-5-7 所示，取 θ 为积分变量，在 θ 的变化区间 $[0,2\pi]$ 上任取一小区间 $[\theta,\theta+\mathrm{d}\theta]$，因此所求的面积为

$$S=\int_{0}^{2\pi}\dfrac{1}{2}(a\theta)^2\mathrm{d}\theta=\dfrac{a^2}{2}\left(\dfrac{\theta^3}{3}\right)\Big|_{0}^{2\pi}=\dfrac{4}{3}a^2\pi^3.$$

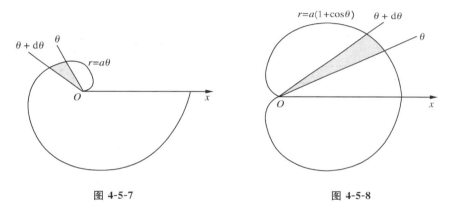

图 4-5-7　　　　　　　　　　　图 4-5-8

例 4 计算心形线 $r=a(1+\cos\theta)(a>0)$ 所围成的图形面积.

解 心形线所围成的图形如图 4-5-8 所示.

这个图形对称于极轴，因此所求图形的面积 S 是极轴以上部分图形面积 S_1 的两倍.

对于极轴以上部分的图形，θ 的变化区间为 $[0,\pi]$，在 $[0,\pi]$ 上任取一小区间 $[\theta,\theta+\mathrm{d}\theta]$，因此所求的面积为

$$S=2S_1=2\int_{0}^{\pi}\dfrac{1}{2}\left[a\left(1+\cos\theta\right)\right]^2\mathrm{d}\theta=a^2\int_{0}^{\pi}(1+2\cos\theta+\cos^2\theta)\mathrm{d}\theta$$

$$=a^2\int_{0}^{\pi}(\dfrac{3}{2}+2\cos\theta+\dfrac{1}{2}\cos 2\theta)\mathrm{d}\theta=a^2\left(\dfrac{3}{2}\theta+2\sin\theta+\dfrac{1}{4}\sin 2\theta\right)_{0}^{\pi}=\dfrac{3}{2}\pi a^2.$$

3. 旋转体的体积

由一个平面图形绕这个平面上一条直线旋转一周而成的空间图形称为**旋转体**. 这条直线叫做**旋转轴**.

如图 4-5-9 所示，取旋转轴为 x 轴，则旋转体可以看作是由曲线 $y=f(x)$，直

线 $x = a$. $x = b$ 及 x 轴所围成的曲边梯形绕 x 轴旋转一周而成的图形,现在用定积分微元法来计算这种旋转体的体积.

取横坐标 x 为积分变量,它的积分区间为 $[a,b]$,在 $[a,b]$ 上任取一小区间 $[x,x+dx]$ 的窄曲边梯形,绕 x 轴旋转而成的薄片的体积近似等于以 $f(x)$ 为底面半径、以 dx 为高的直圆柱体的体积,即体积微元

$$dV = \pi \left[f(x) \right]^2 dx,$$

从 a 到 b 积分,得到旋转体的体积为

$$V_x = \int_a^b \pi \left[f(x) \right]^2 dx = \pi \int_a^b y^2 dx.$$

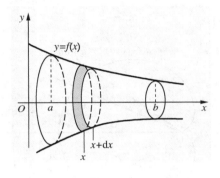

图 4-5-9

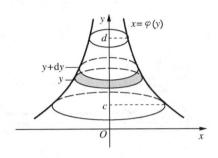

图 4-5-10

由同样方法可以推得:

由曲线 $x = \varphi(y)$,直线 $y = c, y = d (c < d)$ 与 y 轴所围成的曲边梯形,如图 4-5-10 所示,绕 y 轴旋转一周而成的旋转体的体积为

$$V_y = \pi \int_c^d \left[\varphi(y) \right]^2 dy = \pi \int_c^d x^2 dy.$$

例 5　求由直线 $x + y = 4$ 与曲线 $xy = 3$ 所围成的平面图形绕 x 轴旋转一周而生成的旋转体的体积.

解　如图 4-5-11 所示,平面图形是由图 4-5-11 中阴影部分绕 x 轴旋转而成的旋转体,应该是两个旋转体的体积之差. 因为直线 $y = 4 - x$ 与曲线 $y = \dfrac{3}{x}$ 的交点为 $(1,3)$ 和 $(3,1)$,所以 x 的积分区间为 $[1,3]$. 按绕 x 轴旋转所得体积公式,可得所求旋转体的体积为

$$V_x = \pi \int_1^3 (4-x)^2 dx - \pi \int_1^3 \left(\frac{3}{x} \right)^2 dx = \pi \left[-\frac{(4-x)^3}{3} \right] \Big|_1^3 + \pi \left(\frac{9}{x} \right) \Big|_1^3 = \frac{8\pi}{3}.$$

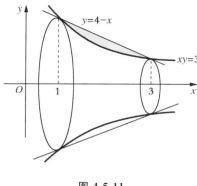

图 4-5-11

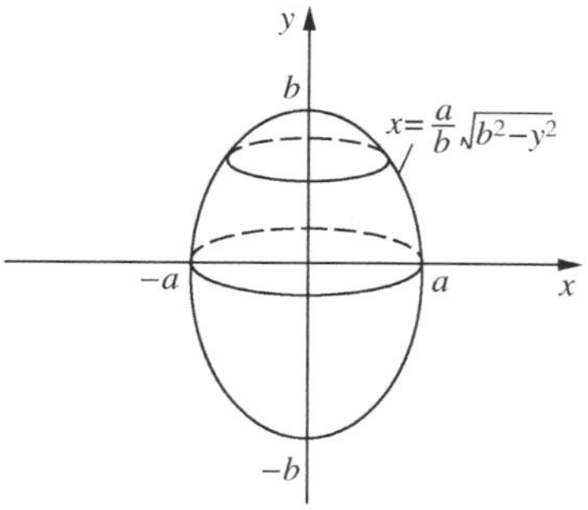

图 4-5-12

例 6　计算由椭圆

$$\frac{x^2}{a^2} + \frac{y^2}{b^2} = 1$$

所围成的图形绕 y 轴旋转而成的旋转椭球体的体积(见图 4-5-12).

解　如图 4-5-12 所示,这个旋转椭球体是由曲线 $x = \dfrac{a}{b}\sqrt{b^2 - y^2}$ 及 y 轴围

成的图形绕 y 轴旋转而成. 积分变量为 y,积分区间为 $[-b, b]$.
按绕 y 轴旋转所得体积公式,可得此旋转椭球体的体积为

$$V_y = \pi \int_{-b}^{b} \frac{a^2}{b^2}(b^2 - y^2)\,\mathrm{d}y = \pi \frac{a^2}{b^2}\left(b^2 y - \frac{y^3}{3}\right)\bigg|_{-b}^{b} = \frac{4\pi a^2 b}{3}.$$

4. 平面曲线的弧长

设有平面曲线弧 $\overset{\frown}{AB}$,其直角坐标方程是 $y = f(x)$, $x \in [a, b]$,现在求该曲线的弧长.

如图 4-5-13 所示,取积分变量为 x,积分区间为 $[a, b]$,在区间 $[a, b]$ 上任取一个小区间 $[x, x+\mathrm{d}x]$,设 对应的曲线弧长为 $\mathrm{d}s$,那么在由 $\mathrm{d}x, \mathrm{d}y, \mathrm{d}s$ 构成的曲边 三角形中,近似地有 $\mathrm{d}s = \sqrt{(\mathrm{d}x)^2 + (\mathrm{d}y)^2}$,从而得到

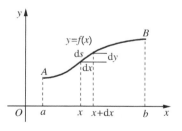

图 4-5-13

弧长的微元　　　　　　$$\mathrm{d}s = \sqrt{1 + \left(\frac{\mathrm{d}y}{\mathrm{d}x}\right)^2}\,\mathrm{d}x = \sqrt{1 + y'^2}\,\mathrm{d}x.$$

从 a 到 b 积分,得到弧长的计算公式

$$s = \int_a^b \sqrt{1 + y'^2}\,\mathrm{d}x.$$

如果平面曲线弧 $\overset{\frown}{AB}$,其参数方程是 $\begin{cases} x = \varphi(t), \\ y = \psi(t), \end{cases} t \in [\alpha, \beta]$,同样可以得到弧微

分　　　　　　$$\mathrm{d}s = \sqrt{(\mathrm{d}x)^2 + (\mathrm{d}y)^2} = \sqrt{x'^2(t) + y'^2(t)}\,\mathrm{d}t,$$

从而得到弧长的计算公式为 $s = \int_\alpha^\beta \sqrt{x'^2(t) + y^2(t)} \, dt$.

如果平面曲线弧 $\overset{\frown}{AB}$ 是一条极坐标曲线,其方程是 $r = r(\theta)$,$\theta \in [\alpha, \beta]$,由 $\begin{cases} x = r\cos\theta, \\ y = r\sin\theta, \end{cases}$ 对 θ 求导可以得 $\begin{cases} x' = r'\cos\theta - r\sin\theta, \\ y' = r'\sin\theta + r\cos\theta, \end{cases}$ 则弧微分

$$ds = \sqrt{(dx)^2 + (dy)^2} = \sqrt{(r'\cos\theta - r\sin\theta)^2 + (r'\sin\theta + r\cos\theta)^2} \, d\theta$$
$$= \sqrt{r^2(\theta) + r'^2(\theta)} \, d\theta,$$

从而得极坐标曲线 $r = r(\theta)$ 在 $\alpha \leqslant \theta \leqslant \beta$ 上的弧长计算公式

$$s = \int_\alpha^\beta \sqrt{r^2(\theta) + r'^2(\theta)} \, d\theta.$$

例 7 曲线 $y = \ln(1 - x^2)$ 相应于 $0 \leqslant x \leqslant \dfrac{1}{2}$ 的一段,求这段曲线的弧长.

解 由于 $y' = \dfrac{-2x}{1 - x^2}$,$\sqrt{1 + y'^2} = \dfrac{1 + x^2}{1 - x^2}$,所以弧长为

$$s = \int_0^{\frac{1}{2}} \frac{1 + x^2}{1 - x^2} dx = \int_0^{\frac{1}{2}} \frac{-(1 - x^2) + 2}{1 - x^2} dx = \int_0^{\frac{1}{2}} \left[-1 + \frac{2}{(1 - x)(1 + x)} \right] dx$$

$$= \int_0^{\frac{1}{2}} \left(-1 + \frac{1}{1 + x} + \frac{1}{1 - x} \right) dx = -\frac{1}{2} + \ln\frac{1 + x}{1 - x} \Big|_0^{\frac{1}{2}} = -\frac{1}{2} + \ln 3.$$

例 8 求摆线 $\begin{cases} x = 1 - \cos t, \\ y = t - \sin t, \end{cases}$ 在 $0 \leqslant t \leqslant 2\pi$ 的一拱的弧长.

解 $s = \int_0^{2\pi} \sqrt{x'^2(t) + y'^1(t)} \, dt = \int_0^{2\pi} \sqrt{(\sin t)^2 + (1 - \cos t)^2} \, dt$

$$= \int_0^{2\pi} 2 \left| \sin\frac{t}{2} \right| dt = 2\int_0^{2\pi} \sin\frac{t}{2} dt = 4 \left(-\cos\frac{t}{2} \right) \Big|_0^{2\pi} = 8.$$

练习与思考 4-5A

1. 求由下列各曲线所围成的图形的面积:

(1) $y = x^2$ 与直线 $y = x$ 及 $y = 2x$;

(2) $y = x$ 与 $y = x + \sin^2 x$ $0 \leqslant x \leqslant \pi$.

2. 求由下列各曲线所围成的图形面积:

(1) $r = 2a\cos\theta$; (2) $r = 2a(2 + \cos\theta)$.

3. 求下列已知曲线所围成的图形,按指定的轴旋转所产生的旋转体的体积:

(1) $y = x^2$ 和 x 轴,$x = 1$ 所围成的图形,绕 x 轴;

(2) $y = x^2$ 和 $x = y^2$,绕 y 轴.

4.5.3   定积分在物理方面的应用举例

定积分在物理学上的应用相当广泛,例如求变力对物体所做功的问题、液体的静压力等. 下面通过实例给以说明.

1. 变力作功

从物理学知道,如果物体在作直线运动的过程中有一个不变的力 F 作用,且力的方向与物体的运动方向一致,那么在物体移动了距离 s 时,力 F 对物体所作的功为

$$W = F \cdot s.$$

如果物体在运动过程中所受到的力是变化的,这就是变力对物体做功的问题.

例 9   在底面积为 S 的圆柱形容器中盛有一定量的气体. 在等温条件下,由于气体的膨胀,把容器中的一个面积为 S 的活塞从点 a 处推移到 b 处,计算在活塞移动过程中,气体压力所作的功.

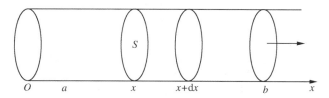

图 4-5-14

解   取坐标系如图 4-5-14 所示.活塞的位置可以用坐标 x 来表示,由物理学知识可知,一定量的气体在等温条件下,压强 p 与体积 V 的乘积是常数 k,即

$$pV = k \text{ 或 } p = \frac{k}{V}.$$

因为 $V = xS$,所以

$$p = \frac{k}{xS}.$$

于是,作用在活塞上的力 $F = p \cdot S = \frac{k}{xS} \cdot S = \frac{k}{x}.$

在气体膨胀过程中,体积 V 是变化的,位置 x 也是变化的,所以作用在活塞上的力也是变的. 取 x 为积分变量,它的变化区间为 $[a,b]$,设 $[x,x+\mathrm{d}x]$ 为 $[a,b]$ 上的任一小区间,当活塞从 x 移动到 $x+\mathrm{d}x$ 时,变力 F 所作的功 $F \cdot \mathrm{d}x$ 近似于 $\frac{k}{x}\mathrm{d}x$,即功元素为

$$\mathrm{d}W = \frac{k}{x}\mathrm{d}x,$$

在 $[a,b]$ 上作定积分,得到所求功为

$$W = \int_a^b \frac{k}{x}\mathrm{d}x = k[\ln x]_a^b = k\ln\frac{b}{a}.$$

2. 液体的静压力

由物理学知道，物体在水面下越深，受水的压力就越大. 在水深 h 处的压强为 $p = \gamma h$. 这里 γ 是水的比重. 如果有一面积为 A 的平板水平地放置在水深 h 处，那么平板一侧所受的水静压力为 $F = pA$.

如果平板垂直放置在水中，那么，由于不同水深处的压强 p 不相等，平板一侧所受的压力就不能直接用上述方法计算.

例 10 一个横放着的半径为 R 的圆柱形水桶，桶内盛有半桶水. 设水的比重为 γ，试计算桶的一个端面上所受的压力.

解 桶的一个端面是圆，现在要计算的是当水平面通过圆心时，铅直放置的一个半圆的一侧所受的水的静压. 如图 4-5-15 所示，在这个圆上取过圆心且铅直向下的直线为 x 轴，过圆心的水平线为 y 轴，对这个坐标系来说，所讨论的半圆的方程为

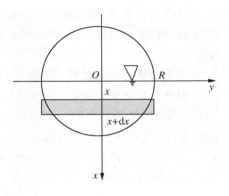

图 4-5-15

$$x^2 + y^2 = R^2, \quad 0 \leqslant x \leqslant R.$$

取 x 为积分变量，$[0, R]$ 为积分区间，任取 $[x, x+\mathrm{d}x] \subset [0, R]$，半圆上相应于 $[x, x+\mathrm{d}x]$ 的窄条上各点处的压强近似等于 γx，这窄条的面积近似于 $2y\mathrm{d}x = 2\sqrt{R^2 - x^2}\mathrm{d}x$. 因此，窄条一侧所受水静压力的近似值，即压力微元为 $\quad \mathrm{d}F = 2\gamma x \sqrt{R^2 - x^2}\mathrm{d}x.$

以 $2\gamma x \sqrt{R^2 - x^2}\mathrm{d}x$ 为被积表达式，在 $[0, R]$ 上积分，可得所求的水的静压力为

$$F = \int_0^R 2\gamma x \sqrt{R^2 - x^2}\mathrm{d}x = -\gamma \int_0^R (R^2 - x^2)^{\frac{1}{2}}\mathrm{d}(R^2 - x^2)$$

$$= -\gamma \left[\frac{2}{3} (R^2 - x^2)^{\frac{3}{2}} \right]_0^R = \frac{2}{3}\gamma R^3.$$

练习与思考 4-5B

1. 由实验可知，弹簧在拉伸过程中，弹性力 F 与伸长量 s 成正比，即 $F = ks$，k 是比例常数，单位为 $\mathrm{N \cdot cm^{-1}}$. 如果把弹簧由原长拉伸 $6\mathrm{cm}$，计算力 F 所做的功.

2. 一物体按规律 $x = ct^3$ 作直线运动，媒质的阻力与速度的平方成正比. 计算物体由 $x = 0$ 移至 $x = a$ 时，克服媒质阻力所做的功.

3. 一底为 $8\mathrm{cm}$、高为 $6\mathrm{cm}$ 的等腰三角形片，铅直地沉没在水中，顶在上、底在下且与水面平行，而顶离水面 $3\mathrm{cm}$，试求它每面所受的压力.

§4.6　二　重　积　分

在 §4.5"定积分在几何上的应用"中我们学会了运用定积分和微元法计算旋转体的体积,对于一般的立体体积尚不能计算. 这是因为一般立体的表面不能用一元函数表示,而是含有两个自变量的二元函数. 只要解决了立体表面函数的变量描述问题,同样可以利用定积分和微元法的思想计算其体积,这种计算方法要进行二次定积分方能完成,因此称为二重积分. 本节在定义二元函数的基础上,给出二重积分的定义,研究其计算,最后说明它的应用.

4.6.1　二元函数的概念

在求一个圆锥体的体积时,设它的体积为 V、底半径为 r、高为 h,则其体积计算公式为
$$V = \frac{1}{3}\pi r^2 h.$$
体积 V 值取决于半径 r 和高 h 取值的大小,当 r,h 在集合 $\{(r,h) \mid r > 0, h > 0\}$ 内取定一对值 (r,h) 时,体积 V 的对应值也随之确定.

在电工学中,设 R 是电阻 R_1,R_2 并联后的总电阻,它们之间的关系如下:
$$R = \frac{R_1 R_2}{R_1 + R_2}.$$
总电阻 R 值取决于电路中电阻 R_1,R_2 的大小,当 R_1,R_2 在集合 $\{(R_1,R_2) \mid R_1 > 0, R_2 > 0\}$ 内取定一对值 (R_1,R_2) 时,总电阻 R 的对应值也随之确定.

以上两个实例的意义各不相同,但取其共性,可以得二元函数的定义.

定义 1　设有 3 个变量 x,y 和 z,如果当变量 x,y 在它们的变化范围 D 中任意取一对值 x,y 时,按照给定的对应关系 f,变量 z 都有唯一确定的数值与它对应,则称 f 是 D 上的**二元函数**,记为 $z = f(x,y)$,其中 x,y 称为自变量,z 称为因变量(即关于 x,y 的函数),D 称为函数 $z = f(x,y)$ 的定义域.

类似地,可以定义二元及二元以上的函数,统称为**多元函数**.

三元函数记为 $u = f(x,y,z),(x,y,z) \in M(M$ 为三维空间的区域);

n 元函数记为 $u = f(x_1,x_2,\cdots,x_n),(x_1,x_2,\cdots,x_n) \in M(M$ 为 n 维空间的区域).

例 1　求函数 $f(x,y) = \sqrt{4 - x^2 - y^2}$ 的定义域,并计算 $f(0,1)$ 和 $f(-1,1)$.

解　显然当根式内的表达式非负时才有确定的 z 值,所以定义域为
$$D = \{(x,y) \mid x^2 + y^2 \leqslant 4\},$$
在 xOy 平面上,D 表示由圆周 $x^2 + y^2 = 4$ 以及圆周内全部点所构成的区域,它是

一个有界闭区域.

$$f(0,1) = \sqrt{4 - 0^2 - 1^2} = \sqrt{3},$$

$$f(-1,1) = \sqrt{4 - (-1)^2 - 1^2} = \sqrt{2}.$$

例 2   求函数 $z = \ln(2x - y + 1)$ 的定义域.

解   当且仅当 $2x - y + 1 > 0$,即 $y < 2x + 1$ 时,函数才有意义,因此定义域为

$$D = \{(x,y) \,|\, y < 2x + 1\},$$

D 在 xOy 平面上表示在直线 $y = 2x + 1$ 下方,但不包含此直线的半平面,它是一个无界开区域.

在平面直角坐标系的原点处竖立一条向上的坐标轴(z 轴),使 x,y,z 三轴形成右手系,建立空间直角坐标系. 对于二元函数 $z = f(x,y)$,可以将变量 x,y,z 的值作为空间点的直角

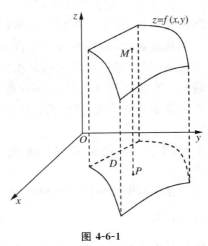

图 4-6-1

坐标. 设函数 $z = f(x,y)$ 的定义域为 xOy 坐标面上某一区域 D,对于 D 内任意一点 $P(x,y)$,可得对应的函数值 $z = f(x,y)$,这样在空间直角坐标系中就确定了一个点 $M(x,y,z)$ 与点 $P(x,y)$ 的对应. 当点 $P(x,y)$ 取遍函数定义域 D 内的一切点时,对应点 $M(x,y,z)$ 的轨迹就是二元函数 $z = f(x,y)$ 的图形,如图 4-6-1 所示. 一般地,二元函数 $z = f(x,y)$ 在空间直角坐标系中是一曲面,其图形可以用前面学过的"截痕法"来作出.

例 3   画出二元函数 $z = \sqrt{1 - x^2 - y^2}$ 的图形.

解   函数 $z = \sqrt{1 - x^2 - y^2}$ 的定义域为 $x^2 + y^2 \leqslant 1$,即为单位圆的内部及其边界.

对表达式 $z = \sqrt{1 - x^2 - y^2}$ 两边平方,可得 $z^2 = 1 - x^2 - y^2$,即 $x^2 + y^2 + z^2 = 1$. 它表示以 $(0,0,0)$ 为球心,1 为半径的球面. 又 $z \geqslant 0$,因此,函数 $z = \sqrt{1 - x^2 - y^2}$ 的图形是位于 xOy 平面上方的半球面,如图 4-6-2 所示.

例 4   画出二元函数 $z = \sqrt{x^2 + y^2}$ 的图形.

解   由空间解析几何知道,函数 $z = \sqrt{x^2 + y^2}$ 表示的图形是上半圆锥面,如图 4-6-3 所示.

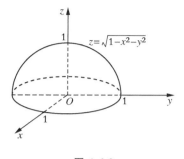

图 4-6-2

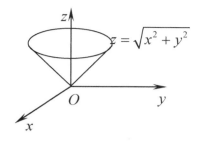

图 4-6-3

4.6.2　二重积分的概念和性质

1. 两个引例

（1）曲顶柱体的体积.

设有一立体,它的底是 xOy 平面上的有界闭区域 D,它的侧面是以 D 的边界曲线为准线而母线平行于 z 轴的柱面,它的顶是曲面 $z = f(x,y)$.这里 $f(x,y) \geqslant 0$ 且在 D 上连续,如图 4-6-4 所示,这种立体称为曲顶柱体.试计算此曲顶柱体的体积 V.

如果曲顶柱体的顶是与 xOy 平面平行的平面,也就是该柱顶的高度是不变的,那么它的体积可以用公式

体积 = 底面积 × 高

来计算,现在柱体的顶是曲面 $z = f(x,y)$,当自变量 (x,y) 在区域 D 上变动时,高度 $f(x,y)$ 是个变量,因此它的体积不能直接用上式来计算.下面,仿照求曲边梯形面积的方法,即用

分割 → 近似替代 → 求和 → 取极限

来解决求曲顶柱体的体积问题.

第一步:**分割.** 将区域 D 任意分成 n 个小区域 $\Delta\sigma_1$, $\Delta\sigma_2, \cdots, \Delta\sigma_n$,且以 $\Delta\sigma_i$ 表示第 i 个小区域的面积,分别

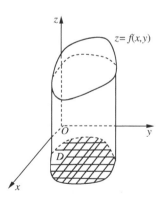

图 4-6-4

以这些小区域的边界曲线为准线,作母线平行于 z 轴的柱面,这些柱面把原来的曲顶柱体分为 n 个小曲顶柱体.

第二步:**近似替代.** 对于第 i 个小曲顶柱体,当小区域 $\Delta\sigma_i$ 的直径足够小时,由于 $f(x,y)$ 连续,在区域 $\Delta\sigma_i$ 上其高度 $f(x,y)$ 变化很小,因此可将这个小曲顶柱体近似看作以 $\Delta\sigma_i$ 为底、$f(\xi_i,\eta_i)$ 为高的平顶柱体,如图 4-6-5 所示,其中 (ξ_i,η_i) 为

$\Delta\sigma_i$ 上任意一点,从而得到第 i 个小曲顶柱体体积 ΔV_i 的近似值

$$\Delta V_i \approx f(\xi_i, \eta_i)\Delta\sigma_i, \ i = 1, 2, \cdots, n.$$

第三步:**求和.** 把求得的 n 个小曲顶柱体体积的近似值相加,便得到所求曲顶柱体体积的近似值

$$V = \sum_{i=1}^{n}\Delta V_i \approx \sum_{i=1}^{n}f(\xi_i, \eta_i)\Delta\sigma_i.$$

第四步:**取极限.** 当区域 D 分割得越细密,上式右端的和式越接近于体积 V. 令 n 个小区域的最大直径 $\lambda \to 0$,则上述和式的极限就是曲顶柱体的体积 V,即

$$V = \lim_{\lambda \to 0}\sum_{i=1}^{n}f(\xi_i, \eta_i)\Delta\sigma_i.$$

(2)平面薄片的质量.

设有一质量非均匀分布的平面薄片,占有 xOy 平面上的区域 D,它在点 (x, y) 处的面密度 $\rho(x, y)$ 在 D 上连续,且 $\rho(x, y) > 0$. 试计算该薄片的质量 M.

我们用求曲顶柱体体积的方法来解决这个问题.

第一步:**分割.** 将区域 D 任意分成 n 个小区域 $\Delta\sigma_1, \Delta\sigma_2, \cdots, \Delta\sigma_n$,并且以 $\Delta\sigma_i$ 表示 i 个小区域的面积,如图 4-6-6 所示.

第二步:**近似替代.** 由于 $\rho(x, y)$ 连续,只要每个小区域 $\Delta\sigma_i$ 的直径很小,相应于第 i 个小区域小薄片质量 ΔM_i 的近似值为

$$\Delta M_i \approx \rho(\xi_i, \eta_i)\Delta\sigma_i, \ i = 1, 2, \cdots, n,$$

其中 (ξ_i, η_i) 是 $\Delta\sigma_i$ 上任意一点.

第三步:**求和.** 将求得的 n 个小薄片质量的近似值相加,得到整个薄片质量的近似值

$$M = \sum_{i=1}^{n}\Delta M_i \approx \sum_{i=1}^{n}\rho(\xi_i, \eta_i)\Delta\sigma_i.$$

第四步:**取极限.** 将 D 无限细分,即 n 个小区域中的最大直径 $\lambda \to 0$ 时,和式的极限就是薄片的质量,即

$$M = \lim_{\lambda \to 0}\sum_{i=1}^{n}\rho(\xi_i, \eta_i)\Delta\sigma_i.$$

上面两个问题的实际意义虽然不同,但都是把所求的量归结为求二元函数同一类型和式的极限,这种数学模型在研究其他实际问题时也会经常遇到,为此引

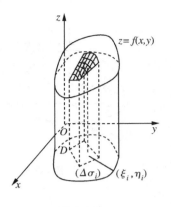

图 4-6-5

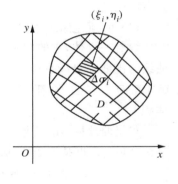

图 4-6-6

进二重积分的概念.

2. 二重积分的定义

设 $z = f(x, y)$ 是定义在有界闭区域 D 上的有界函数,将区域 D 任意分割 n 个小区域 $\Delta\sigma_1, \Delta\sigma_2, \cdots, \Delta\sigma_n$,并以 $\Delta\sigma_i$ 表示第 i 个小区域的面积.在每个小区域上任取一点 (ξ_i, η_i),作乘积 $f(\xi_i, \eta_i)\Delta\sigma_i$　$(i = 1, 2, \cdots, n)$,并作和式 $\sum_{i=1}^{n} f(\xi_i, \eta_i)\Delta\sigma_i$.如果当各小区域的直径中的最大值 λ 趋于零时,此和式的极限存在,则称此极限值为函数 $f(x, y)$ 在区域 D 上的**二重积分**,记作 $\iint\limits_{D} f(x, y)\mathrm{d}\sigma$,即

$$\iint\limits_{D} f(x, y)\mathrm{d}\sigma = \lim_{\lambda \to 0} \sum_{i=1}^{n} f(\xi_i, \eta_i)\Delta\sigma_i, \qquad\qquad ①$$

其中 $f(x, y)$ 称为**被积函数**,D 称为**积分区域**,$f(x, y)\mathrm{d}\sigma$ 称为**被积式**,$\mathrm{d}\sigma$ 称为**面积微元**,x 与 y 称为**积分变量**.

二重积分存在定理　若 $f(x, y)$ 在闭区域 D 上连续,则它在 D 上的二重积分存在.

在二重积分的定义中,对区域 D 的划分是任意的.如果在直角坐标系中用平行于坐标轴的直线段网来划分区域 D,那么除了靠近边界曲线的一些小区域外,其余绝大部分的小区域都是矩形.小矩形 $\mathrm{d}\sigma$ 的边长为 Δx 和 Δy,则 $\Delta\sigma$ 的面积 $\Delta\sigma = \Delta x \cdot \Delta y$,如图 4-6-7 所示,因此在直角坐标系中面积微元 $\mathrm{d}\sigma$ 可记作 $\mathrm{d}x\mathrm{d}y$,从而二重积分也常记作

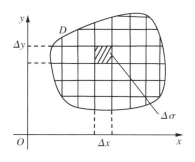

图 4-6-7

$$\iint\limits_{D} f(x, y)\mathrm{d}x\mathrm{d}y.$$

由二重积分定义,立即可以知道:

曲顶柱体的体积 $V = \iint\limits_{D} f(x, y)\mathrm{d}\sigma$;

平面薄片的质量 $M = \iint\limits_{D} \rho(x, y)\mathrm{d}\sigma$.

3. 二重积分的几何意义

一般地,如果当 $f(x, y) \geqslant 0$ 时,积分 $\iint\limits_{D} f(x, y)\mathrm{d}\sigma$ 表示以 D 为底、以 $z = f(x, y)$ 为顶的曲顶柱体的体积;当 $f(x, y) \leqslant 0$ 时,柱体就在 xOy 面的下方,二重积分 $\iint\limits_{D} f(x, y)\mathrm{d}\sigma$ 的绝对值仍等于柱体的体积,但二重积分的值是负的;如果 $f(x, y)$ 在

D 的若干部分区域上为正,而在其他部分区域上为负,则 $\iint\limits_{D} f(x,y)\mathrm{d}\sigma$ 就等于这些部分区域上柱体体积的代数和.

4. 二重积分的性质

二重积分具有与定积分类似的性质,现叙述如下.

性质 1(线性性质) 设 k_1,k_2 为常数,则

$$\iint\limits_{D} [k_1 f(x,y) + k_2 g(x,y)]\mathrm{d}\sigma = k_1 \iint\limits_{D} f(x,y)\mathrm{d}\sigma + k_2 \iint\limits_{D} g(x,y)\mathrm{d}\sigma.$$

性质 2(对积分区域的可加性) 如果区域 D 被连续曲线分成 D_1 和 D_2,则有

$$\iint\limits_{D} f(x,y)\mathrm{d}\sigma = \iint\limits_{D_1} f(x,y)\mathrm{d}\sigma + \iint\limits_{D_2} f(x,y)\mathrm{d}\sigma.$$

性质 3 若在 D 上,$f(x,y) \equiv 1$,σ 为区域 D 的面积,则

$$\iint\limits_{D} 1 \cdot \mathrm{d}\sigma = \iint\limits_{D} \mathrm{d}\sigma = \sigma.$$

性质 3 说明了高为 1 的平顶柱体的体积在数值上等于柱体的底面积.

性质 4 若在区域 D 上,$f(x,y) \leqslant g(x,y)$,则

$$\iint\limits_{D} f(x,y)\mathrm{d}\sigma \leqslant \iint\limits_{D} g(x,y)\mathrm{d}\sigma.$$

特殊地,有

$$\left| \iint\limits_{D} f(x,y)\mathrm{d}\sigma \right| \leqslant \iint\limits_{D} |f(x,y)|\mathrm{d}\sigma.$$

性质 5(估值不等式) 设 M 和 m 分别为函数 $f(x,y)$ 在有界闭区域 D 上的最大值和最小值,则

$$m\sigma \leqslant \iint\limits_{D} f(x,y)\mathrm{d}\sigma \leqslant M\sigma,$$

其中,σ 为积分区域 D 的面积.

性质 6(中值定理) 设函数 $f(x,y)$ 在有界闭区域 D 上连续,σ 是区域 D 的面积,则在 D 上至少存在一点 (ξ,η),使得下式成立:

$$\iint\limits_{D} f(x,y)\mathrm{d}\sigma = f(\xi,\eta) \cdot \sigma.$$

当 $f(x,y) \geqslant 0$ 时,上式的几何意义是:二重积分所确定的曲顶柱体的体积,等于以积分区域 D 为底、以 $f(\xi,\eta)$ 为高的平顶柱体的体积.

4.6.3　二重积分的计算

用和式的极限来计算二重积分十分困难,所以要寻求其实际可行的计算方法.下面研究如何从二重积分的几何意义,得到将二重积分化为连续计算两次定

积分的计算方法.

1. 在直角坐标系中计算二重积分

若积分区域 D 可以用不等式

$$\varphi_1(x) \leqslant y \leqslant \varphi_2(x), a \leqslant x \leqslant b$$

来表示,其中函数 $\varphi_1(x), \varphi_2(x)$ 在区间 $[a,b]$ 上连续,如图 4-6-8 所示,则称它为 **x^- 型区域**.

若积分区域 D 可以用

$$\psi_1(y) \leqslant x \leqslant \psi_2(y), c \leqslant y \leqslant d$$

来表示,其中函数 $\psi_1(y), \psi_2(y)$ 在区间 $[c,d]$ 上连续,如图 4-6-9 所示,则称它为 **y^- 型区域**.

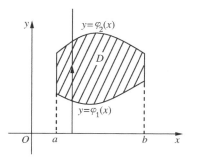

图 4-6-8

x^- 和 y^- 区域的特点如下:当 D 为 x^- 型区域时,则垂直于 x 轴的直线 $x = x_0 (a < x_0 < b)$ 至多与区域 D 的边界交于两点;当 D 为 y^- 型区域时,直线 $y = y_0 (c < y_0 < d)$ 至多与区域 D 的边界交于两点.

许多常见的区域都可以用平行于坐标轴的直线把 D 分解为有限个除边界外无公共点的 x^- 型区域或 y^- 型区域,例如图 4-6-10 表示将区域 D 分为 3 个这样的区域,因而一般区域的二重积分计算问题就化成 x^- 型及 y^- 型区域二重积分的计算问题.

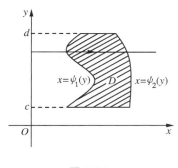

图 4-6-9

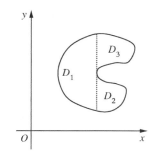

图 4-6-10

先讨论积分区域 D 为 x^- 型(如图 4-8-8 所示) 时,如何计算二重积分

$$\iint_D f(x,y)\mathrm{d}x\mathrm{d}y.$$

根据二重积分的几何意义,当 $f(x,y) \geqslant 0$ 时,二重积分 $\iint_D f(x,y)\mathrm{d}x\mathrm{d}y$ 表示以 D 为底、以 $z = f(x,y)$ 为顶的曲顶柱体的体积 V.

在 $[a,b]$ 上任意取定一点 x,过 x 和 $x + \mathrm{d}x$ 作平行于 yOz 面的两个平面,从曲

顶柱体中截出一个薄片，这个薄片的后表面是一个以 区间$[\varphi_1(x),\varphi_2(x)]$ 为底、曲线 $z=f(x,y)$（当 x 固定时，z 是 y 的一元函数）为曲边的曲边梯形（见图 4-6-11 中的阴影部分），其面积为

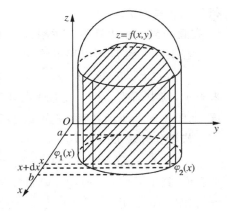

$$S(x)=\int_{\varphi_1(x)}^{\varphi_2(x)}f(x,y)\mathrm{d}y,$$

应用微元法可知，以 $S(x)$ 为后表面、厚度为 $\mathrm{d}x$ 的立体的体积微元为

$$\mathrm{d}V=S(x)\mathrm{d}x=\Big[\int_{\varphi_1(x)}^{\varphi_2(x)}f(x,y)\mathrm{d}y\Big]\mathrm{d}x,$$

图 4-6-11

其体积为

$$V=\int_a^b S(x)\mathrm{d}x=\int_a^b\Big[\int_{\varphi_1(x)}^{\varphi_2(x)}f(x,y)\mathrm{d}y\Big]\mathrm{d}x,$$

从而有

$$\iint\limits_D f(x,y)\mathrm{d}x\mathrm{d}y=\int_a^b\Big[\int_{\varphi_1(x)}^{\varphi_2(x)}f(x,y)\mathrm{d}y\Big]\mathrm{d}x.$$

这个公式通常也写成

$$\iint\limits_D f(x,y)\mathrm{d}x\mathrm{d}y=\int_a^b\mathrm{d}x\int_{\varphi_1(x)}^{\varphi_2(x)}f(x,y)\mathrm{d}y. \qquad ②$$

这就是把二重积分化为先对 y 定积分，后对 x 定积分的二次积分公式. 实际上，公式 ② 的成立并不受条件 $f(x,y)\geqslant0$ 的限制，用公式 ② 计算二重积分时，积分限的确定应从小到大，且先把 x 看作常数，$f(x,y)$ 看作 y 的函数，对 y 计算从 $\varphi_1(x)$ 到 $\varphi_2(x)$ 的定积分，然后把算得的结果（一般是 x 的函数）再对 x 计算在区间$[a,b]$ 上的定积分，这种计算方法称为先对 y 后对 x 的累次积分.

　　如果区域 D 是 y^- 型的（见图 4-8-9），类似地，可得

$$\iint\limits_D f(x,y)\mathrm{d}x\mathrm{d}y=\int_c^d\Big[\int_{\psi_1(y)}^{\psi_2(y)}f(x,y)\mathrm{d}x\Big]\mathrm{d}y,$$

常记为

$$\iint\limits_D f(x,y)\mathrm{d}x\mathrm{d}y=\int_c^d\mathrm{d}y\int_{\psi_1(y)}^{\psi_2(y)}f(x,y)\mathrm{d}x. \qquad ③$$

公式 ③ 为先对 x 后对 y 的累次积分.

　　注　（1）在计算二重积分时，首先要根据已知条件确定积分区域 D 是 x^- 型还是 y^- 型，由此确定二重积分化为先 y 后 x 的累次积分还是先 x 后 y 的累次积分；特别地，当积分区域 D 既是 x^- 型，又是 y^- 型时，此时两种积分顺序均可，即

$$\iint\limits_D f(x,y)\mathrm{d}x\mathrm{d}y=\int_a^b\mathrm{d}x\int_{\varphi_1(x)}^{\varphi_2(x)}f(x,y)\mathrm{d}y=\int_c^d\mathrm{d}y\int_{\psi_1(y)}^{\psi_2(y)}f(x,y)\mathrm{d}x.$$

（2）如果平行于坐标轴的直线与积分区域 D 的交点多于两个,此时可以用平行坐标轴的直线把 D 分成若干个 x^- 型或 y^- 型的区域,由二重积分对积分区域的可加性,D 上的积分就化成各部分区域上的积分和,如图 4-8-10 所示.

例 5　计算二重积分 $\iint\limits_{D} e^{x+y} dxdy$,其中,区域 D 是由 $x=0,x=1,y=0,y=1$ 所围成的矩形.

解　区域 D 可以表示为 $0 \leqslant x \leqslant 1, 0 \leqslant y \leqslant 1$. 视区域 D 为 x^- 型,可将二重积分化为先 y 后 x 的累次积分,得

$$\iint\limits_{D} e^{x+y} dxdy = \int_0^1 dx \int_0^1 e^{x+y} dy = \int_0^1 e^x (e^y) \Big|_0^1 dy$$

$$= \int_0^1 (e-1) e^x dx = (e-1) \int_0^1 e^x dx = (e-1)^2.$$

也可视区域 D 也为 y^- 型,所以二重积分也可以化为先 x 后 y 的累次积分,

$$\iint\limits_{D} e^{x+y} dxdy = \int_0^1 dy \int_0^1 e^{x+y} dx$$

$$= \int_0^1 e^y (e^x) \Big|_0^1 dx = (e-1) \int_0^1 e^y dy = (e-1)^2.$$

例 6　计算二重积分 $\iint\limits_{D} (x+y) dxdy$,其中,区域 D 是由直线 $x=1,x=2$, $y=x,y=3x$ 所围成.

解　画出积分区域 D 的图形,如图 4-6-12 所示.

区域 D 为 x^- 型,显然化为先 y 后 x 的累次积分更方便,故

$$\iint\limits_{D} (x+y) dxdy = \int_1^2 dx \int_x^{3x} (x+y) dy$$

$$= \int_1^2 \Big[xy + \frac{1}{2} y^2 \Big]_x^{3x} dx = \int_1^2 6x^2 dx = 14.$$

例 7　计算二重积分 $\iint\limits_{D} \frac{x^2}{y^2} dxdy$,其中区域 D 是由直线 $x=2,y=x$ 及双曲线 $xy=1$ 所围成.

解　画出积分区域 D 的图形,如图 4-6-13 所示.区域 D 为 x^- 型,故

$$\iint\limits_{D} \frac{x^2}{y^2} dxdy = \int_1^2 dx \int_{\frac{1}{x}}^x \frac{x^2}{y^2} dy = \int_1^2 \Big[x^2 (-\frac{1}{y}) \Big]_{\frac{1}{x}}^x dx$$

$$= \int_1^2 (x^3 - x) dx = \frac{9}{4}.$$

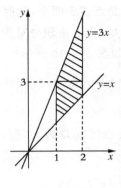

图 4-6-12 　　　　　　　　　　 图 4-6-13

如果化为先对 x 后对 y 的累次积分,计算就比较麻烦.因为区域 D 的左侧边界曲线是由 $y=x$ 及 $xy=1$ 给出,所以要用经过交点 $(1,1)$ 且平行于 x 轴的直线 $y=1$ 把区域 D 分为两个 y^- 型区域 D_1 和 D_2,即

$$D_1:\frac{1}{y}\leqslant x\leqslant 2,\frac{1}{2}\leqslant y\leqslant 1;$$

$$D_2:y\leqslant x\leqslant 2,1\leqslant y\leqslant 2.$$

根据二重积分的可加性,得

$$\iint\limits_{D}\frac{x^2}{y^2}\mathrm{d}x\mathrm{d}y=\iint\limits_{D_1}\frac{x^2}{y^2}\mathrm{d}x\mathrm{d}y+\iint\limits_{D_2}\frac{x^2}{y^2}\mathrm{d}x\mathrm{d}y$$

$$=\int_{\frac{1}{2}}^{1}\mathrm{d}y\int_{\frac{1}{y}}^{2}\frac{x^2}{y^2}\mathrm{d}x+\int_{1}^{2}\mathrm{d}y\int_{y}^{2}\frac{x^2}{y^2}\mathrm{d}x=\frac{9}{4}.$$

例 8 　计算 $\iint\limits_{D}xy\mathrm{d}\sigma$,其中 D 是由抛物线 $y^2=x$ 及 $y=x-2$ 所围成的区域.

解 　画出积分区域 D,如图 4-6-14 所示,直线和抛物线的交点分别为 $(1,-1)$ 和 $(4,2)$.区域 D 是 y^- 型,所以

$$\iint\limits_{D}xy\mathrm{d}\sigma=\int_{-1}^{2}\mathrm{d}y\int_{y^2}^{y+2}xy\mathrm{d}x=\int_{-1}^{2}\left[\frac{1}{2}x^2y\right]_{y^2}^{y+2}\mathrm{d}y=\frac{1}{2}\int_{-1}^{2}\left[y(y+2)^2-y^5\right]\mathrm{d}y=\frac{45}{8}.$$

若先对 y 积分,后对 x 积分,则要用经过交点 $(1,-1)$ 且平行于 y 轴的直线 $x=1$ 把区域 D 分成两个 x^- 型区域 D_1 和 D_2(见图 4-6-14),即

$$D_1:-\sqrt{x}\leqslant y\leqslant\sqrt{x},0\leqslant x\leqslant 1;$$

$$D_2:x-2\leqslant y\leqslant\sqrt{x},1\leqslant x\leqslant 4.$$

根据二重积分的性质 3,就有

$$\iint\limits_{D}xy\mathrm{d}\sigma=\iint\limits_{D_1}xy\mathrm{d}\sigma+\iint\limits_{D_2}xy\mathrm{d}\sigma=\int_{0}^{1}\mathrm{d}x\int_{-\sqrt{x}}^{\sqrt{x}}xy\mathrm{d}y+\int_{1}^{4}\mathrm{d}x\int_{x-2}^{\sqrt{x}}xy\mathrm{d}y.$$

例 9   应用二重积分求 xOy 平面上由 $y = x^2$ 与 $y = 4x + x^2$ 所围成的区域的面积.

解   先画出区域 D 的图形(见图 4-6-15).区域 D 可表为

$$0 \leqslant x \leqslant 2, x^2 \leqslant y \leqslant 4x - x^2.$$

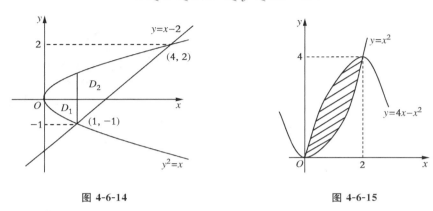

图 4-6-14   图 4-6-15

因为以区域 D 为底、顶为 $z = 1$ 的平顶柱体体积在数值上等于区域 D 的面积,所以二重积分 $\iint\limits_{D} \mathrm{d}x\mathrm{d}y$ 的值就是积分区域 D 的面积 A 的数值.因为

$$\iint\limits_{D} \mathrm{d}x\mathrm{d}y = \int_0^2 \mathrm{d}x \int_{x^2}^{4x-x^2} dy = \int_0^2 (4x - 2x^2)\mathrm{d}x = \left(2x^2 - \frac{2}{3}x^3 \right) \Big|_0^2 = \frac{8}{3},$$

所以区域 D 的面积等于 $\dfrac{8}{3}$ 平方单位.

2. 利用极坐标计算二重积分

上面所介绍的在直角坐标系中化二重积分为累次积分的方法,在某些情况下会遇到一些困难.例如,积分区域 D 是由两个圆 $x^2 + y^2 = a^2$ 和 $x^2 + y^2 = b^2 (0 < a < b)$ 所围成的环形区域(见图 4-6-16),这时,须将 D 分成 4 个小区域,计算相当繁琐,但若应用极坐标计算就变得简便,下面介绍在极坐标中计算二重积分的方法.

如图 4-6-17 所示,假定从极点 O 出发穿过区域 D 内部的射线与 D 的边界曲线相交不多于两点,用以极点为中心的一族同心圆和以极点为顶点的一族射线把区域 D 分成 n 个小区域,设 $\Delta\sigma$ 是半径为 r 和 $r + dr$ 的两圆弧和极角等于 θ 和 $\theta + \mathrm{d}\theta$ 的两条射线所围成的小区域,这个小区域的面积(也用 $\Delta\sigma$ 来表示)近似于边长为 $r\Delta\theta$ 和 Δr 的小矩形域的面积,即 $\Delta\sigma \approx r\Delta r\Delta\theta$,于是在极坐标中面积微元为 $\mathrm{d}\sigma = r\mathrm{d}r\mathrm{d}\theta$.再分别用 $x = r\cos\theta, y = r\sin\theta$ 代替被积函数 $f(x, y)$ 中的 x 和 y,便得到二重积分在极坐标中的表达式

$$\iint_D f(x,y)\mathrm{d}\sigma = \iint_D f(r\cos\theta, r\sin\theta)r\mathrm{d}r\mathrm{d}\theta.$$

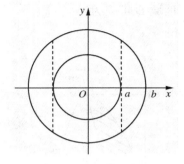

图 4-6-16

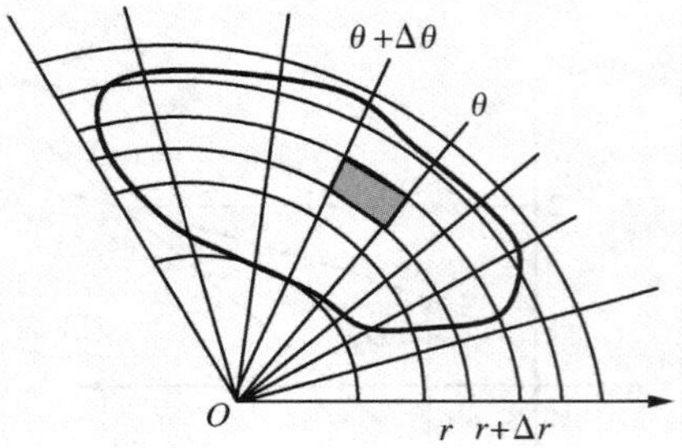

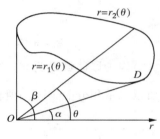

图 4-6-17

极坐标系下二重积分同样可化为先对 r 后对 θ 的累次积分来计算,根据积分区域 D 的具体特点分为以下几种情况:

(1)极点 O 在区域 D 的外部(见图 4-6-18).设区域 D 为 $r_1(\theta) \leqslant r \leqslant r_2(\theta)$,$a \leqslant \theta \leqslant \beta$,其中 $r_1(\theta)$,$r_2(\theta)$ 在 $[a,\beta]$ 上连续.

先在 $[a,\beta]$ 上任意取定一个 θ 值,则对应于这个 θ 值,区域 D 的极径线段上点的 r 坐标从 $r_1(\theta)$ 变到 $r_2(\theta)$,故

图 4-6-18

$$\iint_D f(r\cos\theta, r\sin\theta)r\mathrm{d}r\mathrm{d}\theta = \int_a^\beta \mathrm{d}\theta \int_{r_1(\theta)}^{r_2(\theta)} f(r\cos\theta, r\sin\theta)r\mathrm{d}r.$$

(2)极点 O 在区域 D 的边界上(见图 4-6-19).此时区域 D 可用不等式 $0 \leqslant r \leqslant r(\theta)$,$a \leqslant \theta \leqslant \beta$ 来表示,则有

$$\iint_D f(r\cos\theta, r\sin\theta)r\mathrm{d}r\mathrm{d}\theta = \int_a^\beta \mathrm{d}\theta \int_0^{r(\theta)} f(r\cos\theta, r\sin\theta)r\mathrm{d}r.$$

(3)极点 O 在区域 D 的内部(见图 4-6-20).此时 D 是由 $0 \leqslant r \leqslant r(\theta)$,$0 \leqslant \theta \leqslant 2\pi$ 所确定,从而得

$$\iint_D f(r\cos\theta, r\sin\theta)r\mathrm{d}r\mathrm{d}\theta = \int_0^{2\pi} \mathrm{d}\theta \int_0^{r(\theta)} f(r\cos\theta, r\sin\theta)r\mathrm{d}r.$$

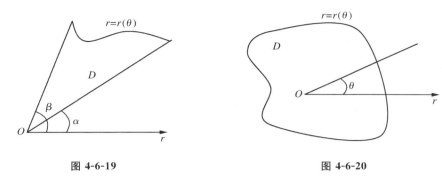

图 4-6-19　　　　　　　　　　　　　图 4-6-20

例 10　利用极坐标计算二重积分 $\iint\limits_{D}(1-x^2-y^2)\mathrm{d}x\mathrm{d}y$,其中积分区域 D 为 $x^2+y^2\leqslant 1$.

解　积分区域 D 可用不等式表示为 $0\leqslant r\leqslant 1,0\leqslant\theta\leqslant 2\pi$(见图 4-6-21),故有

$$\iint\limits_{D}(1-x^2-y^2)\mathrm{d}x\mathrm{d}y=\iint\limits_{D}(1-r^2)r\mathrm{d}r\mathrm{d}\theta=\int_0^{2\pi}\mathrm{d}\theta\int_0^1(r-r^2)\mathrm{d}r$$

$$=\int_0^{2\pi}\left[\frac{1}{2}r^2-\frac{1}{4}r^4\right]_0^1\mathrm{d}\theta=\int_0^{2\pi}\frac{1}{4}\mathrm{d}\theta=\frac{\pi}{2}.$$

例 11　计算二重积分 $\iint\limits_{D}\sqrt{x^2+y^2}\mathrm{d}\sigma$,其中,$D$ 是圆 $x^2+y^2=2y$ 围成的区域(见图 4-6-22).

解　圆 $x^2+y^2=2y$ 的极坐标方程是 $r=2\sin\theta$,区域 D 可表示为 $0\leqslant\theta\leqslant\pi$,$0\leqslant r\leqslant 2\sin\theta$,所以

$$\iint\limits_{D}\sqrt{x^2+y^2}\mathrm{d}\sigma=\iint\limits_{D}r\cdot r\mathrm{d}r\mathrm{d}\theta=\int_0^{\pi}\mathrm{d}\theta\int_0^{2\sin\theta}r^2\mathrm{d}r$$

$$=\int_0^{\pi}\left(\frac{r^3}{3}\right)\Big|_0^{2\sin\theta}\mathrm{d}\theta=\frac{8}{3}\int_0^{\pi}\sin^3\theta\mathrm{d}\theta$$

$$=\frac{8}{3}\int_0^{\pi}(\cos^2\theta-1)\mathrm{d}\cos\theta=\frac{8}{3}\left(\frac{1}{3}\cos^2\theta-\cos\theta\right)\Big|_0^{\pi}=\frac{32}{9}.$$

由例 10、例 11 容易看出,在以下 3 种情况下,采用极坐标计算较为方便:

(1)被积函数的自变量以 $f(x^2+y^2)$ 或 $f(x,y)$ 等形式出现;

(2)积分区域为圆或圆的一部分时;

(3)积分区域的边界用极坐标表示比较简单.

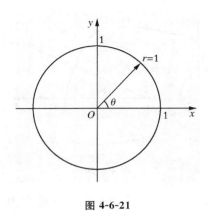

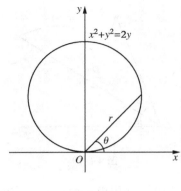

图 4-6-21　　　　　　　　　　　　　　　　　图 4-6-22

4.6.4　二重积分的应用

我们已经知道,利用二重积分可以求一个立体的体积.实际上二重积分在物理、力学等方面还有更多的用途.下面仅举几个例子.

1. 平面薄片的质量

设有变密度的平面薄片 D,在点 $(x,y) \in D$ 处的密度为 $\rho(x,y)$,试求薄片的质量 M.

任取一直径很小的区域 $\mathrm{d}\sigma$,在 $\mathrm{d}\sigma$ 内任取一点 (x,y),则小片 $\mathrm{d}\sigma$ 的质量 ΔM 近似为 $\rho(x,y)\mathrm{d}\sigma$,即质量微元 $\mathrm{d}M = \rho(x,y)\mathrm{d}\sigma$.以 $\rho(x,y)\mathrm{d}\sigma$ 为被积表达式,在区域 D 上做二重积分,便知薄片的质量为

$$M = \iint\limits_{D} \rho(x,y)\mathrm{d}\sigma.$$

2. 平面薄片的重心

由物理学知识可知:若质点系由 n 个质点 $m_1, m_2, \cdots, m_n$ 组成(其中 m_i 表示第 i 个质点的质量),并设 m_i 的坐标为 $(x_i,\ y_i)(i = 1,\ 2,\ \cdots,\ n)$.设它的质心为 $(\bar{x}, \bar{y})$,则有　$\left(\sum_{i=1}^{n} m_i\right)\bar{x} = \sum_{i=1}^{n} m_i x_i,\ \left(\sum_{i=1}^{n} m_i\right)\bar{y} = \sum_{i=1}^{n} m_i y_i.$

故　　　　　　　　　　　$\bar{x} = \dfrac{\sum\limits_{i=1}^{n} m_i x_i}{\sum\limits_{i=1}^{n} m_i},\ \bar{y} = \dfrac{\sum\limits_{i=1}^{n} m_i y_i}{\sum\limits_{i=1}^{n} m_i}.$

将非均匀平面薄板 D 先任意分成 n 个小块 $\Delta\sigma_i$　$(i = 1,2,\cdots,n)$,在 $\Delta\sigma_i$ 上任取一点 (x_i,y_i),认为在 $\Delta\sigma_i$ 上密度分布均匀,其密度为 $\rho(x_i,y_i)$,则 $\Delta\sigma_i$ 的质量近似等于 $\rho(x_i,y_i)\Delta\sigma_i$.令 $\lambda \to 0$,可得平面薄板 D 的质心为

$$\bar{x} = \frac{\iint\limits_{D} x\rho(x_i, y_i)\mathrm{d}x\mathrm{d}y}{\iint\limits_{D} \rho(x_i, y_i)\mathrm{d}x\mathrm{d}y}, \bar{y} = \frac{\iint\limits_{D} y\rho(x_i, y_i)\mathrm{d}x\mathrm{d}y}{\iint\limits_{D} \rho(x_i, y_i)\mathrm{d}x\mathrm{d}y}.$$

当密度分布均匀时,$\rho(x_i, y_i)$ 为常数,则质心坐标为

$$\bar{x} = \frac{\iint\limits_{D} x\,\mathrm{d}x\mathrm{d}y}{\iint\limits_{D} \mathrm{d}x\mathrm{d}y} = \frac{1}{\sigma}\iint\limits_{D} x\,\mathrm{d}x\mathrm{d}y, \bar{y} = \frac{\iint\limits_{D} y\,\mathrm{d}x\mathrm{d}y}{\iint\limits_{D} \mathrm{d}x\mathrm{d}y} = \frac{1}{\sigma}\iint\limits_{D} y\,\mathrm{d}x\mathrm{d}y,$$

其中 σ 为 D 的面积,又称上式表示的坐标为 D 的形心坐标.

3. 平面薄片的转动惯量

设 xOy 平面上有 n 个质点,第 i 个质点质量为 m_i,位置为(x_i, y_i) $(i = 1, 2, 3, \cdots, n)$. 由力学知道这 n 个质点关于 x 轴、y 轴和原点 O 的转动惯量分别为

$$I_x = \sum_{i=1}^{n} y^2 m_i, I_y = \sum_{i=1}^{n} x^2 m_i, I_o = \sum_{i=1}^{n} (x^2 + y^2)m_i.$$

设有一平面薄片 D,薄片在(x, y) 处的密度为 $\rho = \rho(x, y)$,ρ 在 D 上连续. 现在欲求薄片关于 x 轴、y 轴和原点 O 的转动惯量 I_x, I_y, I_o.

与前述求重心的做法相同,将薄片分割成 n 个小片,认为每个小片的质量集中于一点,从而可看成 n 个质点,用这 n 个质点所组成的质点系的转动惯量近似代替薄片的转动惯量. 当分割无限细时,取极限就可得到平面薄片关于 x 轴、y 轴和原点 O 的转动惯量的计算公式:

$$I_x = \iint\limits_{D} y^2 \rho(x, y)\mathrm{d}\sigma, I_y = \iint\limits_{D} x^2 \rho(x, y)\mathrm{d}\sigma, I_o = \iint\limits_{D} (x^2 + y^2)\rho(x, y)\mathrm{d}\sigma.$$

例 12　求位于两圆 $r = 2\sin\theta$ 和 $r = 4\sin\theta$ 之间的均匀薄片的重心(见图 4-6-23).

解　因为区域 D 关于 y 轴对称,故重心$(\bar{x}, \bar{y})$ 必位于 y 轴上,即 $\bar{x} = 0$,再由

公式

$$\bar{y} = \frac{\iint\limits_{D} y\rho\,\mathrm{d}\sigma}{\iint\limits_{D} \rho\,\mathrm{d}\sigma}$$

及题设密度为常数,不妨设密度为 ρ_0,即 $\rho(x, y) = \rho_0$,故有

$$\iint\limits_{D} \rho\,\mathrm{d}\sigma = \rho_0 \iint\limits_{D} \mathrm{d}\sigma = 3\pi\rho_0,$$

这就是该薄片的质量.

下面再用极坐标计算分子上的积分,有

$$\iint\limits_{D} y\rho\,\mathrm{d}\sigma = \rho_0 \iint\limits_{D} r^2 \sin\theta \mathrm{d}r\mathrm{d}\theta = \rho_0 \int_0^\pi \sin\theta \mathrm{d}\theta \int_{2\sin\theta}^{4\sin\theta} r^2\,\mathrm{d}r = 7\rho_0 \pi.$$

因此
$$\bar{y} = \frac{7\pi\rho_0}{3\pi\rho_0} = \frac{7}{3},$$

该均匀薄片的重心是 $\left(0, \dfrac{7}{3}\right)$.

例 13 求半径为 a 的均匀半圆薄片(密度为常数)对直径边的转动惯量.

解 设其密度为 ρ,取坐标系(见图 4-6-24),则薄片所占区域为 $D: x^2 + y^2 \leqslant a^2, y \geqslant 0$.这时该薄片对 x 轴的转动惯量即为所求.

$$I_x = \iint_D \rho y^2 \mathrm{d}\sigma = \rho \iint_D r^3 \sin^2\theta \mathrm{d}r\mathrm{d}\theta$$

$$= \rho \int_0^\pi \mathrm{d}\theta \int_0^a r^3 \sin^2\theta \mathrm{d}r = \rho \frac{a^4}{4} \int_0^\pi \sin^2\theta \mathrm{d}\theta$$

$$= \frac{1}{4}\rho a^4 \frac{\pi}{2} = \frac{1}{4}Ma^2,$$

其中 $M = \dfrac{1}{2}\pi a^2 \rho$ 为半圆薄片的质量.

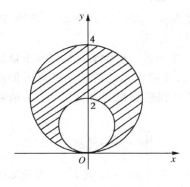

图 4-6-23

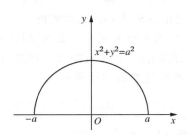

图 4-6-24

 练习与思考 4-6

1. 画出积分区域,计算二重积分:

(1) $\displaystyle\iint_D (x+y)\mathrm{d}x\mathrm{d}y$,其中 D 为 $0 \leqslant x \leqslant 1, 1 \leqslant y \leqslant 2$ 所围成的区域;

(2) $\displaystyle\iint_D \frac{y^2}{x^2}\mathrm{d}x\mathrm{d}y$,其中 D 是由直线 $y = 2, y = x$ 及双曲线 $xy = 1$ 所围成的区域;

(3) $\displaystyle\iint_D \mathrm{e}^{-y^2}\mathrm{d}x\mathrm{d}y$,其中 D 是由直线 $x = 0, y = x, y = 1$ 所围成的区域.

2. 画出积分区域,利用极坐标计算二重积分:

(1) $\displaystyle\iint_D \mathrm{e}^{-(x^2+y^2)}\mathrm{d}x\mathrm{d}y, D: x^2 + y^2 \leqslant 1$;　　　　　　(2) $\displaystyle\iint_D y\mathrm{d}x\mathrm{d}y, D: x^2 + y^2 \leqslant x$;

(3) $\displaystyle\iint\limits_{D}\arctan\frac{y}{x}\mathrm{d}x\mathrm{d}y$, D:$1\leqslant x^2+y^2\leqslant 4$, $y\geqslant 0$, $y\leqslant x$.

3. 交换二次积分的次序:

(1) $\displaystyle\int_0^1\mathrm{d}x\int_{x^2}^x f(x,y)\mathrm{d}y$;

(2) $\displaystyle\int_0^2\mathrm{d}y\int_{y^2}^{2y} f(x,y)\mathrm{d}x$;

(3) $\displaystyle\int_0^1\mathrm{d}x\int_0^x f(x,y)\mathrm{d}y+\int_1^2\mathrm{d}x\int_0^{2-x} f(x,y)\mathrm{d}y$.

*4. 求由直线 $y=0$, $y=a-x$, $x=0$ 所围成的均匀薄片的重心.

*5. 求由 $y=0$, $x=0$, $x=a$, $y=b$ 所围成的均匀矩形的转动惯量 I_x 与 I_y.

§4.7　数学实验(三)

【实验目的】

(1) 用 Matlab 软件计算一元函数的不定积分、定积分(含广义积分);

(2) 用 Matlab 软件求解定积分应用实际问题;

(3) 用 Matlab 软件绘制直角坐标系下的三维图形;

(4) 用 Matlab 软件计算二元函数的二重积分.

【实验环境】同数学实验(一).

【实验条件】学习了一元函数的不定积分、定积分及二元函数的二重积分等有关知识.

【实验内容】

实验内容 1　求一元函数的积分

Matlab 软件中使用命令 int 求一元函数的积分,共有以下两种格式:

求不定积分	int(被积函数名或被积函数表达式)
求定积分	int(被积函数名或被积函数表达式,积分下限,积分上限)

说明　(1) 被积函数名必须是已经定义过函数表达式的函数;

(2) 这里计算的不定积分所得结果省略了常数 C,故答案必须要加 C;

(3) 计算无穷限的广义积分时,只需将无穷大输入"inf"即可,前面可加正负号.

例 1　计算下列一元函数的积分:

(1) $\displaystyle\int\frac{\mathrm{d}x}{x^4\sqrt{1+x^2}}$;

(2) $\displaystyle\int_{-1}^4|x-2|\mathrm{d}x$;

(3) $\displaystyle\int_{-\infty}^{+\infty}\frac{1}{1+x^2}\mathrm{d}x$.

解

```
(1) >> syms x                          % 定义符号变量
    >> S = 1/(x^4* sqrt(1+ x^2));       % 定义被积函数
    >> int(S)                           % 对被积函数求不定积分
    ans =
         - 1/3/x^3* (1+ x^2)^(1/2) + 2/3/x* (1+ x^2)^(1/2)
```

故本题积分结果为 $-\dfrac{1}{3x^3}\sqrt{1+x^2}+\dfrac{2}{3x}\sqrt{1+x^2}+C$.

本题是绝对值函数积分,令 $x-2=0$,可得 $x=2$,以 2 为分点分成二段积分.

```
(2) >> int(2- x,- 1,2)+ int(x- 2,2,4)
    ans =
            13/2
```

故本题定积分结果为 $\dfrac{13}{2}$.

无穷限的广义积分在 Matlab 中与常义积分相同,无穷大用符号"inf"表示.

```
(3) >> int(1/(1+ x^2),- inf,+ inf)
    ans =
          pi
```

故该广义积分收敛,积分结果为 π.

【实验练习 1】

1. 求下列积分:

(1) $\displaystyle\int\dfrac{\mathrm{d}x}{\sqrt{2-x}}$;

(2) $\displaystyle\int\dfrac{1}{(x-1)(x+3)}\mathrm{d}x$;

(3) $\displaystyle\int 2x\sqrt{1+x^2}\,\mathrm{d}x$;

(4) $\displaystyle\int x^3\ln x\mathrm{d}x$;

(5) $\displaystyle\int_0^\pi\sqrt{\sin x-\sin^3 x}\,\mathrm{d}x$;

(6) $\displaystyle\int_{-1}^1 x^3\mathrm{e}^{x^2}\,\mathrm{d}x$;

(7) $f(x)=\begin{cases}x,-1\leqslant x<1,\\1,1<x\leqslant 2,\end{cases}$ 计算 $\displaystyle\int_{-1}^2 f(x)\mathrm{d}x$;

(8) $\displaystyle\int_1^{+\infty}\dfrac{1}{x^2+2x+2}\mathrm{d}x$;

(9) $\displaystyle\int_{-\infty}^{+\infty}\dfrac{1}{1+4x^2}\mathrm{d}x$.

实验内容 2   求解定积分应用实际问题

利用 Matlab 软件计算实际问题,首先应分析问题,确定积分变量,利用微元法列出定积分式,然后利用软件计算所列出定积分的结果.

例 2   求由曲线 $x=y^2$ 与 $x-y=2$ 围成的图形面积.

解

```
>> [x,y] = solve('x- y^2','x- y- 2')          % 求两曲线的交点
x =

     1
     4
y =

    - 1
      2
```

由以上结果可知,交点为$(1, -1)$和$(4,2)$.为确定图形关系,作出其图像,如图 4-7-1 所示.

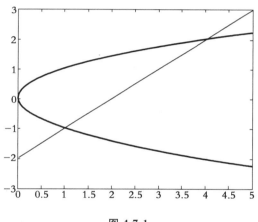

图 **4-7-1**

```
>> fplot('sqrt(x)',[0,5])
>> hold on
>> fplot('- sqrt(x)',[0,5])
>> fplot('x- 2',[0,5])
>> hold off
```

由图 4-7-1 可以看出,为了计算简单应对坐标变量 y 积分,求解如下:

```
>> syms y                        % 定义符号变量y
>> int(y+ 2- y^2,- 1,2)          % 求图形面积
ans =
    9/2
```

所以该图形面积为 $\dfrac{9}{2}$ 平方单位.

例 3   一块底边长 3 m、高 2 m 的三角形板,底边在上竖直插入水中,底边在水面下 1 m 处,试求其一面所受水的总压力.

解   以高与底边交点为原点、高为 x 轴、底边为 y 轴,建立坐标系,则 x 处的水深为 $(x+1)$m,压强为 $p = \rho g(x+1)$,应用微元法有

$$\mathrm{d}F = \rho g(x+1)\mathrm{d}s = \rho g(x+1)\,\frac{3}{2}(2-x)\mathrm{d}x.$$

```
>> int(1000* 9.8* 1.5* (x+ 1)* (2- x),0,2)
ans =
    49 000
```

故此三角形板一侧承受水的压力为 49 000 N.

【实验练习 2】

1. 求曲线 $y = 4 - x^2$ 和曲线 $y = x + 2$ 所围图形的面积,并画出草图.

2. 悬链线曲线为 $y = \dfrac{1}{2}(\mathrm{e}^x + \mathrm{e}^{-x})$,求悬链线位于 $x = -1$ 和 $x = 1$ 之间的弧长.

3. 一立方体储水桶高为 2 m,底面是边长为 0.5 m 的正方形,桶内盛满水,问需要做多少功才能把桶内的水全部吸出？

实验内容 3   绘制二元函数 $z = f(x,y)$ 的图形及由参数方程所确定的空间曲线

Matlab 软件中使用命令 mesh 或 surf 作三维图形,前者绘制三维网格图,后者绘制曲面图.绘制前必须先使用命令 meshgrid 生成 xOy 平面上给定范围中的网格点.操作步骤与格式如下：

```
[x,y] = meshgrid(xmin:h:xmax,ymin:h:ymax)
          mesh(x,y,z) 或 surf(x,y,z)
```

说明   (1) meshgrid 命令中 xmin:h:xmax 是冒号输入法,分别表示 x 范围的最小值:间隔:最大值,其余类推；

(2) mesh 和 surf 命令中的 z 必须是已经定义的二元函数,且要注意运算符是点列运算符.

例 4   用 mesh 和 surf 两种命令分别绘制二元函数 $z = 2x^2 + 3y^2$ 在 $x \in [-2,2]$,$y \in [-3,3]$ 的图像.

解

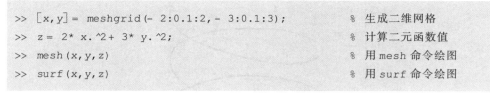

用 mesh 和 surf 两种命令绘制的图像如图 4-7-2 所示.

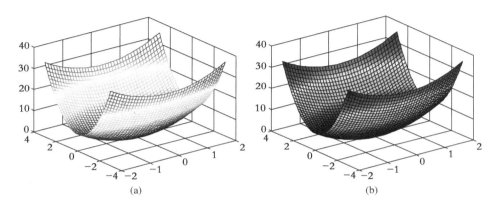

图 4-7-2

Matlab 软件中使用命令 plot3(x,y,z) 绘制由参数方程所确定的空间曲线图,命令格式如下:

plot3(x 或其参数方程,y 或其参数方程,z 或其参数方程)

例 5 绘制参数方程 $x = 4\cos t, y = 3\sin t, z = 2t$ 的曲线图.

解

```
>> t = [0:0.01:4* pi];
>> x = 4* cos(t);
>> y = 3* sin(t);
>> z = 2* t;
>> plot3(x,y,z)
```

用 plot 命令绘制的图像如图 4-7-3 所示.

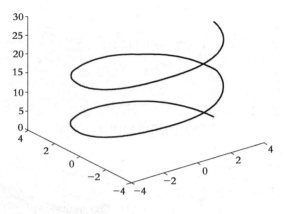

图 4-7-3

【实验练习 3】

1. 绘制下列函数在给定条件下的图像：

(1) $z = \cos(4x^2 + 9y^2), x \in [-1,1], y \in [0,2]$;

(2) $z = \dfrac{4}{1 + x^2 + y^2}, x \in [-2,2], y \in [-2,2]$.

2. 绘制方程为 $\begin{cases} x = \cos t, \\ y = \sin t, \\ z = t/10, \end{cases} t \in [0,8\pi]$ 的空间曲线.

实验内容 4　求二元函数的二重积分

Matlab 软件中依旧使用 int 命令求二重积分,其命令格式如下：

> int(int(被积函数名或其表达式,积分变量,下限,上限),积分变量,下限,上限)

例 6　求 $\iint\limits_{D} e^{-y^2} \, \mathrm{d}x\mathrm{d}y, D$ 为 $x = 0, y = x, y = 1$ 围成的区域.

解

```
>> clear
>> syms x y
>> int(int(exp(- y^2),x,0,y),y,0,1)
ans =
    - 1/2* exp(- 1) + 1/2
```

所以, $\iint\limits_{D} e^{-y^2} \, \mathrm{d}x\mathrm{d}y = \dfrac{1}{2}\left(1 - \dfrac{1}{\mathrm{e}}\right)$.

【实验练习 4】

1. 求下列二重积分：

(1) $\iint\limits_{D}\cos(x+y)\mathrm{d}x\mathrm{d}y$，其中 D 为 $x=0,y=\pi,y=x$ 所围成的区域；

(2) $\iint\limits_{D}\sqrt{x}\,\mathrm{d}x\mathrm{d}y$，其中 D 为 $x^2+y^2\leqslant x$；

(3) $\iint\limits_{D}(1-y)\mathrm{d}x\mathrm{d}y$，其中 D 为 $x=y^2$ 和 $x+y=2$ 所围成的区域；

(4) $\iint\limits_{D}xy\mathrm{d}x\mathrm{d}y$，其中 D 为 $y=\sqrt{x},y=x^2$ 所围成的区域.

【实验总结】

本节有关 Matlab 命令：

求积分　int

无穷大　inf

生成 xOy 平面的网格点　　meshgrid

绘制三维网格图　mesh

绘制三维曲面图　surf

绘制空间曲线图　plot3

§4.8　数学建模(三)——积分模型

4.8.1　第二宇宙速度模型

从地面垂直向上发射火箭,问离开地面的初速度为多大时,火箭才能离开地球飞向太空?

1. 模型假设

(1) 地球质量为 M,地球半径 $R=6.37\times10^8\,\mathrm{cm}$,地面上重力加速度为 $g=980\,\mathrm{cm/s^2}$；

(2) 火箭质量为 m,火箭离开地面的初速度为 v_0；

(3) 垂直地面向上的方向为 x 轴正向,x 轴与地面的交点 O 为原点,如图 4-8-1 所示；

(4) 不考虑空气阻力.

2. 模型建立

火箭离开地球飞向太空,需要足够大的初速度 v_0,即需要足够大的动能 $\dfrac{1}{2}mv_0^2$,以克服地球对火箭的引力所作的功 W,即

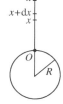

图 4-8-1

$$\frac{1}{2}mv_0^2 \geqslant W.$$

3. 模型求解

当火箭离开地面的距离为 x 时,按万有引力定律,火箭受到地球的引力为

$$f = \frac{kMm}{(R+x)^2} \quad (\text{其中 } k \text{ 为待定的万有引力系数}).$$

当火箭在地面($x = 0$)时,火箭受到地球引力就是火箭的重力 $f = mg$. 把它代入上式,有

$$mg = \frac{kMm}{(R+0)^2},$$

得

$$k = \frac{R^2 g}{M}.$$

把它代入上式,得火箭受到地球的引力为

$$f = \frac{\frac{R^2 g}{M}Mm}{(R+x)^2} = \frac{R^2 mg}{(R+x)^2}.$$

下面用微元分析法,求火箭从地面($x = 0$)上升到 h 时,火箭克服地球引力所做的功 W. 当火箭从 x 上升到 $x + \mathrm{d}x$,功的微元为

$$\mathrm{d}W = f\mathrm{d}x = \frac{R^2 mg}{(R+x)^2}\mathrm{d}x.$$

而火箭从 $x = 0$ 到 $x = h$ 克服地球引力所作功为

$$W = \int_0^h \mathrm{d}W = \int_0^h \frac{R^2 mg}{(R+x)^2}\mathrm{d}x.$$

如果火箭要离开地球飞向太空,有 $h \to +\infty$,这时火箭克服地球引力所作功为

$$W = \int_0^{+\infty} \mathrm{d}W = \int_0^{+\infty} \frac{R^2 mg}{(R+x)^2}\mathrm{d}x.$$

按广义积分意义,有

$$W = \int_0^{+\infty} \frac{R^2 mg}{(R+x)^2}\mathrm{d}x = \lim_{h \to +\infty}\int_0^h \frac{R^2 mg}{(R+x)^2}\mathrm{d}x$$

$$= \lim_{h \to +\infty} R^2 mg\left(\frac{1}{R} - \frac{1}{R+h}\right) = Rmg.$$

把上面求得的 W 代入前面建立的模型,有

$$\frac{1}{2}mv_0^2 \geqslant Rmg,$$

进而求得模型的解为

$$v_0 \geqslant \sqrt{2Rg}.$$

4. 模型应用

用 $R = 6.37 \times 10^8 \,\mathrm{cm}$、$g = 980\,\mathrm{cm/s}$ 代入模型的解,得

$$v_0 \geqslant \sqrt{2 \times 6.37 \times 10^8 \times 980} = 11.2 \times 10^5 (\mathrm{cm/s}) = 11.2\,(\mathrm{km/s}).$$

这就是火箭离开地球飞向太空所需的初速度,称为第二宇宙速度. 而绕地球运行的人造卫星发射的初速度为 $7.9\,\text{km/s}$,被称为第一宇宙速度.

4.8.2　人口增长模型

人口的增长是当今世界普遍关注的问题,我们经常会在报刊上看见人口增长的预报,比如说到 21 世纪中叶,全世界(或某地区)的人口将达到多少亿. 你可能注意到不同报刊对同一时间人口的预报在数字上常有较大的区别,这显然是由于使用了不同的人口模型的结果. 先看人口增长模型最简单的计算方法.

根据我国国家统计局 1990 年 10 月 30 日发表的公报:1990 年 7 月 1 日我国人口总数为 11.6 亿,过去 8 年的平均年增长率(即人口出生率减去死亡率)为 14.8‰. 如果今后的年增长率保持这个数字,那么容易算出 1 年后我国人口为

$$11.6 \times (1 + 0.0148) = 11.77(亿),$$

10 年后即 2000 年为　$11.6 \times (1 + 0.0148)^{10} \approx 13.44(亿).$

这种算法十分简单. 记人口基数为 x_0,t 年后人口为 x_t,年增长率 r,则预报公式为

$$x_t = x_0(1 + r)^t. \qquad\qquad ①$$

显然,这个公式的基本前提是年增长率 r 保持不变. 这个条件在什么情况下才能成立?如果不成立又该怎么办?人口模型发展历史过程回答了这个问题.

早在 18 世纪人们就开始进行人口预报工作,一两百年以来建立了许多模型,本节只介绍其中最简单的两种:指数增长模型和阻滞增长模型.

模型一　指数增长模型(Malthus 模型)

英国人口学家马尔萨斯根据百余年的人口统计资料,于 1798 年提出了著名的指数增长人口模型.

1. 模型假设

(1)只考虑人口自然出生与死亡,对迁入及迁出忽略不计,也不考虑影响人口变化的社会因素;

(2)设时刻 t 时某国家或某地区的人口总数为 $x(t)$,由于 $x(t)$ 通常是很大的整数,可假设 $x(t)$ 是连续、可微的. 记初始时刻 $t = t_0$ 时的人口数量为 x_0;

(3)单位时间内人口增长量与当时的人口总数成正比,比例系数 r 称为自然增长率. 当人口出生率与死亡率都是常数,自然增长率

$$r = 出生率 - 死亡率$$

也是常数.

2. 模型建立

考虑 t 到 $t + \Delta t$ 时间内的人口增长率,按假设有

$$x(t + \Delta t) - x(t) = rx(t)\Delta t.$$

令 $\Delta t \to 0$，要注意初始条件，就得模型

$$\begin{cases} \dfrac{\mathrm{d}x(t)}{\mathrm{d}t} = rx(t), \\ x(t_0) = x_0. \end{cases} \qquad ②$$

3. 模型求解

上述模型属微分方程模型. 其方程为一阶可分离变量方程，分离变量

$$\frac{\mathrm{d}x(t)}{x(t)} = r\mathrm{d}t,$$

积分 $$\ln x(t) = rt + \ln C,$$

即 $$x(t) = C\mathrm{e}^{rt}.$$

用初始条件代入，得 $C = x_0$，于是模型的解为

$$x(t) = x_0 \mathrm{e}^{rt}. \qquad ③$$

4. 模型分析与检验

容易看出，上述模型属指数型模型. 当自然增长率 $r > 0$ 时，模型 ③ 是指数增长模型；当 $r < 0$ 时，③ 是指数衰减模型. 显然 r 在模型 ③ 中起着关键作用.

当 $r \ll 1$ 时，有近似关系式，$\mathrm{e}^r \approx 1 + r$. 这时 ③ 可写成

$$x(t) = x_0 \mathrm{e}^{rt} = x_0 (\mathrm{e}^r)^t \approx x_0 (1 + r)^t,$$

从而表明 ① 是模型 ③ 的近似表示.

大量统计资料表明，模型 ③ 用于短期人口的估计有较好的近似程度. 但是当 $t \to \infty$ 时，$x(t) \to +\infty$，显然是不现实的. 例如，以 1987 年世界人口 50 亿为基数，以自然增长率 $r = 0.021$ 的速度增长. 用模型 ③ 预测 550 年后的 2 537 年，全世界人口将超过 510 万亿，到那时地球表面每平方米就要站一个人（且不论地球表面有 70% 是海洋及大片沙漠地区）. 显然这一预测是不合理的、错误的.

通过对一些地区人口资料分析，发现在人口基数较少时，人口的繁衍增长起主要作用. 人口自然增长率基本为常数. 但随着人口基数的增加，人口增长将越来越受自然资源、环境等条件的抑制，此时人口的自然增长率是变化的，即人口自然增长率是与人口数量有关的. 这就为修正指数增长人口模型 ③ 提供了线索，即要考虑修正"人口的自然增长率是常数"的基本假设.

模型二　阻滞增长模型（Logistic 模型）

按照前面的分析，增长率 r 是人口数量的函数，即 $r = r(x)$，而且 $r(x)$ 应是 x 的减函数. 一个最简单假设是设 $r(x)$ 为 x 的线性函数

$$r(x) = r - sx \quad (x, s > 0),$$

其中 r 是人口较少时的增长率，s 是待定系数.

1837 年荷兰生物学家韦赫斯特（Verhulst）引入一个常数 k，表示在达到自然

资源和环境条件所能允许的最大人口数量(也称环境最大容量)时,即:$x = k$ 时,人口不再增长,即有 $r(k) = 0$. 把这个常数代入上式,有 $0 = r - s \cdot k$,得 $s = \dfrac{r}{k}$,于是得到修正的自然增长率为

$$r(x) = r - \frac{r}{k}x = r\left(1 - \frac{x}{k}\right) \quad (r > 0). \tag{④}$$

其中因子 $(1 - \dfrac{x}{k})$ 体现了对人口增长的阻滞作用,称为**韦赫斯特因子**(Verhulst 因子).

1. 模型假设

(1),(2)与指数增长模型相同;

(3)在有限自然资源和环境条件下,能生存的最大人口数量为 k;

(4)每一个社会成员的出生、死亡与时间无明显关系. 随着人口增加,出生率下降,死亡率趋于上升,自然增长率为 $r(x) = r\left(1 - \dfrac{x}{k}\right)$.

2. 模型建立

按照上述假设,可得阻滞增长模型(也称自限增长模型),

$$\begin{cases} \dfrac{\mathrm{d}x}{\mathrm{d}t} = \left[r\left(1 - \dfrac{x}{k}\right)\right]x, \\ x(t_0) = x_0. \end{cases} \tag{⑤}$$

3. 模型求解

上述模型仍是微分方程模型,其方程仍是一阶可分离变量方程. 分离变量

$$\frac{\mathrm{d}x}{x\left(1 - \dfrac{x}{k}\right)} = r\mathrm{d}t,$$

即

$$\frac{1}{k}\left[\frac{k}{x}\mathrm{d}x + \frac{1}{1 - \dfrac{x}{k}}\mathrm{d}x\right] = r\mathrm{d}t.$$

两边积分,

$$\frac{1}{k}\left[k\ln x - k\ln\left(1 - \frac{x}{k}\right)\right] = rt + \ln C,$$

即

$$\frac{x}{1 - \dfrac{x}{k}} = C\mathrm{e}^{rt}.$$

当 $t = t_0$ 时,将 $x = x_0$ 代入上式,得 $C = \dfrac{x_0}{1 - \dfrac{x_0}{k}}\mathrm{e}^{-rt_0}$,于是

$$\frac{x}{1 - \dfrac{x}{k}} = \frac{x_0}{1 - \dfrac{x_0}{k}}\mathrm{e}^{r(t - t_0)}.$$

经整理就得模型的解

$$x(t) = \frac{k}{1 + \left(\dfrac{k}{x_0} - 1\right)\mathrm{e}^{-r(t-t_0)}}.$$ ⑥

4. 模型分析

对于模型 ⑤ 中的方程

$$\frac{\mathrm{d}x}{\mathrm{d}t} = r\left(1 - \frac{x}{k}\right)x = rx - r\frac{x^2}{k}.$$ ⑦

当 k 与 x 相比很大时，$r\dfrac{x^2}{k} = rx \cdot \dfrac{x}{k}$ 与 rx 相比可以忽略，阻滞增长模型 ⑤ 就变成指数增长模型 ③；当 k 与 x 相比不是很大时，$r\dfrac{x^2}{k}$ 就不能忽略，其作用是使人口的增加速度减缓下来.

式 ⑦ 右端是 x 的二次函数，易于证明 $x = \dfrac{k}{2}$ 时，$\dfrac{\mathrm{d}x}{\mathrm{d}t}$ 最大，它表明人口增长率在 $x = \dfrac{k}{2}$ 时达最大值.

由式 ⑥ 可以看出，当 $t \to \infty$ 时，$x(t) \to k$，且对于一切 t，$x(t) < k$，它表明人口数量不可能达到自然资源和环境条件下的最大数量，但可渐近最大数量.

$x(t)$ 与 $\dfrac{\mathrm{d}x(t)}{\mathrm{d}t}$ 的图形如图 4-8-2 所示，其中图(b)中的曲线称为 S 型曲线(或 logistic 曲线).

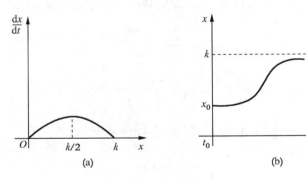

(a)　　　　　　　　　　　　(b)

图 4-8-2

5. 模型检验

用指数增长模型 ③ 和阻滞增长模型 ⑥ 计算所得美国人口预测数，如表4-8-1所示(其中 $k = 197\ 273\ 000$，$r = 0.031\ 34$).易于看出，作为短期预测，模型 ③ 与模型 ⑥ 不相上下，但作为中长期预测，模型 ⑥ 比较合理些.

表 4-8-1　美国人口预测数列表

年份	实际统计 （百万人）	指数增长模型 （百万人）	误差（%）	阻滞增长模型 （百万人）	误差（%）
1790	3.929	3.929	0	3.929	0
1800	5.308	5.308	0	5.336	0.5
1810	7.240	7.171	−0.9	7.228	−0.2
1820	9.638	9.688	0.5	9.757	1.2
1830	12.866	13.088	1.7	13.109	1.9
1840	17.069	17.682	3.6	17.506	2.6
1850	23.192	23.882	3.0	23.192	0
1860	31.443	32.272	2.6	30.412	−3.2
1870	38.558	43.590	13.1	39.372	2.1
1880	50.156	58.901	17.4	50.177	0
1890	62.948	79.574	26.4	62.769	−0.3
1900	75.995	107.503	41.5	76.870	1.2
1910	91.972	145.234	57.9	91.972	0
1920	105.711	196.208	85.6	107.559	1.7
1930	122.775	265.074	115.9	123.124	0.3
1940	131.669	358.109	172.0	136.653	3.8
1950	150.697	483.798	221.0	149.053	−1.1

　　阻滞增长模型用途十分广泛，除用于预测人口增长外，还可以类似地用于昆虫增长、疾病的传播、谣言的传播、技术革新的推广、销售预测等．这个模型的最大缺点是模型中的参数 k 不易确定．

　　指数增长模型和阻滞增长模型都是确定性的，只考虑人口总数的连续时间模型．在研究过程中，人们还发展了随机性模型、考虑人口年龄分布的模型等，其中有连续时间模型，也有离散时间模型，这里就不再详细介绍了．

练习与思考 4-8

　　1. 1650 年世界人口为 5 亿，当时的年增长率为 3‰．用指数增长模型计算，何时世界人口达到 10 亿（实际上 1850 年前已超过 10 亿）？1970 年世界人口为 36 亿，年增长率为 21‰．用指数增长模型预测，何时世界人口会翻一番？（这个结果可信吗？）你对用同样的模型得到的两个结果，有什么看法？

　　2. 设一容积为 $V(\mathrm{m}^3)$ 的大湖受到某种物质的污染，污染物均匀地分布在湖中，设湖水更新的速率为 $r(\mathrm{m}^3/\mathrm{d})$，并假设湖水的体积没有变化，试建立湖水污染浓度的数学模型．

　　（1）美国安大略湖容积为 $5.941 \times 10^{12}(\mathrm{m}^3)$，湖水的流量为 $4.454 \times 10^{10}(\mathrm{m}^3/\mathrm{d})$．湖水现阶段的污染浓度为 10%，外面进入湖中的水的污染浓度为 5%，并假设该值没有变化，求经过 500d

后的湖水污染浓度.

（2）美国密西根湖的容积为 $4.871 \times 10^{12}（\mathrm{m}^3）$.湖水的流量为 $3.663 \times 10^{10}（\mathrm{m}^3/\mathrm{d}）$.

由于治理污染措施得力及某时刻起污染源被切断，求污染被中止后，污染物浓度下降到原来的 5% 所需的时间.

本 章 小 结

一、基 本 思 想

定积分方法是计算一元函数 $f(x)$ 在区间 $[a,b]$ 上的整体量的一种无限逼近的方法.它通过分割、近似、求和、取极限 4 个步骤，把未知的整体量化为已知的整体量.突出 4 个步骤中"近似"的关键一步，就概括和简化出微元分析法.该方法是处理整体量的最常用的方法，也是建立微分方程的常用方法.

定积分是由极限概念引入的.它是一个和式极限，代表一个确定的数.它的值只与有界的被积函数和有限积分区间有关，与积分变量无关.如果被积函数无界或积分区间无限，就不是常态意义下的积分，而是广义积分，它也是用极限定义的.

不定积分是由求导数（或微分）的逆运算引入.它是原函数的全体，代表一族函数.虽然"不定"积分与"定"积分只是一字之差，却是两个截然不同的概念，且又通过牛顿-莱布尼兹公式联系起来：借助不定积分（或原函数）求出定积分的值.

积分法（求原函数或不定积分的方法）与微分法（求导数或微分的方法）互为逆运算.有一个导数（或微分）公式，就有一个积分公式，进而构成基本积分表.利用基本积分表和积分性质（主要是线性运算性质），就可使积分计算代数化，即通过套公式计算积分，但只能解决一些简单函数的积分.当被积函数是函数的复合与函数的乘积时，就需要借助换元积分法与分部积分法来处理.从本质上讲，定积分与不定积分都有一个求原函数的问题，因而其积分方法相似.基于这个共同点，本教材把不定积分与定积分计算合在一起分析.

最后需要指出，从理论上讲，初等函数的原函数一定存在，但却有少数初等函数的原函数却不能用初等函数表达.例如：$\int \mathrm{e}^{-x^2}\,\mathrm{d}x$，$\int \dfrac{\sin x}{x}\,\mathrm{d}x$，$\int \dfrac{1}{\ln x}\,\mathrm{d}x$ 等.如果把原函数限制在初等函数范围内，我们就称这些函数的积分是积不出来的.

二、主 要 内 容

1. 积分的概念

（1）定义.函数 $f(x)$ 在区间 $[a,b]（a < b）$ 上的定积分，是将通过区间分割、小区间上取点求和、取极限所得的和式的极限，即

$$\lim_{x \to 0} \sum_{i=1}^{n} f(\xi_i)\Delta x_i = \int_a^b f(x)\,\mathrm{d}x.$$

该极限值与区间分割方法、小区间上取点方法无关. 定积分 $\int_a^b f(x)\mathrm{d}x$ 代表一个常数,它与被积

函数 $f(x)$、积分区间 $[a,b]$ 有关,与积分变量 x 无关. 当 $a > b$ 时,规定 $\int_a^b f(x)\mathrm{d}x = -\int_b^a f(x)\mathrm{d}x$.
定积分在几何上表示由曲线 $y = f(x)$,直线 $x = a$, $x = b$ 与 x 轴所围的曲边梯形面积.

　　如果积分区间为无穷区间或被积函数为无界函数时,该积分称为广义积分,由定积分的极
限来定义.

　　如果在某区间上 $F'(x) = f(x)$,则 $F(x)$ 是 $f(x)$ 在该区间上的一个原函数,而 $f(x)$ 的全体
原函数 $F(x) + C$ 称为 $f(x)$ 的不定积分,记作

$$\int f(x)\mathrm{d}x = F(x) + C \quad (C \text{ 为积分常数}).$$

不定积分的几何意义是由一条原函数的曲线经上、下平行移动所得积分曲线族,在同一横坐标
处所有积分曲线的切线都平行.

　　(2) 主要性质. 设所论函数在讨论区间上连续.

性　　质	不定积分	定积分
线性运算	$\int [k_1 f(x) + k_2 g(x)]\mathrm{d}x$ $= k_1 \int f(x)\mathrm{d}x + k_2 \int g(x)\mathrm{d}x$	$\int_a^b [k_1 f(x) + k_2 g(x)]\mathrm{d}x$ $= k_1 \int_a^b f(x)\mathrm{d}x + k_2 \int_a^b g(x)\mathrm{d}x$
求导数(或微分)	$\dfrac{\mathrm{d}}{\mathrm{d}x}\int f(x)\mathrm{d}x = f(x)$ $\mathrm{d}\int f(x)\mathrm{d}x = f(x)\mathrm{d}x$	$\dfrac{\mathrm{d}}{\mathrm{d}x}\int_a^x f(t)\mathrm{d}t = f(x)$ $\mathrm{d}\int_a^x f(t)\mathrm{d}t = f(x)\mathrm{d}x$
存在性	如果 $f(x)$ 在某区间上连续,则 $f(x)$ 在该区间上的原函数 $F(x)$ 一定存在	如果 $f(x)$ 在 $[a,b]$ 上连续,则 $f(x)$ 在 $[a,b]$ 上的定积分一定存在
其他性质		$\int_a^b f(x)\mathrm{d}x = \int_a^c f(x)\mathrm{d}x + \int_c^b f(x)\mathrm{d}x$ $\int_a^b f(x)\mathrm{d}x = f(\xi)(b-a), \xi \in [a,b]$

　　(3) 牛顿-莱布尼兹公式:设 $f(x)$ 在 $[a,b]$ 上连续,且 $F'(x) = f(x)$,则

$$\int_a^b f(x)\mathrm{d}x = F(x)\Big|_a^b = F(b) - F(a),$$

它揭示了定积分与原函数之间的内在联系,为计算定积分提供了有效途径.

2. 积分的计算

　　由于不定积分与定积分都有一个求原函数的问题,所以其积分方法也相似,都是利用基本
积分表求出原函数的.

　　(1) 基本积分表. 基本积分公式共有 20 个,它们是积分计算的基础.

　　由于微分形式不变性,每个基本积分公式中的积分变量 x 都可扩充到 x 的函数 $u = \varphi(x)$,即:
对于基本积分公式 $\int f(x)\mathrm{d}x = F(x) + C$,则可推广到 $\int f(u)\mathrm{d}u = F(u) + C$,其中 u 是 x 的可微函数

$u = \varphi(x)$. 例如,基本积分公式 $\int a^x \mathrm{d}x = \dfrac{a^x}{\ln a} + C$,可扩充到 $\int a^u \mathrm{d}u = \dfrac{a^u}{\ln a} + C$,其中 $u = \varphi(x)$. 该性质称为积分形式不变性.

(2) 基本积分法. 在一些条件下,有下列积分基本法则.

基本积分法		不定积分	定积分
换元积分法	第一类换元法（凑微分法）	$\int f[\varphi(x)]\varphi'(x)\mathrm{d}x = \int f[\varphi(x)]\mathrm{d}\varphi(x)$ $\xrightarrow[\text{换元}]{\varphi(x)=u} \int f(u)\mathrm{d}u \xrightarrow{\text{如果}} F(u) + C$ $\xrightarrow[\text{回代}]{u=\varphi(x)} F[\varphi(x)] + C$	$\int_a^b f[\varphi(x)]\varphi'(x)\mathrm{d}x = \int_a^b f[\varphi(x)]\mathrm{d}\varphi(x)$ $\xrightarrow[\text{换元}]{\varphi(x)=u} \int_{\varphi(a)}^{\varphi(b)} f(u)\mathrm{d}u \xrightarrow{\text{如果}} F(u)\big|_{\varphi(a)}^{\varphi(b)}$ $= F[\varphi(b)] - F[\varphi(a)]$
	第二类换元法	$\int f(x)\mathrm{d}x \xrightarrow[\text{换元}]{x=\varphi(t)} \int f[\varphi(t)]\varphi'(t)\mathrm{d}t$ $\xrightarrow{\text{如果}} F(t) + C \xrightarrow[\text{回代}]{t=\varphi^{-1}(x)} F[\varphi^{-1}(x)] +$ C,其中 $t = \varphi^{-1}(x)$ 为 $x = \varphi(t)$ 的反函数	$\int_a^b f(x)\mathrm{d}x \xrightarrow[\text{换元}]{x=\varphi(t)} \int_{a=\varphi^{-1}(a)}^{\beta=\varphi^{-1}(b)} f[\varphi(t)]\varphi'(t)\mathrm{d}t$ $\xrightarrow{\text{如果}} F(t)\big|_a^\beta = F(\beta) - F(\alpha)$,其中 $\varphi(\alpha) = a,\ \varphi(\beta) = b$
分部积分法		$\int u\mathrm{d}v = uv - \int v\mathrm{d}u$	$\int_a^b u\mathrm{d}v = uv\big|_a^b - \int_a^b v\mathrm{d}u$

由于定积分换元积分法不需要回代,计算相对简便些.

(3) 基本积分技巧. 由于积分方法比微分方法来得灵活,下面把一些积分技巧归纳如下.

对于第一类换元积分法（凑微分法）,常见凑微分形式有:

$$\int f(ax + b)\mathrm{d}x = \int f(ax + b)\left[\frac{1}{a}\mathrm{d}(ax + b)\right];$$

$$\int f(\sqrt{x})\,\frac{1}{\sqrt{x}}\mathrm{d}x = \int f(\sqrt{x})[2\mathrm{d}\sqrt{x}];$$

$$\int f\left(\frac{1}{x}\right)\frac{\mathrm{d}x}{x^2} = \int f\left(\frac{1}{x}\right)\left[-\mathrm{d}\left(\frac{1}{x}\right)\right];$$

$$\int f(\mathrm{e}^x)\mathrm{e}^x\mathrm{d}x = \int f(\mathrm{e}^x)[\mathrm{d}(\mathrm{e}^x)];$$

$$\int f(\ln x)\,\frac{\mathrm{d}x}{x} = \int f(\ln x)[\mathrm{d}\ln x];$$

$$\int f(\sin x)\cos x\mathrm{d}x = \int f(\sin x)[\mathrm{d}\sin x];$$

$$\int f(\cos x)\sin x\mathrm{d}x = \int f(\cos x)[-\mathrm{d}\cos x];$$

$$\int f(\tan x)\,\frac{\mathrm{d}x}{\cos^2 x} = \int f(\tan x)[\mathrm{d}\tan x];$$

$$\int \frac{f(\arcsin x)}{\sqrt{1 - x^2}}\mathrm{d}x = \int f(\arcsin x)\mathrm{d}[\arcsin x];$$

$$\int \frac{f(\arctan x)}{1 + x^2} = \int f(\arctan x)[\mathrm{d}\arctan x].$$

对于第二类换元积分法,常见换元形式有:

$\int R(\sqrt[n]{ax+b})\mathrm{d}x$，令 $\sqrt[n]{ax+b}=t$，即 $x=\dfrac{t^n-b}{a}(t>0)$；

$\int R(\sqrt[m]{ax+b},\sqrt[n]{ax+b})\mathrm{d}x$，令 $\sqrt[e]{ax+b}=t$，即 $x=\dfrac{t^e-b}{a}(t>0)$，其中 e 为 m,n 最小公倍数；

$\int R(\sqrt{a^2-x^2})\mathrm{d}x$，令 $x=a\sin t(-\dfrac{\pi}{2}<t<\dfrac{\pi}{2})$；

$\int R(\sqrt{a^2+x^2})\mathrm{d}x$，令 $x=a\tan t(-\dfrac{\pi}{2}<t<\dfrac{\pi}{2})$.

对于分部积分法，选择 u 的形式有：

$\int p_n(x)\mathrm{e}^x\mathrm{d}x$ 或 $\int p_n(x)\sin x\mathrm{d}x$，令 $u=p_n(x)$，其中 $p_n(x)$ 为 x 的 n 次多项式；

$\int p_n(x)\ln x\mathrm{d}x$ 或 $\int p_n(x)\arcsin x\mathrm{d}x$，令 $u=\ln x$ 或 $\arcsin x$，其中 $p_n(x)$ 为 x 的 n 次多项式.

3. 积分的应用

(1) 不定积分的应用：计算定积分，解微分方程.

(2) 定积分的应用：采用微元分析法，求一元函数 $f(x)$ 在区间 $[a,b]$ 上的整体量，其中要求整体量对区间具有可加性. 主要用于求平面图形的面积、旋转体的体积等.

本 章 复 习 题

一、选择题

1. 下列等式成立的是（　　）.

    A. $\int x^a\mathrm{d}x=\dfrac{1}{\alpha+1}x^{\alpha-1}+C$；　　　　　B. $\int\cos x\mathrm{d}x=\sin x+C$；

    C. $\int a^x\mathrm{d}x=a^x\ln a+C$；　　　　　　　　D. $\int\tan x\mathrm{d}x=\dfrac{1}{1+x^2}+C$.

2. $\int\dfrac{\mathrm{d}x}{\mathrm{e}^x+\mathrm{e}^{-x}}$ 的结果为 _____

    A. $\arctan\mathrm{e}^x+C$；　　　　　　　　　　B. $\arctan\mathrm{e}^{-x}+C$；

    C. $\mathrm{e}^x-\mathrm{e}^{-x}+C$；　　　　　　　　　　D. $\ln|\mathrm{e}^x+\mathrm{e}^{-x}|+C$.

3. 计算 $\int f'\left(\dfrac{1}{x}\right)\dfrac{1}{x^2}\mathrm{d}x$ 的结果为（　　）.

    A. $f\left(-\dfrac{1}{x}\right)+C$；　　　　　　　　　　B. $-f\left(-\dfrac{1}{x}\right)+C$；

    C. $f\left(\dfrac{1}{x}\right)+C$；　　　　　　　　　　D. $-f\left(\dfrac{1}{x}\right)+C$.

4. 如果 $F_1(x)$ 和 $F_2(x)$ 是 $f(x)$ 的两个不同的原函数，那么 $\int[F_1(x)-F_2(x)]\mathrm{d}x$

是(　　).

　　A. $f(x)+C$;　　　　B. 0;　　　　　C. 一次函数;　　　　　D. 常数.

5. 在闭区间上的连续函数,它的原函数个数是(　　).

　　A. 1个;

　　B. 有限个;

　　C. 无限多个,但彼此只相差一个常数;

　　D. 不一定有原函数.

二、填空题

1. 如果 $f'(x)=g'(x)$,$x\in(a,b)$,则在(a,b)内 $f(x)$ 和 $g(x)$ 的关系式是 _____.

2. 一物体以速度 $v=3t^2+4t$(单位:m/s)作直线运动,当 $t=2\mathrm{s}$ 时,物体经过的路程 $s=16\mathrm{m}$,则这物体的运动方程是 _____.

3. 如果 $F'(x)=f(x)$,且 A 是常数,那么积分 $\int[f(x)+A]\mathrm{d}x=$ _____.

4. $\displaystyle\int\frac{f'(x)}{1+[f(x)]^2}\mathrm{d}x=$ _____.

5. $\displaystyle\int\frac{1}{\sqrt{a^2-x^2}}\mathrm{d}x=$ _____.

6. $\displaystyle\int\mathrm{e}^{f(x)}f'(x)\mathrm{d}x=$ _____.

7. $\displaystyle\int\frac{\tan x}{\ln\cos x}\mathrm{d}x=$ _____.

8. $\displaystyle\mathrm{d}\left[\int\frac{\cos^2 x}{1+\sin^2 x}\mathrm{d}x\right]=$ _____.

9. $\displaystyle\int\left(\frac{\cos x}{1+\sin x}\right)'\mathrm{d}x=$ _____.

10. $\displaystyle\left[\int\frac{\sin x}{1+x^2}\mathrm{d}x\right]'=$ _____.

三、解答题

1. 求下列各不定积分:

(1) $\displaystyle\int\frac{\mathrm{d}x}{\sin^2 x\cos^2 x}$;

(2) $\displaystyle\int\sin^2 x\cos^2 x\mathrm{d}x$;

(3) $\displaystyle\int\frac{\sin\sqrt{x}}{\sqrt{x}}\mathrm{d}x$;

(4) $\displaystyle\int\frac{1-\cos x}{1+\cos x}\mathrm{d}x$;

(5) $\displaystyle\int x\sqrt{2x^2+1}\mathrm{d}x$;

(6) $\displaystyle\int\frac{(\ln x)^2}{x}\mathrm{d}x$;

(7) $\displaystyle\int\frac{1}{x\ln\sqrt{x}}\mathrm{d}x$;

(8) $\displaystyle\int\frac{\mathrm{e}^{2x}-1}{\mathrm{e}^x}\mathrm{d}x$;

(9) $\displaystyle\int \frac{(\arctan x)^2}{1+x^2}\mathrm{d}x$;

(10) $\displaystyle\int \frac{\arcsin x}{\sqrt{1-x^2}}\mathrm{d}x$;

(11) $\displaystyle\int \frac{\mathrm{d}x}{3+4x^2}$;

(12) $\displaystyle\int \frac{\cos x}{a^2+\sin^2 x}\mathrm{d}x$;

(13) $\displaystyle\int \frac{2x-7}{4x^2+12x+5}\mathrm{d}x$;

(14) $\displaystyle\int \frac{1}{x^2+2x+2}\mathrm{d}x$;

(15) $\displaystyle\int x^2\ln(x-3)\mathrm{d}x$;

(16) $\displaystyle\int x^2\sin 2x\,\mathrm{d}x$;

(17) $\displaystyle\int \cos\sqrt{x}\,\mathrm{d}x$;

(18) $\displaystyle\int \frac{\ln(\arcsin x)}{\sqrt{1-x^2}\,\arcsin x}\mathrm{d}x$;

(19) $\displaystyle\int \cos 3x\sin 2x\,\mathrm{d}x$;

(20) $\displaystyle\int x^2\cos^2\frac{x}{2}\mathrm{d}x$;

(21) $\displaystyle\int xf''(x)\mathrm{d}x$;

(22) $\displaystyle\int [f(x)+xf'(x)]\mathrm{d}x$;

(23) $\displaystyle\int \frac{2x+3}{\sqrt{3-2x-x^2}}\mathrm{d}x$;

(24) $\displaystyle\int \sqrt{3+2x-x^2}\,\mathrm{d}x$.

2. 设某函数当 $x=1$ 时有极小值,当 $x=-1$ 时有极大值 4,又知这个函数的导数 $y'=3x^2+bx+c$,求此函数.

3. 设一质点作直线运动,其速度为 $v(t)=\dfrac{1}{3}t^2-\dfrac{1}{2}t^3$,开始时它位于原点,求当 $t=2$ 时质点位于何处?

4. 从地面上以初速 v_0 将一质量为 m 的物体垂直向上发射,如不计空气阻力,试求该物体所经过的路程 s 与时间 t 的函数关系.(提示:取坐标轴铅直向上为正,原点在地面上.)

第 **5** 章

线性代数初步

　　矩阵代数是研究线性代数的工具,而线性代数则是代数学的一个分支,它以研究向量空间与线性映射为对象,是讨论矩阵理论、与矩阵结合的有限维向量空间及其线性变换理论的一门学科. 由于费马和笛卡儿的工作,线性代数出现于 17 世纪. 直到 18 世纪末,线性代数的领域还只限于平面与空间. 19 世纪上半叶才完成了到 n 维向量空间的过渡. 矩阵论始于凯莱,在 19 世纪下半叶,因约当的工作而达到了它的顶点. 1888 年,皮亚诺以公理的方式定义了有限维或无限维向量空间. 托普利茨将线性代数的主要定理推广到任意体上最一般的向量空间中.

　　"代数"这个词在我国出现较晚,清代时才传入中国,当时被人们译成"阿尔热巴拉",直到 1859 年,清代著名的数学家、翻译家李善兰才将它翻译成为"代数学",一直沿用至今. 而线性代数的主要理论成熟于 19 世纪,第一块基石(二、三元线性方程组的解法) 则早在两千年前出现于我国古代数学名著《九章算术》,当时的矩阵被称为"方程".

　　线性代数在数学、力学、物理学和技术学科中有着重要应用,因而它在各种代数分支中占据首要地位;特别在计算机广泛应用的今天,计算机图形学、计算机辅助设计、密码学、虚拟现实等技术无不以线性代数为其理论和算法基础的一部分. 该学科所体现的几何观念与代数方法之间的联系,从具体概念抽象出来的公理化方法以及严谨的逻辑推证、巧妙的归纳综合等,对于强化人们的数学训练、增益科学智能是非常有用的.

　　矩阵是现代科学技术不可缺少的数学工具,特别在电子计算机普及的情况下,矩阵的方法得到了更广泛的应用. 本章主要介绍矩阵的概念及其运算. 由于矩阵代数与行列式紧密相关,所以先介绍行列式,它也是一种重要的数学工具.

§5. 1　行　列　式

　　行列式是研究线性代数的一个工具,它是为求解线性方程组而引入的,但在数学的其他分支应用也很广泛.

5.1.1　行列式的定义

1. 二阶、三阶行列式

　　定义 1　符号　　　　　　　　　$\begin{vmatrix} a_{11} & a_{12} \\ a_{21} & a_{22} \end{vmatrix}$

称为**二阶行列式**. 它由两行两列共 2^2 个数组成,它代表一个算式,等于数($a_{11}a_{22}-$

$a_{12}a_{21}$),即　　　　　　　$\begin{vmatrix} a_{11} & a_{12} \\ a_{21} & a_{22} \end{vmatrix} = a_{11}a_{22} - a_{12}a_{21}.$

其中 $a_{ij}(i,j=1,2)$ 称为**行列式的元素**,第一个下标 i 表示第 i 行,第二个下标 j 表示第 j 列. a_{ij} 就表示第 i 行第 j 列相交处的那个元素. 从左上角到右下角的对角线称为**行列式的主对角线**,而从左下角到右上角的对角线称为**副对角线**. 因此二阶行列式的值等于主对角线上两个元素的乘积与副对角线上两个元素乘积的差. 例如

$$\begin{vmatrix} -2 & 3 \\ 5 & -4 \end{vmatrix} = (-2) \times (-4) - 3 \times 5 = -7.$$

　　定义 2　符号　　　　　　　$D = \begin{vmatrix} a_{11} & a_{12} & a_{13} \\ a_{21} & a_{22} & a_{23} \\ a_{31} & a_{32} & a_{33} \end{vmatrix}$

称为**三阶行列式**,它由 3^2 个数组成,也代表一个算式,即

$$D = \begin{vmatrix} a_{11} & a_{12} & a_{13} \\ a_{21} & a_{22} & a_{23} \\ a_{31} & a_{32} & a_{33} \end{vmatrix}$$

$$= a_{11}a_{22}a_{33} + a_{12}a_{23}a_{31} + a_{13}a_{21}a_{32} - a_{13}a_{22}a_{31} - a_{11}a_{23}a_{32} - a_{12}a_{21}a_{33}.$$

　　二、三阶行列式常用对角线法计算,如图 5-1-1 所示. 即三阶行列式是将主对角线方向的元素之积定为正,副对角线方向的元素之积定为负,把这些元素之积相加就是三阶行列式的值.

　　例 1　计算下列行列式:

$$(1)\ \begin{vmatrix} \cos^2\alpha & \sin^2\alpha \\ \sin^2\alpha & \cos^2\alpha \end{vmatrix};\qquad (2)\ \begin{vmatrix} 2 & -3 & 1 \\ 1 & 1 & 1 \\ 3 & 1 & -2 \end{vmatrix}.$$

　　解　$(1)\ \begin{vmatrix} \cos^2\alpha & \sin^2\alpha \\ \sin^2\alpha & \cos^2\alpha \end{vmatrix} = \cos^4\alpha - \sin^4\alpha$

$$= (\cos^2\alpha - \sin^2\alpha)(\cos^2\alpha + \sin^2\alpha)$$

$$= \cos 2\alpha;$$

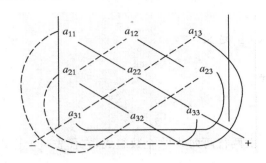

图 5-1-1

$$(2)\quad \begin{vmatrix} 2 & -3 & 1 \\ 1 & 1 & 1 \\ 3 & 1 & -2 \end{vmatrix} = 2\times 1\times(-2)+(-3)\times 1\times 3+1\times 1\times 1$$
$$-1\times 1\times 3-2\times 1\times 1-(-3)\times 1\times(-2)$$
$$=-23.$$

2. n 阶行列式

定义 3　n 阶行列式由 n^2 个元素构成，记作

$$D_n = \begin{vmatrix} a_{11} & a_{12} & \cdots & a_{1n} \\ a_{21} & a_{22} & \cdots & a_{2n} \\ \vdots & \vdots & & \vdots \\ a_{n1} & a_{n2} & \cdots & a_{nn} \end{vmatrix},$$

其中 $a_{ij}(i,j=1,2,\cdots,n)$ 称为行列式第 i 行第 j 列的元素. D_n 代表一个由确定的递推运算关系所得到的数或算式：

当 $n=1$ 时，规定　　　　　　　　$D_1 = a_1$；

当 $n=2$ 时，　　　　　　　$D_2 = \begin{vmatrix} a_{11} & a_{12} \\ a_{21} & a_{22} \end{vmatrix}$；

当 $n>2$ 时，　　$D_n = a_{11}A_{11}+a_{12}A_{12}+\cdots+a_{1n}A_{1n}=\sum_{j=1}^{n} a_{1j}A_{1j}$.

这里 A_{ij} 称为元素 a_{ij} 的**代数余子式**，且

$$A_{ij}=(-1)^{i+j}M_{ij},$$

这里 M_{ij} 为 a_{ij} 的**余子式**，它是由 D_n 划去元素 a_{ij} 所在行与列后，余下元素按原来顺序构成的 $n-1$ 阶行列式. 例如三阶行列式

$$\begin{vmatrix} a_{11} & a_{12} & a_{13} \\ a_{21} & a_{22} & a_{23} \\ a_{31} & a_{32} & a_{33} \end{vmatrix}$$

中元素 a_{23} 的代数余子式为

$$A_{23} = (-1)^{2+3} M_{23} = -\begin{vmatrix} a_{11} & a_{12} \\ a_{31} & a_{32} \end{vmatrix}.$$

特殊地,有

$$D_n = \begin{vmatrix} a_{11} & 0 & \cdots & 0 \\ 0 & a_{22} & \cdots & 0 \\ \vdots & \vdots & & \vdots \\ 0 & 0 & \cdots & a_{nn} \end{vmatrix},$$

$$D_n = \begin{vmatrix} a_{11} & a_{12} & \cdots & a_{1n} \\ 0 & a_{22} & \cdots & a_{2n} \\ \vdots & \vdots & & \vdots \\ 0 & 0 & \cdots & a_{nn} \end{vmatrix},$$

$$D_n = \begin{vmatrix} a_{11} & 0 & \cdots & 0 \\ a_{21} & a_{22} & \cdots & 0 \\ \vdots & \vdots & & \vdots \\ a_{n1} & a_{n2} & \cdots & a_{nn} \end{vmatrix},$$

分别被称为**主对角行列式**、**上三角行列式**、**下三角行列式**. 按定义可算得三个行列式的值都为 $a_{11} a_{12} \cdots a_{nn}$.

5.1.2　行列式的性质与计算

1. 行列式的性质

　　定义 4　将行列式 D 的行与相应的列互换后得到的新行列式,称为 D 的**转置行列式**,记为 D^{T}. 即若

$$D = \begin{vmatrix} a_{11} & a_{12} & a_{13} \\ a_{21} & a_{22} & a_{23} \\ a_{31} & a_{32} & a_{33} \end{vmatrix},$$

则

$$D^{\mathrm{T}} = \begin{vmatrix} a_{11} & a_{21} & a_{31} \\ a_{12} & a_{22} & a_{32} \\ a_{13} & a_{23} & a_{33} \end{vmatrix}$$

　　行列式具有如下性质:

　　性质 1　行列式转置后,其值不变,即 $D = D^{\mathrm{T}}$.

　　性质 2　互换行列式中的任意两行(列),行列式值变号.

　　性质 3　如果行列式中有两行(列)的对应元素相同,则此行列式为零.

　　性质 4　如果行列式中有一行(列)元素全为零,则这个行列式等于零.

　　性质 5　把行列式的某一行(列)的每一个元素同乘以数 k,等于以数 k 乘该行

列式,即

$$\begin{vmatrix} a_{11} & a_{12} & a_{13} \\ ka_{21} & ka_{22} & ka_{23} \\ a_{31} & a_{32} & a_{33} \end{vmatrix} = k \begin{vmatrix} a_{11} & a_{12} & a_{13} \\ a_{21} & a_{22} & a_{23} \\ a_{31} & a_{32} & a_{33} \end{vmatrix}.$$

推论 1　如果行列式某行(列)的所有元素有公因子,则公因子可以提到行列式外面.

推论 2　如果行列式有两行(列)的对应元素成比例,则行列式等于零.

性质 6　如果行列式中的某一行(列)所有元素都是两个数的和,则此行列式等于两个行列式的和,而且这两个行列式除了这一行(列)以外,其余的元素与原行列式的对应元素相同,即

$$\begin{vmatrix} a_{11} & a_{12} & a_{13} \\ a_{21}+b_{21} & a_{22}+b_{22} & a_{23}+b_{23} \\ a_{31} & a_{32} & a_{33} \end{vmatrix} = \begin{vmatrix} a_{11} & a_{12} & a_{13} \\ a_{21} & a_{22} & a_{23} \\ a_{31} & a_{32} & a_{33} \end{vmatrix} + \begin{vmatrix} a_{11} & a_{12} & a_{13} \\ b_{21} & b_{22} & b_{23} \\ a_{31} & a_{32} & a_{33} \end{vmatrix}.$$

性质 7　以数 k 乘行列式的某一行(列)的所有元素,然后加到另一行(列)的对应元素上,则行列式的值不变,即

$$\begin{vmatrix} a_{11} & a_{12} & a_{13} \\ a_{21} & a_{22} & a_{23} \\ a_{31} & a_{32} & a_{33} \end{vmatrix} = \begin{vmatrix} a_{11} & a_{12} & a_{13} \\ ka_{11}+a_{21} & ka_{12}+a_{22} & ka_{13}+a_{23} \\ a_{31} & a_{32} & a_{33} \end{vmatrix}.$$

规定:

(1) $r_i \leftrightarrow r_j (c_i \leftrightarrow c_j)$,表示第 i 行(列)与第 j 行(列)交换位置;

(2) $kr_i + r_j (kc_i + c_j)$,表示第 i 行(列)的元素乘数 k 加到第 j 行(列)上.

2. 行列式的按行(列)展开

定理 1(拉普拉斯定理)　n 阶行列式 D_n 等于它的任一行(或列)各元素与其对应元素的代数余子式乘积之和,即

$$D_n = a_{i1}A_{i1} + a_{i2}A_{i2} + \cdots + a_{in}A_{in}(按第 i 行展开, i = 1,2,\cdots,n),$$

或　　　$D_n = a_{1j}A_{1j} + a_{2j}A_{2j} + \cdots + a_{nj}A_{nj}(按第 j 列展开, j = 1,2,\cdots n),$

上两式为拉普拉斯展开式. 该定理是 n 阶行列式定义的推广. 这样计算 n 阶行列式即可通过计算 n 个 $n-1$ 阶行列式来完成. 当元素的行(列)数与代数余子式行(列)数不同时,计算结果为零.

例 2　将行列式 $\begin{vmatrix} 2 & 3 & -1 \\ 1 & -4 & 1 \\ 5 & -2 & 3 \end{vmatrix}$ 按第一行、第三列展开.

解　按第一行展开得:

$$\begin{vmatrix} 2 & 3 & -1 \\ 1 & -4 & 1 \\ 5 & -2 & 3 \end{vmatrix} = 2(-1)^{1+1} \begin{vmatrix} -4 & 1 \\ -2 & 3 \end{vmatrix} + 3(-1)^{1+2} \begin{vmatrix} 1 & 1 \\ 5 & 3 \end{vmatrix} +$$

$$(-1)(-1)^{1+3}\begin{vmatrix}1&-4\\5&-2\end{vmatrix}=-32.$$

按第三列展开得：

$$\begin{vmatrix}2&3&-1\\1&-4&1\\5&-2&3\end{vmatrix}=(-1)(-1)^{1+3}\begin{vmatrix}1&-4\\5&-2\end{vmatrix}+(-1)^{2+3}\begin{vmatrix}2&3\\5&-2\end{vmatrix}+$$

$$3(-1)^{3+3}\begin{vmatrix}2&3\\1&-4\end{vmatrix}=-32.$$

从上例可以看到行列式按不同行或不同列展开，计算的结果相等.

把定理 1 和行列式的性质结合起来，可以使行列式的计算大为简化.计算行列式时，常常利用行列式的性质使某一行（列）的元素出现尽可能多的零，这种运算叫做化零运算.

例 3　计算下列行列式：

$$(1)\begin{vmatrix}3&1&1\\297&101&99\\5&-3&2\end{vmatrix};\qquad(2)\begin{vmatrix}1&2&0&1\\1&3&5&0\\0&1&5&6\\1&2&3&4\end{vmatrix}.$$

解　(1)　$\begin{vmatrix}3&1&1\\297&101&99\\5&-3&2\end{vmatrix}=\begin{vmatrix}3&1&1\\300-3&100+1&100-1\\5&-3&2\end{vmatrix}$

$$=\begin{vmatrix}3&1&1\\300&100&100\\5&-3&2\end{vmatrix}+\begin{vmatrix}3&1&1\\-3&1&-1\\5&-3&2\end{vmatrix}$$

$$=100\begin{vmatrix}3&1&1\\3&1&1\\5&-3&2\end{vmatrix}+\begin{vmatrix}3&1&1\\-3&1&-1\\5&-3&2\end{vmatrix}=\begin{vmatrix}3&1&1\\0&2&0\\5&-3&2\end{vmatrix}$$

$$=2\times(-1)^{2+2}\begin{vmatrix}3&1\\5&2\end{vmatrix}=2.$$

$$(2)\begin{vmatrix}1&2&0&1\\1&3&5&0\\0&1&5&6\\1&2&3&4\end{vmatrix}\xrightarrow[\;-r_1+r_4\;]{\;-r_1+r_2\;}\begin{vmatrix}1&2&0&1\\0&1&5&-1\\0&1&5&6\\0&0&3&3\end{vmatrix}$$

$$
\underline{\underline{-r_2 + r_3}}
\begin{vmatrix}
1 & 2 & 0 & 1 \\
0 & 1 & 5 & 1 \\
0 & 0 & 0 & 7 \\
0 & 0 & 3 & 3
\end{vmatrix}
\xrightarrow{r_3 \leftrightarrow r_4}
\begin{vmatrix}
1 & 2 & 0 & 1 \\
0 & 1 & 5 & 1 \\
0 & 0 & 3 & 3 \\
0 & 0 & 0 & 7
\end{vmatrix}
= -21.
$$

例 4　解方程
$$
\begin{vmatrix}
1 & 1 & 1 & 1 \\
1 & x & 2 & 2 \\
2 & 2 & x & 3 \\
3 & 3 & 3 & x
\end{vmatrix}
= 0.
$$

解　因为
$$
\begin{vmatrix}
1 & 1 & 1 & 1 \\
1 & x & 2 & 2 \\
2 & 2 & x & 3 \\
3 & 3 & 3 & x
\end{vmatrix}
\xrightarrow[\substack{-2r_1 + r_3 \\ -3r_1 + r_4}]{-r_1 + r_2}
\begin{vmatrix}
1 & 1 & 1 & 1 \\
0 & x-1 & 1 & 1 \\
0 & 0 & x-2 & 1 \\
0 & 0 & 0 & x-3
\end{vmatrix}
$$
$$
= (x-1)(x-2)(x-3) = 0.
$$
所以方程有解：　　　　　$x = 1, x = 2, x = 3.$

5.1.3　克莱姆法则

含有 n 个未知量、n 个方程的线性方程组为
$$
\begin{cases}
a_{11}x_1 + a_{12}x_2 + \cdots + a_{1n}x_n = b_1, \\
a_{21}x_1 + a_{22}x_2 + \cdots + a_{2n}x_n = b_2, \\
\qquad \cdots\cdots\cdots\cdots \\
a_{n1}x_1 + a_{n2}x_2 + \cdots + a_{nn}x_n = b_n,
\end{cases}
\qquad ①
$$
将线性方程组系数组成的行列式记为 D，即
$$
D =
\begin{vmatrix}
a_{11} & a_{12} & \cdots & a_{1n} \\
a_{21} & a_{22} & \cdots & a_{2n} \\
\vdots & \vdots & & \vdots \\
a_{n1} & a_{n2} & \cdots & a_{nn}
\end{vmatrix}.
$$
用常数项 $b_1, b_2, \cdots, b_n$ 代替 D 中的第 j 列，组成的行列式记为 D_j，即
$$
D_j =
\begin{vmatrix}
a_{11} & \cdots & a_{1j-1} & b_1 & a_{1j+1} & \cdots & a_{1n} \\
a_{21} & \cdots & a_{2j-1} & b_2 & a_{2j+1} & \cdots & a_{2n} \\
\vdots & & \vdots & \vdots & \vdots & & \vdots \\
a_{n1} & \cdots & a_{nj-1} & b_n & a_{nj+1} & \cdots & a_{nn}
\end{vmatrix}
\quad (j = 1, 2, \cdots, n).
$$

定理 2（克莱姆法则）　若线性方程组 ① 的系数行列式 $D \neq 0$，则存在唯一解

$$x_1 = \frac{D_1}{D}, x_2 = \frac{D_2}{D}, \cdots, x_n = \frac{D_n}{D},$$

即

$$x_j = \frac{D_j}{D} \ (j = 1, 2, \cdots, n).$$

例 5　解线性方程组

$$\begin{cases} x_1 + x_2 + 2x_3 + 3x_4 = 1, \\ 3x_1 - x_2 - x_3 - 2x_4 = -4, \\ 2x_1 + 3x_2 - x_3 - x_4 = -6, \\ x_1 + 2x_2 + 3x_3 - x_4 = -4. \end{cases}$$

解　因为

$$D = \begin{vmatrix} 1 & 1 & 2 & 3 \\ 3 & -1 & -1 & -2 \\ 2 & 3 & -1 & -1 \\ 1 & 2 & 3 & -1 \end{vmatrix} = -9 \times 17 = -153 \neq 0,$$

$$D_1 = \begin{vmatrix} 1 & 1 & 2 & 3 \\ -4 & -1 & -1 & -2 \\ -6 & 3 & -1 & -1 \\ -4 & 2 & 3 & -1 \end{vmatrix} = 153,$$

$$D_2 = \begin{vmatrix} 1 & 1 & 2 & 3 \\ 3 & -4 & -1 & -2 \\ 2 & -6 & -1 & -1 \\ 1 & -4 & 3 & -1 \end{vmatrix} = 153,$$

$$D_3 = \begin{vmatrix} 1 & 1 & 1 & 3 \\ 3 & -1 & -4 & -2 \\ 2 & 3 & -6 & -1 \\ 1 & 2 & -4 & -1 \end{vmatrix} = 0,$$

$$D_4 = \begin{vmatrix} 1 & 1 & 2 & 1 \\ 3 & -1 & -1 & -4 \\ 2 & 3 & -1 & -6 \\ 1 & 2 & 3 & -4 \end{vmatrix} = -153,$$

所以线性方程组的解为

$$x_1 = \frac{D_1}{D} = -1, \ x_2 = \frac{D_2}{D} = -1, \ x_3 = \frac{D_3}{D} = 0, \ x_4 = \frac{D_4}{D} = 1.$$

克莱姆法则揭示了线性方程组的解与它的系数和常数项之间的关系，用克莱

姆法则解 n 元线性方程组时，有两个前提条件：

（1）方程个数与未知数个数相等；

（2）系数行列式 D 不等于零.

如果方程组 ① 的常数项全都为零，即

$$\begin{cases} a_{11}x_1 + a_{12}x_2 + \cdots + a_{1n}x_n = 0, \\ a_{21}x_1 + a_{22}x_2 + \cdots + a_{2n}x_n = 0, \\ \qquad\cdots\cdots\cdots\cdots \\ a_{n1}x_1 + a_{n2}x_2 + \cdots + a_{mn}x_n = 0, \end{cases}$$ ②

方程组 ② 称为**齐次线性方程组**，而方程组 ① 称为**非齐次线性方程组**.

　　推论 3　如果齐次线性方程组 ② 的系数行列式 D 不等于零，则它只有零解，即只有解 $x_1 = x_2 = \cdots = x_n = 0$.

　　证　因为 $D \neq 0$，根据克莱姆法则，方程组 ② 有唯一解，

$$x_j = \frac{D_j}{D}(j = 1, 2, \cdots, n),$$

又行列式 $D_j(j = 1, 2, \cdots, n)$ 中有一列元素全为零，因而

$$D_j = 0(j = 1, 2, \cdots, n),$$

所以齐次线性方程组 ② 只有零解，即 $x_j = \dfrac{D_j}{D} = 0(j = 1, 2, \cdots, n)$.

　　由推论可知齐次线性方程组 ② 有非零解，则它的系数行列式 D 等于零.

　　例 6　设方程组 $\begin{cases} x_1 + 2x_2 + 3x_3 = mx_1, \\ 2x_1 + x_2 + 3x_3 = mx_2, \\ 3x_1 + 3x_2 + 6x_3 = mx_3. \end{cases}$

有非零解，求 m 的值.

　　解　将方程组改写成

$$\begin{cases} (1-m)x_1 + 2x_2 + 3x_3 = 0, \\ 2x_1 + (1-m)x_2 + 3x_3 = 0, \\ 3x_1 + 3x_2 + (6-m)x_3 = 0. \end{cases}$$

　　根据推论，它有非零解的条件为

$$\begin{vmatrix} (1-m) & 2 & 3 \\ 2 & (1-m) & 3 \\ 3 & 3 & (6-m) \end{vmatrix} = 0,$$

展开此行列式，得　　　　　$m(m+1)(m-9) = 0,$

所以　　　　　　　　　　$m_1 = 0, m_2 = -1, m_3 = 9.$

练习与思考 5-1

1. 计算下列行列式:

$$(1) \begin{vmatrix} 3 & 2 \\ -1 & 4 \end{vmatrix};$$

$$(2) \begin{vmatrix} a+b & -(a-b) \\ a-b & a+b \end{vmatrix};$$

$$(3) \begin{vmatrix} 2 & 3 & 5 \\ 3 & -1 & 1 \\ 4 & -2 & -5 \end{vmatrix};$$

$$(4) \begin{vmatrix} 0 & a & b \\ a & 0 & c \\ b & c & 0 \end{vmatrix};$$

$$(5) \begin{vmatrix} 6 & 19 & -23 \\ 0 & 7 & 35 \\ 0 & 0 & 5 \end{vmatrix}.$$

2. 解方程

$$\begin{vmatrix} x-1 & 0 & 1 \\ 0 & x-2 & 0 \\ 1 & 0 & x-1 \end{vmatrix} = 0.$$

§5.2　矩阵及其运算

由上节我们知道用克莱姆法则解 n 元线性方程组,要求具备方程个数与未知数个数相等和系数行列式 D 不等于零的前提条件. 但在实际问题中,方程组中未知数的个数与方程个数并不一定相等. 当方程组中方程的个数多于未知数的个数时,称该方程组为超定方程组;当方程组中方程的个数少于未知数的个数时,称该方程组为欠定方程组. 为了讨论这些一般的线性方程组,我们需要引入一个数学工具 —— 矩阵.

5.2.1　矩阵的概念

先看两个实例.

引例 1　在物资调运过程中,经常要考虑如何安排运输才能使运送物资的总运费最低. 如果某个地区的某种商品有 3 个产地分别为 x_1, x_2, x_3,有 4 个销售地点分别为 y_1, y_2, y_3, y_4,可以用一个数表来表示该商品的调运方案,如表 5-2-1 所示.

表 5-2-1

销售地点 ＼ 产　地	x_1	x_2	x_3
y_1	a_{11}	a_{12}	a_{13}
y_2	a_{21}	a_{22}	a_{23}
y_3	a_{31}	a_{32}	a_{33}
y_4	a_{41}	a_{42}	a_{43}

表 5-2-1 中的数字 a_{ji} 表示由产地 x_i 运到销售地点 y_j 的数量,这是一个按一定次序排列的数表,

$$\begin{pmatrix} a_{11} & a_{12} & a_{13} \\ a_{21} & a_{22} & a_{23} \\ a_{31} & a_{32} & a_{33} \\ a_{41} & a_{42} & a_{43} \end{pmatrix}$$

表示了该商品的调运方案.

引例 2　线性方程组

$$\begin{cases} a_{11}x_1 + a_{12}x_2 + \cdots + a_{1n}x_n = b_1, \\ a_{21}x_1 + a_{22}x_2 + \cdots + a_{2n}x_n = b_2, \\ \cdots\cdots\cdots\cdots \\ a_{m1}x_1 + a_{m2}x_2 + \cdots + a_{mn}x_n = b_m, \end{cases} \qquad ①$$

把它的系数按原来的次序排成系数表

$$\begin{pmatrix} a_{11} & a_{12} & \cdots & a_{1n} \\ a_{21} & a_{22} & \cdots & a_{2n} \\ \vdots & \vdots & & \vdots \\ a_{m1} & a_{m2} & \cdots & a_{mn} \end{pmatrix},$$

常数项也排成一个表

$$\begin{pmatrix} b_1 \\ b_2 \\ \vdots \\ b_m \end{pmatrix},$$

有了两个表,方程组 ① 就完全确定了.

类似这种矩形数表,在自然科学、工程技术及经济领域中常常被应用. 这种数表,在数学上就叫矩阵.

定义 1　由 $m \times n$ 个数 $a_{ij}(i = 1, 2, \cdots, m; j = 1, 2, \cdots, n)$ 排成的一个 m 行 n 列的矩形数表

$$\begin{pmatrix} a_{11} & a_{12} & \cdots & a_{1n} \\ a_{21} & a_{22} & \cdots & a_{2n} \\ \vdots & \vdots & & \vdots \\ a_{m1} & a_{m2} & \cdots & a_{mn} \end{pmatrix}$$

叫做一个 m 行 n 列的**矩阵**,简称 **$m \times n$ 矩阵**,而 a_{ij} 称为该矩阵第 i 行第 j 列的**元素**.

一般情况下,我们用大写字母 $A, B, C, \cdots$ 表示矩阵,为了标明行数 m 和列数 n,可用 $A_{m \times n}$ 表示,或记作 $(a_{ij})_{m \times n}$.

当 $m = n$ 时,矩阵 A 称为 **n 阶方阵**;

当 $m = 1$ 时,矩阵 A 称为**行矩阵**,即

$$A_{1 \times n} = (a_{11} a_{12} \cdots a_{1n});$$

当 $n = 1$ 时,矩阵 A 称为**列矩阵**,即

$$A_{m \times 1} = \begin{pmatrix} a_{11} \\ a_{21} \\ \vdots \\ a_{m1} \end{pmatrix};$$

如果矩阵的元素全为零,称 A 为**零矩阵**,记作 O,

$$O_{m \times n} = O = \begin{pmatrix} 0 & 0 & \cdots & 0 \\ 0 & 0 & \cdots & 0 \\ \vdots & \vdots & & \vdots \\ 0 & 0 & \cdots & 0 \end{pmatrix};$$

在 n 阶方阵中,如果主对角线左下方的元素全为零,则称为**上三角矩阵**,即

$$\begin{pmatrix} a_{11} & a_{12} & \cdots & a_{1n} \\ 0 & a_{22} & \cdots & a_{2n} \\ \vdots & \vdots & & \vdots \\ 0 & 0 & \cdots & a_{nn} \end{pmatrix};$$

如果主对角线右上方的元素全为零,则称为**下三角矩阵**,即

$$\begin{pmatrix} a_{11} & 0 & \cdots & 0 \\ a_{21} & a_{22} & \cdots & 0 \\ \vdots & \vdots & & \vdots \\ a_{n1} & a_{n2} & \cdots & a_{nn} \end{pmatrix};$$

如果一个方阵主对角线以外的元素全为零,则这个方阵称为**对角方阵**,即

$$\begin{pmatrix} a_{11} & 0 & \cdots & 0 \\ 0 & a_{22} & \cdots & 0 \\ \vdots & \vdots & & \vdots \\ 0 & 0 & \cdots & a_{nn} \end{pmatrix}.$$

在 n 阶对角方阵中,当对角线上的元素都为 1 时,则称为 **n 阶单位矩阵**,记作

E,即

$$E = \begin{pmatrix} 1 & 0 & \cdots & 0 \\ 0 & 1 & \cdots & 0 \\ \vdots & \vdots & & \vdots \\ 0 & 0 & \cdots & 1 \end{pmatrix}.$$

将 $m \times n$ 矩阵 $A_{m \times n}$ 的行换成列、列换成行,所得到的 $n \times m$ 矩阵称为 $A_{m \times n}$ 的**转**

置矩阵,记作 A^{T}. 若

$$A = \begin{pmatrix} a_{11} & a_{12} & \cdots & a_{1n} \\ a_{21} & a_{22} & \cdots & a_{2n} \\ \vdots & \vdots & & \vdots \\ a_{m1} & a_{m2} & \cdots & a_{mn} \end{pmatrix},$$

则

$$A^{\mathrm{T}} = \begin{pmatrix} a_{11} & a_{21} & \cdots & a_{m1} \\ a_{12} & a_{22} & \cdots & a_{m2} \\ \vdots & \vdots & & \vdots \\ a_{1n} & a_{2n} & \cdots & a_{mn} \end{pmatrix}.$$

例 1　求矩阵 A 和 B 的转置矩阵:

$$A = (1 - 1\ 2),\quad B = \begin{pmatrix} 2 & -1 & 0 \\ 1 & 1 & 3 \\ 4 & 2 & 1 \end{pmatrix}.$$

解　$A^{\mathrm{T}} = \begin{pmatrix} 1 \\ -1 \\ 2 \end{pmatrix}$;　$B^{\mathrm{T}} = \begin{pmatrix} 2 & 1 & 4 \\ -1 & 1 & 2 \\ 0 & 3 & 1 \end{pmatrix}.$

转置矩阵具有下列性质:

(1) $(A^{\mathrm{T}})^{\mathrm{T}} = A$;

(2) $(A + B)^{\mathrm{T}} = A^{\mathrm{T}} + B^{\mathrm{T}}$;

(3) $(\lambda A)^{\mathrm{T}} = \lambda A^{\mathrm{T}}$;

(4) $(AB)^{\mathrm{T}} = B^{\mathrm{T}} A^{\mathrm{T}}$.

如果方阵 A 满足 $A^{\mathrm{T}} = A$,那么 A 为**对称矩阵**,即

$$a_{ij} = a_{ji}(i, j = 1, 2, \cdots, n).$$

例如,矩阵

$$A = \begin{pmatrix} 1 & 3 & 7 \\ 3 & 0 & 2 \\ 7 & 2 & -12 \end{pmatrix}$$

是一个三阶对称矩阵.

矩阵与行列式虽然都是矩形数表,却是完全不同的两个概念,它们有着本质区别. 行列式的行数必须等于列数,用符号"|　　|"把数表括起来;行列式中的各个元素,在求行列式的值时,按展开规律联系;行列式的值是一个算式或一个数. 矩

阵的行数 m 不一定等于列数 n,用符号"[　]"或"(　)"把数表括起来;矩阵中的各个元素是完全独立的,矩阵也不能展开;矩阵不表示一个算式或一个数,它是由一些字母或数字按一定次序排列的矩形数表,它是一个"复合"表,矩阵之所以有用,就在于矩阵有一种特殊的有效的运算(特别是乘法运算).

5.2.2　矩阵的运算(一):矩阵的加减、数乘、乘法

如果矩阵 $\boldsymbol{A}=(a_{ij})$,$\boldsymbol{B}=(b_{ij})$ 的行数与列数分别相同,并且各对应位置的元素也相等,则称矩阵 $\boldsymbol{A}$ 与矩阵 $\boldsymbol{B}$ 相等,记作 $\boldsymbol{A}=\boldsymbol{B}$,即:如果 $\boldsymbol{A}=(a_{ij})_{m\times n}$,$\boldsymbol{B}=(b_{ij})_{m\times n}$,且 $a_{ij}=b_{ij}(i=1,2,\cdots,m;j=1,2,\cdots,n)$,那么 $\boldsymbol{A}=\boldsymbol{B}$.

例 2　设矩阵

$$\boldsymbol{A}=\begin{bmatrix} a & -1 & 3 \\ 0 & b & -4 \\ -5 & 6 & 7 \end{bmatrix},\boldsymbol{B}=\begin{bmatrix} -2 & -1 & c \\ 0 & 1 & -4 \\ d & 6 & 7 \end{bmatrix},$$

且 $\boldsymbol{A}=\boldsymbol{B}$,求 a,b,c,d.

解　由 $\boldsymbol{A}=\boldsymbol{B}$,得 $a=-2$,$b=1$,$c=3$,$d=-5$.

1. 矩阵的加减运算

定义 2　设两个 $m\times n$ 矩阵 $\boldsymbol{A}=(a_{ij})$,$\boldsymbol{B}=(b_{ij})$,将其对应位置元素相加(或相减)得到的 $m\times n$ 矩阵,称为矩阵 $\boldsymbol{A}$ 与矩阵 $\boldsymbol{B}$ 的和(或差),记作 $\boldsymbol{A}\pm\boldsymbol{B}$,即如果

$$\boldsymbol{A}=\begin{bmatrix} a_{11} & a_{12} & \cdots & a_{1n} \\ a_{21} & a_{22} & \cdots & a_{2n} \\ \vdots & \vdots & & \vdots \\ a_{m1} & a_{m2} & \cdots & a_{mn} \end{bmatrix},\boldsymbol{B}=\begin{bmatrix} b_{11} & b_{12} & \cdots & b_{1n} \\ b_{21} & b_{22} & \cdots & b_{2n} \\ \vdots & \vdots & & \vdots \\ b_{m1} & b_{m2} & \cdots & b_{mn} \end{bmatrix},$$

则

$$\boldsymbol{A}\pm\boldsymbol{B}=\begin{bmatrix} a_{11}\pm b_{11} & a_{12}\pm b_{12} & \cdots & a_{1n}\pm b_{1n} \\ a_{21}\pm b_{21} & a_{22}\pm b_{22} & \cdots & a_{2n}\pm b_{2n} \\ \vdots & \vdots & & \vdots \\ a_{m1}\pm b_{m1} & a_{m2}\pm b_{m2} & \cdots & a_{mn}\pm b_{mn} \end{bmatrix}.$$

例如,设　　$\boldsymbol{A}=\begin{bmatrix} 3 & 0 & -4 \\ -2 & 5 & -1 \end{bmatrix}$,$\boldsymbol{B}=\begin{bmatrix} -2 & 3 & 2 \\ 0 & -3 & 1 \end{bmatrix}$,

则　　　　$\boldsymbol{A}+\boldsymbol{B}=\begin{bmatrix} 3 & 0 & -4 \\ -2 & 5 & -1 \end{bmatrix}+\begin{bmatrix} -2 & 3 & 2 \\ 0 & -3 & 1 \end{bmatrix}$

$$=\begin{bmatrix} 3+(-2) & 0+3 & -4+2 \\ -2+0 & 5+(-3) & -1+1 \end{bmatrix}$$

$$=\begin{bmatrix} 1 & 3 & -2 \\ -2 & 2 & 0 \end{bmatrix},$$

$$A - B = \begin{pmatrix} 3 & 0 & -4 \\ -2 & 5 & -1 \end{pmatrix} - \begin{pmatrix} -2 & 3 & 2 \\ 0 & -3 & 1 \end{pmatrix}$$

$$= \begin{pmatrix} 3-(-2) & 0-3 & -4-2 \\ -2-0 & 5-(-3) & -1-1 \end{pmatrix}$$

$$= \begin{pmatrix} 5 & -3 & -6 \\ -2 & 8 & -2 \end{pmatrix}.$$

只有在两个矩阵的行数和列数都对应相同时，才能作加法（或减法）运算．

由定义，可得矩阵的加法具有以下性质：

（1）$A + B = B + A$；

（2）$(A + B) + C = A + (B + C)$；

（3）$A + O = A$，

其中 A, B, C, O 都是 $m \times n$ 矩阵．

2. 数与矩阵的乘法

定义 3　设 k 为任意数，以数 k 乘矩阵 A 中的每一个元素所得到的矩阵叫做 k 与 A 的积，记作 kA（或 Ak），即

$$kA = (ka_{ij})_{m \times n} = \begin{pmatrix} ka_{11} & ka_{12} & \cdots & ka_{1n} \\ ka_{21} & ka_{22} & \cdots & ka_{2n} \\ \vdots & \vdots & & \vdots \\ ka_{m1} & ka_{m2} & \cdots & ka_{mn} \end{pmatrix}.$$

例如，　设 $A = \begin{pmatrix} -3 & -1 & 2 \\ -2 & 4 & 6 \\ 7 & 3 & 1 \end{pmatrix}$，则

$$2A = \begin{pmatrix} 2\times(-3) & 2\times(-1) & 2\times2 \\ 2\times(-2) & 2\times4 & 2\times6 \\ 2\times7 & 2\times3 & 2\times1 \end{pmatrix} = \begin{pmatrix} -6 & -2 & 4 \\ -4 & 8 & 12 \\ 14 & 6 & 2 \end{pmatrix}.$$

易证数与矩阵的乘法具有以下运算规律：

（1）$k(A + B) = kA + kB$；

（2）$(k + h)A = kA + hA$；

（3）$(kh)A = k(hA)$，

其中 A, B 都是 $m \times n$ 矩阵，k, h 为任意实数．

例 3　已知　　$A = \begin{pmatrix} 3 & -1 & 2 & 0 \\ 1 & 5 & 7 & 9 \\ 2 & 4 & 6 & 8 \end{pmatrix}$，$B = \begin{pmatrix} 7 & 5 & -2 & 4 \\ 5 & 1 & 9 & 7 \\ 3 & 2 & -1 & 6 \end{pmatrix}$，

且 $A + 2Z = B$，求 Z．

解　$Z = \dfrac{1}{2}(B - A)$

$$= \frac{1}{2}\begin{pmatrix} 4 & 6 & -4 & 4 \\ 4 & -4 & 2 & -2 \\ 1 & -2 & -7 & -2 \end{pmatrix} = \begin{pmatrix} 2 & 3 & -2 & 2 \\ 2 & -2 & 1 & -1 \\ \dfrac{1}{2} & -1 & -\dfrac{7}{2} & -1 \end{pmatrix}.$$

3. 矩阵与矩阵相乘

先看如下的例子:

某地区有 1、2、3 三家工厂生产甲、乙两种产品,矩阵 A 表示各工厂生产各种产品的年产量,矩阵 B 表示各种产品的单价和单位利润,即

$$A = \begin{pmatrix} a_{11} & a_{12} \\ a_{21} & a_{22} \\ a_{31} & a_{32} \end{pmatrix} \begin{matrix} 1\,\text{厂} \\ 2\,\text{厂} \\ 3\,\text{厂} \end{matrix}, \quad B = \begin{pmatrix} b_{11} & b_{12} \\ b_{21} & b_{22} \end{pmatrix} \begin{matrix} \text{甲产品} \\ \text{乙产品} \end{matrix},$$

　　　　　甲产品　　乙产品　　　　　　　　单价　　单位利润

有　　
$\begin{matrix} 1\,\text{厂} \\ 2\,\text{厂} \\ 3\,\text{厂} \end{matrix}$
$\begin{matrix} \text{总} \\ \text{收} \\ \text{入} \end{matrix}\begin{cases} c_{11} = a_{11}b_{11} + a_{12}b_{21}, \\ c_{21} = a_{21}b_{11} + a_{22}b_{21}, \\ c_{31} = a_{31}b_{11} + a_{32}b_{21}, \end{cases}$
$\begin{matrix} \text{总} \\ \text{利} \\ \text{润} \end{matrix}\begin{cases} c_{12} = a_{11}b_{12} + a_{12}b_{22}, \\ c_{22} = a_{21}b_{12} + a_{22}b_{22}, \\ c_{32} = a_{31}b_{12} + a_{32}b_{22}, \end{cases}$

即　　
$$C = \begin{pmatrix} c_{11} & c_{12} \\ c_{21} & c_{22} \\ c_{31} & c_{32} \end{pmatrix} = \begin{pmatrix} a_{11}b_{11} + a_{12}b_{21} & a_{11}b_{12} + a_{12}b_{22} \\ a_{21}b_{11} + a_{22}b_{21} & a_{21}b_{12} + a_{22}b_{22} \\ a_{31}b_{11} + a_{32}b_{21} & a_{31}b_{12} + a_{32}b_{22} \end{pmatrix},$$

其中,矩阵 C 中第 i 行、第 j 列的元素等于矩阵 A 的第 i 行元素与矩阵 B 中第 j 列对应元素的乘积之和.

定义 4　设矩阵 $A = (a_{ik})_{m \times s}$,矩阵 $B = (b_{kj})_{s \times n}$($A$ 的列数与 B 的行数相等),那么,矩阵 $C = (c_{ij})_{m \times n}$ 称为矩阵 A 与矩阵 B 的乘积,其中

$$c_{ij} = a_{i1}b_{1j} + a_{i2}b_{2j} + \cdots + a_{is}b_{sj}$$

$$= \sum_{k=1}^{s} a_{ik}b_{kj}\,(i = 1, 2, \cdots, m; j = 1, 2, \cdots, n).$$

例如,计算 c_{23} 这个元素(即 $i = 2, j = 3$)就是用 A 的第 2 行元素分别乘以 B 的第 3 列相应的元素,然后相加就得到 c_{23}.

两个矩阵 A, B 相乘,只有当矩阵 A 的列数等于矩阵 B 的行数时,才有意义.

例 4　设 $A = \begin{pmatrix} 3 & 2 & -1 \\ 2 & -3 & 5 \end{pmatrix}$,$B = \begin{pmatrix} 1 & 3 \\ -5 & 4 \\ 3 & 6 \end{pmatrix}$,求 AB 及 BA.

解　$AB = \begin{pmatrix} 3 & 2 & -1 \\ 2 & -3 & 5 \end{pmatrix}\begin{pmatrix} 1 & 3 \\ -5 & 4 \\ 3 & 6 \end{pmatrix}$

$$= \begin{bmatrix} 3 \times 1 + 2 \times (-5) + (-1) \times 3 & 3 \times 3 + 2 \times 4 + (-1) \times 6 \\ 2 \times 1 + (-3) \times (-5) + 5 \times 3 & 2 \times 3 + (-3) \times 4 + 5 \times 6 \end{bmatrix}$$

$$= \begin{bmatrix} -10 & 11 \\ 32 & 24 \end{bmatrix},$$

$$\boldsymbol{BA} = \begin{bmatrix} 1 & 3 \\ -5 & 4 \\ 3 & 6 \end{bmatrix} \begin{bmatrix} 3 & 2 & -1 \\ 2 & -3 & 5 \end{bmatrix}$$

$$= \begin{bmatrix} 1 \times 3 + 3 \times 2 & 1 \times 2 + 3 \times (-3) & 1 \times (-1) + 3 \times 5 \\ -5 \times 3 + 4 \times 2 & -5 \times 2 + 4 \times (-3) & -5 \times (-1) + 4 \times 5 \\ 3 \times 3 + 6 \times 2 & 3 \times 2 + 6 \times (-3) & 3 \times (-1) + 6 \times 5 \end{bmatrix}$$

$$= \begin{bmatrix} 9 & -7 & 14 \\ -7 & -22 & 25 \\ 21 & -12 & 27 \end{bmatrix}.$$

这里 $\boldsymbol{AB} \neq \boldsymbol{BA}$,说明矩阵乘法不满足交换律.

注　(1) 由 $\boldsymbol{AB} = \boldsymbol{O}$,推导不出 $\boldsymbol{A} = \boldsymbol{O}$ 或 $\boldsymbol{B} = \boldsymbol{O}$;

　　　(2) 由 $\boldsymbol{AC} = \boldsymbol{BC}$,推导不出 $\boldsymbol{A} = \boldsymbol{B}$.

例如,　$\boldsymbol{A} = \begin{bmatrix} 1 & 1 \\ 1 & 1 \end{bmatrix}$, $\boldsymbol{B} = \begin{bmatrix} 1 \\ -1 \end{bmatrix}$,有 $\boldsymbol{AB} = \begin{bmatrix} 1 & 1 \\ 1 & 1 \end{bmatrix} \begin{bmatrix} 1 \\ -1 \end{bmatrix} = \begin{bmatrix} 0 \\ 0 \end{bmatrix}$,但 $\boldsymbol{A} \neq \boldsymbol{O}, \boldsymbol{B} \neq \boldsymbol{O}$;

又如 $\begin{bmatrix} 3 & 1 \\ 4 & 6 \end{bmatrix} \begin{bmatrix} 0 & 0 \\ 1 & 1 \end{bmatrix} = \begin{bmatrix} 2 & 1 \\ 4 & 6 \end{bmatrix} \begin{bmatrix} 0 & 0 \\ 1 & 1 \end{bmatrix}$,而 $\begin{bmatrix} 3 & 1 \\ 4 & 6 \end{bmatrix} \neq \begin{bmatrix} 2 & 1 \\ 4 & 6 \end{bmatrix}$.

矩阵的乘法满足下列运算规律:

(1) $(\boldsymbol{AB})\boldsymbol{C} = \boldsymbol{A}(\boldsymbol{BC})$;

(2) $\boldsymbol{A}(\boldsymbol{B} + \boldsymbol{C}) = \boldsymbol{AB} + \boldsymbol{AC}$,　$(\boldsymbol{B} + \boldsymbol{C})\boldsymbol{A} = \boldsymbol{BA} + \boldsymbol{CA}$;

(3) $k(\boldsymbol{AB}) = (k\boldsymbol{A})\boldsymbol{B} = \boldsymbol{A}(k\boldsymbol{B})$;

(4) $\boldsymbol{AE} = \boldsymbol{EA} = \boldsymbol{A}$,其中 $\boldsymbol{A}$ 为方阵;

(5) $\boldsymbol{A}^k = \underbrace{\boldsymbol{A} \cdot \boldsymbol{A} \cdot \cdots \cdot \boldsymbol{A}}_{k个}$,　$\boldsymbol{A}^k \cdot \boldsymbol{A}^l = \boldsymbol{A}^{k+l}$,　$(\boldsymbol{A}^k)^l = \boldsymbol{A}^{kl}$,

其中 $\boldsymbol{A}$ 为 n 阶方阵.

5.2.3　矩阵的初等变换

定义 5　对矩阵的行(或列)作下列三种变换,称为**矩阵的初等变换**.

(1) **位置变换**:交换矩阵的某两行(列),用记号 $r_i \leftrightarrow r_j (c_i \leftrightarrow c_j)$ 表示;

(2) **倍法变换**:用一个不为零的数乘矩阵的某一行(列),用记号 $kr_i(kc_i)$

表示;

（3）**倍加变换**：用一个数乘矩阵的某一行（列）加到另一行（列）上，用记号 $kr_i + r_j(kc_i + c_j)$ 表示.

例 5　利用初等变换，将矩阵 $A = \begin{pmatrix} 2 & 3 & 1 \\ 0 & 1 & 3 \\ 1 & 2 & 5 \end{pmatrix}$ 化成单位矩阵.

解　$A = \begin{pmatrix} 2 & 3 & 1 \\ 0 & 1 & 3 \\ 1 & 2 & 5 \end{pmatrix} \xrightarrow{r_1 \leftrightarrow r_3} \begin{pmatrix} 1 & 2 & 5 \\ 0 & 1 & 3 \\ 2 & 3 & 1 \end{pmatrix} \xrightarrow{-2r_1 + r_3} \begin{pmatrix} 1 & 2 & 5 \\ 0 & 1 & 3 \\ 0 & -1 & -9 \end{pmatrix} \xrightarrow{r_2 + r_3}$

$\begin{pmatrix} 1 & 2 & 5 \\ 0 & 1 & 3 \\ 0 & 0 & -6 \end{pmatrix} \xrightarrow{-\frac{1}{6}r_3} \begin{pmatrix} 1 & 2 & 5 \\ 0 & 1 & 3 \\ 0 & 0 & 1 \end{pmatrix} \xrightarrow[-3r_3 + r_2]{-5r_3 + r_1} \begin{pmatrix} 1 & 2 & 0 \\ 0 & 1 & 0 \\ 0 & 0 & 1 \end{pmatrix} \xrightarrow{-2r_2 + r_1}$

$\begin{pmatrix} 1 & 0 & 0 \\ 0 & 1 & 0 \\ 0 & 0 & 1 \end{pmatrix}$.

5.2.4　矩阵的运算（二）：逆矩阵

1. 逆矩阵的概念

利用矩阵的乘法和矩阵相等的含义，可以把线性方程组写成矩阵形式. 对于

线性方程组 $\begin{cases} a_{11}x_1 + a_{12}x_2 + \cdots + a_{1n}x_n = b_1, \\ a_{21}x_1 + a_{22}x_2 + \cdots + a_{2n}x_n = b_2, \\ \cdots\cdots\cdots\cdots \\ a_{m1}x_1 + a_{m2}x_2 + \cdots + a_{mn}x_n = b_m, \end{cases}$

令　$A = \begin{pmatrix} a_{11} & a_{12} & \cdots & a_{1n} \\ a_{21} & a_{22} & \cdots & a_{2n} \\ \vdots & \vdots & & \vdots \\ a_{m1} & a_{m2} & \cdots & a_{mn} \end{pmatrix}, \quad X = \begin{pmatrix} x_1 \\ x_2 \\ \vdots \\ x_n \end{pmatrix}, \quad B = \begin{pmatrix} b_1 \\ b_2 \\ \vdots \\ b_m \end{pmatrix},$

则方程组可写成　　　　　　　　$AX = B.$

方程 $AX = B$ 是线性方程组的矩阵表达形式，称为**矩阵方程**. 其中 A 称为方程组的**系数矩阵**，X 称为**未知矩阵**，B 称为**常数项矩阵**.

这样，解线性方程组的问题就变成求矩阵方程中未知矩阵 X 的问题. 类似于一元一次方程 $ax = b(a \neq 0)$ 的解可以写成 $x = a^{-1}b$，矩阵方程 $AX = B$ 的解是否

也可以表示为 $X = A^{-1}B$ 的形式？如果可以，则 X 可求出，但 A^{-1} 的含义和存在的条件是什么呢？下面来讨论这些问题.

定义 6　对于 n 阶方阵 A，如果存在 n 阶方阵 C，使得 $AC = CA = E$（E 为 n 阶单位矩阵），则称 A 可逆，称 C 为 A 的**逆矩阵**（简称**逆阵**），记作 A^{-1}，即 $C = A^{-1}$.

例如：$A = \begin{pmatrix} 1 & 3 \\ 2 & 5 \end{pmatrix}$，$C = \begin{pmatrix} -5 & 3 \\ 2 & -3 \end{pmatrix}$，因为

$$AC = \begin{pmatrix} 1 & 3 \\ 2 & 5 \end{pmatrix}\begin{pmatrix} -5 & 3 \\ 2 & -1 \end{pmatrix} = \begin{pmatrix} 1 & 0 \\ 0 & 1 \end{pmatrix}, \quad CA = \begin{pmatrix} -5 & 3 \\ 2 & -1 \end{pmatrix}\begin{pmatrix} 1 & 3 \\ 2 & 5 \end{pmatrix} = \begin{pmatrix} 1 & 0 \\ 0 & 1 \end{pmatrix},$$

即 $AC = CA = E$，所以 C 是 A 的逆矩阵，即 $C = A^{-1}$.

由定义可知，$AC = CA = E$，C 是 A 的逆矩阵，也可以称 A 是 C 的逆矩阵，即 $A = C^{-1}$. 因此，A 与 C 称为互逆矩阵.

可以证明，逆矩阵有如下性质：

（1）若 A 是可逆的，则逆矩阵唯一；

（2）若 A 可逆，则 $(A^{-1})^{-1} = A$；

（3）若 A,B 为同阶方阵且均可逆，则 AB 可逆，且 $(AB)^{-1} = B^{-1}A^{-1}$；

（4）若 A 可逆，则 A 的行列式 $\det A \neq 0$；反之，若 $\det A \neq 0$，则 A 是可逆的.

2. 逆矩阵的求法

（1）用伴随矩阵求逆矩阵.

定义 7　设矩阵　　$A = \begin{pmatrix} a_{11} & a_{12} & \cdots & a_{1n} \\ a_{21} & a_{22} & \cdots & a_{2n} \\ \vdots & \vdots & & \vdots \\ a_{n1} & a_{n2} & \cdots & a_{nn} \end{pmatrix}$，

所对应的行列式 $\det A$ 中，由元素 a_{ij} 的代数余子式 A_{ij} 构成的矩阵

$$\begin{pmatrix} A_{11} & A_{21} & \cdots & A_{n1} \\ A_{12} & A_{22} & \cdots & A_{n2} \\ \vdots & \vdots & & \vdots \\ A_{1n} & A_{2n} & \cdots & A_{nn} \end{pmatrix}$$

称为 A 的**伴随矩阵**，记为 A^*.

显然，$AA^* = \begin{pmatrix} a_{11} & a_{12} & \cdots & a_{1n} \\ a_{21} & a_{22} & \cdots & a_{2n} \\ \vdots & \vdots & & \vdots \\ a_{n1} & a_{n2} & \cdots & a_{nn} \end{pmatrix}\begin{pmatrix} A_{11} & A_{21} & \cdots & A_{n1} \\ A_{12} & A_{22} & \cdots & A_{n2} \\ \vdots & \vdots & & \vdots \\ A_{1n} & A_{2n} & \cdots & A_{nn} \end{pmatrix}$

仍是一个 n 阶方阵，其中第 i 行第 j 列的元素为

$$a_{i1}A_{j1} + a_{i2}A_{j2} + \cdots + a_{in}A_{jn},$$

由行列式按一行(列)展开式,可知

$$a_{i1}A_{j1} + a_{i2}A_{j2} + \cdots + a_{in}A_{jn} = \begin{cases} \det\boldsymbol{A}, & i = j, \\ 0, & i \neq j, \end{cases}$$

所以
$$\boldsymbol{A}\boldsymbol{A}^* = \begin{pmatrix} \det\boldsymbol{A} & 0 & \cdots & 0 \\ 0 & \det\boldsymbol{A} & \cdots & 0 \\ \vdots & \vdots & & \vdots \\ 0 & 0 & \cdots & \det\boldsymbol{A} \end{pmatrix} = \det\boldsymbol{A}\boldsymbol{E}. \qquad ①$$

同理可得 $\boldsymbol{A}\boldsymbol{A}^* = \det\boldsymbol{A}\boldsymbol{E} = \boldsymbol{A}^*\boldsymbol{A}$.

定理　n 阶方阵 $\boldsymbol{A}$ 可逆的充分必要条件是 $\boldsymbol{A}$ 为非奇异矩阵(即 $|\boldsymbol{A}| \neq 0$),而且

$$\boldsymbol{A}^{-1} = \frac{1}{\det\boldsymbol{A}}\boldsymbol{A}^* = \frac{1}{\det\boldsymbol{A}}\begin{pmatrix} A_{11} & A_{21} & \cdots & A_{n1} \\ A_{12} & A_{22} & \cdots & A_{n2} \\ \vdots & \vdots & & \vdots \\ A_{1n} & A_{2n} & \cdots & A_{nn} \end{pmatrix}.$$

证　(1) 必要性:如果 $\boldsymbol{A}$ 可逆,则 $\boldsymbol{A}^{-1}$ 存在,使 $\boldsymbol{A}\boldsymbol{A}^{-1} = \boldsymbol{E}$,两边取行列式 $\det(\boldsymbol{A}\boldsymbol{A}^{-1}) = \det\boldsymbol{E}$,即 $\det\boldsymbol{A}\det\boldsymbol{A}^{-1} = 1$,因而 $\det\boldsymbol{A} \neq 0$,即 $\boldsymbol{A}$ 为非奇异矩阵.

(2) 充分性:设 $\boldsymbol{A}$ 为非奇异矩阵,所以 $\det\boldsymbol{A} \neq 0$,由 ① 式可知

$$\boldsymbol{A}\left(\frac{1}{\det\boldsymbol{A}}\boldsymbol{A}^*\right) = \left(\frac{1}{\det\boldsymbol{A}}\boldsymbol{A}^*\right)\boldsymbol{A} = \boldsymbol{E}.$$

所以 $\boldsymbol{A}$ 是可逆矩阵,且 $\boldsymbol{A}^{-1} = \frac{1}{\det\boldsymbol{A}}\boldsymbol{A}^*$.

例 6　求矩阵 $\boldsymbol{A} = \begin{pmatrix} 1 & 0 & 1 \\ 2 & 1 & 0 \\ -3 & 2 & -5 \end{pmatrix}$ 的逆矩阵.

解　因为 $\det\boldsymbol{A} = \begin{vmatrix} 1 & 0 & 1 \\ 2 & 1 & 0 \\ -3 & 2 & -5 \end{vmatrix} = 2 \neq 0$,所以 $\boldsymbol{A}$ 是可逆的. 又因为

$$A_{11} = \begin{vmatrix} 1 & 0 \\ 2 & -5 \end{vmatrix} = -5, \quad A_{12} = -\begin{vmatrix} 2 & 0 \\ -3 & -5 \end{vmatrix} = 10, \quad A_{13} = \begin{vmatrix} 2 & 1 \\ -3 & 2 \end{vmatrix} = 7,$$

$$A_{21} = -\begin{vmatrix} 0 & 1 \\ 2 & -5 \end{vmatrix} = 2, \quad A_{22} = \begin{vmatrix} 1 & 1 \\ -3 & -5 \end{vmatrix} = -2, \quad A_{23} = -\begin{vmatrix} 1 & 0 \\ -3 & 2 \end{vmatrix} = -2,$$

$$A_{31} = \begin{vmatrix} 0 & 1 \\ 1 & 0 \end{vmatrix} = -1, \quad A_{32} = -\begin{vmatrix} 1 & 1 \\ 2 & 0 \end{vmatrix} = 2, \quad A_{33} = \begin{vmatrix} 1 & 0 \\ 2 & 1 \end{vmatrix} = 1,$$

所以

$$A^{-1} = \frac{1}{\det A}A^* = \frac{1}{2}\begin{pmatrix} -5 & 2 & -1 \\ 10 & -2 & 2 \\ 7 & -2 & 1 \end{pmatrix} = \begin{pmatrix} -\frac{5}{2} & 1 & -\frac{1}{2} \\ 5 & -1 & 1 \\ \frac{7}{2} & -1 & \frac{1}{2} \end{pmatrix}.$$

(2)用初等变换求逆矩阵.用初等变换求一个非奇异矩阵 A 的逆矩阵,其具体方法为:把方阵 A 和同阶的单位矩阵 E,合写成一个长方矩阵 $(A \vdots E)$,对该矩阵的行实施初等变换,当虚线左边的 A 变成单位矩阵 E 时,虚线右边的 E 变成了 A^{-1},即

$$(A \vdots E) \xrightarrow{\text{初等行变换}} (E \vdots A^{-1}),$$

从而可求得 A^{-1}.

例 7　用初等变换求 $A = \begin{pmatrix} 0 & 1 & 2 \\ 1 & 1 & 4 \\ 2 & -1 & 0 \end{pmatrix}$ 的逆矩阵.

解　因为 $(A \vdots E) = \begin{pmatrix} 0 & 1 & 2 & \vdots & 1 & 0 & 0 \\ 1 & 1 & 4 & \vdots & 0 & 1 & 0 \\ 2 & -1 & 0 & \vdots & 0 & 0 & 1 \end{pmatrix}$

$$\xrightarrow{r_2 \leftrightarrow r_1} \begin{pmatrix} 1 & 1 & 4 & \vdots & 0 & 1 & 0 \\ 0 & 1 & 2 & \vdots & 1 & 0 & 0 \\ 2 & -1 & 0 & \vdots & 0 & 0 & 1 \end{pmatrix} \xrightarrow{-2r_1 + r_3} \begin{pmatrix} 1 & 1 & 4 & \vdots & 0 & 1 & 0 \\ 0 & 1 & 2 & \vdots & 1 & 0 & 0 \\ 0 & -3 & -8 & \vdots & 0 & -2 & 1 \end{pmatrix}$$

$$\xrightarrow[-r_2 + r_1]{3r_2 + r_3} \begin{pmatrix} 1 & 0 & 2 & \vdots & -1 & 1 & 0 \\ 0 & 1 & 2 & \vdots & 1 & 0 & 0 \\ 0 & 0 & -2 & \vdots & 3 & -2 & 1 \end{pmatrix} \xrightarrow{-\frac{1}{2}r_3} \begin{pmatrix} 1 & 0 & 2 & \vdots & -1 & 1 & 0 \\ 0 & 1 & 2 & \vdots & 1 & 0 & 0 \\ 0 & 0 & 1 & \vdots & -\frac{3}{2} & 1 & -\frac{1}{2} \end{pmatrix}$$

$$\xrightarrow[-2r_3 + r_2]{-2r_3 + r_1} \begin{pmatrix} 1 & 0 & 0 & \vdots & 2 & -1 & 1 \\ 0 & 1 & 0 & \vdots & 4 & -2 & 1 \\ 0 & 0 & 1 & \vdots & -\frac{3}{2} & 1 & -\frac{1}{2} \end{pmatrix},$$

所以　　　　　　　$A^{-1} = \begin{pmatrix} 2 & -1 & 1 \\ 4 & -2 & 1 \\ -\frac{3}{2} & 1 & -\frac{1}{2} \end{pmatrix}.$

例 8　解矩阵方程

$$\begin{pmatrix} 2 & 3 \\ -2 & 5 \end{pmatrix} X \begin{pmatrix} 1 & 3 \\ 2 & 4 \end{pmatrix} = \begin{pmatrix} 1 & 0 \\ 5 & 2 \end{pmatrix}.$$

解　设　　　　　　$A = \begin{bmatrix} 2 & 3 \\ -2 & 5 \end{bmatrix}, B = \begin{bmatrix} 1 & 3 \\ 2 & 4 \end{bmatrix}, C = \begin{bmatrix} 1 & 0 \\ 5 & 2 \end{bmatrix},$

则原矩阵方程可以写为 $AXB = C$,当 A, B 逆矩阵存在时,则

$$A^{-1}AXBB^{-1} = A^{-1}CB^{-1},$$
$$EXE = A^{-1}CB^{-1},$$
$$X = A^{-1}CB^{-1}.$$

求得 A, B 的逆矩阵为

$$A^{-1} = \frac{1}{16}\begin{bmatrix} 5 & -3 \\ 2 & 2 \end{bmatrix}, \quad B^{-1} = -\frac{1}{2}\begin{bmatrix} 4 & -3 \\ -2 & 1 \end{bmatrix},$$

则　　　　$X = -\frac{1}{32}\begin{bmatrix} 5 & -3 \\ 2 & 2 \end{bmatrix}\begin{bmatrix} 1 & 0 \\ 5 & 2 \end{bmatrix}\begin{bmatrix} 4 & -3 \\ -2 & 1 \end{bmatrix} = -\frac{1}{8}\begin{bmatrix} -7 & 6 \\ 10 & -8 \end{bmatrix}.$

例 9　解线性方程组

$$\begin{cases} x_2 + 2x_3 = 1, \\ x_1 + x_2 + 4x_3 = 0, \\ 2x_1 - x_2 = -1. \end{cases}$$

解　方程组可写成

$$\begin{bmatrix} 0 & 1 & 2 \\ 1 & 1 & 4 \\ 2 & -1 & 0 \end{bmatrix}\begin{bmatrix} x_1 \\ x_2 \\ x_3 \end{bmatrix} = \begin{bmatrix} 1 \\ 0 \\ -1 \end{bmatrix},$$

设 $A = \begin{bmatrix} 0 & 1 & 2 \\ 1 & 1 & 4 \\ 2 & -1 & 0 \end{bmatrix}, X = \begin{bmatrix} x_1 \\ x_2 \\ x_3 \end{bmatrix}, B = \begin{bmatrix} 1 \\ 0 \\ -1 \end{bmatrix},$ 则 $AX = B.$

由例 7 知 A 可逆,且　　　$A^{-1} = \begin{bmatrix} 2 & -1 & 1 \\ 4 & -2 & 1 \\ -\frac{3}{2} & 1 & -\frac{1}{2} \end{bmatrix},$

所以 $X = A^{-1}B$,即

$$\begin{bmatrix} x_1 \\ x_2 \\ x_3 \end{bmatrix} = A^{-1}B = \begin{bmatrix} 2 & -1 & 1 \\ 4 & -2 & 1 \\ -\frac{3}{2} & 1 & -\frac{1}{2} \end{bmatrix}\begin{bmatrix} 1 \\ 0 \\ -1 \end{bmatrix} = \begin{bmatrix} 1 \\ 3 \\ -1 \end{bmatrix},$$

于是方程组的解为　　　　　　$\begin{cases} x_1 = 1, \\ x_2 = 3, \\ x_3 = -1. \end{cases}$

练习与思考 5-2

1. 判断下列说法是否正确：

(1) n 阶方阵是可以求值的；

(2) 用同一组数组成的两个矩阵相等；

(3) 两个行数、列数都相同的矩阵相等；

(4) 矩阵都有行列式；

(5) 两个矩阵的行列式相等，则两个矩阵相等；

(6) 两个矩阵相等，则其行列式对应相等；

(7) 如果矩阵 A 的行列式 $\det A = 0$，则 $A = O$.

2. 填空题.

(1) 如果 A 是一个 $m \times n$ 矩阵，那么，A 有_____行_____列. 当 $m = 1$ 时，$1 \times n$ 矩阵是_____矩阵；当 $n = 1$ 时，$m \times 1$ 矩阵是_____矩阵.

(2) 设矩阵

$$A = \begin{pmatrix} 3 & 2 & -1 \\ 0 & -2 & 4 \end{pmatrix}, B = \begin{pmatrix} a & 2 & c \\ 0 & b & 4 \end{pmatrix},$$

当 $A = B$ 时，$a = $ _____，$b = $ _____，$c = $ _____.

(3) 设 A 既是上三角矩阵，又是下三角矩阵，则 A 是一个_____.

(4) 如果矩阵 A 满足 $A^{\mathrm{T}} = A$，那么 A 是_____矩阵，它的元素 $a_{ij} = $ _____.

(5) 设 A 是三角矩阵，且 $\det A = 0$，那么对角线上的元素_____.

(6) 两个矩阵 A 与 B 可作加、减运算的条件是这两个矩阵的_____.

(7) 数 k 乘矩阵 A 是把 k 乘以 A 的_____.

(8) 两个矩阵 A 与 B 可作乘法运算的条件是_____.

(9) 设 A 是一个 $m \times n$ 矩阵，B 是一个 $n \times 5$ 矩阵，那么 AB 是_____矩阵，第 i 行第 j 列的元素为_____.

(10) 设 A,B 是两个上三角矩阵，那么，$(AB)^{\mathrm{T}}$ 是_____矩阵，$(kA - lB)$ 是_____矩阵，其中 k,l 是常数.

(11) 设 A 是一个三阶方阵，那么 $\det(-2A) = $ _____ $\det A$.

§5.3　线 性 方 程 组

线性方程组是线性代数历史上的第一个分支，是线性代数许多思想的源头. 比如，行列式和矩阵都产生于方程组的研究. 线性方程组不但是最基本、最重要的数学理论和研究工具，而且有广泛的应用.

5.3.1　矩阵的秩与线性方程组解的基本定理

1. 矩阵的秩

为了进一步讨论方程组解的问题,有必要引进矩阵秩的概念,先介绍矩阵子式的概念.

定义 1　在一个 $m \times n$ 的矩阵 A 中任取 r 行与 r 列($r \leqslant \min(m, n)$),位于这些行与列相交处的元素构成一个 r 阶方阵,此方阵的行列式称为矩阵 A 的一个 r 阶**子行列式**(或称 r 阶子式).

例如　矩阵 $A = \begin{pmatrix} 1 & 2 & -1 & 2 \\ 2 & -1 & 3 & 5 \\ 5 & 5 & 0 & -1 \end{pmatrix}$ 中,位于第 1,2 行与第 3,4 列相交处的元素构成一个二阶子式 $\begin{vmatrix} -1 & 2 \\ 3 & 5 \end{vmatrix}$,位于第 1,2,3 行与第 1,2,4 列相交处的元素构成一个三阶子式 $\begin{vmatrix} 1 & 2 & 2 \\ 2 & -1 & 5 \\ 5 & 5 & -1 \end{vmatrix}$. 显然,$n$ 阶方阵 A 的 n 阶子式就是方阵 A 的行列式 $\det A$.

例 1　设矩阵 $A = \begin{pmatrix} 1 & 2 & -2 & 11 \\ 1 & -3 & -3 & -14 \\ 3 & 1 & 1 & 8 \end{pmatrix}$,试写出它的一个二阶子式与一个三阶子式.

解　取第 1,2 行和第 2,4 列构成一个二阶方阵 $\begin{bmatrix} 2 & 11 \\ -3 & -14 \end{bmatrix}$,其行列式 $\begin{vmatrix} 2 & 11 \\ -3 & -14 \end{vmatrix}$ 是 A 的二阶子式.

取第 1,2,3 行和第 1,3,4 列构成一个三阶方阵 $\begin{bmatrix} 1 & -2 & 11 \\ 1 & -3 & -14 \\ 3 & 1 & 8 \end{bmatrix}$,其行列式 $\begin{vmatrix} 1 & -2 & 11 \\ 1 & -3 & -14 \\ 3 & 1 & 8 \end{vmatrix}$ 是 A 的三阶子式.

定义 2　矩阵 A 的不为零的最高子式的阶数 r 称为矩阵 A 的**秩**,记作 $R(A)$,即

$$R(A) = r.$$

显然,对任意矩阵 $A = (a_{ij})_{m \times n}$,都有 $R(A) \leqslant \min(m, n)$. 若方阵 $A_{n \times n}$ 的

$\det A \neq 0$，那么一定有 $R(A) = n$.

例 2　求矩阵 $A = \begin{vmatrix} 2 & 2 & 1 \\ -3 & 12 & 3 \\ 8 & -2 & 1 \\ 2 & 12 & 4 \end{vmatrix}$ 的秩.

解　因为 $\begin{vmatrix} 2 & 2 \\ -3 & 12 \end{vmatrix} = 30 \neq 0$，所以 $R(A) \geqslant 2$. 而 A 中共有 4 个三阶子式：

$$\begin{vmatrix} 2 & 2 & 1 \\ -3 & 12 & 3 \\ 8 & -2 & 1 \end{vmatrix} = 0, \begin{vmatrix} 2 & 2 & 1 \\ -3 & 12 & 3 \\ 2 & 12 & 4 \end{vmatrix} = 0, \begin{vmatrix} -3 & 12 & 3 \\ 8 & -2 & 1 \\ 2 & 12 & 4 \end{vmatrix} = 0, \begin{vmatrix} 2 & 2 & 1 \\ 8 & -2 & 1 \\ 2 & 12 & 4 \end{vmatrix} = 0,$$

即所有三阶子式均为零，矩阵不为零的最高阶子式的阶数为 2，于是 $R(A) = 2$.

由定义可知，如果矩阵 A 的秩是 r，则至少有一个 A 的 r 阶子式不为零，而 A 的所有高于 r 阶的子式全为零.

2. 用初等变换求矩阵的秩

定理 1　若矩阵 A 经过初等变换变为矩阵 B，则矩阵的秩不变，即

$$R(A) = R(B).$$

根据定理，可以利用初等变换（包括初等行变换与初等列变换）把矩阵 A 变成一个容易求秩的阶梯形矩阵 B，从而求出 A 的秩.

满足下列两个条件的矩阵为行阶梯形矩阵：

（1）矩阵的零行在矩阵的最下方；

（2）各非零行的第一个不为零的元素的列标，随着行标的增大而增大.

在行阶梯形矩阵中，如果所有第一个不为零的元素全为 1，且该元素所在列的其余元素都是零，称该矩阵为行最简阶梯形矩阵.

例 3　求矩阵 $A = \begin{vmatrix} 2 & -1 & 0 & 3 & -2 \\ 0 & 3 & 1 & -2 & 5 \\ 0 & 0 & 0 & 4 & -3 \\ 0 & 0 & 0 & 0 & 0 \end{vmatrix}$ 的秩.

解　A 是一个行阶梯形矩阵，其非零行有 3 行，可知 B 的所有四阶子式全为 0. 而以 3 个非零行的非零首元为对角元的三阶行列式，

$$\begin{vmatrix} 2 & -1 & 3 \\ 0 & 3 & -2 \\ 0 & 0 & 4 \end{vmatrix}$$

是一个上三角行列式，它显然不等于 0，因此 $R(B) = 3$. 正好等于行阶梯形矩阵非零行的行数.

例 3 的结论具有一般性:行阶梯形矩阵的秩就等于非零行的行数. 而任意矩阵都可以经过有限次初等行变换化为行阶梯形矩阵,因而实际计算时可借助初变换法来求矩阵的秩.

例 4　求矩阵 $A = \begin{pmatrix} 1 & 1 & 2 & 2 & 1 \\ 0 & 2 & 1 & 5 & -1 \\ 2 & 0 & 3 & -1 & 2 \\ 1 & 1 & 0 & 4 & -1 \end{pmatrix}$ 的秩.

解　$A = \begin{pmatrix} 1 & 1 & 2 & 2 & 1 \\ 0 & 2 & 1 & 5 & -1 \\ 2 & 0 & 3 & -1 & 2 \\ 1 & 1 & 0 & 4 & -1 \end{pmatrix} \xrightarrow[\ (-1)r_1+r_4\ ]{(-2)r_1+r_3} \begin{pmatrix} 1 & 1 & 2 & 2 & 1 \\ 0 & 2 & 1 & 5 & -1 \\ 0 & -2 & -1 & -5 & 0 \\ 0 & 0 & -2 & 2 & -2 \end{pmatrix}$

$\xrightarrow{r_2+r_3} \begin{pmatrix} 1 & 1 & 2 & 2 & 1 \\ 0 & 2 & 1 & 5 & -1 \\ 0 & 0 & 0 & 0 & -1 \\ 0 & 0 & -2 & 2 & -2 \end{pmatrix} \xrightarrow{r_3 \leftrightarrow r_4} \begin{pmatrix} 1 & 1 & 2 & 2 & 1 \\ 0 & 2 & 1 & 5 & -1 \\ 0 & 0 & -2 & 2 & -2 \\ 0 & 0 & 0 & 0 & -1 \end{pmatrix} = B.$

在矩阵 B 中,前三行三列的所有元素构成一个 3 阶子式,主对角线元素全不为零,主对角线下方元素都为零,故该三阶子式等于 -4. 而任何 4 阶子式均有一行为零,其值为零,而 B 的非零行的行数为 4,故 $R(B) = 4$,即 $R(A) = 4$.

例 5　设 $A = \begin{pmatrix} 3 & 2 & 0 & 5 & 0 \\ 3 & -2 & 3 & 6 & -1 \\ 2 & 0 & 1 & 5 & 3 \\ 1 & 6 & -4 & -1 & 4 \end{pmatrix}$,求矩阵 A 的秩,并求 A 的一个最高

阶非零子式.

解　先把 A 化为行阶梯形矩阵:

$A = \begin{pmatrix} 3 & 2 & 0 & 5 & 0 \\ 3 & -2 & 3 & 6 & -1 \\ 2 & 0 & 1 & 5 & -3 \\ 1 & 6 & -4 & -1 & 4 \end{pmatrix} \xrightarrow{r_1 \leftrightarrow r_4} \begin{pmatrix} 1 & 6 & -4 & -1 & 4 \\ 3 & -2 & 3 & 6 & -1 \\ 2 & 0 & 1 & 5 & -3 \\ 3 & 2 & 0 & 5 & 0 \end{pmatrix}$

$\xrightarrow{r_2-r_4} \begin{pmatrix} 1 & 6 & -4 & -1 & 4 \\ 0 & -4 & 3 & 1 & -1 \\ 2 & 0 & 1 & 5 & -3 \\ 3 & 2 & 0 & 5 & 0 \end{pmatrix} \xrightarrow[\ r_4-3r_1\ ]{r_3-2r_1} \begin{pmatrix} 1 & 6 & -4 & -1 & 4 \\ 0 & -4 & 3 & 1 & -1 \\ 0 & -12 & 9 & 7 & -11 \\ 0 & -16 & 12 & 8 & -12 \end{pmatrix}$

$$\xrightarrow[\substack{r_3-3r_2 \\ r_4-4r_2}]{}\begin{bmatrix}1 & 6 & -4 & -1 & 4 \\ 0 & -4 & 3 & 1 & -1 \\ 0 & 0 & 0 & 4 & -8 \\ 0 & 0 & 0 & 4 & -8\end{bmatrix}\xrightarrow[\substack{r_4-r_3}]{}\begin{bmatrix}1 & 6 & -4 & -1 & 4 \\ 0 & -4 & 3 & 1 & -1 \\ 0 & 0 & 0 & 4 & -8 \\ 0 & 0 & 0 & 0 & 0\end{bmatrix}=\boldsymbol{B},$$

由于 $\boldsymbol{B}$ 的非零行的行数为 3,因此 $R(\boldsymbol{A})=R(\boldsymbol{B})=3$.

再求 $\boldsymbol{A}$ 的一个最高阶非零子式. 由 $R(\boldsymbol{A})=3$ 知,$\boldsymbol{A}$ 的最高阶非零子式为三阶子式. $\boldsymbol{A}$ 的三阶子式共有 $\mathrm{C}_4^3 \cdot \mathrm{C}_5^3=40$ 个,要从 40 个三阶子式中找出一个非零子式是比较麻烦的. 不过从 $\boldsymbol{A}$ 的行阶梯形的矩阵可知,由 $\boldsymbol{A}$ 的第 1,2,4 这 3 列所构成的

矩阵 $\boldsymbol{B}=(\alpha_1,\alpha_2,\alpha_4)$ 的行阶梯形矩阵为 $\begin{bmatrix}1 & 6 & -1 \\ 0 & -4 & 1 \\ 0 & 0 & 4 \\ 0 & 0 & 0\end{bmatrix}$,知 $R(\boldsymbol{B})=3$,故 $\boldsymbol{B}$ 中必有

三阶非零子式. $\boldsymbol{B}$ 中共有 4 个三阶子式,从中找出一个非零子式,经检验可知,$\boldsymbol{A}$ 中前三行构成的三阶子式

$$\begin{vmatrix}3 & 2 & 5 \\ 3 & -2 & 6 \\ 2 & 0 & 5\end{vmatrix}=-16\neq 0,$$

因此这个子式便是 $\boldsymbol{A}$ 的一个最高阶非零子式.

例 6　设 $\boldsymbol{A}=\begin{bmatrix}1 & -1 & 1 & 2 \\ 3 & a & -1 & 2 \\ 5 & 3 & b & 6\end{bmatrix}$,且 $R(\boldsymbol{A})=2$,求数 a 和 b 的值.

解　求 $\boldsymbol{A}$ 作行初等变换:

$$\boldsymbol{A}\xrightarrow[\substack{r_2-3r_1 \\ r_3-5r_1}]{}\begin{bmatrix}1 & -1 & 1 & 2 \\ 0 & a+3 & -4 & -4 \\ 0 & 8 & b-5 & -4\end{bmatrix}\xrightarrow[\substack{r_3-r_2}]{}\begin{bmatrix}1 & -1 & 1 & 2 \\ 0 & a+3 & -4 & -4 \\ 0 & 5-a & b-1 & 0\end{bmatrix}.$$

因 $R(\boldsymbol{A})=2$,故 $\begin{cases}5-a=0, \\ b-1=0,\end{cases}$解得$\begin{cases}a=5, \\ b=1.\end{cases}$

定义 3　如果 $\boldsymbol{A}$ 是 n 阶非奇异方阵(即 $|\boldsymbol{A}|\neq 0$),这时 $R(\boldsymbol{A})=n$,则称 $\boldsymbol{A}$ 是一个满秩阵.

定理 2　任何一个 n 阶非奇异方阵(满秩阵),都可通过初等变换化成单位矩阵.

例 7　通过初等变换将下面的矩阵 $\boldsymbol{A}$ 化为单位阵:

$$A = \begin{pmatrix} 2 & -2 & 3 \\ 1 & 1 & 1 \\ 1 & 3 & -1 \end{pmatrix}.$$

解　$A = \begin{pmatrix} 2 & -2 & 3 \\ 1 & 1 & 1 \\ 1 & 3 & -1 \end{pmatrix} \xrightarrow{r_1 \leftrightarrow r_2} \begin{pmatrix} 1 & 1 & 1 \\ 2 & -2 & 3 \\ 1 & 3 & -1 \end{pmatrix}$

$\xrightarrow{\text{用 } a_{11} \text{ 进行零化}} \begin{pmatrix} 1 & 0 & 0 \\ 0 & -4 & 1 \\ 0 & 2 & -2 \end{pmatrix} \xrightarrow[\frac{1}{2}r_3]{\left(-\frac{1}{4}\right)r_2} \begin{pmatrix} 1 & 0 & 0 \\ 0 & 1 & -\frac{1}{4} \\ 0 & 1 & -1 \end{pmatrix}$

$\xrightarrow{\text{用 } a_{22} \text{ 进行零化}} \begin{pmatrix} 1 & 0 & 0 \\ 0 & 1 & 0 \\ 0 & 0 & 1 \end{pmatrix}.$

这个定理也从另一方面说明方阵 A 可逆的充要条件是 $|A| \neq 0$.

3. 线性方程组解的基本定理

在上一章我们知道当线性方程组中未知数的个数与方程的个数相等时,可以用克莱姆法则或逆矩阵求解,并且系数行列式不等于零时,方程组有唯一解. 下面我们来讨论一般线性方程组的求解问题.

一般 n 元 m 阶线性方程组为

$$\begin{cases} a_{11}x_1 + a_{12}x_2 + \cdots + a_{1n}x_n = b_1, \\ a_{21}x_1 + a_{22}x_2 + \cdots + a_{2n}x_n = b_2, \\ \qquad\qquad \cdots\cdots\cdots\cdots \\ a_{m1}x_1 + a_{m2}x_2 + \cdots + a_{mn}x_n = b_m, \end{cases} \qquad ①$$

也可以写成矩阵形式　　　　　$AX = B,$

其中　　　　$A = \begin{pmatrix} a_{11} & a_{12} & \cdots & a_{1n} \\ a_{21} & a_{22} & \cdots & a_{2n} \\ \vdots & \vdots & \vdots & \vdots \\ a_{m1} & a_{m2} & \cdots & a_{mn} \end{pmatrix}, X = \begin{pmatrix} x_1 \\ x_2 \\ \vdots \\ x_n \end{pmatrix}, B = \begin{pmatrix} b_1 \\ b_2 \\ \vdots \\ b_m \end{pmatrix}.$

当 $b = 0$ 时,称 ① 为齐次线性方程组;当 $b \neq 0$ 时,称 ① 为非齐次线性方程组,即为

$$\begin{cases} a_{11}x_1 + a_{12}x_2 + \cdots + a_{1n}x_n = 0, \\ a_{21}x_1 + a_{22}x_2 + \cdots + a_{2n}x_n = 0, \\ \qquad\qquad \cdots\cdots\cdots\cdots \\ a_{m1}x_1 + a_{m2}x_2 + \cdots + a_{mn}x_n = 0. \end{cases} \qquad ②$$

对一般的线性方程组，我们关心下列两个问题：

（1）线性方程组何时有解？

（2）若线性方程组有解，则解有多少个？

为解决如上问题，我们将线性方程组 ① 的常数列 b 并在系数矩阵 A 的后面，构

成一个新的矩阵

$$\widetilde{A} = \begin{pmatrix} a_{11} & a_{12} & \cdots & a_{1n} & b_1 \\ a_{21} & a_{22} & \cdots & a_{2n} & b_2 \\ \vdots & \vdots & \vdots & \vdots & \vdots \\ a_{m1} & a_{m2} & \cdots & a_{mn} & b_m \end{pmatrix},$$

$\widetilde{A}$ 称为线性方程组的**增广矩阵**.

定理 3 线性方程组 ① 有解的充要条件是方程组系数矩阵 A 的秩等于增广

矩阵 $\widetilde{A}$ 的秩，即 $R(A) = R(\widetilde{A}) = r$，这时称线性方程组 ① 是相容的；且当 $r = n$ 时，

方程组有唯一解；当 $r < n$ 时，方程组有无穷多个解.

例 8 判别下列线性方程组是否有解：

$$\begin{cases} 2x_1 - 3x_2 + 5x_3 + 7x_4 = 1, \\ 4x_1 - 6x_2 + 2x_3 + 3x_4 = 2, \\ 2x_1 - 3x_2 - 11x_3 - 15x_4 = 4. \end{cases}$$

解 对增广矩阵 $\widetilde{A}$ 施行初等行变换

$$\widetilde{A} = \begin{pmatrix} 2 & -3 & 5 & 7 & 1 \\ 4 & -6 & 2 & 3 & 2 \\ 2 & -3 & -11 & -15 & 4 \end{pmatrix} \xrightarrow[r_3 - r_1]{r_2 - 2r_1} \begin{pmatrix} 2 & -3 & 5 & 7 & 1 \\ 0 & 0 & -8 & -11 & 0 \\ 0 & 0 & -16 & -22 & 3 \end{pmatrix}$$

$$\xrightarrow{r_3 - 2r_2} \begin{pmatrix} 2 & -3 & 5 & 7 & 1 \\ 0 & 0 & -8 & -11 & 0 \\ 0 & 0 & 0 & 0 & 3 \end{pmatrix}.$$

因为 $R(A) = 2, R(\widetilde{A}) = 3$，即 $R(A) < R(\widetilde{A})$，所以方程组无解. 这时称线性方程

组是不相容的.

例 9 判别下列方程组是否有解，若有解，其解是否唯一？

$$\begin{cases} x_1 + x_2 - 2x_3 = 2, \\ 2x_1 - 3x_2 + 5x_3 = 1, \\ 4x_1 - x_2 + x_3 = 5, \\ 5x_1 - x_3 = 7 \end{cases}$$

$$\textbf{解}\quad \widetilde{\boldsymbol{A}} = \begin{pmatrix} 1 & 1 & -2 & 2 \\ 2 & -3 & 5 & 1 \\ 4 & -1 & 1 & 5 \\ 5 & 0 & -1 & 7 \end{pmatrix} \xrightarrow[\substack{-4r_1+r_3 \\ -5r_1+r_4}]{-2r_1+r_2} \begin{pmatrix} 1 & 1 & -2 & 2 \\ 0 & -5 & 9 & -3 \\ 0 & -5 & 9 & -3 \\ 0 & -5 & 9 & -3 \end{pmatrix}$$

$$\xrightarrow[\substack{-r_2+r_4}]{-r_2+r_3} \begin{pmatrix} 1 & 1 & -2 & 2 \\ 0 & -5 & 9 & -3 \\ 0 & 0 & 0 & 0 \\ 0 & 0 & 0 & 0 \end{pmatrix},$$

因为 $R(\boldsymbol{A}) = R(\widetilde{\boldsymbol{A}}) = 2 < n = 3$,所以方程组有无穷多组解,即线性方程组是不相容的.

例 10 λ 为何值时,线性方程组

$$\begin{cases} \lambda x_1 + x_2 + x_3 = 1, \\ x_1 + \lambda x_2 + x_3 = \lambda, \\ x_1 + x_2 + \lambda x_3 = \lambda^2 \end{cases}$$

(1) 有唯一组解;(2) 有无穷多组解;(3) 无解?

解 (1) 按克莱姆法则,当系数行列式

$$\det\boldsymbol{A} = \begin{vmatrix} \lambda & 1 & 1 \\ 1 & \lambda & 1 \\ 1 & 1 & \lambda \end{vmatrix} = (\lambda-1)^2(\lambda+2) \neq 0,$$

即当 $\lambda \neq 1$ 且 $\lambda \neq -2$ 时,方程组有唯一解.

(2) 当 $\lambda = 1$ 时,其增广矩阵为 $\widetilde{\boldsymbol{A}} = \begin{pmatrix} 1 & 1 & 1 & 1 \\ 1 & 1 & 1 & 1 \\ 1 & 1 & 1 & 1 \end{pmatrix} \xrightarrow[\substack{-r_1+r_3}]{-r_1+r_2} \begin{pmatrix} 1 & 1 & 1 & 1 \\ 0 & 0 & 0 & 0 \\ 0 & 0 & 0 & 0 \end{pmatrix},$

因为 $R(\boldsymbol{A}) = R(\widetilde{\boldsymbol{A}}) = 1 < n = 3$,故方程组有无穷多组解.

(3) 当 $\lambda = -2$ 时,其增广矩阵为

$$\widetilde{\boldsymbol{A}} = \begin{pmatrix} -2 & 1 & 1 & 1 \\ 1 & -2 & 1 & -2 \\ 1 & 1 & -2 & 4 \end{pmatrix} \xrightarrow{r_2+r_1} \begin{pmatrix} -1 & -1 & 2 & -1 \\ 1 & -2 & 1 & -2 \\ 1 & 1 & -2 & 4 \end{pmatrix}$$

$$\xrightarrow[\substack{r_1+r_3}]{r_1+r_2} \begin{pmatrix} -1 & -1 & 2 & -1 \\ 0 & -3 & 3 & -3 \\ 0 & 0 & 0 & 3 \end{pmatrix},$$

因为 $R(\boldsymbol{A}) = 2 \neq R(\widetilde{\boldsymbol{A}}) = 3$,故方程组无解.

显然地,由于齐次线性方程组 ② 中的 $b_i = 0$,系数矩阵和增广矩阵的秩总是相等的,所以齐次线性方程组 ② 总是有零解,$x_1 = x_2 = \cdots = x_n = 0$,且有以下定理:

定理 4 齐次线性方程组有非零解的充分必要条件是系数矩阵 A 的秩小于未知数的个数 n,即 $R(A) < n$.

特别地,当齐次线性方程组 ② 的方程个数 m 与未知数个数 n 相等时,有以下推论:

推论 1 n 元 n 阶方程的齐次线性方程组 ② 有非零解的充分必要条件是系数行列式 $\det A = 0$.

5.3.2 线性方程组的求解

在求解方程组 $\begin{cases} 2x - y = 2, \\ x + 2y = 6 \end{cases}$ 时,记

$$A = \begin{bmatrix} 2 & -1 \\ 1 & 2 \end{bmatrix}, \ \widetilde{A} = \begin{bmatrix} 2 & -1 & 2 \\ 1 & 2 & 6 \end{bmatrix}.$$

现在用消元法求解这个方程组,并观察 $\widetilde{A}$ 的相应变化.

$$\begin{cases} 2x - y = 2 \\ x + 2y = 6 \end{cases} \rightarrow \begin{cases} x + 2y = 6 \\ 2x - y = 2 \end{cases} \rightarrow \begin{cases} x + 2y = 6 \\ -5y = -10 \end{cases} \rightarrow \begin{cases} x + 2y = 6 \\ y = 2 \end{cases} \rightarrow \begin{cases} x = 2, \\ y = 2. \end{cases}$$

$$\widetilde{A} = \begin{bmatrix} 2 & -1 & 2 \\ 1 & 2 & 6 \end{bmatrix} \rightarrow \begin{bmatrix} 1 & 2 & 6 \\ 2 & -1 & 2 \end{bmatrix} \rightarrow \begin{bmatrix} 1 & 2 & 6 \\ 0 & -5 & -10 \end{bmatrix} \rightarrow \begin{bmatrix} 1 & 2 & 6 \\ 0 & 1 & 2 \end{bmatrix}$$

$$\rightarrow \begin{bmatrix} 1 & 0 & 2 \\ 0 & 1 & 2 \end{bmatrix}.$$

从上述过程可以看出,对方程组的同解变形,实质上相当于对 $\widetilde{A}$ 施行初等行变换,从而消元求出方程组的解. 这种方法称为**高斯消元法**. 因此用高斯消元法解线性方程组,其实质是对方程组的增广矩阵施行初等变换,使它变为一个行最简阶梯形矩阵. 所以用消元法解线性方程组的步骤如下:

第一步 写出方程组的增广矩阵 $\widetilde{A}$;

第二步 对 $\widetilde{A}$ 施行一系列初等行变换,成为简化阶梯形矩阵 B;

第三步 由 B 求出方程组的相应解.

例 11 求解齐次线性方程组

$$\begin{cases} x_1 + 2x_2 - 2x_3 + x_4 = 0, \\ 2x_1 + 4x_2 - 3x_3 + x_4 = 0, \\ 3x_1 + 6x_2 + 2x_3 - 5x_4 = 0. \end{cases}$$

解 由于这是齐次线性方程组,只需把系数矩阵 A 化成行最简阶梯形矩阵,即可写出方程组的解.

为此,先对系数矩阵 A 施行初等行变换,化为行最简阶梯形矩阵.

$$A = \begin{pmatrix} 1 & 2 & -2 & 1 \\ 2 & 4 & -3 & 1 \\ 3 & 6 & 2 & -5 \end{pmatrix} \xrightarrow[r_3 - 3r_1]{r_2 - 2r_1} \begin{pmatrix} 1 & 2 & -2 & 1 \\ 0 & 0 & 1 & -1 \\ 0 & 0 & 8 & -8 \end{pmatrix} \xrightarrow[r_3 - 8r_2]{r_1 + 2r_2} \begin{pmatrix} 1 & 2 & 0 & -1 \\ 0 & 0 & 1 & -1 \\ 0 & 0 & 0 & 0 \end{pmatrix},$$

显见 $R(A) = 2 < 4$,所以该齐次线性方程组有非零解.

由上面的系数矩阵 A 的行最简形可得与原方程组同解的方程组

$$\begin{cases} x_1 + 2x_2 & - x_4 = 0, \\ & x_3 - x_4 = 0. \end{cases}$$

取非零行第一个未知数 x_1, x_3 为非自由未知数,其他未知数 x_2, x_4 为自由未知数,可任意取值,则用自由未知数表示非自由未知数为

$$\begin{cases} x_1 = -2x_2 + x_4, \\ x_3 = x_4. \end{cases}$$

令 $x_2 = c_1$, $x_4 = c_2$,并把解写成向量形式为

$$X = \begin{pmatrix} x_1 \\ x_2 \\ x_3 \\ x_4 \end{pmatrix} = \begin{pmatrix} -2c_1 + c_2 \\ c_1 \\ c_2 \\ c_2 \end{pmatrix} = c_1 \begin{pmatrix} -2 \\ 1 \\ 0 \\ 0 \end{pmatrix} + c_2 \begin{pmatrix} 1 \\ 0 \\ 1 \\ 1 \end{pmatrix}, \quad c_1, c_2 \in \mathbf{R}.$$

上式即是本例中齐次线性方程组的通解.

例 12　求解线性方程组

$$\begin{cases} 6x_1 - 9x_2 + 3x_3 - x_4 = 2, \\ 4x_1 - 6x_2 + 2x_3 + 3x_4 = 5, \\ 2x_1 - 3x_2 + x_3 - 2x_4 = -1. \end{cases}$$

解　本题是含有 4 个未知元的非齐次线性方程组. 为了判断本例方程组是否有解,若有解,则有多少解,应先将其增广矩阵 $\widetilde{A}$ 用初等行变换化为行阶梯形矩阵,即

$$\widetilde{A} = \begin{pmatrix} 6 & -9 & 3 & -1 & 2 \\ 4 & -6 & 2 & 3 & 5 \\ 2 & -3 & 1 & -2 & -1 \end{pmatrix} \xrightarrow[\substack{r_2 - 2r_1 \\ r_3 - 3r_1}]{r_1 \leftrightarrow r_3} \begin{pmatrix} 2 & -3 & 1 & -2 & -1 \\ 0 & 0 & 0 & 7 & 7 \\ 0 & 0 & 0 & 5 & 5 \end{pmatrix} \xrightarrow[r_3 - 5r_2]{\frac{1}{7}r_2}$$

$$\begin{pmatrix} 2 & -3 & 1 & -2 & -1 \\ 0 & 0 & 0 & 1 & 1 \\ 0 & 0 & 0 & 0 & 0 \end{pmatrix} \xrightarrow[\frac{1}{2}r_1]{r_1 + 2r_2} \begin{pmatrix} 1 & -\frac{3}{2} & \frac{1}{2} & 0 & \frac{1}{2} \\ 0 & 0 & 0 & 1 & 1 \\ 0 & 0 & 0 & 0 & 0 \end{pmatrix}.$$

显见 $R(A) = R(\widetilde{A}) = 2$,可知该非齐次线性方程组有解. 又方程组含有 4 个未知元,且秩 $R(A) = R(\widetilde{A}) = 2 < 4$(未知元个数),所以该非齐次线性方程组有无穷

多组解.

利用 $\widetilde{A}$ 是行最简阶梯形矩阵,可写出与原方程组同解的方程组

$$\begin{cases} x_1 - \dfrac{3}{2}x_2 + \dfrac{1}{2}x_3 = \dfrac{1}{2}, \\ \qquad\qquad\qquad x_4 = 1. \end{cases}$$

取非零行第 1 个未知数 x_1, x_4 为非自由未知数,其余未知数 x_2, x_3 为自由未知数,即得方程组的通解为

$$\begin{cases} x_1 = \dfrac{3}{2}x_2 - \dfrac{1}{2}x_3 + \dfrac{1}{2}, \\ x_4 = 1, \end{cases} \quad x_2, x_3 \text{ 可任意取值.}$$

若令 $x_2 = c_1, x_3 = c_2$,可把上式写成向量形式的通解,即

$$X = c_1 \begin{pmatrix} \dfrac{3}{2} \\ 1 \\ 0 \\ 0 \end{pmatrix} + c_2 \begin{pmatrix} -\dfrac{1}{2} \\ 0 \\ 1 \\ 0 \end{pmatrix} + \begin{pmatrix} \dfrac{1}{2} \\ 0 \\ 0 \\ 1 \end{pmatrix}, c_1, c_2 \in \mathbf{R}.$$

例 13   求解非齐次线性方程组

$$\begin{cases} 2x_2 - x_3 = 1, \\ 2x_1 + 2x_2 + 3x_3 = 5, \\ x_1 + 2x_2 + 2x_3 = 4. \end{cases}$$

解   对增广矩阵 $\widetilde{A}$ 施行初等行变换,把它变为行最简阶梯形矩阵,有

$$\widetilde{A} = \begin{pmatrix} 0 & 2 & -1 & 1 \\ 2 & 2 & 3 & 5 \\ 1 & 2 & 2 & 4 \end{pmatrix} \xrightarrow{r_1 \leftrightarrow r_3} \begin{pmatrix} 1 & 2 & 2 & 4 \\ 2 & 2 & 3 & 5 \\ 0 & 2 & -1 & 1 \end{pmatrix} \xrightarrow{r_2 - 2r_1} \begin{pmatrix} 1 & 2 & 2 & 4 \\ 0 & -2 & -1 & -3 \\ 0 & 2 & -1 & 1 \end{pmatrix}$$

$$\xrightarrow[r_3 + r_2]{r_1 + r_2} \begin{pmatrix} 1 & 0 & 1 & 1 \\ 0 & -2 & -1 & -3 \\ 0 & 0 & -2 & -2 \end{pmatrix} \xrightarrow{-\frac{1}{2}r_3} \begin{pmatrix} 1 & 0 & 1 & 1 \\ 0 & -2 & -1 & -3 \\ 0 & 0 & 1 & 1 \end{pmatrix}$$

$$\xrightarrow[r_2 + r_3]{r_1 - r_3} \begin{pmatrix} 1 & 0 & 0 & 0 \\ 0 & -2 & 0 & -2 \\ 0 & 0 & 1 & 1 \end{pmatrix} \xrightarrow{-\frac{1}{2}r_2} \begin{pmatrix} 1 & 0 & 0 & 0 \\ 0 & 1 & 0 & 1 \\ 0 & 0 & 1 & 1 \end{pmatrix}.$$

显见 $R(A) = R(\widetilde{A}) = 3$,等于方程组未知量的个数相等,故方程组有唯一解.

由 $\widetilde{A}$ 的行最简阶梯形矩阵,可得与原方程组同解的方程组 $\begin{cases} x_1 = 0, \\ x_2 = 1, \\ x_3 = 1, \end{cases}$

此即该非齐次线性方程组的唯一解.

又此例是三阶线性方程组,系数矩阵 $\boldsymbol{A}$ 是方阵,且 $|\boldsymbol{A}| \neq 0$,所以也可用 §5.1.3 中的克莱姆法则求得其唯一解.

例 14　求 a 为何值时,线性方程组

$$\begin{cases} (1+a)x_1 + x_2 + x_3 = 0, \\ x_1 + (1+a)x_2 + x_3 = 3, \\ x_1 + x_2 + (1+a)x_3 = a \end{cases}$$

(1) 有唯一解;(2) 无解;(3) 有无穷多组解?并在有无穷多组解时,求出其通解.

解　由于系数矩阵是方阵,由克莱姆法则知它有唯一解的充分必要条件是系数行列式 $|\boldsymbol{A}| \neq 0$,由行列式 $|\boldsymbol{A}|$ 的值并利用线性方程组解的基本定理,可以给出本题的结果.

下面我们仍用对一般线性方程组讨论的矩阵的初等变换法求解本题. 为此先对增广矩阵 $\tilde{\boldsymbol{A}}$ 作初等行变换把它变为行最简阶梯形矩阵,有

$$\tilde{\boldsymbol{A}} = \begin{pmatrix} 1+a & 1 & 1 & 0 \\ 1 & 1+a & 1 & 3 \\ 1 & 1 & 1+a & a \end{pmatrix} \xrightarrow{r_1 \leftrightarrow r_3} \begin{pmatrix} 1 & 1 & 1+a & a \\ 1 & 1+a & 1 & 3 \\ 1+a & 1 & 1 & 0 \end{pmatrix}$$

$$\xrightarrow[r_3 - (1+a)r_1]{r_2 - r_1} \begin{pmatrix} 1 & 1 & 1+a & a \\ 0 & a & -a & 3-a \\ 0 & -a & -a(2+a) & -a(1+a) \end{pmatrix}$$

$$\xrightarrow{r_3 + r_2} \begin{pmatrix} 1 & 1 & 1+a & a \\ 0 & a & -a & 3-a \\ 0 & 0 & -a(3+a) & (1-a)(3+a) \end{pmatrix}.$$

由此可得:

(1) 当 $a \neq 0$ 且 $a \neq -3$ 时,有 $R(\boldsymbol{A}) = R(\tilde{\boldsymbol{A}}) = 3$,且等于方程组未知量的个数 3,于是线性方程组有唯一解;

(2) 当 $a = 0$ 时,有 $R(\boldsymbol{A}) = 1$,$R(\tilde{\boldsymbol{A}}) = 2$,则 $R(\boldsymbol{A}) \neq R(\tilde{\boldsymbol{A}})$,于是线性方程组无解;

(3) 当 $a = -3$ 时,有 $R(\boldsymbol{A}) = R(\tilde{\boldsymbol{A}}) = 2$,小于方程组未知量的个数 3,于是线性方程组有无穷多组解. 此时

$$\tilde{\boldsymbol{A}} = \begin{pmatrix} -2 & 1 & 1 & 0 \\ 1 & -2 & 1 & 3 \\ 1 & 1 & -2 & -3 \end{pmatrix} \xrightarrow[r_2 - r_3]{r_1 + r_2 + r_3} \begin{pmatrix} 0 & 0 & 0 & 0 \\ 0 & -3 & 3 & 6 \\ 1 & 1 & -2 & -3 \end{pmatrix}$$

$$\xrightarrow[\substack{r_1 \leftrightarrow r_3 \\ -\frac{1}{3}r_2 \\ r_1 - r_2}]{} \begin{pmatrix} 1 & 0 & -1 & -1 \\ 0 & 1 & -1 & -2 \\ 0 & 0 & 0 & 0 \end{pmatrix},$$

由此便得通解 $\begin{cases} x_1 = x_3 - 1, \\ x_2 = x_3 - 2. \end{cases}$ (x_3 可任意取值)

若令 $x_3 = c$,即把上式写成向量形式的通解为

$$\begin{pmatrix} x_1 \\ x_2 \\ x_3 \end{pmatrix} = c \begin{pmatrix} 1 \\ 1 \\ 1 \end{pmatrix} + \begin{pmatrix} -1 \\ -2 \\ 0 \end{pmatrix}, c \in \mathbf{R}.$$

练习与思考 5-3

1. 判断正误:

(1) 若 A 有一个 r 阶非零子式,则 $R(A) = r$;

(2) 若 $R(A) \geqslant r$,则 A 中必有一个非零的 r 阶子式;

(3) 若 $A = (a_{ij})_{3 \times 4}$,且所有元素都不为零,则 $R(A) = 3$;

(4) 若 A 至少有一个非零元素,则 $R(A) > 0$.

2. 设矩阵 $A = \begin{pmatrix} 2 & 1 & -1 & 1 \\ 3 & -2 & 1 & -3 \\ 1 & 4 & -3 & 5 \end{pmatrix}$,写出它的一个二阶子式和一个三阶子式.

3. 设矩阵 $A = \begin{pmatrix} 3 & 1 & 0 & 2 \\ 1 & -1 & 2 & -1 \\ 1 & 3 & -4 & 4 \end{pmatrix}$,用秩的定义求它的秩.

4. 求下列矩阵的秩:

(1) $A = \begin{pmatrix} 2 & 4 & 8 & 2 \\ 1 & 4 & 5 & 4 \\ 2 & 6 & 9 & 5 \end{pmatrix}$;

(2) $A = \begin{pmatrix} 2 & 0 & 3 & 1 & 4 \\ 3 & -5 & 4 & 2 & 7 \\ 1 & 5 & 2 & 0 & 1 \end{pmatrix}$;

(3) $A = \begin{pmatrix} 1 & 1 & -1 \\ 3 & 1 & 0 \\ 2 & 4 & -5 \\ 4 & 3 & 2 \end{pmatrix}$;

(4) $A = \begin{pmatrix} 0 & 1 & 1 & -1 & 2 \\ 0 & 2 & 2 & -2 & 0 \\ 0 & -1 & -1 & 1 & 1 \\ 1 & 1 & 0 & 1 & 1 \end{pmatrix}$.

5. 将下列矩阵化成行最简阶梯形矩阵:

(1) $A = \begin{pmatrix} 1 & 2 & -2 \\ 2 & 1 & 2 \\ 1 & 1 & 0 \end{pmatrix}$;

(2) $A = \begin{pmatrix} 1 & -1 & -1 & 1 & 0 \\ 1 & -1 & 1 & -3 & 1 \\ 2 & -2 & -4 & 6 & -1 \end{pmatrix}$;

$$(3)\ \boldsymbol{A} = \begin{pmatrix} 2 & -1 & 3 & 1 \\ 4 & -2 & 5 & 4 \\ -4 & 2 & -6 & 2 \\ 2 & -1 & 4 & 0 \end{pmatrix};$$

$$(4)\ \boldsymbol{A} = \begin{pmatrix} 2 & -1 & 5 & 2 & 1 \\ 3 & 1 & 5 & 3 & 0 \\ 1 & -1 & 3 & -1 & 2 \\ 2 & 1 & 3 & 0 & 1 \end{pmatrix}.$$

6. 判定下列方程组是否有解,如果有解,指出是有唯一解还是无穷组解?

$$(1)\ \begin{cases} 2x_1 + x_2 + x_3 = 2, \\ x_1 + 3x_2 + x_3 = 5, \\ x_1 + x_2 + 5x_3 = -7, \\ 2x_1 + 3x_2 - 3x_3 = 14; \end{cases}$$

$$(2)\ \begin{cases} x_1 + x_2 - 3x_3 = -3, \\ 2x_1 + 2x_2 - 2x_3 = -2, \\ x_1 + x_2 + x_3 = 1, \\ 3x_1 + 3x_2 - 5x_3 = -5; \end{cases}$$

$$(3)\ \begin{cases} 2x_1 + x_2 - x_3 + x_4 = 1, \\ 3x_1 - 2x_2 + 2x_3 - 3x_4 = 2, \\ 5x_1 + x_2 - x_3 + 2x_4 = -1, \\ 2x_1 + x_2 + x_3 - 3x_4 = 4. \end{cases}$$

7. 求作一个秩是 4 的方阵,它的前面行是

$$(1,0,1,0,1)\ \text{及}\ (0,1,0,1,0).$$

§5.4　数学实验(四)

【实验目的】

(1) 使用 Matlab 软件输入矩阵并对矩阵进行运算(加减、数乘、乘法、转置);

(2) 使用 Matlab 软件计算方阵的行列式、逆矩阵、矩阵的秩;

(3) 使用 Matlab 软件求解线性方程组.

【实验环境】同数学实验(一).

【实验条件】学习了线性代数的有关知识.

【实验内容】

实验内容 1　建立矩阵并进行运算

(1) 矩阵的建立. Matlab 软件中矩阵的输入有 3 种方法.

① 直接输入法:元素之间用空格,行与行之间用分号.

如输入行矩阵 $\boldsymbol{A} = (2\ 5\ 8\ 10)$,

```
>> A = [2 5 8 10]              % 建立行矩阵 A = (2 5 8 10)
A =
     2     5     8    10
```

如输入矩阵 $\boldsymbol{A} = \begin{pmatrix} 1 & 2 & 3 \\ 4 & 5 & 6 \\ 7 & 8 & 9 \end{pmatrix}$,

```
>> A = [1 2 3;4 5 6;7 8 9]                    % 建立矩阵A
A =

    1    2    3
    4    5    6
    7    8    9
```

② 冒号输入法:如果行(或列)元素之间的距离相等,可以用冒号输入法.

如输入矩阵 $A = \begin{pmatrix} 2 & 4 & 6 & 8 \\ 1 & 4 & 7 & 10 \\ 1 & 1.5 & 2 & 2.5 \end{pmatrix}$,

```
>> a = [2:2:8];                  % 输入行 2 4 6 8
>> b = [1:3:10];                 % 输入行 1 4 7 10
>> c = [1:0.5:2.5];              % 输入行 1 1.5 2 2.5
>> A = [a;b;c]                   % 建立矩阵A
A =

    2.0000    4.0000    6.0000    8.0000
    1.0000    4.0000    7.0000    10.0000
    1.0000    1.5000    2.0000    2.5000
```

注 冒号输入法中两端是首数和尾数,中间是间距数.

③ 矩阵输入法:当由子矩阵组成矩阵时,可以用矩阵输入法.

设 $a_1 = \begin{pmatrix} 2 & 3 & -4 & 1 \\ 1 & -2 & 0 & 3 \end{pmatrix}$, $a_2 = \begin{pmatrix} 3 & 2 & 5 & 4 \\ 2 & 1 & 8 & 2 \end{pmatrix}$,

则由矩阵输入法可以生成以下矩阵:

```
>> a1 = [2 3 - 4 1;1 - 2 0 3];
>> a2 = [3 2 5 4;2 1 8 2];
>> A = [a1 a2]
A =

    2    3    - 4    1    3    2    5    4
    1    - 2    0    3    2    1    8    2
>> B = [a1;a2]
B =

    2    3    - 4    1
    1    - 2    0    3
    3    2    5    4
    2    1    8    2
```

（2）矩阵的加减、数乘、乘法、转置．

① 矩阵的加减法、数乘和转置：当两个矩阵的行数和列数都相等时，可以相加减，公式为 $A \pm B$；数 k 与矩阵 A 相乘为 $k * A$，矩阵 A 的转置为 A'．

例 1　设　　　　$A = \begin{bmatrix} 1 & -2 & 3 \\ 3 & 1 & -4 \\ 2 & 3 & 5 \end{bmatrix}, B = \begin{bmatrix} 3 & 1 & 2 \\ 2 & 4 & 7 \\ 3 & 2 & 5 \end{bmatrix},$

求 $A + B, A - B, 3A - 2B, A^T$．

解

```
>> A = [1- 2 3;3 1- 4;2 3 5];
>> B = [3 1 2;2 4 7;3 2 5];
>> A+ B
ans =

     4   - 1    5
     5     5    3
     5     5   10

>> A- B
ans =

   - 2   - 3    1
     1   - 3- 11
   - 1     1    0

>> 3* A- 2* B
ans =

   - 3   - 8    5
     5   - 5- 26
     0     5    5

>> A'
ans =

     1     3    2
   - 2     1    3
     3   - 4    5
```

② 矩阵的点乘与矩阵的乘法：当矩阵的行、列数都相同时，可以进行点乘．点乘是指矩阵的对应元素相乘，矩阵 A 与 B 的点乘为 $A. * B.$．

例 2　设 $A = \begin{bmatrix} 2 & 3 & 5 & 6 \\ 4 & 2 & 8 & 7 \end{bmatrix}, B = \begin{bmatrix} a & b & c & d \\ e & f & g & h \end{bmatrix}$，求 A 与 B 的点乘．

解

```
>> A = [2 3 5 6;4 2 8 7];
>> syms a b c d e f g h
>> B = [a b c d;e f g h];
>> A.* B
ans =
    [ 2* a, 3* b, 5* c, 6* d]
    [ 4* e, 2* f, 8* g, 7* h]
```

当左矩阵 A 的列数等于右矩阵 B 的行数,则这两个矩阵可以相乘,乘法公式为 $A*B$.

例3　设 $A = \begin{pmatrix} 1 & 2 & 3 \\ -2 & 3 & 5 \\ 3 & 5 & 7 \end{pmatrix}$, $B = \begin{pmatrix} 2 & 4 & 6 \\ 4 & -3 & 2 \\ 3 & -2 & 1 \end{pmatrix}$,求 AB,BA.

解

```
>> A = [1 2 3;- 2 3 5;3 5 7];
>> B = [2 4 6;4 - 3 2;3 - 2 1];
>> A* B
ans =
     19    - 8     13
     23   - 27    - 1
     47   - 17     35

>> B* A
ans =
     12     46     68
     16      9     11
     10      5      6
```

【实验练习1】

1. 设 $A = \begin{pmatrix} 1 & 3 & 5 & 7 \\ 10 & 8 & 6 & 4 \\ 2 & 6 & 10 & 14 \end{pmatrix}$, $B = \begin{pmatrix} 4 & 3 & 2 & 1 \\ 2 & 4 & 6 & 8 \\ 0 & 2 & 4 & 6 \end{pmatrix}$,求 $A+B$,$B-A$,$2A+3B$, A^{T}.

2. 设 $A = \begin{pmatrix} 1 & 2 & -4 \\ 3 & 6 & 0 \end{pmatrix}$, $B = \begin{pmatrix} -1 & 2 \\ 0 & 4 \\ -2 & 8 \end{pmatrix}$,求 AB.

3. 设 $A = \begin{pmatrix} 1 & -2 & 3 \\ 3 & 1 & -4 \\ 2 & 3 & 5 \end{pmatrix}$，$B = \begin{pmatrix} 3 & 1 & 2 \\ 2 & 4 & 7 \\ 3 & 2 & 5 \end{pmatrix}$，求 AB，BA．

实验内容 2　　方阵的行列式、逆矩阵及矩阵秩的求法

方矩阵有其行列式，行列式的值可以用命令 det 求得；当行列式不等于零时，该方矩阵有逆矩阵，逆矩阵可以用命令 inv 求出．

例 4　　设矩阵 $A = \begin{pmatrix} 2 & 3 & 1 & 2 \\ 5 & 4 & 7 & 0 \\ 1 & 0 & 2 & 4 \\ 5 & 3 & 2 & 1 \end{pmatrix}$，求其行列式和逆矩阵．

解

```
>> A = [2 3 1 2;5 4 7 0;1 0 2 4;5 3 2 1];
>> det(A)
ans =
    - 219
>> inv(A)
ans =

    - 0.2740    - 0.0822     0.0411      0.3836
      0.4703      0.0411    - 0.1872    - 0.1918
    - 0.0731      0.1781      0.0776    - 0.1644
      0.1050    - 0.0685      0.2009    - 0.0137
```

例 5　　求下列矩阵的秩.

(1) $A = \begin{pmatrix} 1 & -3 & 2 & 5 \\ -2 & 5 & 3 & 2 \\ -3 & 8 & 1 & -3 \end{pmatrix}$；　　　(2) $A = \begin{pmatrix} 1 & 0 & 4 & 1 & 2 \\ -2 & 3 & 6 & -2 & 3 \\ -1 & 3 & 10 & -1 & 5 \\ 3 & -3 & -2 & 3 & -1 \end{pmatrix}$．

解

```
(1) >> A = [1 - 3 2 5;- 2 5 3 2;- 3 8 1 - 3];        % 定义矩阵 A
    >> rank(A)                                        % 求矩阵 A 的秩
    ans =
        2
```

```
(2) >> A = [1 0 4 1 2;- 2 3 6 - 2 3;- 1 3 10 - 1 5;3 - 3 - 2 3 - 1];
    >> rank(A)                              %  求矩阵 A 的秩
    ans =
         2
```

【实验练习 2】

1. 求下列矩阵的行列式和逆矩阵：

(1) $\begin{pmatrix} 3 & -2 & 0 \\ 1 & 3 & 4 \\ 7 & 2 & 1 \end{pmatrix}$；

(2) $\begin{pmatrix} 1 & 1 & 1 & 1 \\ 2 & 3 & 4 & 5 \\ 3 & 5 & 1 & 0 \\ 4 & 0 & 2 & 3 \end{pmatrix}$.

2. 求下列矩阵的秩：

(1) $\begin{pmatrix} -1 & 2 & 1 & -2 & 1 \\ 1 & -1 & 2 & 1 & 0 \\ -1 & 4 & -3 & -4 & 1 \end{pmatrix}$；

(2) $\begin{pmatrix} 0 & 1 & 1 & -1 & 2 \\ 0 & 2 & 2 & -2 & 0 \\ 0 & -1 & -1 & 1 & 1 \\ 1 & 1 & 0 & 1 & -1 \end{pmatrix}$.

实验内容 3　线性方程组的求解

Matlab 软件能够为具有唯一解的由 n 个未知量、n 个线性方程组成的方程组 $AX = B$ 提供多种求解方法，这里仅介绍逆矩阵法和矩阵的左除法.

（1）逆矩阵法. 逆矩阵法求解线性方程组的步骤如下：

① 建立系数矩阵 A、常数列阵 B；

② 利用软件计算系数方阵 A 的行列式 D，若 $D \neq 0$，则线性方程组 $AX = B$ 有唯一解；

③ 利用软件计算 A 的逆阵 A^{-1}，则方程组的唯一解为 $X = A^{-1}B$.

例 6　解方程组 $\begin{cases} 2x - 3y + z = 0, \\ 3x + 2y - 3z = 2, \\ x + 2y + 2z = 3. \end{cases}$

解

```
>> A = [2 - 3 1;3 2 - 3;1 2 2];
>> B = [0;2;3];
>> det(A)
ans =
```

```
     51
>>  NA = inv(A)
NA =
        0.1961         0.1569         0.1373
      - 0.1765         0.0588         0.1765
        0.0784       - 0.1373         0.2549
>>  X = NA* B
X =
     0.7255
     0.6471
     0.4902
```

（2）矩阵左除法.矩阵左除法求解线性方程组的步骤如下：

① 建立系数矩阵 A、常数列阵 B；

② 矩阵 X 的解为 $X = A\backslash B.$

如例 6 中的线性方程组，可以用矩阵左除法求解如下：

```
>>  X = A\B
X =
     0.7255
        0.6471
        0.4902
```

【实验练习 3】

1. 求解下列线性方程组的唯一解：

（1） $\begin{cases} 2x - 3y = 3, \\ 3x - y = 8; \end{cases}$　　　　　　　　（2） $\begin{cases} 2x - y + 3z = 6, \\ 3x + y - 2z = 0, \\ x - 2y + 6z = 5; \end{cases}$

（3） $\begin{cases} x_1 + 2x_2 + 3x_3 + 4x_4 = -3, \\ x_1 + x_3 + 2x_4 = -1, \\ 3x_1 - x_2 - x_3 = 1, \\ x_1 + 2x_2 - 5x_4 = 1; \end{cases}$　　　　（4） $\begin{cases} x + 2y - z = -3, \\ 2x - y + 3z = 9, \\ -x + y + 4z = 6. \end{cases}$

【实验总结】

设 A, B 是两个参与运算的矩阵（且运算是可行的），则 Matlab 软件中矩阵基本运算的命令如下：

矩阵加减　$A \pm B$　　　　　　　矩阵数乘　$k * A$

矩阵点乘　　$\boldsymbol{A}.*\boldsymbol{B}.$　　　　　矩阵乘法　　$\boldsymbol{A}*\boldsymbol{B}$

方阵乘方　　$\boldsymbol{A}\char`\^n$　　　　　　　矩阵转置　　$\boldsymbol{A}'$

矩阵的行列式　　$\det(\boldsymbol{A})$　　　　　逆矩阵　　$\text{inv}(\boldsymbol{A})$

矩阵的秩　　$\text{rank}(\boldsymbol{A})$

有唯一解的线性方程组 $\boldsymbol{AX}=\boldsymbol{B}$ 的解 $\boldsymbol{X}=\text{inv}(\boldsymbol{A})*\boldsymbol{B}$ 或 $\boldsymbol{X}=\boldsymbol{A}\backslash\boldsymbol{B}$.

§5.5　数学建模(四)——线性代数模型

例1　基因遗传模型.

为了揭示生命的奥秘,遗传学的研究已引起了人们的广泛兴趣.动、植物在产生下一代的过程中,总是将自己的特征遗传给下一代,从而完成一种生命的延续.

动、植物都会将本身的特征遗传给后代,这主要是因为后代继承了双亲的基因,形成了自己的基因对,基因对就确定了后代所表现的特征.常染色体遗传的规律是后代从每个亲体的基因对中各继承一个基因,形成自己的基因对,即基因型.

如果考虑的遗传特征是由两个基因 A,a 控制的,那么就有 3 种基因对,分别记为 AA,Aa 和 aa.如金鱼草花的颜色是由两个遗传因子决定的,基因型为 AA 的金鱼草开红花,Aa 型的开粉红花,而 aa 型的开白花.人类眼睛的颜色也是通过常染色体来控制的.基因型为 AA 或 Aa 型的人眼睛颜色为棕色,而 aa 型的人眼睛颜色为蓝色.这里 AA,Aa 表示同一外部特征,我们认为基因 A 支配基因 a,即基因 a 对 A 来说是隐性的.双亲体结合形成后代的基因型的百分率矩阵如表 5-5-1 所示.

表 5-5-1

		父体 - 母体的基因对					
		AA-AA	AA-Aa	AA-aa	Aa-Aa	Aa-aa	aa-aa
后代基因对	AA	1	1/2	0	1/4	0	0
	Aa	0	1/2	1	1/2	1/2	0
	aa	0	0	0	1/4	1/2	1

设一农业研究所植物园中某植物的基因型为 AA,Aa 和 aa.研究所计划采用 AA 型的植物与每一种基因型植物相结合的方案培育植物后代.问经过若干年后,这种植物的任意一代的 3 种基因型分布如何?

模型假设

(1) 设 a_n,b_n,c_n 分别表示第 n 代植物中基因型为 AA,Aa,aa 的植物占植物总数的百分率,且 $a_n+b_n+c_n=1$,则基因型初始分布为 $\boldsymbol{x}^{(0)}=(a_0,b_0,c_0)^{\text{T}}$,第 n 代

植物的基因型分布为 $\boldsymbol{x}^{(n)} = (a_n, b_n, c_n)^{\mathrm{T}}$.

（2）植物中第 $n-1$ 代基因型分布与第 n 代分布的关系由表 5-5-2 确定.

表 5-5-2

		父体 - 母体的基因对		
		AA-AA	AA-Aa	AA-aa
后代基因对	AA	1	1/2	0
	Aa	0	1/2	1
	aa	0	0	0

模型建立

先考虑第 n 代中的 AA 型,第 $n-1$ 代 AA 型与 AA 型相结合,后代全部是 AA 型;第 $n-1$ 代的 Aa 型与 AA 型相结合,后代是 AA 型的可能性为 $\dfrac{1}{2}$;$n-1$ 代的 aa 型与 AA 型相结合,后代不可能是 AA 型. 因此,有

$$a_n = 1 \cdot a_{n-1} + \frac{1}{2} b_{n-1} + 0 \cdot c_{n-1} = a_{n-1} + \frac{1}{2} b_{n-1}. \qquad ①$$

同理,有

$$b_n = \frac{1}{2} b_{n-1} + c_{n-1}, \qquad ②$$

$$c_n = 0. \qquad ③$$

将式 ①、式 ②、式 ③ 相加,得

$$a_n + b_n + c_n = a_{n-1} + b_{n-1} + c_{n-1} = 1. \qquad ④$$

利用矩阵表示式 ①、式 ② 及式 ③ 即

$$\boldsymbol{x}^{(n)} = \boldsymbol{M}\boldsymbol{x}^{(n-1)}, \quad n = 1, 2, \cdots, \qquad ⑤$$

$$\begin{pmatrix} a_n \\ b_n \\ c_n \end{pmatrix} = \begin{pmatrix} 1 & 1/2 & 0 \\ 0 & 1/2 & 1 \\ 0 & 0 & 0 \end{pmatrix} \begin{pmatrix} a_{n-1} \\ b_{n-1} \\ c_{n-1} \end{pmatrix},$$

$$\boldsymbol{M} = \begin{pmatrix} 1 & 1/2 & 0 \\ 1 & 1/2 & 1 \\ 0 & 0 & 0 \end{pmatrix},$$

$$\boldsymbol{x}^{(n)} = \boldsymbol{M}\boldsymbol{x}^{(n-1)} = \boldsymbol{M}^2 \boldsymbol{x}^{(n-2)} = \boldsymbol{M}^3 \boldsymbol{x}^{(n-3)} = \cdots = \boldsymbol{M}^n \boldsymbol{x}^0.$$

模型求解

$$\boldsymbol{x}^{(n)} = \boldsymbol{M}^n \boldsymbol{x}^0,$$

$$\boldsymbol{M}^2 = \begin{pmatrix} 1 & 1-(1/2)^2 & 1-(1/2)^2 \\ 0 & (1/2)^2 & (1/2)^1 \\ 0 & 0 & 0 \end{pmatrix},$$

$$\boldsymbol{M}^3 = \begin{pmatrix} 1 & 1-(1/2)^3 & 1-(1/2)^2 \\ 0 & (1/2)^3 & (1/2)^2 \\ 0 & 0 & 0 \end{pmatrix},$$

$$\cdots\cdots\cdots\cdots$$

$$\boldsymbol{M}^n = \begin{pmatrix} 1 & 1-(1/2)^n & 1-(1/2)^{n-1} \\ 0 & (1/2)^n & (1/2)^{n-1} \\ 0 & 0 & 0 \end{pmatrix}.$$

$$\boldsymbol{x}^{(n)} = \boldsymbol{M}^n \boldsymbol{x}^0$$

$$= \begin{pmatrix} 1 & 1-(1/2^n) & 1-(1/2^{n-1}) \\ 0 & (1/2^n) & (1/2^{n-1}) \\ 0 & 0 & 0 \end{pmatrix} \boldsymbol{x}^0$$

$$= \begin{pmatrix} a_0+b_0+c_0-(1/2^n)b_0-(1/2^{n-1})c_0 \\ (1/2^n)b_0+(1/2^{n-1})c_0 \\ 0 \end{pmatrix}$$

$$= \begin{pmatrix} 1-(1/2^n)b_0-(1/2^{n-1})c_0 \\ (1/2^n)b_0+(1/2^{n-1})c_0 \\ 0 \end{pmatrix},$$

$$\boldsymbol{x}^{(n)} = \begin{pmatrix} a_n \\ b_n \\ c_n \end{pmatrix} = \begin{pmatrix} 1-(1/2^n)b_0-(1/2^{n-1})c_0 \\ (1/2^n)b_0+(1/2^{n-1})c_0 \\ 0 \end{pmatrix}.$$

当 $n \to \infty$ 时，$a_n \to 1, b_n \to 0, b_n \to 0$.

模型结论

经过足够长的时间后，培育出来的植物基本上呈现 AA 型. 通过本问题的讨论，可以对许多动、植物遗传分布有一个具体的了解，同时这个结果也验证了生物学中的一个重要结论：显性基因多次遗传后占主导因素，这也是之所以称它显性的原因.

例 2　投入产出模型.

某地区有 3 个重要产业：一个煤矿、一个发电厂和一条地方铁路. 开采一元钱的煤，煤矿要支付 0.25 元的电费及 0.25 元的运输费；生产一元钱的电力，发电厂要支付 0.65 元的煤费、0.05 元的电费及 0.05 元的运输费；创收一元钱的运输费，铁路要支付 0.55 元的煤费及 0.10 元的电费. 在某一周内，煤矿接到外地金额为 50 000 元的订货，发电厂接到外地金额为 25 000 元的订货，外界对地方铁路没有需求. 问 3 个企业在这一周内总产值为多少，才能满足自身及外界的需求？

数学模型

设 x_1 为煤矿本周内的总产值，x_2 为电厂本周的总产值，x_3 为铁路本周内的总产值，则

$$\begin{cases} x_1 - (0x_1 + 0.65x_2 + 0.55x_3) = 50\,000, \\ x_2 - (0.25x_1 + 0.05x_2 + 0.10x_3) = 25\,000, \\ x_3 - (0.25x_1 + 0.05x_2 + 0x_3) = 0, \end{cases} \qquad ⑥$$

即

$$\begin{bmatrix} x_1 \\ x_2 \\ x_3 \end{bmatrix} - \begin{bmatrix} 0 & 0.65 & 0.55 \\ 0.25 & 0.05 & 0.10 \\ 0.25 & 0.05 & 0 \end{bmatrix} \begin{bmatrix} x_1 \\ x_2 \\ x_3 \end{bmatrix} = \begin{bmatrix} 50\,000 \\ 25\,000 \\ 0 \end{bmatrix},$$

即

$$\boldsymbol{X} = \begin{bmatrix} x_1 \\ x_2 \\ x_3 \end{bmatrix}, \boldsymbol{A} = \begin{bmatrix} 0 & 0.65 & 0.55 \\ 0.25 & 0.05 & 0.10 \\ 0.25 & 0.05 & 0 \end{bmatrix}, \boldsymbol{Y} = \begin{bmatrix} 50\,000 \\ 25\,000 \\ 0 \end{bmatrix}.$$

矩阵 $\boldsymbol{A}$ 称为直接消耗矩阵，$\boldsymbol{X}$ 称为产出矩阵，$\boldsymbol{Y}$ 称为需求矩阵，则方程组 ⑥ 为

$$\boldsymbol{X} - \boldsymbol{AX} = \boldsymbol{Y},$$

即

$$(\boldsymbol{E} - \boldsymbol{A})\boldsymbol{X} = \boldsymbol{Y}, \qquad ⑦$$

其中矩阵 $\boldsymbol{E}$ 为单位矩阵，$(\boldsymbol{E} - \boldsymbol{A})$ 称为列昂杰夫矩阵，列昂杰夫矩阵为非奇异矩阵.

$$设 \boldsymbol{B} = (\boldsymbol{E} - \boldsymbol{A})^{-1} - \boldsymbol{E}, \boldsymbol{C} = \boldsymbol{A} \begin{bmatrix} x_1 & 0 & 0 \\ 0 & x_2 & 0 \\ 0 & 0 & x_3 \end{bmatrix}, \boldsymbol{D} = (1,1,1)\boldsymbol{C},$$

则矩阵 $\boldsymbol{B}$ 称为完全消耗矩阵，它与矩阵 $\boldsymbol{A}$ 一起在各个部门之间的投入生产中起平衡作用. 矩阵 $\boldsymbol{C}$ 可以称为投入产出矩阵，它的元素表示煤矿、电厂、铁路之间的投入产出关系. 矩阵 $\boldsymbol{D}$ 称为总投入矩阵，它的元素是矩阵 $\boldsymbol{C}$ 的对应列元素之和，分别表示煤矿、电厂、铁路得到的总投入. 由矩阵 $\boldsymbol{C}, \boldsymbol{Y}, \boldsymbol{X}$ 和 $\boldsymbol{D}$，可得投入产出分析表 5-5-3.

表 5-5-3　　　　　　　　　　　　　　　　　　（单位：元）

	煤矿	电厂	铁路	外界需求	总产出
煤矿	c_{11}	c_{12}	c_{13}	y_1	x_1
电厂	c_{21}	c_{22}	c_{23}	y_2	x_2
铁路	c_{31}	c_{32}	c_{33}	y_3	x_3
总投入	d_1	d_2	d_3		

计算求解

按 ⑦ 式解矩阵方程可得产出矩阵 $\boldsymbol{X}$，于是可计算矩阵 $\boldsymbol{C}$ 和矩阵 $\boldsymbol{D}$，计算结果如表 5-5-4 所示.

表 5-5-4 （单位：元）

	煤矿	电厂	铁路	外界需求	总产出
煤矿	0	36 505.96	15 581.51	50 000	102 087.48
电厂	25 521.87	2 808.15	2 833.00	25 000	56 163.02
铁路	25 521.87	2 808.15	0	0	28 330.02
总投入	51 043.74	42 122.27	18 414.51		

练习与思考 5-5

1. 小行星的轨道模型.

一天文学家要确定一颗小行星绕太阳运行的轨道,他在轨道平面内建立以太阳为原点的直角坐标系,在两坐标轴上取天文测量单位(一天文单位为地球到太阳的平均距离:$1.495\ 978\ 7 \times 10^{11}$ m). 在 5 个不同的时间对小行星作了 5 次观察,测得轨道上 5 个点的坐标数据如表 5-5-5 所示.

表 5-5-5

	x_1	x_2	x_3	x_4	x_5
X 坐标	5.764	6.286	6.759	7.168	7.408
	$y1$	y_2	y_3	y_4	y_5
Y 坐标	0.648	1.202	1.823	2.526	3.360

由开普勒第一定律知,小行星轨道为一椭圆. 请建立椭圆的方程,(注:椭圆的一般方程可表示为 $a_1 x^2 + 2a_2 xy + a_3 y^2 + 2a_4 x + 2a_5 y + 1 = 0$.)

2. 交通流量的计算模型.

图 5-5-1 给出了某城市部分单行街道的交通流量(每小时过车数).

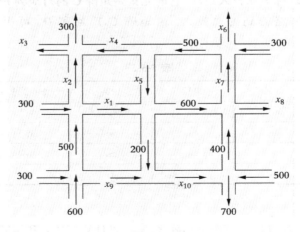

图 5-5-1

假设:
(1) 全部流入网络的流量等于全部流出网络的流量;
(2) 全部流入一个节点的流量等于全部流出此节点的流量.
试建立数学模型确定该交通网络未知部分的具体流量.

本 章 小 结

一、基本思想

行列式和矩阵是重要的数学工具.

从行列式递推法定义,到行列式性质以及拉普拉斯展开定理,主要是围绕行列式计算展开的.

克莱姆法则给出了一般线性方程组解的行列式表达式. 它仅是形式上的简化,当未知数个数多时计算工作量很大. 克莱姆法则的主要意义在于作理论分析.

矩阵是由一些字母或数字按一定次序排列的矩形数表,表中的各元素完全独立. 它既不代表算式,也不代表数. 但它却很有用. 原因在于它有一种特殊的有效的运算 —— 乘法的运算.

矩阵乘法不适合交换律,所以矩阵没有直接的除法运算. 除法运算由求逆矩阵来完成.

行列式与矩阵密切相关,特别在矩阵分析中,常常需要借助行列式来描述,例如,方阵 A 的逆矩阵存在条件需用行列式描述:$|A| \neq 0$,计算公式需用行列式表达:$A^{-1} = \dfrac{1}{|A|} A^*$. 又如,矩阵的秩也是用矩阵元素构成的子行列式来定义的.

二、主要内容

1. 行列式

(1) 二、三阶行列式直接用算式定义,n 阶行列式则用递推法定义.

(2) 行列式的 7 个性质,是简化行列式计算和一些理论分析的基础.

(3) 常用计算行列式的方法有:

    (a) 对二、三阶行列式,直接用对角线法计算;

    (b) 应用递推法定义或拉普拉斯按行(列)展开,通过降低行列式阶数来计算;

    (c) 应用行列式性质,将行列式化为三角形行列式,直接写出行列式的值;

    (d) 应用行列式性质,将行列式的某一行(列)除一个元素不等于零外,其他元素均化为零,按行(列)展开来计算.

(4) 克莱姆法则. 非齐次线性方程组

$$\begin{cases} a_{11}x_1 + a_{12}x_2 + \cdots + a_{1n}x_n = b_1, \\ a_{21}x_1 + a_{22}x_2 + \cdots + a_{2n}x_n = b_2, \\ \qquad\qquad \cdots\cdots\cdots\cdots \\ a_{n1}x_1 + a_{n2}x_2 + \cdots + a_{nn}x_n = b_n, \end{cases}$$

如果系数行列式 $D \neq 0$,则方程组有唯一解

$$x_j = \frac{D_j}{D} \quad (j = 1, 2, \cdots, n),$$

其中 $D_j(j = 1, 2, \cdots, n)$ 是将 D 中第 j 列元素 $a_{1j}, a_{2j}, \cdots, a_{nj}$ 对应地换为方程组的常数项 b_1, b_2, $\cdots, b_n$ 后得到的行列式.

当 $b_1 = b_2 = \cdots = b_n = 0$ 时,上述线性方程组为齐次线性方程组,如果齐次线性方程组系数行列式 $D \neq 0$,则齐次线性方程组只有零解;如果齐次线性方程组有非零解,则它的系数行列式 $D = 0$.

2. 矩阵

(1) 矩阵定义.

(2) 矩阵运算.

(a) 矩阵相等:

如果 $a_{ij} = b_{ij}(i = 1, 2, \cdots, m; \ j = 1, 2, \cdots, n)$,则 $(a_{ij})_{m \times n} = (b_{ij})_{m \times n}$.

(b) 矩阵加法:

$$(a_{ij})_{m \times n} + (b_{ij})_{m \times n} = (a_{ij} + b_{ij})_{m \times n} \quad (i = 1, 2, \cdots, m; \ j = 1, 2, \cdots, n).$$

(c) 矩阵数乘:

$$k(a_{ij})_{m \times n} = (ka_{ij})_{m \times n} \quad (i = 1, 2, \cdots, m; \ j = 1, 2, \cdots, n).$$

(d) 矩阵乘法:设 $\boldsymbol{A} = (a_{ik})_{m \times s}$, $\boldsymbol{B} = (b_{kj})_{s \times n}$,则

$$\boldsymbol{AB} = (a_{ik})_{m \times s} \cdot (b_{kj})_{s \times n} = (c_{ij})_{m \times n} = \boldsymbol{C},$$

其中 $\quad c_{ij} = a_{i1}b_{1j} + a_{i2}b_{2j} + \cdots + a_{is}b_{sj} \quad (i = 1, 2, \cdots, m; \ j = 1, 2, \cdots, n).$

(e) 矩阵转置:设 $\boldsymbol{A} = (a_{ij})_{m \times n}$,则 $\boldsymbol{A}$ 的转置 $\boldsymbol{A}^{\mathrm{T}} = (a_{ji})_{n \times m} \quad (i = 1, 2, \cdots, m; \ j = 1, 2, \cdots, n).$

(f) 逆矩阵:设方阵
$$\boldsymbol{A} = \begin{pmatrix} a_{11} & a_{12} & \cdots & a_{1n} \\ a_{21} & a_{22} & \cdots & a_{2n} \\ \vdots & \vdots & & \vdots \\ a_{n1} & a_{n2} & \cdots & a_{nn} \end{pmatrix},$$

则 $|\boldsymbol{A}| \neq 0$ 是 $\boldsymbol{A}$ 可逆的充要条件,且逆矩阵为

$$\boldsymbol{A}^{-1} = \frac{1}{|\boldsymbol{A}|}\boldsymbol{A}^* = \frac{1}{|\boldsymbol{A}|} \begin{pmatrix} A_{11} & A_{21} & \cdots & A_{n1} \\ A_{12} & A_{22} & \cdots & A_{n2} \\ \vdots & \vdots & & \vdots \\ A_{1n} & A_{2n} & \cdots & A_{nn} \end{pmatrix},$$

其中 $\boldsymbol{A}^*$ 称为 $\boldsymbol{A}$ 的伴随矩阵,它的元素 A_{ij} 是 $\boldsymbol{A}$ 的行列式 $|\boldsymbol{A}|$ 中元素 a_{ij} 的代数余子式.

(3) 矩阵运算的几个特殊性质.

(a) 矩阵乘法:一般 $\boldsymbol{AB} \neq \boldsymbol{BA}$(不满足交换律);$\boldsymbol{AB} = \boldsymbol{O}$,未必有 $\boldsymbol{A} = \boldsymbol{O}$ 或 $\boldsymbol{B} = \boldsymbol{O}$;$\boldsymbol{AB} = \boldsymbol{AC}$,未必有 $\boldsymbol{B} = \boldsymbol{C}$.

(b) 矩阵转置:$(\boldsymbol{A}^{\mathrm{T}})^{\mathrm{T}} = \boldsymbol{A}$, $(\boldsymbol{AB})^{\mathrm{T}} = \boldsymbol{B}^{\mathrm{T}}\boldsymbol{A}^{\mathrm{T}}$, $(k\boldsymbol{A})^{\mathrm{T}} = k\boldsymbol{A}^{\mathrm{T}}$.

(c) 逆矩阵:$(\boldsymbol{A}^{-1})^{-1} = \boldsymbol{A}$, $(\boldsymbol{AB})^{-1} = \boldsymbol{B}^{-1}\boldsymbol{A}^{-1}$, $(k\boldsymbol{A})^{-1} = \frac{1}{k}\boldsymbol{A}^{-1}$, $(\boldsymbol{A}^{-1})^{\mathrm{T}} = (\boldsymbol{A}^{\mathrm{T}})^{-1}$.

(4) 矩阵的初等变换. 对矩阵进行下列 3 种变换称为矩阵的初等变换.

(a) 位置变换:变换矩阵的某两行(列)位置,用记号 $r_i \leftrightarrow r_j (c_i \leftrightarrow c_j)$ 表示;

(b) 倍法变换:用一个不为零的数乘矩阵的某一行(列),用记号 $kr_i(kc_j)$ 表示;

(c) 倍加变换:用一个数乘矩阵的某一行(列)加到另一行(列)上去,用记号 $kr_i + r_j (kc_i + c_j)$ 表示.

3. 矩阵的秩与行最简阶梯形矩阵

矩阵中不等于零的子式最高阶数称为矩阵的秩.它是矩阵的一个重要属性,是矩阵某种意义"等级"的度量.由于行(或列)初等变换不改变矩阵的秩,因此多用行(或列)初等变换求矩阵的秩.

如果矩阵的零行在矩阵的最下方,且各非零行首非零元素的列标随着行标的增大而增大,则称该矩阵为行阶梯形矩阵.在行阶梯形矩阵中,如果所有首非零元素全为 1,且首非零元素所在列的其他元素都是零,称该矩阵为行最简阶梯形矩阵.

4. 线性方程组的有解条件及求解方法

设 n 元 m 阶线性方程组为

$$\begin{cases} a_{11}x_1 + a_{12}x_2 + \cdots + a_{1n}x_n = b_1, \\ a_{21}x_1 + a_{22}x_2 + \cdots + a_{2n}x_n = b_2, \\ \cdots\cdots\cdots\cdots \\ a_{m1}x_1 + a_{m2}x_2 + \cdots + a_{mn}x_n = b_m, \end{cases}$$

其中

$$A = \begin{pmatrix} a_{11} & a_{12} & \cdots & a_{1n} \\ a_{21} & a_{22} & \cdots & a_{2n} \\ \cdots\cdots\cdots \\ a_{m1} & a_{m2} & \cdots & a_{mn} \end{pmatrix},$$

与

$$\widetilde{A} = \begin{pmatrix} a_{11} & a_{12} & \cdots & a_{1n} & b_1 \\ a_{21} & a_{22} & \cdots & a_{2n} & b_2 \\ \cdots\cdots\cdots \\ a_{m1} & a_{m2} & \cdots & a_{mn} & b_m \end{pmatrix},$$

分别称为线性方程组的系数矩阵与增广矩阵.当 $b_1, b_2, \cdots, b_m$ 不全为零时,上述方程组称为非齐次线性方程组;$b_1 = b_2 = \cdots = b_m$ 时,上述方程组称为齐次线性方程组.

(1) 线性方程组有解条件:非齐次线性方程组有解的充要条件是 $R(A) = R(\widetilde{A})$.当 $R(A) = R(\widetilde{A}) = r$ 时,如果 $r = n$,则该方程组有唯一解;如果 $r < n$,则该方程组有无穷多组解.

齐次线性方程组必有零解 $x_1 = x_2 = \cdots = x_n = 0$.如果 $R(A) = r = n$,则该方程组有唯一零解;而 $R(A) = r < n$ 则是该方程组有无穷多组非零解的充要条件.

(2) 线性方程组求解方法:对非齐次线性方程组,用行初等变换把增广矩阵 $\widetilde{A}$ 化为行最简阶梯形矩阵,可直接求得方程组的解.

对齐次线性方程组,用行初等变换把系数矩阵 A 化为行最简阶梯形矩阵,由此得方程组的解.

本 章 复 习 题

一、选择题

1. 设 A_{ij} 是行列式 D 的元素 $a_{ij}(i=1,2,\cdots,n;\ j=1,2,\cdots,n)$ 的代数余子式，那么当 $i\neq j$ 时，下列式子中（   ）是正确的.

    A. $a_{i1}A_{j1}+\cdots+a_{in}A_{jn}=0$;   B. $a_{i1}A_{i1}+\cdots+a_{in}A_{in}=0$;

    C. $a_{1j}A_{1j}+\cdots+a_{nj}A_{nj}=0$;   D. $a_{11}A_{11}+\cdots+a_{1n}A_{1n}=0$.

2. 设 A 是一个四阶方阵，且 $\det A=3$，那么 $\det 2A=$ （   ）.

    A. 2×3^4;   B. 2×4^3;

    C. $2^4\times 3$;   D. $2^3\times 4$.

3. 方阵 A 可逆的充要条件是（   ）.

    A. $A>0$;   B. $\det A\neq 0$;

    C. $\det A>0$;   D. $A\neq 0$.

4. 设 A,B 是两个 $m\times n$ 矩阵，C 是 n 阶方阵，那么（   ）.

    A. $C(A+B)=CA+CB$;   B. $(A^{T}+B^{T})C=A^{T}C+B^{T}C$;

    C. $C^{T}(A+B)=C^{T}A+C^{T}B$;   D. $(A+B)C=AC+BC$.

二、解答题

1. 计算下列行列式：

(1) $\begin{vmatrix} -ab & ac & ac \\ bd & -cd & de \\ bf & cf & -ef \end{vmatrix}$;

(2) $\begin{vmatrix} 1 & 1 & 1 & 1 \\ a & x & b & b \\ b & b & x & c \\ c & c & c & x \end{vmatrix}$;

(3) $\begin{vmatrix} -8 & 1 & 7 & -3 \\ 1 & 3 & 2 & 4 \\ 3 & 0 & 4 & 0 \\ 4 & 0 & 1 & 0 \end{vmatrix}$;

(4) $\begin{vmatrix} \cos\alpha & \sin\alpha & 0 & 0 & 0 \\ -\sin\alpha & \cos\alpha & 0 & 0 & 0 \\ 0 & 0 & 1 & 0 & 0 \\ 0 & 0 & 0 & \cos\alpha & \sin\alpha \\ 0 & 0 & 0 & -\sin\alpha & \cos\alpha \end{vmatrix}$.

2. 证明下列各式：

(1) $\begin{vmatrix} \cos(\alpha-\beta) & \sin\alpha & \cos\alpha \\ \sin(\alpha+\beta) & \cos\alpha & \sin\alpha \\ 1 & \sin\beta & \cos\beta \end{vmatrix}=0$;

(2) $\begin{vmatrix} a-b-c & 2a & 2a \\ 2b & b-c-a & 2b \\ 2c & 2c & c-a-b \end{vmatrix} = (a+b+c)^3.$

3. 求下列矩阵的逆矩阵：

(1) $\begin{bmatrix} 2 & 0 & 0 & 0 \\ 0 & 1 & 4 & 0 \\ 0 & 0 & -1 & 1 \\ 0 & 0 & 0 & 9 \end{bmatrix}$;
　　　　　　　　　(2) $\begin{bmatrix} 1 & -1 & 1 & 1 \\ -1 & 0 & 1 & 0 \\ 1 & -1 & 1 & 0 \\ 1 & 0 & 0 & 2 \end{bmatrix}$.

4. λ 取何值时，方程组 $\begin{cases} x_1 + x_2 + \lambda x_3 = 1, \\ x_1 + \lambda x_2 + x_3 = \lambda, \\ \lambda x_1 + x_2 - x_3 = \lambda^2 \end{cases}$

(1) 有唯一解；(2) 无解；(3) 有无穷多组解？

5. 解下列各线性方程组：

(1) $\begin{cases} x_1 + 3x_2 - 7x_3 = -8, \\ 2x_1 + 5x_2 + 4x_3 = 4, \\ -3x_1 - 7x_2 - 2x_3 = -3, \\ x_1 + 4x_2 - 12x_3 = -15; \end{cases}$
　　　　(2) $\begin{cases} 5x_1 + x_2 + 2x_3 = 4, \\ 2x_1 + x_2 + x_3 = 5, \\ 9x_1 + 2x_2 + 5x_3 = 8; \end{cases}$

(3) $\begin{cases} x_1 - x_2 + 5x_3 - x_4 = 0, \\ x_1 + x_2 - 2x_3 + 3x_4 = 0, \\ 3x_1 - x_2 + 8x_3 + x_4 = 0, \\ x_1 + 3x_2 - 9x_3 + 7x_4 = 0. \end{cases}$

6. 将下列矩阵化成行最简阶梯形矩阵：

(1) $\boldsymbol{A} = \begin{bmatrix} 1 & 5 & 5 & 1 \\ 2 & 4 & -2 & 0 \\ 1 & 0 & 1 & 2 \\ -3 & 1 & 5 & -3 \end{bmatrix}$;
　　　(2) $\boldsymbol{A} = \begin{bmatrix} 2 & 3 & 1 & -3 & -7 \\ 1 & 2 & 0 & -2 & -4 \\ 3 & -2 & 8 & 3 & 0 \\ 2 & -3 & 7 & 4 & 3 \end{bmatrix}$.

7. 求下列矩阵的秩，并求一个最高阶非零子式：

(1) $\boldsymbol{A} = \begin{bmatrix} 3 & 1 & 0 & 2 \\ 1 & -1 & 2 & -1 \\ 1 & 3 & -4 & 4 \end{bmatrix}$;
　　　(2) $\boldsymbol{A} = \begin{bmatrix} 3 & 2 & -1 & -3 & -1 \\ 2 & -1 & 3 & 1 & -3 \\ 7 & 0 & 5 & -1 & -8 \end{bmatrix}$.

8. 设 $\boldsymbol{A} = \begin{bmatrix} 1 & -2 & 3a \\ -1 & 2a & -3 \\ a & -2 & 3 \end{bmatrix}$,

问当 a 为何值时，可使 $(1) R(\boldsymbol{A}) = 1$；$(2) R(\boldsymbol{A}) = 2$；$(3) R(\boldsymbol{A}) = 3$？

9. 判定下列齐次线性方程组是否有非零解？如有非零解，求出线性方程组的解.

(1) $\begin{cases} x_1 - x_2 + 2x_3 - 3x_4 = 0, \\ x_1 - 3x_2 + 2x_3 - x_4 = 0, \\ 2x_1 - 4x_2 + 4x_3 - 3x_4 = 0, \\ x_1 - x_2 + x_3 - 2x_4 = 0; \end{cases}$
　(2) $\begin{cases} 2x_1 + 2x_2 - 3x_3 - 4x_4 - 7x_5 = 0, \\ x_1 + x_2 - x_3 + 2x_4 + 3x_5 = 0, \\ -x_1 - x_2 + 2x_3 - x_4 + 3x_5 = 0. \end{cases}$

10. 判别下列非齐次线性方程组是否有解？若有解，求出线性方程组的解：

(1) $\begin{cases} x_1 + x_2 - 3x_3 = -1, \\ 2x_1 + x_2 - 2x_3 = 1, \\ x_1 + x_2 + x_3 = 3, \\ x_1 + 2x_2 - 3x_3 = 1; \end{cases}$

(2) $\begin{cases} 2x_1 + x_2 - x_3 + x_4 = 1, \\ 4x_1 + 2x_2 - 2x_3 + x_4 = 2, \\ 2x_1 + x_2 - x_3 - x_4 = 1. \end{cases}$

11. 当 a 取何值时，线性方程组

$$\begin{cases} ax_1 + x_2 + x_3 = 1, \\ x_1 + ax_2 + x_3 = a, \\ x_1 + x_2 + ax_3 = a^2 \end{cases}$$

(1) 无解；(2) 有唯一解；(3) 有无穷多组解？

第 **6** 章

微 分 方 程

常微分方程伴随着微积分一起发展起来. 从 17 世纪末开始, 摆的运动、弹性理论以及天体力学等实际问题的研究引出了一系列常微分方程, 这些问题在当时以挑战的形式被提出而在数学家之间引起激烈的争论. 牛顿、莱布尼兹和伯努利兄弟等都曾讨论过低阶常微分方程.

18 世纪, 随着欧拉、拉格朗日、柯西等人对二阶常微分方程的解法和解的存在性问题的研究, 使得常微分方程已成为有自己的目标和方向的新数学分支.

19 世纪后半叶, 常微分方程的研究在两个大的方向上开拓了新局面. 第一个方向是由柯西开创的常微分方程解析理论; 另一个崭新的方向是庞加莱的独创定性理论.

在 20 世纪之前, 微分方程问题主要来源于几何学、力学和物理学, 而现在则几乎在自然科学和工程技术的每一个领域都有或多或少的微分方程问题, 微分方程甚至和生物、农业以及经济学也密切地挂上了钩.

§6.1 一阶微分方程

函数是客观世界事物内部联系在数量方面的反映, 当利用数学知识作为工具研究自然界各种现象及其规律时, 往往不能直接得到反映这种规律的函数关系, 但可以根据实际问题的意义及已知的公式或定律, 建立含有自变量、未知函数及未知函数的导数 (或微分) 的关系式, 这种关系式就是微分方程. 通过求解微分方程, 便可得到所要寻找的函数关系, 本节将介绍微分方程的一些基本概念, 讨论可用不定积分求解的 3 种一阶微分方程.

6.1.1 微分方程的基本概念

我们通过具体例子来说明微分方程的基本概念.

例 1 求过 $(1,2)$ 点, 且在曲线上任一点 $M(x,y)$ 处切线斜率等于 $3x^2$ 的曲线方程.

解   设所求曲线的方程为 $y = f(x)$. 根据导数的几何意义,可知所求曲线应

满足方程 $$\frac{\mathrm{d}y}{\mathrm{d}x} = 3x^2 \ \text{或} \ \mathrm{d}y = 3x^2 \, \mathrm{d}x. \tag{①}$$

由于曲线过点 $(1,2)$,因此未知函数 $y = f(x)$ 还应满足条件

$$y \mid_{x=1} = 2. \tag{②}$$

对 ① 式两端积分,得 $\qquad y = x^3 + C. \tag{③}$

把 ② 式代入 ③ 式,得 $C = 1$. 所以,所求曲线的方程是

$$y = x^3 + 1.$$

例 2   质点以初速 v_0 铅直上抛,不计阻力,求质点的运动规律.

解   如图 6-1-1 所示取坐标系. 设运动开始时 $(t = 0)$,质点位于 x_0,在时刻 t,
质点位于 x. 变量 x 与 t 之间的函数关系 $x = x(t)$ 就是要求的运动规律.

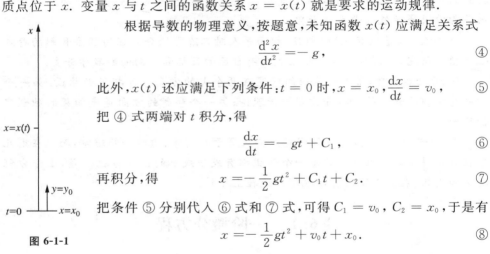

根据导数的物理意义,按题意,未知函数 $x(t)$ 应满足关系式

$$\frac{\mathrm{d}^2 x}{\mathrm{d}t^2} = -g, \tag{④}$$

此外,$x(t)$ 还应满足下列条件:$t = 0$ 时,$x = x_0$,$\dfrac{\mathrm{d}x}{\mathrm{d}t} = v_0$, $\tag{⑤}$

把 ④ 式两端对 t 积分,得

$$\frac{\mathrm{d}x}{\mathrm{d}t} = -gt + C_1, \tag{⑥}$$

再积分,得 $\qquad x = -\dfrac{1}{2} gt^2 + C_1 t + C_2. \tag{⑦}$

把条件 ⑤ 分别代入 ⑥ 式和 ⑦ 式,可得 $C_1 = v_0$,$C_2 = x_0$,于是有

$$x = -\frac{1}{2} gt^2 + v_0 t + x_0. \tag{⑧}$$

图 6-1-1

上面两个例子中关系式 ① 和关系式 ④ 都含有未知函数的导
数关系式,我们把凡含有自变量、未知函数及其导数(或微分)的方程叫做**微分
方程**.

需要指出的是:

(1) 在微分方程中,自变量和未知函数可以不出现,但未知函数的导数(或微
分)一定要出现;

(2) 如果微分方程中的未知函数只含一个自变量,这种微分方程叫做**常微分
方程**. 本章只讨论常微分方程,把它简称为"微分方程"或"方程".

出现在微分方程中未知函数的最高阶导数的阶数,叫做微分方程的**阶**. 例如,方
程 ① 是一阶微分方程,方程 ④ 是二阶微分方程. 方程 $x^2 y''' + xy'' - 4y' = 3x^4$ 是三
阶微分方程,而方程 $y^{(4)} - 4y''' + 10y'' - 12y' + 5y = \sin 2x$ 是四阶微分方程.

　　由前面的例子可见,在研究实际问题时,首先要建立微分方程,然后找出满足微分方程的函数. 就是说,找出这样的函数,并把这样的函数代入微分方程式后,能使该方程变成恒等式,这样的函数叫做该微分方程的**解**. 求微分方程解的过程,叫做**解微分方程**.

　　例如函数式 ③ 是方程式 ① 的解,函数式 ⑦、⑧ 都是方程 ④ 的解.

　　如果微分方程的解中含有任意常数,且独立的任意常数的个数与微分方程的阶数相同,这样的解叫做微分方程的**通解**. 例如函数式 ③ 是方程 ① 的通解,函数式 ⑦ 是方程 ④ 的通解.

　　例 1 和例 2 表明,为了求出实际需要的完全确定的解,仅求出方程的通解是不够的,还应附加一定的条件,确定通解中的任意常数. 如在例 1 中,通解 $y = x^3 + C$ 由条件 $y|_{x=1} = 2$ 可求得 $C = 1$. 确定出通解中任意常数的附加条件叫做**初始条件**.

　　在通解中,若使任意常数取某定值,或利用初始条件求出任意常数应取的值,所得的解叫做微分方程的**特解**. 如函数式 ⑧ 是方程 ④ 的特解.

　　微分方程的解的图形称为微分方程的**积分曲线**,由于微分方程的通解中含有任意常数,当任意常数取不同的值时,就得到不同的**积分曲线**,所以通解的图形是一族积分曲线,称为微分方程的积分曲线族. 例如,在例 1 中,微分方程 ① 的积分曲线族是立方抛物线族 $y = x^3 + C$,而满足初始值条件 ② 的特解 $y = x^3 + 1$ 就是过点 $(1,2)$ 的

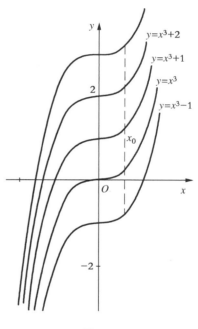

图 6-1-2

三次抛物线,如图 6-1-2 所示,这族曲线的共性是在点 x_0 处,每条曲线的切线是平行的,它们的斜率都是 $y'(x_0) = 3x_0^2$.

　　例 3　验证函数 $y = C_1 e^{2x} + C_2 e^{-2x}$（$C_1, C_2$ 为任意常数）是二阶微分方程

$$y'' - 4y = 0 \qquad\qquad ⑨$$

的通解,并求此微分方程满足初始条件

$$y|_{x=0} = 0, \quad y'|_{x=0} = 1 \qquad\qquad ⑩$$

的特解.

　　解　要验证一个函数是否是一个微分方程的通解,只需将该函数及其导数代

入微分方程中,看是否使方程成为恒等式,再看通解中所含独立的任意常数的个数是否与方程的阶数相同.

将函数 $y = C_1 e^{2x} + C_2 e^{-2x}$ 分别求一阶及二阶导数,得

$$y' = 2C_1 e^{2x} - 2C_2 e^{-2x},$$
$$y'' = 4C_1 e^{2x} + 4C_2 e^{-2x}. \qquad ⑪$$

把它们代入微分方程 ⑨ 的左端,得

$$y'' - 4y = 4C_1 e^{2x} + 4C_2 e^{-2x} - 4C_1 e^{2x} - 4C_2 e^{-2x} \equiv 0,$$

所以函数 $y = C_1 e^{2x} + C_2 e^{-2x}$ 是所给微分方程 ⑨ 的解. 又因这个解中含有两个独立的任意常数,任意常数的个数与微分方程 ⑨ 的阶数相同,所以它是该方程的通解.

要求微分方程满足所给初始条件的特解,只要把初始条件代入通解中,解出通解中的任意常数后,便可得到所需求的特解.

把式 ⑩ 中的条件 $\qquad y\,|_{x=0} = 0$ 及 $\quad y'\,|_{x=0} = 1$

分别代入 $\qquad\qquad\qquad y = C_1 e^{2x} + C_2 e^{-2x},$

及 $\qquad\qquad\qquad\qquad y' = 2C_1 e^{2x} - 2C_2 e^{-2x}$

中,得

$$\begin{cases} C_1 + C_2 = 0, \\ 2C_1 - 2C_2 = 1. \end{cases}$$

解得 $C_1 = \dfrac{1}{4}$, $\quad C_2 = -\dfrac{1}{4}$. 于是所求微分方程满足初始条件的特解为

$$y = \frac{1}{4}(e^{2x} - e^{-2x}).$$

6.1.2   一阶微分方程

一阶微分方程的一般形式为

$$y' = f(x, y) \text{ 或 } F(x, y, y') = 0,$$

它的初始条件为 $\qquad\qquad\qquad y\,|_{x=x_0} = y_0.$

下面介绍 3 种最常见的一阶微分方程.

1. 可分离变量的微分方程

首先来看下面的例子.

例 4   解微分方程 $\qquad\qquad y' = 2xy^2.$ $\qquad\qquad$ ⑫

解   如果对式 ⑫ 两边直接求积分,则得

$$\int y' \mathrm{d}x = \int 2xy^2 \mathrm{d}x,$$

即 $\qquad\qquad\qquad\qquad\qquad y = \int 2xy^2 \mathrm{d}x.$

上式右端中含有未知函数 y,无法求得积分. 因此,直接积分法不能求出它的解.

如果考虑将方程写成形式

$$\frac{\mathrm{d}y}{\mathrm{d}x} = 2xy^2,$$

并把变量 x 和 y"分离",写成形式

$$\frac{1}{y^2}\mathrm{d}y = 2x\mathrm{d}x, \tag{⑬}$$

然后再对式 ⑬ 两端求积分

$$\int \frac{1}{y^2}\mathrm{d}y = \int 2x\mathrm{d}x,$$

得

$$-\frac{1}{y} = x^2 + C,$$

即

$$y = -\frac{1}{x^2 + C}, \tag{⑭}$$

其中 C 是任意常数.

可以验证,式 ⑭ 满足微分方程 ⑫,它就是所求方程 ⑫ 的通解.

通过上例可以看到,在一个一阶微分方程中,如果能把两个变量分离,使方程的一端只包含其中一个变量及其微分,另一端只包含另一个变量及其微分,这时就可以通过两边积分的方法来求它的通解,这种求解的方法称为分离变量法,变量能分离的微分方程叫做**变量可分离的微分方程**.

一阶变量可分离的微分方程的一般形式为

$$y' = f(x)g(y). \tag{⑮}$$

求解步骤为以下 3 步:

(1) 分离变量　　　　　$\dfrac{\mathrm{d}y}{g(y)} = f(x)\mathrm{d}x$;

(2) 两边积分,得　　　$\displaystyle\int \frac{\mathrm{d}y}{g(y)} = \int f(x)\mathrm{d}x$;

(3) 求出积分,得通解　$F_2(y) = F_1(x) + C,$

其中 $F_1(x)$ 与 $F_2(y)$ 分别是 $f(x)$ 与 $\dfrac{1}{g(y)}$ 的原函数.

例 5　求微分方程 $\dfrac{\mathrm{d}y}{\mathrm{d}x} = 2xy$ 的通解.

解　将所给方程变量分离,得

$$\frac{\mathrm{d}y}{y} = 2x\mathrm{d}x.$$

两边积分,得

$$\int \frac{\mathrm{d}y}{y} = \int 2x\mathrm{d}x,$$

即 $$\ln|y| = x^2 + C_1, \qquad\qquad ⑯$$

从而 $$|y| = e^{x^2 + C_1} = e^{C_1}e^{x^2},$$

即 $$y = \pm e^{C_1}e^{x^2}.$$

因为 $\pm e^{C_1}$ 仍是任意非零常数,令 $C = \pm e^{C_1}$,又当 $C = 0$ 时 $y = 0$ 也是方程的解,故可得该方程的通解为 $\qquad y = Ce^{x^2}.$

以后为了运算方便,可把式 ⑯ 中的 $\ln|y|$ 写成 $\ln y$,任意常数 C_1 写成 $\ln C$,最后得到的 C 仍是任意常数.

例 6 求微分方程 $xy^2 dx + (1 + x^2)dy = 0$ 满足初始条件 $y|_{x=0} = 1$ 的特解.

解 原方程可改写为 $(1 + x^2)dy = -xy^2 dx,$

变量分离,得 $$\frac{dy}{y^2} = -\frac{x}{1+x^2}dx.$$

两边积分,得 $$\int \frac{dy}{y^2} = -\int \frac{x}{1+x^2}dx,$$

$$\frac{1}{y} = \frac{1}{2}\ln(1+x^2) + C.$$

把初始条件 $y|_{x=0} = 1$ 代入上式,求得 $C = 1$. 于是,所求微分方程的特解为

$$\frac{1}{y} = \frac{1}{2}\ln(1+x^2) + 1,$$

即 $$y = \frac{2}{\ln(1+x^2) + 2}.$$

2. 齐次方程

一阶齐次微分方程的一般形式为

$$\frac{dy}{dx} = f\left(\frac{y}{x}\right). \qquad\qquad ⑰$$

对于上述方程,只要作变量代换 $\frac{y}{x} = u$,就可化为可分离变量微分方程. 实际上,

令 $\frac{y}{x} = u$,即 $y = xu$,就有 $\frac{dy}{dx} = u + x\frac{du}{dx}$,代入方程 ⑰ 得

$$u + x\frac{du}{dx} = f(u).$$

分离变量,得 $$\frac{du}{f(u) - u} = \frac{dx}{x}.$$

求解后再把 $u = \frac{y}{x}$ 代回,即得齐次方程的通解.

例 7 求微分 $x\frac{dy}{dx} = x - y$ 满足 $y|_{x=\sqrt{2}} = 0$ 的特解.

解 变形所给方程 $$\frac{dy}{dx} = 1 - \frac{y}{x}.$$

它属齐次方程. 令 $u = \dfrac{y}{x}$, 即 $y = xu$, 有 $\dfrac{\mathrm{d}y}{\mathrm{d}x} = u + x\dfrac{\mathrm{d}u}{\mathrm{d}x}$, 代入上式, 得

$$u + \frac{\mathrm{d}y}{\mathrm{d}x} = 1 - u.$$

分离变量
$$\frac{\mathrm{d}u}{1 - 2u} = \frac{\mathrm{d}x}{x},$$

积分得
$$-\frac{1}{2}\ln(1 - 2u) = \ln x + \ln C_1,$$

即
$$1 - 2u = \frac{C}{x^2}\ \left(\text{其中}\ C = \frac{1}{C_1^2}\right).$$

把 $u = \dfrac{y}{x}$ 代回, 得通解
$$y = \frac{x}{2} - \frac{C}{2x}.$$

把 $y\mid_{x=\sqrt{2}} = 0$ 代入, 得 $C = 2$, 故所求特解为

$$y = \frac{x}{2} - \frac{1}{x}.$$

3. 一阶线性方程

一阶线性微分方程的一般形式是

$$\frac{\mathrm{d}y}{\mathrm{d}x} + p(x)y = q(x), \qquad\qquad ⑱$$

其中 $p(x), q(x)$ 都是已知函数. "线性"两字的含义是指方程中未知函数和它的导数都是一次的.

当 $q(x) \neq 0$ 时, 方程 ⑱ 称为一阶线性非齐次微分方程. 当 $q(x) \equiv 0$ 时, 即

$$\frac{\mathrm{d}y}{\mathrm{d}x} + p(x)y = 0, \qquad\qquad ⑲$$

称为一阶线性齐次微分方程.

如 $3y' + 2y = x^2$, $y' + \dfrac{1}{x}y = \dfrac{\sin x}{x}$, 都是一阶线性非齐次微分方程. $y' + y\cos x = 0$ 是一阶线性齐次微分方程.

为了得到一阶线性非齐次微分方程 ⑱ 的解, 我们先分析对应的一阶线性齐次方程 ⑲ 的通解. 为此对 ⑲ 式分离变量, 得

$$\frac{\mathrm{d}y}{y} = -p(x)\mathrm{d}x,$$

两边积分得
$$\ln y = -\int p(x)\mathrm{d}x + \ln C,$$

即齐次微分方程 ⑲ 通解为

$$y = C \cdot \mathrm{e}^{-\int p(x)\,\mathrm{d}x}\quad (C\ \text{为任意常数}). \qquad\qquad ⑳$$

再来讨论一阶线性非齐次微分方程 ⑱ 的通解的求法. 不难看出, 方程 ⑲ 是方

程 ⑱ 的特殊情况,两者既有联系又有区别,因而可设想它们的解也有一定联系又有一定区别.可以利用方程 ⑲ 的通解 ⑳ 的形式去求方程 ⑱ 的通解.为此设方程 ⑱ 的解仍具有 $y = Ce^{-\int p(x)dx}$ 的形式,但其中 C 不是常数而是 x 的待定函数 $u(x)$,即

$$y = u(x)e^{-\int p(x)dx} \qquad\qquad ㉑$$

是方程 ⑱ 的解.下面来确定 $u(x)$ 的形式.

为了确定 $u(x)$,我们对上式求导,有

$$y' = u'(x)e^{-\int p(x)dx} - u(x)p(x)e^{-\int p(x)dx}.$$

将 ㉑ 式和上式代入 ⑱ 式,有

$$u'(x)e^{-\int p(x)dx} - u(x)p(x)e^{-\int p(x)dx} + u(x)p(x)e^{-\int p(xdx)} = q(x),$$

整理得 $$u'(x) = q(x)e^{\int p(x)dx}.$$

两边积分得 $$u(x) = \int q(x)e^{\int p(x)dx}dx + C. \qquad\qquad ㉒$$

此式表明,若 ㉑ 式是一阶线性非齐次微分方程的解,则 $u(x)$ 必须是上述形式.把 ㉒ 式代入 ㉑ 式就得一阶线性非齐次微分方程的通解

$$y = e^{-\int p(x)dx}\Big[\int q(x)e^{\int p(x)dx}dx + C\Big] \quad (C \text{ 为任意常数}). \qquad ㉓$$

值得注意的是:在 ㉓ 式中,所有的不定积分其实已不再含任意常数.

在上述一阶线性非齐次微分方程 ⑱ 的求解过程中,将对应齐次方程 ⑲ 通解中的任意常数 C 变成一个待定函数 $u(x)$,进而求出线性非齐次方程通解的方法叫做**常数变易法**.

例 8 求微分方程 $y' + \dfrac{y}{x} = 2$ 的通解.

解 这是一阶线性非齐次微分方程,利用常数变易法求解.

对应齐次方程为 $$y' + \frac{y}{x} = 0,$$

分离变量得 $$\frac{dy}{y} = -\frac{dx}{x},$$

两边积分求得通解 $$y = \frac{C}{x}.$$

设非齐次方程通解为 $$y = \frac{u(x)}{x},$$

则 $$y' = \frac{u'(x)x - u(x)}{x^2},$$

代入方程并化简,得 $$u'(x) = 2x.$$

两边积分得
$$u(x) = \int 2x\,\mathrm{d}x = x^2 + C.$$

将 $u(x) = x^2 + C$ 代入 $y = \dfrac{u(x)}{x}$，所求一阶线性微分方程的通解为

$$y = \frac{x^2 + C}{x}.$$

本题也可直接利用非齐次方程的逻辑公式 ㉓ 求出通解. 这里 $p(x) = \dfrac{1}{x}$，

$q(x) = 2$，于是
$$y = \mathrm{e}^{-\int \frac{1}{x}\mathrm{d}x}\left[\int 2\mathrm{e}^{\int \frac{1}{x}\mathrm{d}x}\mathrm{d}x + C\right] = \mathrm{e}^{\ln x^{-1}}\left[\int 2\mathrm{e}^{\ln x}\mathrm{d}x + C\right]$$
$$= \frac{1}{x}\left[2 \cdot \frac{1}{2}x^2 + C\right] = \frac{x^2 + C}{x}.$$

两个结果相同.

例 9　求微分方程 $(x+1)y' = 2y + (x+1)^4$ 满足 $y\,|_{x=0} = 0$ 的特解.

解　将方程变形为 $y' - \dfrac{2}{x+1}y = (x+1)^3$. 这里

$$p(x) = -\frac{2}{x+1}, \quad q(x) = (x+1)^3,$$

于是按 ㉓ 式得

$$y = \mathrm{e}^{-\int -\frac{2}{x+1}\mathrm{d}x}\left[\int (x+1)^3 \mathrm{e}^{\int -\frac{2}{x+1}\mathrm{d}x}\mathrm{d}x + C\right]$$
$$= (x+1)^2\left[\int (x+1)^3 \cdot \frac{1}{(x+1)^2}\mathrm{d}x + C\right] = (x+1)^2\left[\int (x+1)\mathrm{d}x + C\right]$$
$$= (x+1)^2\left[\frac{1}{2}(x+1)^2 + C\right] = \frac{1}{2}(x+1)^4 + C(x+1)^2.$$

将初始条件 $y\,|_{x=0} = 0$ 代入，求得 $C = -\dfrac{1}{2}$.

所以所求微分方程的特解为 $y = \dfrac{1}{2}(x+1)^4 - \dfrac{1}{2}(x+1)^2$.

练习与思考 6-1

1. 判断下列方程右边所给函数是否为该方程的解?如果是解,是通解还是特解?

(1) $y'' + y = 0$, $y = C_1\sin x + C_2\cos x$ (C_1, C_2 为任意常数);

(2) $y'' = \dfrac{1}{2}\sqrt{1 + (y')^2}$, $y = \mathrm{e}^{\frac{x}{2}} + \mathrm{e}^{-\frac{x}{2}}$.

2. 求解下列微分方程:

(1) $y' = 2xy$;

(2) $y(1 + x^2)\mathrm{d}y + x(1 + y^2)\mathrm{d}x = 0$, $y(1) = 1$;

(3) $(x-y)y\mathrm{d}x - x^2\mathrm{d}y = 0$；

(4) $\dfrac{\mathrm{d}y}{\mathrm{d}x} - \dfrac{3}{x}y = -\dfrac{x}{2}$，$y(1) = 1$.

§6.2　二阶可降阶微分方程

6.2.1　型如 $y'' = f(x)$，$y'' = f(x,y')$，$y'' = f(y,y')$ 的方程

1. $y'' = f(x)$ 型微分方程

该微分方程的特点是方程右端仅含有自变量 x，通过两次积分即可求出通解.

例 1　求微分方程 $y'' = x\mathrm{e}^x$ 的通解.

解：$y' = \displaystyle\int x\mathrm{e}^x\mathrm{d}x = \int x\mathrm{d}\mathrm{e}^x = x\mathrm{e}^x - \int \mathrm{e}^x\mathrm{d}x = (x-1)\mathrm{e}^x + C_1$，

$$y = \int[(x-1)\mathrm{e}^x + C_1]\mathrm{d}x = \int(x-1)\mathrm{e}^x\mathrm{d}x + C_1 x + C_2$$

$$= \int(x-1)\mathrm{d}\mathrm{e}^x + C_1 x + C_2 = (x-1)\mathrm{e}^x - \int\mathrm{e}^x\mathrm{d}x + C_1 x + C_2$$

$$= (x-1)\mathrm{e}^x - \mathrm{e}^x + C_1 x + C_2$$

$$= (x-2)\mathrm{e}^x + C_1 x + C_2.$$

2. $y'' = f(x,y')$ 型微分方程

该微分方程的特点是方程右端不显含未知函数 y. 求解方法如下：

（1）设 $z = y'$，原方程化为：$z' = f(x,z)$.

（2）利用一阶微分方程求解方法求出通解

$$z = y' = \varphi(x, C_1).$$

（3）对 y' 再积一次分，得到 y 的通解为

$$y = \int\varphi(x, C_1)\mathrm{d}x + C_2.$$

例 2　求微分方程 $y'' - 3(y')^2 = 0$ 的通解.

解　$z = y'$，原方程化为　　　　　　$z' - 3z^2 = 0$.

这是一个可分离变量型的微分方程

$$\frac{\mathrm{d}z}{z^2} = 3\mathrm{d}x,$$

解得 $-\dfrac{1}{z} = 3x + C_1$，即 $y' = -\dfrac{1}{3x + C_1}$. 故

$$y = \int\left(-\frac{1}{3x + C_1}\right)\mathrm{d}x + C_2 = -\frac{1}{3}\ln|3x + C_1| + C_2.$$

例 3 求微分方程 $y'' - \dfrac{1}{x}y' - x\cos x = 0$ 满足初始条件 $y\left(\dfrac{\pi}{2}\right) = 0, y'\left(\dfrac{\pi}{2}\right) = \dfrac{\pi}{2}$ 的特解.

解 $z = y'$,原方程化为

$$z' - \frac{1}{x}z = x\cos x.$$

这是关于 z 的一阶线性微分方程,由公式得

$$z = \mathrm{e}^{-\int -\frac{1}{x}\mathrm{d}x}\left(\int x\cos x \ \mathrm{e}^{-\int \frac{1}{x}\mathrm{d}x}\mathrm{d}x + C_1\right) = x\left(\int \cos x\mathrm{d}x + C_1\right) = x(\sin x + C_1).$$

将初始条件 $z\left(\dfrac{\pi}{2}\right) = y'\left(\dfrac{\pi}{2}\right) = \dfrac{\pi}{2}$,代入得 $C_1 = 0$.

所以, $$z = y' = x\sin x.$$

$$y = \int x\sin x\mathrm{d}x = -\int x\mathrm{d}\cos x = -x\cos x + \int \cos x\mathrm{d}x = -x\cos x + \sin x + C_2.$$

由初始条件 $y\left(\dfrac{\pi}{2}\right) = 0$,代入得 $C_2 = -1$,

从而满足初始条件的解为

$$y = -x\cos x + \sin x - 1.$$

3. $y'' = f(y, y')$ 型微分方程

该微分方程的特点是:方程右端不显含自变量 x. 求解方法如下:

(1) 设 $z = y', y'' = z' = \dfrac{\mathrm{d}z}{\mathrm{d}x} = \dfrac{\mathrm{d}z}{\mathrm{d}y}\dfrac{\mathrm{d}y}{\mathrm{d}x} = \dfrac{\mathrm{d}z}{\mathrm{d}y}z$,原方程化为

$$z\frac{\mathrm{d}z}{\mathrm{d}y} = f(y, z).$$

(2) 求出以 y 作为自变量的一阶微分方程的通解

$$z = y' = \varphi(y, C_1).$$

(3) 分离变量后求积分,得 y 的通解为

$$\int \frac{1}{\varphi(y, C_1)}\mathrm{d}y = x + C_2.$$

例 4 求微分方程 $yy'' = 2(y'^2 - y')$ 满足 $y(0) = 1, y'(0) = 2$ 的解.

解 设 $z = y'$,则 $y'' = z\dfrac{\mathrm{d}z}{\mathrm{d}y}$,原方程化为

$$y\frac{\mathrm{d}z}{\mathrm{d}y} = 2(z - 1).$$

利用变量分离法 $\displaystyle\int \frac{1}{z-1}\mathrm{d}z = \int \frac{2}{y}\mathrm{d}y$,得

$$z - 1 = C_1 y^2.$$

由初始条件 $y(0) = 1, y'(0) = 2$,得

$$C_1 = 1,$$

即得

$$y' = 1 + y^2.$$

再次利用变量分离法得

$$\int \frac{1}{1+y^2} \mathrm{d}y = x + C_2,$$

$$\mathrm{arctan}y = x + C_2,$$

故

$$y = \tan(x + C_2).$$

由初始条件 $y(0) = 1$,代入得 $C_2 = \dfrac{\pi}{4}$.

从而满足初始条件的解为

$$y = \tan\left(x + \frac{\pi}{4}\right).$$

6.2.2 应用举例

例 5 设有一密度为 ρ 的绳,两端固定,绳索受重力作用而下垂,试问该绳索在平衡状态时是怎样的曲线?

解 设绳索的最低点为 A,以连接地球中心与点 A 的连线为 y 轴,不过点 A 且与 y 轴垂直的直线为 x 轴,建立平面直角坐标系,如图 6-2-1 所示. 设绳索的曲线方程为 $y = f(x)$,$| OA |$ 为定长.

考察绳索上的点 A 到另一点 $M(x, y)$ 间的一段弧长为 s,则该段弧所受的重力为 $\rho g s$,设点 M 的切线倾角为 θ,且沿切线方向的张力为 T,点 A 处的水平张力为 H,由于外力的平衡,可得

$$T\sin\theta = \rho g s, \quad T\cos\theta = H.$$

两式相除得

$$\tan\theta = \frac{1}{a}s \ (其中 \ a = \frac{H}{\rho g}).$$

由于 $y' = \tan\theta, s = \displaystyle\int_0^x \sqrt{1 + y'^2}\,\mathrm{d}x$,代入即得

$$y' = \frac{1}{a}\int_0^x \sqrt{1 + y'^2}\,\mathrm{d}x.$$

两边求导,得

$$y'' = \frac{1}{a}\sqrt{1 + y'^2}.$$

该题为求微分方程

$$y'' = \frac{1}{a}\sqrt{1 + y'^2}$$

在初始条件下为 $y(0) = | OA |, y'(0) = 0$ 下的特解.

设 $z = y'$,则微分方程化为 $z' = \dfrac{1}{a}\sqrt{1+z^2}$,解得

$$\ln(z + \sqrt{1+z^2}) = \frac{x}{a} + C_1.$$

将初始条件 $z(0) = y'(0) = 0$,代入得 $C_1 = 0$.

于是
$$z + \sqrt{1+z^2} = \mathrm{e}^{\frac{x}{a}},$$

又
$$z - \sqrt{1+z^2} = \mathrm{e}^{-\frac{x}{a}},$$

两式相加得
$$z = y' = \frac{1}{2}\left(\mathrm{e}^{\frac{x}{a}} - \mathrm{e}^{-\frac{x}{a}}\right),$$

两边积分得
$$y = \frac{a}{2}\left(\mathrm{e}^{\frac{x}{a}} + \mathrm{e}^{-\frac{x}{a}}\right) + C_2.$$

不妨设 $|OA| = a$,将初始条件 $y(0) = a$ 代入,即得 $C_2 = 0$.

于是该绳索的形状为曲线

$$y = \frac{a}{2}\left(\mathrm{e}^{\frac{x}{a}} + \mathrm{e}^{-\frac{x}{a}}\right)\text{(悬链线)}.$$

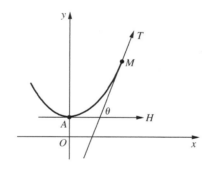

图 6-2-1

例 6　一个离地面很高的物体,受地球引力作用,由静止开始落向地面,求该物体落到地面时的速度(不计空气阻力).

解　取地球中心为原点 O,以连接该物体的直线为 y 轴,过原点且与 y 轴垂直的直线为 x 轴,建立平面直角坐标系.

设该物体开始下落时的位置与 O 的距离为 L,物体的质量为 m,地球的半径为 R,地球的质量为 M,引力常数为 k,运动方程为 $s = s(t)$.根据万有引力定律得微分方程
$$ms'' = -\frac{kmM}{s^2},$$

即
$$s'' = -\frac{kM}{s^2}.$$

又因为当 $L = R$ 时，$g = \dfrac{kM}{R^2}$，于是微分方程成为

$$s'' = -\frac{gR^2}{s^2}.$$

由题意知，该题为求微分方程 $\qquad s'' = -\dfrac{gR^2}{s^2}$

在初始条件条件 $s(0) = l, s'(0) = 0$ 下的特解.

令 $s' = z$，则 $\qquad\qquad z\dfrac{\mathrm{d}z}{\mathrm{d}s} = -\dfrac{gR^2}{s^2}.$

由分离变量法，得

$$z^2 = \frac{2gR^2}{s} + C_1.$$

由初始条件得 $C_1 = -\dfrac{2gR^2}{l}$，则

$$z = s' = v = -R\sqrt{2g\left(\frac{1}{s} - \frac{1}{l}\right)}.$$

在上式中令 $s = R$，即为该物体落到地面的速度

$$v = -R\sqrt{2g\left(\frac{1}{R} - \frac{1}{l}\right)}.$$

练习与思考 6-2

1. 求下列微分方程的通解：

(1) $(1 + x^2)\, y'' = 1$；   (2) $y'' = x\mathrm{e}^{-x}$；

(3) $y'' + y' = x^2$；   (4) $y'' = 1 + y'^2$；

(5) $xy'' + y' = 2x$；   (6) $y'' = y'^2 + y'$.

2. 求下列微分方程满足初始条件的特解：

(1) $xy'' - y'\ln y' + y' = 0$，$y(1) = 2$，$y'(-1) = \mathrm{e}^2$；

(2) $yy'' = 2(y'^2 + y')$，$y(0) = 1$，$y'(0) = 2$.

3. 设子弹以 $300\,\mathrm{m/s}$ 的速度射入厚度为 $0.2\,\mathrm{m}$ 的木板，阻力的大小与子弹速度的平方成正比. 如果子弹穿出木板时的速度为 $50\,\mathrm{m/s}$，求子弹穿过木板所需的时间.

§6.3   二阶常系数线性微分方程

在实际中应用得比较多的高阶微分方程是二阶常系数线性微分方程，它的一般形式是 $\qquad\qquad y'' + py' + qy = f(x),$

其中 p, q 为实常数，$f(x)$ 为已知函数，称为自由项. 当方程右端 $f(x) \equiv 0$ 时，方程

叫做齐次微分方程;当 $f(x)$ 不恒为零时,方程叫做非齐次微分方程.

6.3.1　二阶线性微分方程解的结构

先讨论二阶常系数齐次线性微分方程
$$y'' + py' + qy = 0,$$
其中 p,q 为实常数.

如果函数 y_1 与 y_2 是上述方程的两个解,容易验证,对于任意常数 c_1,c_2,
$$y = C_1 y_1 + C_2 y_2$$
也是方程的解.

此解从其形式看含有两个任意常数,但它不一定是方程的通解.因为若 y_1 是方程的一个解,则 $y_2 = 2y_1$ 也是方程的解,此时
$$y = C_1 y_1 + C_2 y_2 = C_1 y_1 + 2C_2 y_1 = (C_1 + 2C_2) y_1,$$
可以把它写成 $\quad\quad\quad y = Cy_1$,其中 $C = C_1 + 2C_2$.
这显然不是二阶常系数齐次线性微分方程的通解.

那么,何时 $y = C_1 y_1 + C_2 y_2$ 才是二阶常系数齐次线性微分方程的通解呢?

显然,若 y_1,y_2 有一个是另一个的常数倍,比如 $y_2 = ky_1$,则 C_1,C_2 必可并为一个任意常数,$y = C_1 y_1 + C_2 y_2 = (C_1 + C_2 k) y_1$ 就不是通解;否则,C_1,C_2 一定不能合并为一个任意常数,$y = C_1 y_1 + C_2 y_2$ 就是方程的通解.我们有如下定理.

定理 1　如果 y_1 与 y_2 是二阶常系数线性微分方程 $y'' + py' + qy = 0$ 的两个解,且 $\dfrac{y_1}{y_2}$ 不为常数,则 $y = C_1 y_1 + C_2 y_2$ 是该方程的通解,其中 C_1,C_2 为任意常数.

例 1　验证:函数 $y_1 = \sin 2x$ 与 $y_2 = \cos 2x$ 是二阶线性齐次方程
$$y'' + 4y = 0$$
的两个解,求该方程的通解.

解　　　　　　$y''_1 + 4y_1 = -4\sin 2x + 4\sin 2x = 0,$
　　　　　　　　　$y''_2 + 4y_2 = -4\cos 2x + 4\cos 2x = 0,$
故 $y_1 = \sin 2x$ 与 $y_2 = \cos 2x$ 均为方程的解.

又　　　　　　　　$\dfrac{y_2}{y_1} = \dfrac{\cos 2x}{\sin 2x} = \cot x \neq$ 常数,
故 $y = C_1 \sin 2x + C_2 \cos 2x$ 是方程的通解.

二阶非齐次线性方程 $y'' + py' + qy = f(x)$ 的通解也有与一阶齐次线性方程的通解类似的结构.

定理 2　设 Y 是二阶常系数线性齐次方程

$$y'' + py' + qy = 0$$

的通解,而 y^* 是二阶常系数线性非齐次线性方程

$$y'' + py' + qy = f(x)$$

的一个特解,那么 $\qquad\qquad y = Y + y^*$

是二阶线性非齐次微分方程的通解.

证明　将 $y = Y + y^*$ 代入非齐次方程,有

$$
\begin{aligned}
y'' + py' + qy &= (Y'' + y^{*\prime\prime}) + p(Y' + y^{*\prime}) + q(Y + y^*) \\
&= [Y'' + pY + qY] + [y^{*\prime\prime} + py^{*\prime} + qy^*] \\
&= 0 + f(x) \\
&= f(x),
\end{aligned}
$$

故 $y = Y + y^*$ 是方程的解,由于齐次的通解 Y 含有两个独立的任意常数,因此它是非齐次方程的通解.

例 2　验证 $y^* = x^2$ 是二阶非齐次线性微分方程 $y'' + 4y = 4x^2 + 2$ 的一个解,并求方程的通解.

解　因为 $(x^2)'' + 4x^2 = 2 + 4x^2$,所以 $y^* = x^2$ 是方程 $y'' + 4y = 4x^2 + 2$ 的一个解.

又由例 1 知,$Y = C_1\sin 2x + C_2\cos 2x$ 是对应齐次方程 $y'' + 4y = 0$ 的通解,由此 $y'' + 4y = 4x^2 + 2$ 的通解为

$$y = y^* + Y = x^2 + C_1\sin 2x + C_2\cos 2x.$$

6.3.2　二阶常系数齐次线性微分方程

二阶常系数齐次线性方程 $\qquad y'' + py' + qy = 0$

的左端是未知函数 y 以及它的一阶导数和二阶导数的某种组合,当它们分别乘以适当的常数后,和式为零,这说明适合于此方程的函数 y 与其一阶导数、二阶导数之间只差一个常数因子,而具有此特征的最简单的函数是指数函数 $y = \mathrm{e}^{rx}$(其中 r 为常数).将其代入方程得

$$y'' = py' + qy = (r^2 + pr + q)\mathrm{e}^{rx} = 0,$$

由于 $\mathrm{e}^{rx} \neq 0$,从而有 $\qquad\qquad r^2 + pr + q = 0.$

由此只要待定常数 r 满足一元二次代数方程 $r^2 + pr + q = 0$,函数 $y = \mathrm{e}^{rx}$ 即为二阶常系数齐次线性微分方程的解.

称一元二次代数方程 $r^2 + pr + q = 0$ 为二阶常系数齐次线性微分方程的**特征方程**,相应的根称为**特征根**.

根据特征方程根的 3 种不同情况,相应微分方程的通解也有 3 种情况.

（1）特征方程有两个不同实根：$r_1 \neq r_2$. 因为 $\dfrac{\mathrm{e}^{r_1 x}}{\mathrm{e}^{r_2 x}} = \mathrm{e}^{(r_1 - r_2)x} \neq$ 常数，所以微分方程的通解为
$$y = C_1 \mathrm{e}^{r_1 x} + C_2 \mathrm{e}^{r_2 x}.$$

（2）特征方程有两个相同实根：$r_1 = r_2$. 可以验证 $y_2 = x \mathrm{e}^{r_1 x}$ 也是微分方程的解. 因为 $\dfrac{x \mathrm{e}^{r_1 x}}{\mathrm{e}^{r_1 x}} = x \neq$ 常数，所以微分方程的通解为 $y = C_1 \mathrm{e}^{r_1 x} + C_2 x \mathrm{e}^{r_1 x} = (C_1 + C_2 x) \mathrm{e}^{r_1 x}$.

（3）特征方程有一对共轭复根：$r_{1,2} = \alpha \pm \beta \mathrm{i}$. 可以验证 $y_1 = \mathrm{e}^{\alpha x} \cos\beta x$，$y_2 = \mathrm{e}^{\alpha x} \sin\beta x$ 是微分方程的两个解. 因为
$$\frac{\mathrm{e}^{\alpha x} \sin\beta x}{\mathrm{e}^{\alpha x} \cos\beta x} = \tan\beta x \neq 常数，$$
所以微分方程的通解为
$$y = C_1 \mathrm{e}^{\alpha x} \cos\beta x + C_2 \mathrm{e}^{\alpha x} \sin\beta x = \mathrm{e}^{\alpha x}(C_1 \cos\beta x + C_2 \sin\beta x).$$

综上所述，求二阶常系数齐次线性微分方程 $y'' + py' + qy = 0$ 的通解的步骤如下：

第一步　写出微分方程的特征方程 $r^2 + pr + q = 0$；

第二步　求出特征方程的两个根 r_1, r_2；

第三步　据特征方程两个根的不同情形，依表 6-3-1 写出微分方程的通解.

表 6-3-1

特征方程 $r^2 + pr + q = 0$ 的两个根 r_1, r_2	微分方程 $y'' + py' + qy = 0$ 的通解
两个不相等的实根　　r_1, r_2	$y = C_1 \cdot \mathrm{e}^{r_1 x} + C_2 \cdot \mathrm{e}^{r_2 x}$
两个相等的实根　　$r_1 = r_2$	$y = \mathrm{e}^{r_1 x}(C_1 + C_2 x)$
一对共轭复根 $r_{1,2} = \alpha \pm \mathrm{i}\beta$	$y = \mathrm{e}^{\alpha x}(C_1 \cos\beta x + C_2 \sin\beta x)$

例 3　求微分方程 $y'' - 2y' - 8y = 0$ 满足 $y(0) = 3$，$y'(0) = 0$ 的特解.

解　所给方程的特征方程为 $r^2 - 2r - 8 = 0$，其根为 $r_1 = -2$，$r_2 = 4$. 微分方程的通解为 $y = C_1 \mathrm{e}^{-2x} + C_2 \mathrm{e}^{4x}$.

将 $y(0) = 3$，$y'(0) = 0$，代入得
$$C_1 + C_2 = 3,$$
$$-2C_1 + 4C_2 = 0.$$
解得 $C_1 = 2$，$C_2 = 1$. 故满足初始条件的特解为
$$y = 2\mathrm{e}^{-2x} + \mathrm{e}^{4x}.$$

例 4　求微分方程 $y'' - 4y' + 4y = 0$ 的通解.

解　所给方程的特征方程为 $r^2 - 4r + 4 = 0$，其根为 $r_{1,2} = 2$. 微分方程的通解为
$$y = (C_1 + C_2 x)\mathrm{e}^{2x}.$$

例 5   求微分方程 $y'' + 9y = 0$ 的通解.

解   所给方程的特征方程为 $r^2 + 9 = 0$,其根为 $r_{1,2} = \pm 3\mathrm{i}$(一对共轭复根). 微分方程的通解为 $y = C_1 \cos 3x + C_2 \sin 3x.$

6.3.3   二阶常系数非齐次线性微分方程

由定理 2 知,对于非齐次线性方程

$$y'' + py' + qy = f(x),$$

若找到一个特解 y^*,加上其对应的齐次线性方程的通解,即是其通解. 由于齐次线性方程的通解已经解决,以下就 $f(x)$ 的两种情况介绍特解 y^* 的求法.

1. $f(x) = (a_0 x^m + a_1 x^{m-1} + \cdots + a_{m-1} x + a_m) \mathrm{e}^{\lambda x}$

由于 $f(x)$ 是指数函数 $\mathrm{e}^{\lambda x}$ 与 m 次多项式的乘积,而指数函数与多项式的乘积的导数仍是这类函数,因此,我们推测方程的特解应为 $y^* = \mathrm{e}^{\lambda x} Q(x)$(其中 $Q(x)$ 是一个待定多项式).

将其代入方程,整理得

$$Q''(x) + (2\lambda + p)Q'(x) + (\lambda^2 + \lambda p + q)Q(x) = a_0 x^m + a_1 x^{m-1} + \cdots + a_{m-1} x + a_m.$$

若 λ 不是特征方程的根,则 $\lambda^2 + \lambda p + q \neq 0$,欲使上式两端恒等,$Q(x)$ 必为一个 m 次多项式,不妨记为 $Q(x) = b_0 x^m + b_1 x^{m-1} + \cdots + b_{m-1} x + b_m$.

若 λ 是特征方程的单根,即 $\lambda^2 + \lambda p + q = 0$,且 $2\lambda + p \neq 0$,则 $Q'(x)$ 必是一个 m 次多项式,不妨记为 $Q(x) = x(b_0 x^m + b_1 x^{m-1} + \cdots + b_m)$.

若 λ 是特征方程的重根,即 $\lambda^2 + \lambda p + q = 0$,且 $2\lambda + p = 0$,则 $Q''(x)$ 必是一个 m 次多项式,不妨记为 $Q(x) = x^2(b_0 x^m + b_1 x^{m-1} + \cdots + b_{m-1} x + b_m)$.

综上所述,有如下结论:

二阶常系数非齐次线性方程的特解为

$$y^* = x^k (b_0 x^m + b_1 x^{m-1} + \cdots + b_{m-1} x + b_m) \mathrm{e}^{\lambda x},$$

其中 $b_0, b_1, \cdots, b_m$ 为待定常数,k 由以下情况确定:

(1) λ 不是特征方程的根,$k = 0$;

(2) λ 是特征方程的单根,$k = 1$;

(3) λ 是特征方程的重根,$k = 2$.

例 6   求 $y'' - 3y' + 2y = (6x - 4)\mathrm{e}^x$ 的一个特解.

解   由于 $\lambda = 1$ 是特征方程 $r^2 - 3r + 2 = 0$ 的单根,故设特解

$$y^* = x(b_0 x + b_1) \mathrm{e}^x = (b_0 x^2 + b_1 x) \mathrm{e}^x.$$

将 $(y^*)' = [(b_0 x^2 + b_1 x) \mathrm{e}^x]' = [b_0 x^2 + (2b_0 + b_1)x + b_1] \mathrm{e}^x,$

$(y^*)'' = \{[b_0 x^2 + (2b_0 + b_1)x + b_1] \mathrm{e}^x\}' = [b_0 x^2 + (4b_0 + b_1)x$

$$+ 2(b_0 + b_1)]e^x$$

代入方程整理得 $\qquad -2b_0 x + 2b_0 - b_1 \equiv 6x - 4,$

比较系数得 $\qquad \begin{cases} -2b_0 = 6, \\ 2b_0 - b_1 = -4, \end{cases}$

解得 $\qquad \begin{cases} b_0 = -3, \\ b_1 = -2, \end{cases}$

方程的特解为 $\qquad y^* = (-3x^2 - 2x)e^x.$

例 7　求方程 $y'' - 2y' + y = (3x^2 - 2x + 5)e^x$ 的通解.

解　由于 $\lambda = 1$ 是特征方程 $r^2 - 2r + 1 = 0$ 的重根,故设特解

$$y^* = x^2(b_0 x^2 + b_1 x + b_2)e^x,$$

将其代入方程,化简后得

$$12b_0 x^2 + 6b_1 x + 2b_2 \equiv 3x^2 - 2x + 5,$$

比较系数得 $\qquad \begin{cases} 12b_0 = 3, \\ 6b_1 = -2, \\ 2b_2 = 5, \end{cases}$

即 $\qquad b_0 = \dfrac{1}{4}, b_1 = -\dfrac{1}{3}, b_2 = \dfrac{5}{2},$

因此,$y^* = x^2\left(\dfrac{1}{4}x^2 - \dfrac{1}{3}x + \dfrac{5}{2}\right)e^x$ 为方程的一个特解.

易知其对应的齐次方程 $y'' - 2y' + y = 0$ 的通解为

$$Y = e^x(C_1 + C_2 x),$$

方程的通解为 $\qquad y = e^x(C_1 + C_2 x) + x^2\left(\dfrac{1}{4}x^2 - \dfrac{1}{3}x + \dfrac{5}{2}\right)e^x.$

2. $f(x) = (a_0 x^m + a_1 x^{m-1} + \cdots + a_{m-1} x + a_m)e^{\alpha x}\cos\beta x$ 或 $(a_0 x^m + a_1 x^{m-1} + \cdots + a_{m-1} x + a_m)e^{\alpha x}\sin\beta x$

可设非齐次方程的特解

$$y^* = x^k e^{\alpha x}[(b_0 x^m + b_1 x^{m-1} + \cdots + b_{m-1} x + b_m)\cos\beta x + (c_0 x^m + c_1 x^{m-1} + \cdots + c_{m-1} x + c_m)\sin\beta x],$$

其中 $b_0, b_1, \cdots, b_m; c_0, c_1, \cdots, c_m$ 为待定常数,k 由以下情况确定:

(1) $\alpha \pm \beta i$ 不是特征方程的根,$k = 0$;

(2) $\alpha \pm \beta i$ 是特征方程的根,$k = 1$.

例 8　求 $y'' + 4y = \cos 2x$ 的通解.

解　由于 $\alpha \pm \beta i = \pm 2i$ 是特征方程 $r^2 + 4 = 0$ 的根,故设特解

$$y^* = x(b_0 \cos 2x + c_0 \sin 2x),$$

将其代入方程整理得 $\qquad 4c_0 \cos 2x - 4b_0 \sin 2x = \cos 2x,$

解得
$$b_0 = 0, c_0 = \frac{1}{4},$$

方程的特解为
$$y^* = \frac{1}{4}x\sin2x.$$

不难求得对应齐次微分方程 $y'' + 4y = 0$ 的通解为
$$Y = C_1\cos2x + C_2\sin2x.$$

由此所求微分方程的通解为
$$y = y^* + Y = \frac{1}{4}x\sin2x + C_1\cos2x + C_2\sin2x.$$

6.3.4　二阶常系数线性微分方程应用举例

例9　设有一弹簧的上端固定,下端挂一质量 m 的物体,在物体的初始位移与初始速度不同时为 0 的情况下,物体会在平衡位置附近作上下振动. 在不考虑阻尼影响的条件下,且初始位移为 x_0,初始速度为 v_0 的情况下,求物体的运动方程 $x = x(t)$.

解　由力学可知,物体所受的弹力 f 与其离开平衡位置的位移 x 成正比,即
$$f = -cx,$$

其中 c 为弹性系数. 由牛顿第二定律可得
$$m\frac{\mathrm{d}^2x}{\mathrm{d}t^2} = -cx,$$

令
$$k^2 = \frac{c}{m},$$

得
$$x'' + k^2x = 0,$$

这就是物体运动的微分方程. 初始条件为 $x(0) = x_0, x'(0) = v_0$,

方程的通解为
$$x = C_1\cos kt + C_2\sin kt.$$

由初始条件可求得
$$C_1 = x_0, C_2 = \frac{v_0}{k},$$

所求运动方程为
$$x = x_0\cos kt + \frac{v_0}{k}\sin kt.$$

例10　在例 9 中,若物体同时还受到一个垂直干扰力 $F = H\sin pt$ 的作用,求在相同的初始条件下物体的运动方程 $x = x(t)$.

解　此时函数 $x = x(t)$ 应满足微分方程
$$x'' + k^2x = h\sin px \quad \left(h = \frac{H}{m}\right),$$

以下分 $p = k, p \neq k$ 两种情况讨论.

（1）$p \neq k$ 时，pi 不是特征方程 $r^2 + k^2 = 0$ 的根，故设特解

$$x^* = b_0 \cos pt + c_0 \sin pt,$$

将其代入方程，整理得 $b_0 = 0, c_0 = \dfrac{h}{k^2 - p^2}$，

故方程的特解为　　　　　　　$x^* = \dfrac{h}{k^2 - p^2} \sin pt,$

由此方程的通解为

$$x = x^* + X = \dfrac{h}{k^2 - p^2} \sin pt + C_1 \cos kt + C_2 \sin kt.$$

将初始条件 $x(0) = x_0, x'(0) = v_0$ 代入得

$$C_1 = x_0, C_2 = \dfrac{v_0}{k} - \dfrac{ph}{k(k^2 - p^2)},$$

运动方程为

$$x = \dfrac{h}{k^2 - p^2} \sin pt + x_0 \cos kt + \left(\dfrac{v_0}{k} - \dfrac{ph}{k(k^2 - p^2)}\right) \sin kt.$$

（2）当 $p = k$ 时，pi 是特征方程的根，故设特解

$$x^* = t(b_0 \cos kt + c_0 \sin kt),$$

将其代入方程，整理得　　　　　$b_0 = -\dfrac{h}{2k}, c_0 = 0,$

由此方程的通解为

$$x = x^* + X = -\dfrac{h}{2k}t \sin kt + C_1 \cos kt + C_2 \sin kt.$$

将初始条件 $x(0) = x_0, x'(0) = v_0$ 代入得

$$C_1 = x_0, C_2 = \dfrac{v_0}{k},$$

运动方程为　　　　　$x = \dfrac{h}{2k}t \sin kt + x_0 \cos kt + \dfrac{v_0}{k} \sin kt.$

练习与思考 6-3

1. 求下列微分方程的通解：

（1）$y'' - y' - 2y = 0$；　　　　　　（2）$y'' + 4y' = 0$；

（3）$y'' - 6y' + 9y = 0$；　　　　　（4）$4y'' + 4y' + y = 0$；

（5）$y'' - 2y' + 5y = 0$；　　　　　（6）$y'' + 4y' + 13y = 0.$

2. 求下列微分方程满足初始条件的特解：

（1）$y'' - 4y' + 3y = 0, y(0) = 6, y'(0) = 10$；

（2）$y'' - y = 0, y(0) = 2, y'(0) = -1$；

(3) $y'' + 25y = 0, y(0) = 2, y'(0) = 5$;

(4) $y'' - 2y' + y = 0, y(0) = -2, y'(0) = 1$.

3. 求下列微分方程的通解:

(1) $y'' + 3y' - 4y = xe^x$; (2) $y'' + 6y' + 9y = e^{-3x}$;

(3) $y'' - 5y' + 4y = x^2 - x + 1$; (4) $y'' - 3y' = e^{2x}\sin x$;

(5) $y'' + y = \cos x$.

4. 求下列微分方程满足初始条件的特解:

(1) $y'' - y' = x - 1, y(0) = -2, y'(0) = 1$;

(2) $y'' + 2y' + y = xe^x, y(0) = 0, y'(0) = 0$;

(3) $y'' - y = 4xe^x, y(0) = 1, y'(0) = 1$;

(4) $y'' + y = \sin 2x, y(\pi) = 1, y'(\pi) = 1$.

§6.4 数学建模(五)——微分方程模型

6.4.1 微分方程模型的基本概念

微分方程的产生和发展有着深刻而生动的实际背景,它从生产实践与科学技术中产生,反过来又成为生产实践和现代科学技术分析问题、解决问题的强有力工具.微分方程是与微积分一起成长起来的学科,目前在工程力学、流体力学、天体力学、电路振荡分析、工业自动控制以及化学、生物、经济等领域有广泛的应用.

300多年前,牛顿与莱布尼兹在奠定微积分基本思想的同时,就正式提出了微分方程的概念.在17世纪末到18世纪,常微分方程研究的中心问题是如何求出未知函数的通解表达式;在19世纪末到20世纪初,主要研究解的定性理论与稳定性问题;在进入20世纪以后,微分方程的理论得到进一步的发展,微分方程求解的方法逐步分化为解析法、几何法、数值法.解析法是把微分方程的解看作依靠这个方程来定义的自变量的函数来求解的方法,几何法是把微分方程的解看作充满平面或空间或其局部的曲线族的求解方法,而数值方法是求微分方程满足一定初始条件(或边界条件)的解的近似值的各种方法.

在微分方程发展的历史长河中,世界各国的数学家都为微分方程理论的发展作出了不朽的贡献.如苏格兰数学家耐普尔创立对数的时候,就讨论过微分方程的近似解,牛顿在建立微积分的同时,对简单的微分方程用级数来求解,瑞士数学家雅各布·伯努利、欧拉,以及法国数学家克雷洛、达朗贝尔、拉格朗日等人又不断地研究和丰富了微分方程的理论.

微分方程的形成与发展是和力学、天文学、物理学,以及其他科学技术的发展密切相关的. 牛顿研究天体力学和机械力学时,利用了微分方程这个工具,从理论上得到了行星运动规律;法国天文学家勒维烈和英国天文学家亚当斯使用微分方程各自计算出那时尚未发现的海王星的位置 …… 特别是当前计算机的发展更是为常微分方程的应用及理论研究提供了非常有力的工具,使更多的科学家深刻认识到微分方程在认识自然、改造自然方面的巨大力量,从而使微分方程成为数学理论中最有生命力的数学分支.

一、微分方程的基本概念

1. 常微分方程和偏微分方程

含有未知函数及其导数或微分的方程,称为微分方程. 只含有一个自变量的微分方程称为常微分方程,含有两个或两个以上自变量的微分方程称为偏微分方程. 如方程

$$y'' + by' + cy = f(t) \qquad ①, \qquad\qquad y'^2 + ty' + y = 0 \qquad\qquad ②$$

等是常微分方程,其中 y 是未知函数,仅含一个自变量 t. 方程

$$\frac{\partial^2 T}{\partial x^2} + \frac{\partial^2 T}{\partial y^2} + \frac{\partial^2 T}{\partial z^2} = 0 \qquad ③, \qquad\qquad \frac{\partial^2 T}{\partial x^2} = 4\frac{\partial^2 T}{\partial t^2} \qquad\qquad ④$$

等是偏微分方程,其中 T 是未知函数,x, y, z, t 是自变量.

微分方程中出现的最高阶导数的阶数叫做微分方程的阶. 例如,方程 ① 是二阶的常微分方程,而方程 ③、方程 ④ 是二阶的偏微分方程.

2. 线性和非线性

如果微分方程中未知函数及它的各阶导数的最高次方是一次的,称为线性微分方程,否则是非线性微分方程. 如:方程 ①、方程 ③、方程 ④ 是线性方程,而方程 ② 是非线性方程.

3. 解、通解和特解

满足微分方程的函数称为微分方程的解. 即若函数 $y = \varphi(t)$ 代入方程 ① 中,使其成为恒等式,则称 $y = \varphi(t)$ 为方程 ① 的解. 如果方程的解是一个隐函数,称为方程的隐式解.

含有与方程阶数相同个数的常数的解称为方程的通解. 不含有任意常数或满足特定条件的解叫特解. 求方程满足定解条件的解的问题称为定解问题. 定解条件分为初始条件和边界条件,相应的定解问题分为初值问题和边值问题.

二、微分方程模型

微分方程模型是根据具体问题经过抽象和简化得到的微分方程的数学模型.

它是数学联系实际问题的重要渠道之一,将实际问题建立成微分方程模型最初并不是数学家做的,而是由化学家、生物学家和社会学家完成的. 将一个具体的实际问题转化为一个微分方程模型并求解的全过程如图 6-4-1 所示.

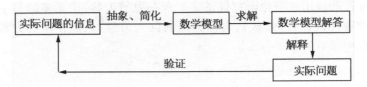

图 6-4-1

例 1　建立物体冷却过程的数学模型.

将某物放置于空气中,在时刻 $t = 0$ 时,测得它的温度为 $T_0 = 180℃$,10min 后测得温度为 $T_1 = 100℃$,试建立物体的温度与时间关系的数学模型.

解　设物体在时刻 t 的温度为 $T = T(t)$,空气温度为 T_a. 由牛顿(Newton)冷却定律可得
$$\frac{\mathrm{d}T}{\mathrm{d}t} = -k(T - T_a) \quad (k > 0, \ T > T_a).$$

根据所给条件,当 $t = 0$ 时,$T = T_0$,得初始条件 $T\mid_{t=0} = 180$.

再根据条件 $t = 10\text{min}$ 时,$T = T_1$,得到第二个初始条件 $T\mid_{t=10} = 100$.

所以所求数学模型为
$$\frac{\mathrm{d}T}{\mathrm{d}t} = -k(T - T_a) \quad (k > 0, \ T > T_a) T\mid_{t=0} = 180., \ T\mid_{t=10} = 100.$$

例 2　建立动力学问题的数学模型.

物体在高空由静止开始下落,除受重力作用外,还受到空气阻力的作用,如果空气的阻力与速度的平方成正比,试建立物体下落过程中的下落速度与时间关系的数学模型.

解　设物体质量为 m,空气阻力系数为 k,又设在时刻 t 物体的下落速度为 v,于是在时刻 t 物体所受的合外力为 $F = mg - kv^2$,建立坐标系,取向下方向为正方向,根据牛顿第二定律得到关系式
$$m\frac{\mathrm{d}v}{\mathrm{d}t} = mg - kv^2.$$

而且满足初始条件 $t = 0$ 时,$v = 0$,得初始条件 $v\mid_{t=0} = 0$.

例 3　建立电工学问题的数学模型.

如图 6-4-2 所示的 $R - L - C$ 电路中,它包括电感 L、电阻 R 和电容 C. 设 R、L、C 均为常数,电源 $e(t)$ 是时间 t 的已知函数,试建立当开关 K 合上后,电流 I 与时间的微分方程模型.

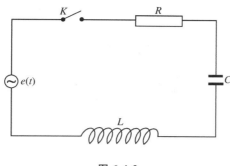

图 6-4-2

解　经过电感 L、电阻 R 和电容 C 的电压降分别为 $L\dfrac{\mathrm{d}I}{\mathrm{d}t}$、$RI$ 和 $\dfrac{Q}{C}$，其中 Q 是电容 C 上的电量. 由基尔霍夫第二定律得到

$$e(t) = L\frac{\mathrm{d}I}{\mathrm{d}t} + RI + \frac{Q}{C}.$$

因为 $I = \dfrac{\mathrm{d}Q}{\mathrm{d}t}$，于是有

$$\frac{\mathrm{d}^2 I}{\mathrm{d}t^2} + \frac{R\mathrm{d}I}{L\,\mathrm{d}t} + \frac{I}{LC} = \frac{\mathrm{d}e(t)}{L\,\mathrm{d}t},$$

这就是电流 I 与时间的微分方程模型.

从以上的例题可以知道,建立微分方程模型就是应用已知的实际知识和有关的数学知识将实际问题抽象、简化成为一个微分方程的过程.

6.4.2　放射性废料处理模型

一段时间里美国原子能委员会处理浓缩的放射性废料的方法,一直是把它们装入密封的圆桶里,然后扔到水深为 300 ft 的海底. 生态学家和科学家们表示担心,怕圆桶下沉到海底时与海底碰撞而发生破裂,从而造成核污染. 原子能委员会分辩说这是不可能的. 为此工程师们进行了碰撞实验,发现当圆桶下沉速度超过 40 ft/s 与海底相撞时,圆桶就可能发生破裂. 这样为避免圆桶破裂,需要计算一下圆桶沉到海底时的速度是多少? 这时已知圆桶重量为 527.436 1 bf,体积为 55 gal,在海水中的浮力为 470.327 1 bf. 如果圆桶速度小于 40 ft/s,就说明这种方法是安全可靠的,否则就要禁止用这种方法来处理放射性废料. 假设水的阻力与速度的大小成正比,比例常数 $b = 0.081\,\mathrm{bf/s}$.

模型建立

设 G 为圆桶重量,m 为圆桶质量,F 为浮力,a 为圆桶下沉的加速度,v 为圆桶下沉的速度, s 为下沉的深度, f 为圆桶下沉的阻力, b 为下沉阻力 f 与速度 v 相关的比例系数.

由牛顿第二定律, 可列出圆桶下沉的微分方程

$$ma = G - F - f.$$

因为 $v = \dfrac{\mathrm{d}s}{\mathrm{d}t}$, $a = \dfrac{\mathrm{d}^2 s}{\mathrm{d}t^2} = \dfrac{\mathrm{d}v}{\mathrm{d}t}$, $f = bv$, 则微分方程 可改写为

$$\frac{\mathrm{d}v}{\mathrm{d}t} + \frac{b}{m}v = \frac{G - F}{m}, \ v\,|_{t=0=0}, \ s\,|_{t=0} = 0.$$

将所有已知数据换算到国际单位制:

$s(t) = 300 \times 0.304\,8 = 91.440$ 海深(m)

$v_{\max} = 40 \times 0.304\,8 = 12.192\,0$ 速度极限(超过就会使

                                                 圆筒碰撞破裂)(m/s)

$G = 527.436 \times 0.453\,6 \times 9.8 = 2\,344.6$ 圆筒重量(N)

$F = 470.327 \times 0.453\,6 \times 9.8 = 2\,090.7$ 浮力(N)

$m = 527.436 \times 0.453 \times 6 = 239.24$ 圆筒质量(kg)

$b = 0.08 \times 0.453\,6 \times 9.8/0.304\,8 = 1.166\,7$ 比例系数(Ns/m)

模型求解

一、求解析解

由一阶线性方程的求解公式得通解 $v(t)$, 得

$$\begin{aligned}
v &= \mathrm{e}^{-\int \frac{b}{m}\mathrm{d}t}\left[\int \frac{G-F}{m}\mathrm{e}^{-\int \frac{b}{m}\mathrm{d}t}\mathrm{d}t + C\right] \\
&= \mathrm{e}^{-\frac{b}{m}t}\left[\int \frac{G-F}{m}\mathrm{e}^{\frac{b}{m}t}\mathrm{d}t + C\right] \\
&= \mathrm{e}^{-\frac{b}{m}t}\left[\int \frac{G-F}{m}\frac{m}{b}\mathrm{e}^{\frac{b}{m}t} + C\right] \\
&= \mathrm{e}^{-\frac{b}{m}t}\left[\int \frac{G-F}{b}\mathrm{e}^{\frac{b}{m}t} + C\right] \\
&= \frac{G-F}{b} + C\mathrm{e}^{-\frac{b}{m}t}.
\end{aligned}$$

代入初始条件 $v\,|_{t=0}$, 得特解 $v(t) = \dfrac{G-F}{m}\left(1 - \mathrm{e}^{\frac{b}{m}t}\right)$.

对 $v(t)$ 积分, 得到下沉深度

$$s(t) = \int \frac{G-F}{m}\left(1 - \mathrm{e}^{\frac{b}{m}t}\right)\mathrm{d}t = \frac{G-F}{m}\left(t + \frac{m}{b}\mathrm{e}^{\frac{b}{m}t}\right) + C.$$

代入初始条件 $s\mid_{t=0}=0$，得 $C=-\dfrac{G-F}{b}$，所以

$$s(t)=\frac{G-F}{b}\mathrm{e}^{-\frac{b}{m}t}+\frac{G-F}{m}t-\frac{G-F}{b}.$$

代入数据，得深度与时间的关系

$$s(t)=44\,624.996\times\exp(-0.004\,877\times t)+217.622\,4\times t-44\,624.996.$$

令深度 $s(t)=91.440\,0$，得 $t=13.281\,2$，代入 $v(t)$ 得

$$v(13.281\,2)=13.650\,7(\mathrm{m/s})>v_{\max}=12.192\,0(\mathrm{m/s}),$$

所以下沉速度超过了它的极限速度，圆桶在海底将会碰撞破裂．

二、求数值解

```
Matlab 程序求解如下：
sd.m：
function dx = sd(t,x,G,F,m,b)
dx = [(G- F- b* x)/m];                       % 微分方程

sddraw.m：
clear;
G = 527.436* 0.4536* 9.8;                     % 圆筒重量(N)
F = 470.327* 0.4536* 9.8;                     % 浮力(N)
m = 527.436* 0.4536;                          % 圆筒质量(kg)
b = 0.08* 0.4536* 9.8/0.3048                  % 比例系数(Ns/m)
h = 0.1;                                       % 所取时间点间隔
ts = [0:h:2000];                              % 粗略估计到时间 2000
x0 = 0;                                        % 初始条件
opt = odeset('reltol',1e- 3,'abstol',1e- 6);  % 相对误差 1e- 6,绝对误差
                                                 1e- 9
[t,x] = ode45(@ sd,ts,x0,opt,G,F,m,b);        % 使用 5 级 4 阶龙格 - 库塔
                                                 公式计算
% [t,x]                                        % 输出 t,x(t),y(t)
plot(t,x,'- '),grid                           % 输出 v(t) 的图形
xlabel('t');
ylabel('v(t)');
```

可得如图 6-4-3 所示的速度-时间曲线．

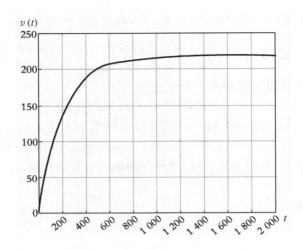

图 6-4-3

可以看到经过足够长的时间后,若桶没有落到海底,它的速度会趋于常值,此时重力、浮力和阻力达到平衡.

```
%  用辛普森公式对速度积分求出下沉深度
T = 20;                                            % 估计 20s 以内降到海底
for i = 0:2:10* T                                  % 作图时间间隔为 0.2
    y = x(1:(i+ 1));
    k = length(y);
    a1 = [y(2:2:k- 1)];s1 = sum(a1);
    a2 = [y(3:2:k- 1)];s2 = sum(a2);
z4((i+ 2)/2) = (y(1)+ y(k)+ 4* s1+ 2* s2)* h/3;     % 辛普森公式求深度
end
i = [0:2:10* T];
figure;
de = 300.* 0.3048.* ones(5* T+ 1,1);               % 海深
ve = 40.* 0.3048* [1 1];                           % 速度极限值(超过就会使
                                                     圆筒碰撞破裂)

plot(x(i+ 1),z4',x(i+ 1),de,ve,[0 z4(5* T+ 1)]);   % 作出速度- 深度图线,同时
                                                     画出海深和速度要求

grid;
gtext('dept'),gtext('Vmax');
xlabel('v');
```

```
ylabel('dept(v)');
figure;
plot(i/10,z4');                    %  作出时间下降深度曲线
grid;
xlabel('t');
ylabel('dept(t)');
```

求解结果分别如图 6-4-4、图 6-4-5 和图 6-4-6 所示.

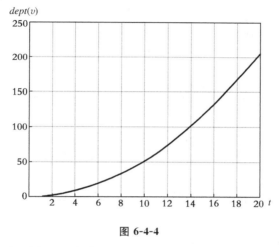

图 6-4-4

对速度积分可得时间-深度曲线,如图 6-4-4 所示.

再画出速度-时间曲线,如图 6-4-5 所示,同时在图中标出海深 dept 和速度极限值 $v_{\max}$.

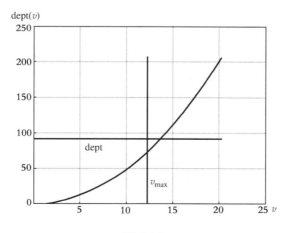

图 6-4-5

从图 6-4-5 中可以观察到圆桶落到海底时(即 $\text{dept}(v) = \text{dept}$ 时),速度已经超过 $v_{\max}$,故圆桶会因为速度过快而与海底碰撞破裂. 为求此处速度,将图 6-4-5 局部放大见图 6-4-6.

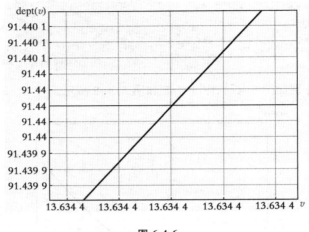

图 6-4-6

可以看到当圆桶沉到海底时速度为 $13.634\,4\,\text{m/s}$,超过了 $12.192\,0\,\text{m/s}$ 的极限速度.

结论:经过计算表明圆桶到达海底时的速度将超过 40ft/s,即圆桶会破裂.

6.4.3 船舶渡河路线模型

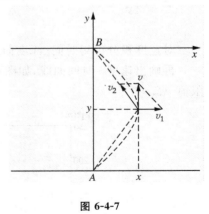

图 6-4-7

一艘摆渡船要渡过河宽为 d 的河流,两岸平行,船从本岸的码头 A 点出发,目标是对岸码头 B 点,当 AB 连线与两岸垂直时,已知河水流速 v_1 与船在静止的水中的速度 v_2 之比为 k. 试建立描述小船航线的微分方程模型,并求解析解. 若设 $d = 100\text{m}, v_1 = 1\text{m/s}, v_2 = 2\text{m/s}$,用数值方法求渡河所需时间、任意时刻小船的位置及航行曲线,作图并与解析解比较.

模型建立

如图 6-4-7 所示,以 B 点为原点建立直角坐标系. 假设驾驶船的人不知道水流速度(如果知道可以走直线从点 A 到点 B),他驾船使船头的方向始终对着目标点 B,如图 6-4-7 所示,可得速度 v 的 x, y 方向的分量为

$$\frac{\mathrm{d}x}{\mathrm{d}t} = v_1 - \frac{v_2 x}{\sqrt{x^2 + y^2}},$$

$$\frac{\mathrm{d}y}{\mathrm{d}t} = v_1 - \frac{v_2 y}{\sqrt{x^2 + y^2}}.$$

这是一个微分方程模型,初始条件为 $(x, y) = (0, -100)$.

一、求解析解

由

$$\begin{cases} \dfrac{\mathrm{d}x}{\mathrm{d}t} = v_1 - \dfrac{v_2 x}{\sqrt{x^2 + y^2}}, & ① \\[3mm] \dfrac{\mathrm{d}y}{\mathrm{d}t} = v_1 - \dfrac{v_2 y}{\sqrt{x^2 + y^2}}, & ② \end{cases}$$

式 ① 和式 ② 两式相除,并令 $\dfrac{v_1}{v_2} = k$,得

$$\frac{\mathrm{d}x}{\mathrm{d}y} = -k \sqrt{1 + \left(\frac{x}{y}\right)^2} + \frac{x}{y}. \qquad ③$$

令 $\dfrac{x}{y} = u(y)$,$x = yu(y)$,$x' = u + yu'$,代入原方程式 ③ 得

$$yu' = -k \sqrt{1 + u^2}.$$

分离变量,得

$$\frac{\mathrm{d}u}{\sqrt{1 + u^2}} = \frac{-k}{y}\mathrm{d}y,$$

积分得

$$\ln | \sqrt{1 + u^2} + u | = -k(\ln y + \ln c),$$

化简得

$$\sqrt{1 + \left(\frac{x}{y}\right)^2} + \frac{x}{y} = (Cy)^{-k},$$

$$x + \sqrt{x^2 + y^2} = C^{-k} y^{1-k},$$

代入 $x = 0$ 时,$y = -100$,得 $C = -0.01$.

所以所求方程的特解为

$$x = \frac{1}{2}(-0.01)^{-k} y^{1-k} - \frac{1}{2}(-0.01)^{k} y^{k+1}.$$

用 Matlab 画出此函数的曲线,程序如下:

```
xy.m:
function x = f(y)
k = 0.5;
x = - 0.5.* (- 0.01).^k.* y.^(k+ 1) + 0.5.* (- 0.01).^(- k).* y.^(- k+ 1);

xyplot.m:
clear;
y = [0:- 0.1:- 100];
for i = 0:1:1000;
x(:,i+ 1) = xy(- i/10);
end
plot(x,y);
grid;
gtext('x');
gtext('y');
```

结果如图 6-4-8 所示.

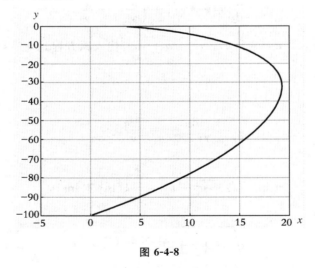

图 6-4-8

二、用 matlab 求数值解

用龙格-库塔方法求解此微分方程,程序如下：

```
gh.m:
function dx = gh(t,x,v1,v2)
s = (x(1)^2+ x(2)^2)^0.5;
dx = [v1- x(1)/s* v2;- x(2)/s* v2];          % 以向量形式表示微分方程


ghdraw.m:
h= 0.01;                                      % 所取时间点间隔
ts = [0:h:100];                               % 粗略估计到达目标点时间在 100
以内
x0 = [0,- 100];                               % 初始条件
opt = odeset('reltol',1e- 6,'abstol',1e- 9);  % 相对误差 1e- 6,绝对误差 1e- 9
[t,x]= ode15s(@ gh,ts,x0,opt,1,2);            % 使用解刚性方程得龙格- 库塔公
                                                式计算,1,2 是给 gh 函数的参数
[t,x]                                         % 输出 t,x(t),y(t)
plot(t,x,'- '),grid                           % 输出 x(t),y(t) 的图形
gtext('x(t)'),gtext('y(t)'),pause
plot(x(:,1),x(:,2),'- '),grid,                % 作 y(x) 的图形
gtext('x'),gtext('y');
```

　　[t,x]命令运行以后,输出的 t,x(t),y(t) 数据有 10 000 余组,在此不一一显示,仅在此列出开始和最后的部分数据:

```
ans =

         0                  0            - 100.0000
    0.0100             0.0100            - 99.9800
    0.0200             0.0200            - 99.9600
    0.0300             0.0300            - 99.9400
    0.0400             0.0400            - 99.9200
    0.0500             0.0500            - 99.9000
    ......
   66.5800             0.0870            - 0.0003
   66.5900             0.0770            - 0.0002
   66.6000             0.0670            - 0.0002
   66.6100             0.0570            - 0.0001
```

```
66.6200 0.0470- 0.0001
   66.6300 0.0370- 0.0001
   66.6400 0.0270- 0.0000
   66.6500 0.0170- 0.0000
   66.6600 0.0070- 0.0000
```

从数据中可以看出,在 $t = 66.66(\mathrm{s})$ 时,$x(t) = 0.0070(\mathrm{m})$,$y(t) = 0(\mathrm{m})$,则可以认为渡船已经到达目的地码头 B 点.下面给出 $x(t)$,$y(t)$ 和 $y(x)$ 的图形,分别如图 6-4-9 和图 6-4-10 所示.

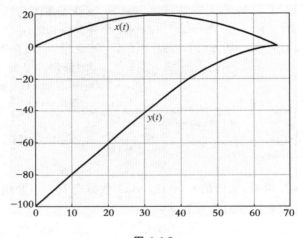

图 6-4-9

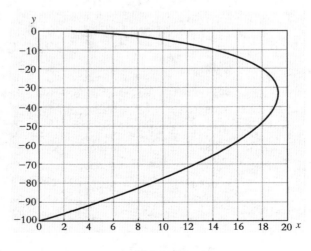

图 6-4-10

从图 6-4-10 可以看出船的轨迹与解析解求出的船舶运行轨迹相同.

练习与思考 6-4

1. 牛顿发现在温差不太大的情况下,物体冷却的速度与温差成正比. 现设正常体温为 36.5℃,法医在测量某受害者尸体时测得体温约为 32℃,一小时后再次测量,测得体温约为 30.5℃,试推测该受害者的受害时间.

2. 实验证明,当速度远低于音速时,空气阻力正比于速度,阻力系数大约为 0.0005. 现有一包裹从离地 150m 高的飞机上落下.(1)求其落地时的速度;(2)如果飞机高度更高些,结果会如何?包裹的速度会随高度而任意增大吗?

3. 对于纯粹的市场经济来说,商品市场价格取决于市场供需之间的关系,市场价格能促使商品的供给与需求相等(这样的价格称为(静态)均衡价格).也就是说,如果不考虑商品价格形成的动态过程,那么商品的市场价格应能保证市场的供需平衡,但是实际的市场价格不会恰好等于均衡价格,而且价格也不会是静态的,应是随时间不断变化的动态过程.试建立描述市场价格形成的动态过程的数学模型.

4. 设一容器内原有 100L 盐,内含有盐 10kg,现以 3L/min 的速度注入质量浓度为 0.01kg/L 的淡盐水,同时以 2L/min 的速度抽出混合均匀的盐水,求容器内盐量变化的数学模型.

5. 振动是生活与工程中的常见现象,研究振动规律有着极其重要的意义. 在自然界中,许多振动现象都可以抽象为这样的振动问题:设有一个弹簧,它的上端固定,下端挂一个质量为 m 的物体,试研究其振动规律.

本　章　小　结

一、基 本 思 想

微分方程是描述客观事物数量关系的一种重要数学模型.一部分二阶微分方程可以采用降阶的方法化成一阶微分方程进行求解,如 $y'' = f(x)$,$y'' = f(x, y')$,$y'' = f(y, y')$ 等. 而对二阶常系数线性微分方程,主要是通过观察方程所具有的结构特点找到方程的解的形式,再用代入法确定系数. 如对二阶常系数齐次线性方程 $y'' + py' + qy = 0$,观察其左端是未知函数 y 的一阶导数和二阶导数的某种组合,当它们分别乘以适当的常数后,和式为零,因而适合于此方程的解 y 与其一阶导数、二阶导数之间只差一个常数因子,故设其解 $y = e^{rx}$(其中 r 为常数),用代入法求得 r 即可.

二、主 要 内 容

本章主要介绍微分方程的概念、一阶微分方程、二阶可降阶微分方程与二阶常系数线性微分方程.

对于二阶可降阶微分方程,采用降阶的方法将方程化成一阶微分方程进行求解,这其中包括 3 种不同的形式,分别是 $y'' = f(x)$,$y'' = f(x, y')$,$y'' = f(y, y')$. 解题方法如下:

(1) $y'' = f(x)$,通过两次积分求出通解.

(2) $y'' = f(x, y')$,通过设 $z = y'$,则 $z' = y''$,代入后得到一个 z 关于 x 的一阶微分方程,求出关于 z 的解后,再进行积分求出关于 y 的通解.

(3) $y'' = f(y, y')$,通过设 $z = y'$,则 $y'' = z\dfrac{\mathrm{d}z}{\mathrm{d}y}$,代入后得到一个 z 关于 y 的一阶微分方程,求出关于 z 的解后,再通过变量分离法求出关于 y 的通解.

二阶常系数线性微分方程又分成齐次和非齐次两种,解题方法如下:

(1) 对于齐次方程 $y'' + py' + qy = 0$,可以根据相应特征方程 $r^2 + pr + q = 0$ 的根的 3 种不同情况,分别写出通解,具体如下表所示:

特征方程 $r^2 + pr + q = 0$ 的根为 r_1 与 r_2	微分方程 $y'' + py' + qy = 0$ 的通解
两个不同的实根 $r_1 \neq r_2$	$y = C_1 \mathrm{e}^{r_1 x} + C_2 \mathrm{e}^{r_2 x}$
两个相同的实根 $r_1 = r_2$	$y = (C_1 + C_2 x)\mathrm{e}^{r_1 x}$
一对共轭复根 $r_1, r_2 = \alpha \pm \beta \mathrm{i}$	$y = \mathrm{e}^{\alpha x}(C_1 \cos\beta x + C_2 \sin\beta x)$

(2) 对于非齐次方程 $y'' + py' + qy = f(x)$,可以根据 $f(x)$ 的不同类型找到特解 y^*,进而根据线性方程解的结构求出通解 $y = y^* + Y$. 其中特解 y^* 的具体求法如下表所示:

若 $f(x) = \mathrm{e}^{\lambda x}(a_0 x^m + a_1 x^{m-1} + \cdots + a_m)$,
则设 $y^* = \mathrm{e}^{\lambda x}(b_0 x^m + b_1 x^{m-1} + \cdots + b_m)x^k$
(其中根据 λ 不是特征方程根、单根、重根,k 分别取 $0, 1, 2$)

若 $f(x) = \mathrm{e}^{\alpha x}[(a_0 x^m + a_1 x^{m-1} + \cdots + a_m)\cos\beta x + (b_0 x^m + b_1 x^{m-1} + \cdots + b_m)\sin\beta x]$,
则设 $y^* = \mathrm{e}^{\alpha x}[(c_0 x^m + c_1 x^{m-1} + \cdots + c_m)\cos\beta x + (d_0 x^m + d_1 x^{m-1} + \cdots + d_m)\sin\beta x]x^k$
(其中根据 $\alpha + \beta \mathrm{i}$ 不是特征方程的根、是特征方程的根,k 分别取 $0, 1$)

本章复习题

一、判断题

1. 方程 $y^3 - y'' - x^2 y = 0$ 是三阶微分方程.

2. 因为 $y_1 = \mathrm{e}^{2x}$,$y_2 = 3\mathrm{e}^{2x}$ 是方程 $y'' - 4y = 0$ 的两个特解,所以方程 $y'' - 4y = 0$ 的通解为 $y = C_1 \mathrm{e}^{2x} + 3C_2 \mathrm{e}^{2x}$.

3. 如果知道 n 阶线性微分方程的 n 个线性无关的特解,就可以写出它的通解.

4. 方程 $y'' - y'^2 = 0$ 可视为 $y'' = f(x, y')$ 型,也可视为 $y'' = f(y, y')$ 型.

二、填空题

1. 微分方程 $y'' + (y')^4 - y^3 + 3x = 0$ 是 _____ 阶 _____ 次方程.

2. 与积分方程 $y = \int_0^x f(t, y)\,\mathrm{d}t$ 等价的微分方程的初值问题是 _____.

3. 以 $y = C_1 \mathrm{e}^{2x} + C_2 \mathrm{e}^{3x}$ (C_1, C_2 为任意常数) 为通解的微分方程为 _____.

4. 求微分方程 $y'' + 2y' = 2x^2 - 1$ 的一个特解,应设特解的形式为 $y^* = $ _____.

三、解答题

1. 解下列微分方程:

(1) $\sec^2 x \cot y \mathrm{d}y - \csc^2 y \tan x \mathrm{d}x = 0$;

(2) $y' - xy' = a(y^2 + y')$;

(3) $y' \sin x = y \ln y$,　$y \mid_{x = \frac{\pi}{2}} = \mathrm{e}$;

(4) $\sin y \cos x \mathrm{d}y - \cos y \sin x \mathrm{d}x = 0, y \mid_{x=0} = \dfrac{\pi}{4}$;

(5) $(1 + \mathrm{e}^x) y \dfrac{\mathrm{d}y}{\mathrm{d}x} = \mathrm{e}^x, y \mid_{x=0} = 1$.

2. 求下列微分方程的通解:

(1) $y'' - \sin x - 6x = 0$;　　　　　(2) $y'' = x + \mathrm{e}^{-x}$;

(3) $y'' - y' + x = 0$　　　　　　　(4) $y y'' - (y')^2 = 0$;

(5) $y'' - y' - 2y = 4\mathrm{e}^{-x}$;　　　　(6) $y'' + 4y' = 3x^2 - 2x + 5$.

3. 求下列微分方程满足初始条件的解:

(1) $x^2 y'' - 2xy' = 1, y(1) = 1, y'(1) = 0$;

(2) $2y'' + \sin 2y = 0, y(0) = 0, y'(0) = 1$;

(3) $y'' + 4y' + 29y = 0, y(0) = 0, y'(0) = 15$;

(4) $y'' + 4y = \sin x \cos x, y(0) = 0, y'(0) = 0$.

4. 设有一质量为 m 的物体以初速为 v_0 垂直向上抛,如果空气阻力为 $f = kv^2$(k 为常数). 试求物体的运动方程 $s = s(t)$ 及到达最高点所需的时间和最大高度.

5. 设一质点的运动方程为 $x = x(t)$,初始位置为 $x = 0$,初始速度为 6,若 t 时刻的加速度为 $6\cos t - 4x(t)$,求运动方程 $x = x(t)$.

6. 质量为 20kg,直径为 20cm 的圆柱形浮筒垂直浮于水中,顶面高出水面 10cm. 现将浮筒顶面下压至与水面平齐,求放开后浮筒的振动规律.

第 **7** 章

拉普拉斯变换

数学中,常常采用变换的方法将复杂的计算转化为较简单的计算.通过积分运算把一个函数变成另一个函数的变换称为积分变换.拉普拉斯①变换(简称拉氏变换)是最常见的积分变换,广泛应用于自然科学和工程技术中,如用拉普拉斯变换分析和综合线性系统(如线性电路)的运动过程等.拉氏变换是分析和求解常系数线性微分方程的常用方法.

§7.1 拉普拉斯变换的概念

7.1.1 拉普拉斯变换的概念与性质

1. 拉普拉斯变换的概念

定义 1 设函数 $f(t)$ 的定义域为 $[0, +\infty)$,如果广义积分

$$\int_0^{+\infty} f(t)e^{-st} dt$$

在 s 的某一范围内取值收敛,则由此积分确定了一个关于 s 的函数,可写为

$$F(s) = \int_0^{+\infty} f(t)e^{-st} dt.$$

函数 $F(s)$ 叫做函数 $f(t)$ 的**拉普拉斯变换**,简称**拉氏变换**,上式称为函数 $f(t)$ 的拉氏变换式,用记号 $L[f(t)]$ 表示,即

$$L[f(t)] = F(s).$$

---

① 拉普拉斯(Pierre Simon de Laplace,1749—1827),法国数学家、天文学家,生前颇负盛名,被誉为法国的牛顿.综观其一生的学术成就,他最突出的贡献就是天体力学和概率论.在《天体力学》(共 5 卷,1799—1825)中汇聚了他在天文学中的几乎全部发现,他试图给出由太阳系引起的力学问题的完整分析解答.在《概率的分析理论》(1812)中总结了当时整个概率论的研究,今天每一位学人耳熟能详的那些数学名词,诸如随机变量、数字特征、特征函数、拉普拉斯变换和拉普拉斯中心极限定律,等等,都可以说是由拉普拉斯引入或者经他改进的.尤其是拉普拉斯变换,导致后来海维塞德发现运算微积分在电工理论中的应用.后来的傅立叶变换、梅森变换、Z 变换和小波变换也受他的影响.

函数 $F(s)$ 也可叫做 $f(t)$ 的**像函数**.

若 $F(s)$ 是 $f(t)$ 的拉氏变换,则称 $f(t)$ 是 $F(s)$ 的**拉氏逆变换**(或叫做 $F(s)$ 的**像原函数**),记作　　　　　　　　$f(t) = L^{-1}[f(s)]$.

注意　在拉氏变换中,只要求 $f(t)$ 在 $[0, +\infty)$ 内有定义即可. 为了研究方便,以后总假定在 $(-\infty, 0)$ 内,$f(t) \equiv 0$. 在以后的研究中,规定所研究的 t 均属于 $[0, +\infty)$.

例 1　求单位阶梯函数 $u(t) = \begin{cases} 0, t < 0, \\ 1, t \geqslant 0 \end{cases}$ 的拉氏变换.

解　由拉氏变换的定义,知

$$L[u(t)] = \int_0^{+\infty} \mathrm{e}^{-st} \, \mathrm{d}t.$$

由于

$$\int_0^{+\infty} \mathrm{e}^{-st} \, \mathrm{d}t = -\frac{1}{s} \mathrm{e}^{-st} \Big|_0^{+\infty} = \frac{1}{s} \quad (s > 0),$$

所以

$$L[u(t)] = \frac{1}{s}$$

例 2　求指数函数 $f(t) = \mathrm{e}^{at}$(a 是常数)的拉氏变换.

解　$L[\mathrm{e}^{at}] = \int_0^{+\infty} \mathrm{e}^{at} \mathrm{e}^{-st} \, \mathrm{d}t = \int_0^{+\infty} \mathrm{e}^{-(s-a)t} \, \mathrm{d}t.$

由于

$$\int_0^{+\infty} \mathrm{e}^{-(s-a)t} \, \mathrm{d}t = -\frac{1}{s-a} \mathrm{e}^{-(s-a)t} \Big|_0^{+\infty} = \frac{1}{s-a} \quad (s > a),$$

所以

$$L[\mathrm{e}^{at}] = \frac{1}{s-a} \quad (s > a).$$

例 3　求 $f(t) = at$(a 为常数)的拉氏变换.

解　$L[at] = \int_0^{+\infty} at \, \mathrm{e}^{-st} \, \mathrm{d}t = -\frac{a}{s} \int_0^{+\infty} t \, \mathrm{d}\mathrm{e}^{-st}$

$$= -\frac{a}{s} [t \mathrm{e}^{-st}] \Big|_0^{+\infty} + \frac{a}{s} \int_0^{+\infty} \mathrm{e}^{-st} \, \mathrm{d}t$$

$$= -\frac{a}{s^2} [\mathrm{e}^{-st}] \Big|_0^{+\infty}$$

$$= \frac{a}{s^2}.$$

例 4　求正弦函数 $f(t) = \sin\omega t$ 的拉氏变换.

解　$L[\sin\omega t] = \int_0^{+\infty} \sin\omega t \, \mathrm{e}^{-st} \, \mathrm{d}t$

$$= \frac{1}{s^2 + \omega^2} [-\mathrm{e}^{-st} (s\sin\omega t + \omega\cos\omega t)] \Big|_0^{+\infty}$$

$$= \frac{\omega}{s^2 + \omega^2} \quad (s > 0).$$

同样可算得余弦函数的拉氏变换

$$L[\cos\omega t] = \frac{s}{s^2 + \omega^2} \quad (s > 0).$$

下面介绍单位脉冲函数的拉氏变换.

在许多实际问题中,常常会遇到一种集中在极短时间内作用的量,这种瞬间作用的量不能用通常的函数表示. 称同时满足以下两个条件:

$$\delta(t) = \begin{cases} 0, & t \neq 0, \\ \infty, & t = 0, \end{cases}$$

$$\int_{-\infty}^{+\infty} \delta(t)\,\mathrm{d}t = 1$$

的函数为**单位脉冲函数**,记为 $\delta(t)$.

单位脉冲函数的特点:当 $t \neq 0$ 时,$\delta(t) = 0$,而当 $t = 0$ 时,$\delta(t)$ 的值为无穷大. 它不是一般的函数,而是广义函数,它可以用普通函数序列的极限来定义:

$$\delta_\tau(t) = \begin{cases} 0, & t < 0, \\ \dfrac{1}{t}, & 0 \leqslant t < \tau, \\ 0, & t > \tau, \end{cases}$$

其中 τ 是很小的正数. 当 $\tau \to 0$ 时,$\delta_\tau(t)$ 的极限为 $\delta(t)$,即

$$\delta(t) = \lim_{\tau \to 0} \delta_\tau(t).$$

例 5 求 $\delta(t)$ 函数的拉氏变换.

解 先对 $\delta_\tau(t)$ 作拉氏变换

$$L[\delta_\tau(t)] = \int_0^{+\infty} \delta_\tau(t)\mathrm{e}^{-st}\,\mathrm{d}t = \int_0^\tau \frac{1}{\tau}\mathrm{e}^{-st}\,\mathrm{d}t = \frac{1}{\tau s}(1 - \mathrm{e}^{-ts}).$$

$\delta(t)$ 的拉氏变换为

$$L[\delta(t)] = \lim_{\tau \to 0} L[\delta_\tau(t)] = \lim_{\tau \to 0} \frac{1 - \mathrm{e}^{-\tau s}}{\tau s}.$$

用罗必达法则计算此极限,得

$$\lim_{\tau \to 0} \frac{1 - \mathrm{e}^{-\tau s}}{\tau s} = \lim_{\tau \to 0} \frac{s\mathrm{e}^{-\tau s}}{s} = 1,$$

所以
$$L[\delta(t)] = 1.$$

2. 拉氏变换的运算性质

拉氏变换的性质在拉氏变换的运算中具有重要作用,掌握这些性质,就可以熟练而灵活地运用拉氏变换.

性质 1(线性性质) 若 $L[f_1(t)] = F_1(s), L[f_2(t)] = F_2(s), a、b$ 是常数,则

$$L[af_1(t) + bf_2(t)] = aL[f_1(t)] + bL[f_2(t)] = aF_1(s) + bF_2(s).$$

性质 1 表明,函数的线性组合的拉氏变换等于各函数的拉氏变换的线性组合,

它可以推广到有限个函数的线性组合的情形.

例 6　求下列函数的拉氏变换:

(1) $f(t) = \sin t \cos t$;　　　　　　　　(2) $f(t) = 1 + t - \delta(t)$;

(3) $f(t) = \dfrac{1}{a}(1 - e^{-at})$.

解　(1) $L[\sin t \cos t] = \dfrac{1}{2}L[\sin 2t] = \dfrac{1}{2} \cdot \dfrac{2}{s^2 + 4} = \dfrac{1}{s^2 + 4}$.

(2) $L[1 + t - \delta(t)] = L[1] + L[t] - L[\delta(t)] = \dfrac{1}{s} + \dfrac{1}{s^2} - 1$.

(3) 由性质 1,有

$$L\left[\dfrac{1}{a}(1 - e^{-at})\right] = \dfrac{1}{a}L[1 - e^{-at}]$$

$$= \dfrac{1}{a}\{L[1] - L[e^{-at}]\}$$

$$= \dfrac{1}{a}\left(\dfrac{1}{s} - \dfrac{1}{s+a}\right) = \dfrac{1}{s(s+a)}.$$

性质 2(平移性质)　若 $L[f(t)] = F(s)$,则

$$L[e^{at}f(t)] = F(s - a).$$

性质 2 表明,像原函数乘以 e^{at},等于其像函数作位移 a,因此性质 2 又称为平移性质.

例 7　求 $L[te^{at}]$ 及 $L[e^{-at}\sin\omega t]$.

解　由平移性质及　　　　　　$L[t] = \dfrac{1}{s^2}$,　$L[\sin\omega t] = \dfrac{\omega}{s^2 + \omega^2}$,

得

$$L[te^{at}] = \dfrac{1}{(s-a)^2},$$

$$L[e^{-at}\sin\omega t] = \dfrac{\omega}{(s+a)^2 + \omega^2}.$$

性质 3(延滞性质)　若 $L[f(t)] = F(s)$,则 $L[f(t-a)] = e^{-as}F(s)$.

注意　函数 $f(t-a)$ 与 $f(t)$ 相比,滞后了 a 个单位,若 t 表示时间,性质 3 表明,时间延迟了 a 个单位,例如:正弦型函数曲线 $y = A\sin\left(x - \dfrac{\pi}{4}\right)$ 的起点是 $\left(\dfrac{\pi}{4}, 0\right)$,比曲线 $y = A\sin x$ 的起点滞后了 $\dfrac{\pi}{4}$ 个单位,相当于像函数乘以指数因子 e^{-as},因此这个性质又叫做延滞性质.

例 8　求下列数的拉氏变换:

(1) $u(t-a) = \begin{cases} 0, & t < a, \\ 1, & t \geqslant a; \end{cases}$　　　(2) $h(t) = \begin{cases} 0, & t \leqslant a, \\ 1, & a < t < b, \\ 0, & t \geqslant b. \end{cases}$

解 (1) 由 $L[u(t)] = \dfrac{1}{s}$ 及性质 3,可得

$$L[u(t-a)] = \frac{1}{s}\mathrm{e}^{-as}.$$

(2) 由 $h(t) = u(t-a) - u(t-b)$,得

$$L[h(t)] = L[u(t-a) - u(t-b)]$$
$$= L[u(t-a)] - L[u(t-b)]$$
$$= \frac{1}{s}\mathrm{e}^{-as} - \frac{1}{s}\mathrm{e}^{-bs} = \frac{1}{s}(\mathrm{e}^{-as} - \mathrm{e}^{-bs}).$$

性质 4(微分性质) 若 $L[f(t)] = F(s)$,并设 $f(t)$ 在 $[0, +\infty)$ 上连续,$f'(t)$ 为分段连续函数,则 $\qquad L[f'(t)] = sF(s) - f(0).$

微分性质表明,一个函数求导后取拉氏变换,等于这个函数的拉氏变换乘以参数 s 再减去这个函数的初值.

推论 若 $L[f(t)] = F(s)$,则

$$L[f^{(n)}(t)] = s^n F(s) - [s^{n-1}f(0) + s^{n-2}f'(0) + \cdots + f^{(n-1)}(0)].$$

特别地,若 $f(0) = f'(0) = \cdots = f^{(n-1)}(0) = 0$,则

$$L[f^{(n)}(t)] = s^n F(s) \quad (n = 1, 2, \cdots).$$

可见,应用微分性质可以将 $f(t)$ 的求导运算转化为代数运算. 因此,通过拉氏变换可以将 $f(t)$ 的常微分方程求解化为代数方程求解,从而大大简化求解过程.

例 9 利用微分性质求

(1) $L[\sin\omega t]$; (2) $L[t^m]$,其中 m 是正整数.

解 (1) 令 $f(t) = \sin\omega t$,则

$$f(0) = 0, f'(t) = \omega\cos\omega t, f'(0) = \omega, f''(t) = -\omega^2\sin\omega t.$$

由上式及推论得

$$L[-\omega^2\sin\omega t] = L[f''(t)] = s^2 F(s) - sf(0) - f'(0),$$

即 $\qquad -\omega^2 L[\sin\omega t] = s^2 L[\sin\omega t] - \omega,$

移项并化简,即得 $\qquad L[\sin\omega t] = \dfrac{\omega}{s^2 + \omega^2}.$

(2) 由 $f(0) = f'(0) = \cdots = f^{(m-1)}(0) = 0$ 及

$$f^{(m)}(t) = m!,$$

由推论,有 $\qquad L[f^{(m)}(t)] = L[m!] = s^m F(s),$

而 $\qquad L[m!] = m!L[1] = \dfrac{m!}{s},$

即得 $\qquad F(s) = \dfrac{m!}{s^{m+1}},$

所以
$$L[t^m] = \frac{m!}{s^{m+1}}.$$

性质 5(积分性质)　若 $L[f(t)] = F(s)$，且 $f(t)$ 在 $[0, +\infty)$ 上连续，则
$$L\left[\int_0^t f(x)\mathrm{d}x\right] = \frac{F(s)}{s}.$$

性质 5 表明，一个函数积分后取拉氏变换，等于这个函数的拉氏变换除以参数 s.

性质 5 也可以推广到有限次积分的情形，

$$L\overbrace{\left[\int_0^t \mathrm{d}t\int_0^t \mathrm{d}t\cdots\int_0^t f(x)\mathrm{d}t\right]}^{n次} = \frac{F(s)}{s^n}\quad(n = 1, 2, \cdots).$$

例 10　求 $L\left[\int_0^t \cos\omega x\,\mathrm{d}x\right]$.

解　$L\left[\int_0^t \cos\omega x\,\mathrm{d}x\right] = \frac{1}{s}L[\cos\omega t] = \frac{1}{s}\cdot\frac{s}{s^2+\omega^2} = \frac{1}{s^2+\omega^2}.$

7.1.2　常见函数的拉普拉斯变换

在工程中，并不总是用定义求函数的拉氏变换，还可以通过查表求拉氏变换. 现将常用函数的拉氏变换列于表 7-1-1，以供查用.

表 7-1-1

序号	$f(t)$	$F(s)$
1	$\delta(t)$	1
2	$u(t)$	$\dfrac{1}{s}$
3	t	$\dfrac{1}{s^2}$
4	$t^n(n = 1, 2\cdots)$	$\dfrac{n!}{s^{n+1}}$
5	e^{at}	$\dfrac{1}{s-a}$
6	$1 - \mathrm{e}^{-at}$	$\dfrac{a}{s(s-a)}$
7	$t\mathrm{e}^{at}$	$\dfrac{1}{s(s-a)^2}$
8	$t^n\mathrm{e}^{at}(n = 1, 2, \cdots)$	$\dfrac{n!}{(s-a)^{n+1}}$
9	$\sin\omega t$	$\dfrac{\omega}{s^2+\omega^2}$
10	$\cos\omega t$	$\dfrac{s}{s^2+\omega^2}$

序号	f(t)	F(s)
11	$sin(\omega t + \varphi)$	$\dfrac{s\,sin\,\varphi + \omega cos\,\varphi}{s^2 + \omega^2}$
12	$cos(\omega t + \varphi)$	$\dfrac{s\,cos\,\varphi - \omega sin\,\varphi}{s^2 + \omega^2}$
13	$t\,sin\,\omega t$	$\dfrac{2\omega s}{(s^2 + \omega^2)^2}$
14	$t\,cos\,\omega t$	$\dfrac{s^2 - \omega^2}{(s^2 + \omega^2)^2}$
15	$t\,sin\,\omega t - \omega t\,cos\,\omega t$	$\dfrac{2\omega^3}{(s^2 + \omega^2)^2}$
16	$e^{-at}sin\,\omega t$	$\dfrac{\omega}{(s + a)^2 + \omega^2}$
17	$e^{-at}cos\,\omega t$	$\dfrac{s + a}{(s + a)^2 + \omega^2}$
18	$\dfrac{1}{\omega^2}(1 - cos\,\omega t)$	$\dfrac{1}{s(s^2 + \omega^2)}$
19	$e^{at} - e^{bt}$	$\dfrac{a - b}{(s - a)(s - b)}$
20	$2\sqrt{\dfrac{t}{\pi}}$	$\dfrac{1}{s\sqrt{s}}$
21	$\dfrac{1}{\sqrt{\pi t}}$	$\dfrac{1}{\sqrt{s}}$

例 11　查表求 $L\left[\dfrac{\sin t}{t}\right]$.

解　由表 7-1-1 中的序号 9 式可得

$$L[\sin t] = \frac{1}{s^2 + 1} = F(s).$$

再由性质 8，可得

$$L\left[\frac{\sin t}{t}\right] = \int_s^{+\infty} \frac{1}{s^2 + 1} \mathrm{d}s = \arctan s\Big|_s^{+\infty} = \frac{\pi}{2} - \arctan s.$$

例 12　求 $L\left[e^{-4t}\cos\left(2t + \dfrac{\pi}{4}\right)\right]$.

解　由　　　　　$\cos\left(2t + \dfrac{\pi}{4}\right) = \dfrac{1}{\sqrt{2}}(\cos 2t - \sin 2t),$

得

$$L\left[e^{-4t}\cos(2t + \frac{\pi}{4})\right]$$

$$= \frac{1}{\sqrt{2}}L[e^{-4t}\cos 2t - e^{-4t}\sin 2t]$$

$$= \frac{1}{\sqrt{2}}L[e^{-4t}\cos 2t] - \frac{1}{\sqrt{2}}L[e^{-4t}\sin 2t].$$

查表,得
$$L[e^{-4t}\cos 2t] = \frac{s+4}{(s+4)^2+4},$$

$$L[e^{-4t}\sin 2t] = \frac{2}{(s+4)^2+4},$$

所以

$$L\left[e^{-4t}\cos\left(2t+\frac{p}{4}\right)\right] = \frac{1}{\sqrt{2}}\left[\frac{s+4}{(s+4)^2+4} - \frac{2}{(s+4)^2+4}\right] = \frac{1}{\sqrt{2}}\frac{s+2}{(s+4)^2+4}.$$

练习与思考 7-1

1. 拉氏变换的条件是什么?

2. 基本初等函数 $f(t)$ 对应的拉氏变换是什么?

3. 求下列函数的拉氏变换:

(1) $u(t) = \begin{cases} 0, & t < 0, \\ 3, & t \geqslant 0; \end{cases}$

(2) $3t$;   (3) e^{2t};   (4) $\cos 2t$.

4. 利用性质求下列函数的拉氏变换:

(1) $2\sin 3t + 3\cos 2t$;   (2) $\cos\left(2t + \frac{\pi}{3}\right)$;

(3) $t\sin 3t$;   (4) $e^{3t}\cos 2t$.

§7.2   拉普拉斯逆变换及其求法

前面介绍了由已知函数 $f(t)$ 求它的像函数 $F(s)$ 的问题. 本节我们讨论相反问题——已知像函数 $F(s)$,求它的像原函数 $f(t)$,即拉氏变换的逆变换.

求像原函数,常从拉氏变换表 8-1-1 中查找,同时要结合拉氏变换的性质. 因此把常用的拉氏变换的性质用逆变换的形式列出如下.

设 $L[f_1(t)] = F_1(s)$, $L[f_2(t)] = F_2(s)$, $L[f(t)] = F(s)$.

性质 1 (线性性质)
$$L^{-1}[aF_1(s) + bF_2(s)] = aL^{-1}[F_1(s)] + bL^{-1}[F_2(s)]$$
$$= af_1(t) + af_2(t) \quad (a,b \text{ 为常数}).$$

性质 2 (平移性质)
$$L^{-1}[F(s-a)] = e^{at}L^{-1}[F(s)] = e^{at}f(t).$$

性质 3 (延滞性质)
$$L^{-1}[e^{as}F(s)] = f(t-a)u(t-a).$$

例 1   求下列函数的拉氏逆变换:

(1) $F(s) = \dfrac{1}{s+3}$;　　　　　　(2) $F(s) = \dfrac{1}{(s-2)^2}$;

(3) $F(s) = \dfrac{2s-5}{s^2}$;　　　　　　(4) $F(s) = \dfrac{4s-3}{s^2+4}$.

解　（1）由表 8-1-1 中的序号 5 式，取 $a = -3$，得

$$f(t) = L^{-1}\left[\frac{1}{s+3}\right] = e^{-3t}.$$

（2）由表 8-1-1 中的序号 7 式，取 $a = 2$，得

$$f(t) = L^{-1}\left[\frac{1}{(s-2)^2}\right] = te^{2t}.$$

（3）由性质 1 及表 8-1-1 中的序号 2 式和序号 3 式，得

$$f(t) = L^{-1}\left[\frac{2s-5}{s^2}\right] = 2L^{-1}\left[\frac{1}{s}\right] - 5L^{-1}\left[\frac{1}{s^2}\right] = 2 - 5t.$$

（4）由性质 1 及表 8-1-1 中的序号 9 式和序号 10 式，得

$$f(t) = L^{-1}\left[\frac{4s-3}{s^2+4}\right]$$

$$= 4L^{-1}\left[\frac{s}{s^2+4}\right] - \frac{3}{2}L^{-1}\left[\frac{2}{s^2+4}\right]$$

$$= 4\cos 2t - \frac{3}{2}\sin 2t.$$

例 2　求 $F(s) = \dfrac{2s+3}{s^2-2s+5}$ 的拉氏逆变换.

解　　　　$f(t) = L^{-1}\left[\dfrac{2s+3}{s^2-2s+5}\right] = L^{-1}\left[\dfrac{2s+3}{(s-1)^2+4}\right]$

$$= 2L^{-1}\left[\frac{s-1}{(s-1)^2+4}\right] + \frac{5}{2}L^{-1}\left[\frac{2}{(s-1)^2+4}\right]$$

$$= 2e^t\cos 2t + \frac{5}{2}e^t\sin 2t$$

$$= e^t\left(2\cos 2t + \frac{5}{2}\sin 2t\right).$$

例 3　求 $F(s) = \dfrac{s^2-2}{(s^2+2)^2}$ 的拉氏逆变换.

解　因为　　　　　　$\dfrac{s^2-2}{(s^2+2)^2} = -\left(\dfrac{s}{s^2+2}\right)'$,

由微分性质得　　　　$f(t) = L^{-1}\left[\dfrac{s^2-2}{(s^2+2)^2}\right] = L^{-1}\left[-\left(\dfrac{s}{s^2+2}\right)'\right]$

$$= -(-t)F^{-1}\left(\frac{s}{s^2+2}\right)' = t\cos\sqrt{2}t.$$

上面的例题告诉我们，求拉氏变换逆变换的要点是通过初等变换将目标函数

$F(s)$ 分解成几个简单函数的代数和的形式,再通过拉氏变换逆变换的性质及查拉氏变换表(即表 8-1-1) 求出其像原函数.

有些目标函数 $F(s)$ 不易分解成几个简单函数的代数和的形式. 通常目标函数是两个多项式之比,称为有理分式,即 $F(s) = \dfrac{P(s)}{Q(s)}$,这里 $P(s)$ 与 $Q(s)$ 不可约. 当 $Q(s)$ 的次数高于 $P(s)$ 的次数时,$F(s)$ 是真分式,否则 $F(s)$ 为假分式. 利用多项式除法,总可把假分式化为一个多项式与真分式之和,因此只需讨论真分式的分解.

首先,将分母 $Q(s)$ 分解为一次因式(可能有重因式) 和二次质因式的乘积. 其次,将该真分式按分母的因式分解成若干简单分式(称为部分分式) 之和.

现将常见有理真分式的分解列表如表 7-2-1 所示.

表 7-2-1

序号	$F(s)$	分解式
1	$F(s) = \dfrac{P(s)}{(s-a)(s-b)}$	$F(s) = \dfrac{A}{s-a} + \dfrac{B}{s-b}$
2	$F(s) = \dfrac{P(s)}{(s-a)^n}$	$F(s) = \dfrac{A_n}{(s-a)^n} + \dfrac{A_{n-1}}{(s-a)^{n-1}}$ $+ \cdots + \dfrac{A_1}{s-a}$
3	$F(s) = \dfrac{P(s)}{(s-a)(s^2+ps+q)}$ 其中 s^2+ps+q 是二次质因式	$F(s) = \dfrac{A}{s-a} + \dfrac{Bs+C}{s^2+ps+q}$

例 4　求 $F(s) = \dfrac{s+9}{s^2+5s+6}$ 的拉氏逆变换.

解　先将 $F(s)$ 分解为部分分式之和,

$$\frac{s+9}{s^2+5s+6} = \frac{s+9}{(s+2)(s+3)} = \frac{A}{s+2} + \frac{B}{s+3}.$$

用待定系数法求得　　　　　　$A = 7, B = -6,$

所以
$$\frac{s+9}{s^2+5s+6} = \frac{7}{s+2} - \frac{6}{s+3},$$

则有
$$f(t) = L^{-1}\left[\frac{s+9}{s^2+5s+6}\right] = L^{-1}\left[\frac{7}{s+2} - \frac{6}{s+3}\right]$$
$$= 7L^{-1}\left[\frac{1}{s+2}\right] - 6L^{-1}\left[\frac{1}{s+3}\right]$$
$$= 7e^{-2t} - 6e^{-3t}.$$

例5   求 $F(s) = \dfrac{s+3}{s^3 + 4s^2 + 4s}$ 的拉氏逆变换.

解   设 $\dfrac{s+3}{s^3 + 4s^2 + 4s} = \dfrac{s+3}{s(s+2)^2} = \dfrac{A}{s} + \dfrac{B}{s+2} + \dfrac{C}{(s+2)^2}$,

用待定系数法求得 $A = \dfrac{3}{4}, B = -\dfrac{3}{4}, C = -\dfrac{1}{2}$,

所以 $F(s) = \dfrac{s+3}{s^3 + 4s^2 + 4s} = \dfrac{3}{4} \cdot \dfrac{1}{s} - \dfrac{3}{4} \cdot \dfrac{1}{s+2} - \dfrac{1}{2} \cdot \dfrac{1}{(s+2)^2}.$

则有 $L^{-1}[F(s)] = L^{-1}\left[\dfrac{3}{4}\dfrac{1}{s} - \dfrac{3}{4}\dfrac{1}{s+2} - \dfrac{1}{2}\dfrac{1}{(s+2)^2}\right]$

$$= \dfrac{3}{4}L^{-1}\left[\dfrac{1}{s}\right] - \dfrac{3}{4}L^{-1}\left[\dfrac{1}{s+2}\right] - \dfrac{1}{2}L^{-1}\left[\dfrac{1}{(s+2)^2}\right]$$

$$= \dfrac{3}{4} - \dfrac{3}{4}e^{-2t} - \dfrac{1}{2}te^{-2t}.$$

例6   求 $F(s) = \dfrac{s^2}{(s+2)(s^2 - 2s + 2)}$ 的拉氏逆变换.

解   先将 $F(s)$ 分解为部分分式之和. 设

$$F(s) = \dfrac{s^2}{(s+2)(s^2 - 2s + 2)}$$

$$= \dfrac{A}{s+2} + \dfrac{Bs + C}{s^2 - 2s + 2},$$

用待定系数法求得 $A = \dfrac{2}{5}, B = \dfrac{3}{5}, C = -\dfrac{2}{5}$,

所以 $F(s) = \dfrac{1}{5}\left[\dfrac{2}{s+2} + \dfrac{3s - 2}{s^2 - 2s + 2}\right]$

$$= \dfrac{1}{5}\left[\dfrac{2}{s+2} + \dfrac{3(s-1)}{(s-1)^2 + 1} + \dfrac{1}{(s-1)^2 + 1}\right],$$

于是 $f(t) = L^{-1}[F(s)]$

$$= \dfrac{1}{5}L^{-1}\left[\dfrac{2}{s+2} + \dfrac{3(s-1)}{(s-1)^2 + 1} + \dfrac{1}{(s-1)^2 + 1}\right]$$

$$= \dfrac{1}{5}L^{-1}\left[\dfrac{2}{s+2}\right] + \dfrac{3}{5}L^{-1}\left[\dfrac{s-1}{(s-1)^2 + 1}\right] + \dfrac{1}{5}L^{-1}\left[\dfrac{1}{(s-1)^2 + 1}\right]$$

$$= \dfrac{2}{5}e^{-2t} + \dfrac{3}{5}e^{t}L^{-1}\left[\dfrac{s}{s^2 + 1}\right] + \dfrac{1}{5}e^{t}L^{-1}\left[\dfrac{1}{s^2 + 1}\right]$$

$$= \dfrac{2}{5}e^{-2t} + \dfrac{1}{5}e^{t}(3\cos t + \sin t).$$

例7   求 $F(s) = \dfrac{s^3 + 5s^2 + 9s + 7}{s^2 + 3s + 2}$ 的拉氏逆变换.

解　因 $F(s)$ 是假分式,故应先化为真分式,然后再展开成部分分式.

$$F(s) = s + 2 + \frac{s+3}{s^2 + 3s + 2} = s + 2 + \frac{s+3}{(s+1)(s+2)}.$$

由代入法不难得知
$$\frac{s+3}{(s+1)(s+2)} = \frac{2}{s+1} - \frac{1}{s+2},$$

故有
$$F(s) = s + 2 + \frac{2}{s+1} - \frac{1}{s+2},$$

$$f(t) = \delta'(t) + 2\delta(t) + (2e^{-t} - e^{-2t})u(t).$$

通过计算我们不难体会到,利用拉氏变换及其逆变换进行运算确实很方便,但成功地利用拉氏变换及其逆变换的前提是必须牢记拉氏变换及其逆变换的性质,牢记常见函数的拉氏变换及其逆变换.当然,在实际应用中遇到应用拉氏变换计算的问题时,我们经常需要查拉氏变换表 7-1-1.

练习与思考 7-2

1. 通过拉氏逆变换性质与拉氏变换性质的对应关系,总结出逆变换的其他性质.

2. 求下列各函数的拉氏逆变换:

(1) $F(s) = \dfrac{2}{s-3}$;　　　　　(2) $F(s) = \dfrac{2}{2s+1}$;　　　(3) $F(s) = \dfrac{3s}{s^2+9}$;

(4) $F(s) = \dfrac{2}{9s^2+1}$;　　　　(5) $F(s) = \dfrac{s-3}{s^2+9}$.

3. 求下列各函数的拉氏逆变换:

(1) $F(s) = \dfrac{3}{(s-1)(s-2)}$;　　(2) $F(s) = \dfrac{2s}{9s^2+1}$;　　(3) $F(s) = \dfrac{3}{s^2+4s+8}$;

(4) $F(s) = \dfrac{s^2}{(s+2)(s^2+2s+2)}$.

§7.3　拉普拉斯变换的应用

7.3.1　求解微分方程

拉氏变换及其逆变换可以比较方便地求解常系数线性微分方程的初值问题.

例 1　求微分方程 $y' + 3y = 0$ 满足初始条件 $y|_{x=0} = 1$ 的特解.

解　先对方程两边求其拉氏变换,并设 $L[y] = F(s)$,则
$$L[y' + 3y] = L(0), L[y'] + 3L[y] = 0, sF(s) - y|_{x=0} + 3F(s) = 0,$$
所以,将 $y|_{x=0} = 1$ 代入上式可得

$$(s+3)F(s) = 1, F(s) = \frac{1}{s+3},$$

再利用拉氏变换的逆变换可求出方程的解为

$$y = L^{-1}[F(s)] = L^{-1}\left[\frac{1}{s+3}\right] = e^{-3t}.$$

通过例题，我们可以总结出求线性微分方程的解的一般步骤如下：

（1）利用拉氏变换的微分性质和线性性质，对微分方程两端取拉氏变换，将常系数线性微分方程化成像函数的代数方程；

（2）从像函数的代数方程求出像函数；

（3）利用拉氏变换的逆变换求出像原函数，该像原函数就是方程的解.

例2 求微分方程 $y'' + 4y' - 5y = e^{2t}$ 满足初始条件 $y|_{x=0} = 2, y'|_{x=0} = 1$ 的特解.

解 对方程两边求其拉氏变换，并设 $L[y] = F(s)$，则

$$L[y'' + 4y' - 5y] = L(e^{2t}), \quad L[y''] + 4L[y'] - 5L[y] = L(e^{2t}),$$

$$s^2 F(s) - sy|_{x=0} - y'|_{x=0} + 4sF(s) - 4y|_{x=0} - 5F(s) = \frac{1}{s-2}.$$

将 $y|_{x=0} = 2, \quad y'|_{x=0} = 1$ 代入上式，得

$$F(s) = \frac{2s^2 + 5s - 17}{(s-1)(s-2)(s+5)} = \frac{\frac{5}{3}}{s-1} + \frac{\frac{1}{7}}{s-2} + \frac{\frac{4}{21}}{s+5},$$

利用拉氏变换的逆变换可求出方程的解为

$$y = L^{-1}[F(s)] = L^{-1}\left[\frac{\frac{5}{3}}{s-1} + \frac{\frac{1}{7}}{s-2} + \frac{\frac{4}{21}}{s+5}\right]$$

$$= \frac{5}{3}e^t + \frac{1}{7}e^{2t} + \frac{4}{21}e^{-5t}.$$

例3 一静止的弹簧在 $t = 0$ 时的一瞬间受到一个垂直方向的冲击力的振动，振动所满足的方程为 $y'' + 2y' + 2y = \delta(t), y(0) = 0, y'(0) = 0$，求解此方程.

解 对方程两边求其拉氏变换，并设 $L[y] = F(s)$，则

$$L[y'' + 2y' + 2y] = L(\delta(t)), \quad L[y''] + 2L[y'] + 2L[y] = L(\delta(t)),$$

$$s^2 F(s) - sy(0) - y'(0) + 2sF(s) - 2y(0) + 2F(s) = 1.$$

将 $y(0) = 0, y'(0) = 0$ 代入上式，得

$$F(s) = \frac{1}{s^2 + 2s + 2} = \frac{1}{(s+1)^2 + 1},$$

再利用拉氏变换的逆变换可求出方程的解为

$$y = L^{-1}[F(s)] = L^{-1}\left[\frac{1}{(s+1)^2 + 1}\right] = e^{-t}\sin t.$$

例4 求方程组 $\begin{cases} y'' + x' = e^t, \\ x'' + 2y' + x = t \end{cases}$ 满足初始条件 $\begin{cases} y(0) = y'(0) = 0, \\ x(0) = x'(0) = 0 \end{cases}$ 的解.

解　设 $L[y(t)] = Y(s), L[x(t)] = X(s)$,对方程组每一个方程两边同时取

拉普氏变换,有

$$\begin{cases} s^2 Y(s) + sX(s) = \dfrac{1}{s-1}, \\ s^2 X(s) + 2sY(s) + X(s) = \dfrac{1}{s^2}. \end{cases}$$

解方程组,得

$$\begin{cases} X(s) = \dfrac{-1}{(-1+s)^2 s^2}, \\ Y(s) = \dfrac{1-s+s^2}{s^3(-1+s)^2}, \end{cases}$$

再利用拉氏变换的逆变换可求出方程组的解为

$$\begin{cases} x(t) = -2 - e^t(-2+t) - t, \\ y(t) = 2 + e^t(-2+t) + t + \dfrac{t^2}{2}. \end{cases}$$

7.3.2　线性系统问题

一个物理系统,如果可以用常系数线性微分方程来描述,称此系统为**线性系统**.线性系统的两个主要概念是激励和响应,通常称输入函数为系统的**激励**,输出函数为系统的**响应**.

在线性系统的分析中,为了研究激励和响应与系统本身特性之间的关系,就需要有描述系统本性特征的函数,这个函数称为**传递函数**.

设线性系统可由 $y'' + a_1 y' + a_0 y = f(t)$ 来描述.其中 a_0, a_1 为常数,$f(t)$ 为激励,$y(t)$ 为响应,并且系统的初始条件为 $y(0) = y_0, y'(0) = y_1$.

对方程两边求其拉氏变换,并设 $L[y(t)] = Y(s), L[f(t)] = F(s)$,则有

$$s^2 Y(s) - sy|_{x=0} - y'|_{x=0} + a_1[sY(s) - y|_{x=0}] + a_0 Y(s) = F(s),$$

即

$$(s^2 + a_1 s + a_0)Y(s) = F(s) + (s + a_1)y_0 + y_1.$$

令

$$G(s) = \frac{1}{s^2 + a_1 s + a_0}, B(s) = (s + a_1)y_0 + y_1,$$

上式可化为

$$Y(s) = G(s)F(s) + G(s)B(s).$$

显然,$G(s)$ 描述了系统本性的特征,且与激励和系统的初始状态无关,称它为系统的传递函数.

如果初始条件全为零,则 $B(s) = 0$,于是 $G(s) = \dfrac{Y(s)}{F(s)}$.说明在零初始条件下,线性系统的传递函数等于其响应的拉氏变换与其激励的拉氏变换之比.

当激励是一个单位脉冲函数,即 $f(t) = \delta(t)$ 时,在零初始条件下,由于 $F(s) = L[\delta(t)] = 1$,得 $Y(s) = G(s)$,即 $y(t) = L^{-1}[G(s)]$,称 $y(t)$ 为系统的**脉冲响应函数**.

　　在零初始条件下，令 $s = \mathrm{i}\omega$，代入系统的传递函数 $G(s)$ 中，则可得 $G(\mathrm{i}\omega)$，称 $G(\mathrm{i}\omega)$ 为系统的频率特征函数，简称频率响应.

　　线性系统的传递函数、脉冲响应函数、频率响应是表征线性系统特征的几个重要特征量.

　　例 5　求 RC 串联闭合电路 $RC\dfrac{\mathrm{d}u_c(t)}{\mathrm{d}t} + u_c(t) = f(t)$ 的传递函数、脉冲响应函数、频率响应.

　　解　系统的传递函数为
$$G(s) = \frac{1}{RCs + 1} = \frac{1}{RC\left(s + \dfrac{1}{RC}\right)},$$

脉冲响应函数为
$$u_c(t) = L^{-1}[G(s)] = L^{-1}\left[\frac{1}{RC\left(s + \dfrac{1}{RC}\right)}\right] = \frac{1}{RC}\mathrm{e}^{-\frac{1}{RC}t}.$$

频率响应为
$$G(\mathrm{i}\omega) = \frac{1}{RC\left(\mathrm{i}\omega + \dfrac{1}{RC}\right)} = \frac{1}{RC\mathrm{i}\omega + 1}.$$

练习与思考 7-3

　　1. 拉氏变换及其逆变换在应用方面有哪些优势？也有哪些缺陷？

　　2. 利用拉氏变换及其逆变换解下列微分方程：

　　(1) $y' - y = 0$，$y(0) = 1$；

　　(2) $y' - 5y = 10\mathrm{e}^{-3t}$，$y(0) = 0$；

　　(3) $y'' + 4y = 0$，$y'(0) = 3$，$y(0) = 0$；

　　(4) $y'' + 9y = 9t$，$y'(0) = 1$，$y(0) = 0$.

本 章 小 结

一、基本思想

　　拉氏变换是为简化计算而建立的利用积分运算将一个函数变成另一个函数的变换.拉氏变换的这种运算步骤对于求解线性微分方程尤为有效，它可把微分方程化为容易求解的代数方程来处理，从而使计算简化.在经典控制理论中，对控制系统的分析和综合，都是建立在拉氏变换基础上的.引入拉氏变换的一个主要优点，是可采用传递函数代替微分方程来描述系统的特性.这就为采用直观和简便的图解方法来确定控制系统的整个特性、分析控制系统的运动过程，以及综合控制系统的校正装置提供了可能性.

　　本章主要介绍拉氏变换及其逆变换的概念、常用函数的拉氏变换及其性质、拉氏变换的简单应用.

求一个函数的拉氏变换,可使用定义法、查常用函数的拉氏变换表、利用拉氏变换性质等方法.求拉氏逆变换,可使用查表法和部分分式法等.

二、主要内容

1. 基本概念

设函数 $f(t)$ 的定义域为 $[0,+\infty)$,如果广义积分

$$\int_0^{+\infty} f(t)\mathrm{e}^{-st}\,\mathrm{d}t$$

在 s 的某一范围内取值收敛,则由此积分确定了一个关于 s 的函数,可写为

$$F(s) = \int_0^{+\infty} f(t)\mathrm{e}^{-st}\,\mathrm{d}t,$$

函数 $F(s)$ 叫做函数 $f(t)$ 的拉普拉斯(Laplace)变换,简称拉氏变换,上式称为函数 $f(t)$ 的拉氏变换式,用记号 $L[f(t)]$ 表示,即 $\quad L[f(t)] = F(s)$,

函数 $F(s)$ 也可叫做 $f(t)$ 的像函数.

若 $F(s)$ 是 $f(t)$ 的拉氏变换,则称 $f(t)$ 是 $F(s)$ 的拉氏逆变换(或叫做 $F(s)$ 的像原函数),记作 $\quad f(t) = L^{-1}[f(s)]$.

2. 基本性质

性质 1(线性性质)　若 $L[f_1(t)] = F_1(s)$, $L[f_2(t)] = F_2(s)$,a、b 是常数,则

$$L[af_1(t) + bf_2(t)] = aL[f_1(t)] + bL[f_2(t)] = aF_1(s) + bF_2(s),$$

$$L^{-1}[aF_1(s) + bF_2(s)] = aL^{-1}[F_1(s)] + bL^{-1}[F_2(s)] = af_1(t) + af_2(t) \quad (a,b \text{ 为常数}).$$

性质 2(平移性质)　若 $L[f(t)] = F(s)$,则

$$L[\mathrm{e}^{at} f(t)] = F(s-a),$$

$$L^{-1}[F(s-a)] = \mathrm{e}^{at} L^{-1}[F(s)] = \mathrm{e}^{at} f(t).$$

性质 3(延滞性质)　若 $L[f(t)] = F(s)$,则

$$L[f(t-a)] = \mathrm{e}^{-as} F(s), \quad L^{-1}[\mathrm{e}^{as} F(s)] = f(t-a)u(t-a).$$

性质 4(微分性质)　若 $L[f(t)] = F(s)$,并设 $f(t)$ 在 $[0,+\infty)$ 上连续,$f'(t)$ 为分段连续函数,则 $\quad L[f'(t)] = sF(s) - f(0)$.

推论　若 $L[f(t)] = F(s)$,则

$$L[f^{(n)}(t)] = s^n F(s) - [s^{n-1} f(0) + s^{n-2} f'(0) + \cdots + f^{(n-1)}(0)].$$

特别地,若 $f(0) = f'(0) = \cdots = f^{(n-1)}(0) = 0$,则

$$L[f^{(n)}(t)] = s^n F(s) \quad (n = 1,2,\cdots).$$

性质 5(积分性质)　若 $L[f(t)] = F(s)$,且 $f(t)$ 在 $[0,+\infty)$ 上连续,则

$$L\left[\int_0^t f(x)\,\mathrm{d}x\right] = \frac{F(s)}{s}.$$

推论　$\quad L\overbrace{\left[\int_0^t \mathrm{d}t \int_0^t \mathrm{d}t \cdots \int_0^t f(x)\,\mathrm{d}t\right]}^{n\text{次}} = \frac{F(s)}{s^n} \quad (n = 1,2,\cdots).$

3. 常见函数的拉氏变换

序号	$f(t)$	$F(s)$
1	$\delta(t)$	1
2	$u(t)$	$\dfrac{1}{s}$
3	t	$\dfrac{1}{s^2}$
4	$t^n(n=1,2,\cdots)$	$\dfrac{n!}{s^{n+1}}$
5	e^{at}	$\dfrac{1}{s-a}$
6	$1-\mathrm{e}^{-at}$	$\dfrac{a}{s(s-a)}$
7	$t\mathrm{e}^{at}$	$\dfrac{1}{s(s-a)^2}$
8	$t^n\mathrm{e}^{at}(n=1,2,\cdots)$	$\dfrac{n!}{(s-a)^{n+1}}$
9	$\sin\omega t$	$\dfrac{\omega}{s^2+\omega^2}$
10	$\cos\omega t$	$\dfrac{s}{s^2+\omega^2}$
11	$\sin(\omega t+\varphi)$	$\dfrac{s\sin\varphi+\omega\cos\varphi}{s^2+\omega^2}$
12	$\cos(\omega t+\varphi)$	$\dfrac{s\cos\varphi-\omega\sin\varphi}{s^2+\omega^2}$
13	$t\sin\omega t$	$\dfrac{2\omega s}{(s^2+\omega^2)^2}$
14	$t\cos\omega t$	$\dfrac{s^2-\omega^2}{(s^2+\omega^2)^2}$
15	$t\sin\omega t-\omega t\cos\omega t$	$\dfrac{2\omega^3}{(s^2+\omega^2)^2}$
16	$\mathrm{e}^{-at}\sin\omega t$	$\dfrac{\omega}{(s+a)^2+\omega^2}$
17	$\mathrm{e}^{-at}\cos\omega t$	$\dfrac{s+a}{(s+a)^2+\omega^2}$
18	$\dfrac{1}{\omega^2}(1-\cos\omega t)$	$\dfrac{1}{s(s^2+\omega^2)}$
19	$\mathrm{e}^{at}-\mathrm{e}^{bt}$	$\dfrac{a-b}{(s-a)(s-b)}$
20	$2\sqrt{\dfrac{t}{\pi}}$	$\dfrac{1}{s\sqrt{s}}$
21	$\dfrac{1}{\sqrt{\pi t}}$	$\dfrac{1}{\sqrt{s}}$

4. 求解微分方程

求线性微分方程的解的一般步骤：

（1）利用拉氏变换将常系数线性微分方程化成像函数的代数方程；

（2）从像函数的代数方程求出像函数；

（3）利用拉氏变换的逆变换求出像原函数,该像原函数就是方程的解.

5. 线性系统问题

本 章 复 习 题

一、填空题

1. 函数 $e^{-\lambda t}\sin\omega t$ 的拉普拉斯变换函数为_____.

2. 函数 $e^{-\lambda t}\cos\omega t$ 的拉普拉斯变换函数为_____.

3. 拉氏变换函数 $F(s) = \dfrac{e^{-s}}{\sqrt{s}}$ 的像原函数为_____.

4. 拉氏变换函数 $F(s) = \dfrac{1}{2s}$ 的像原函数为_____.

5. 拉氏变换函数 $F(s) = \dfrac{1}{2s^2}$ 的像原函数为_____.

二、解答题

1. 求下列各函数的像函数：

（1）$f(t) = \sin(\omega t + \varphi)$;　　　　　　（2）$f(t) = e^{-at}(1 - \alpha t)$;

（3）$f(t) = t\cos(\alpha t)$;　　　　　　　　（4）$f(t) = t + 2 + 3\delta(t)$.

2. 求 $F(s) = \dfrac{\pi}{2a}\dfrac{1}{s+a}$ 及 $F(s) = \dfrac{\pi}{2}\dfrac{1}{s(s+1)}$ 的像原函数.

3. 求下列各像函数的像原函数：

（1）$F(s) = \dfrac{(s+1)(s+3)}{s(s+2)(s+4)}$;　　　　（2）$F(s) = \dfrac{s^2 + 6s + 8}{s^2 + 4s + 3}$;

（3）$F(s) = \dfrac{s^3}{s(s^2 + 3s + 2)}$;　　　　　　（4）$F(s) = \dfrac{s+1}{s^3 + 2s^2 + 2s}$.

4. 利用拉普拉斯变换及其逆变换解下列微分方程：

（1）求解 $y' + \omega^2 a^2 y = e^t$, $y(0) = 0$;

（2）$y'' + \omega^2 a^2 y = 1$, $y'(0) = 0$, $y(0) = 0$;

（3）$y'' - 2y' + 5y = 0$, $y'(0) = 1$, $y(0) = 0$;

（4）$y'' - 4y' + 4y = 0$, $y'(0) = 1$, $y(0) = 0$;

（5）$y'' - 9y' + 8y = 0$, $y'(0) = 9$, $y(0) = 0$;

（6）$y'' + 4y' + 5y = 0$, $y'(0) = 2$, $y(0) = 0$.

第 **8** 章

无 穷 级 数

　　无穷级数研究两个基本问题,即无穷项的连加是否有有限的结果(和数),以及其反问题常数或函数是否可以展开成无穷项的连加.

　　早在公元前 4 世纪,亚里士多德(公元前 384— 前 322)就知道公比大于零、小于 1 的几何级数具有和数. 14 世纪,N·奥尔斯姆就通过见于现代教科书的方法证明了调和级数发散到正无穷大.而将一个函数展开成无穷级数的概念最早来自 14 世纪印度的马德哈瓦.他首先发展了幂级数的概念,对泰勒级数、麦克劳林级数、无穷级数的有理逼近以及无穷连分数做了研究.他发现了正弦、余弦、正切函数等的泰勒展开,还用幂级数计算了 π 的值.马德哈瓦已经开始讨论判别无穷级数敛散性的方法.他提出了一些审敛的准则,后来他的学生将其推广.

　　17 世纪,詹姆斯·格里高利也开始研究无穷级数,并发表了若干函数的麦克劳林展开式. 1715 年,布鲁克·泰勒提出了构造一般解析函数的泰勒级数的方法. 18 世纪时欧拉又发展了超几何级数和 q 级数的理论.

　　然而在欧洲,审查无穷级数是否收敛的研究一般被认为是从 19 世纪由高斯开始的.他于 1812 年发表了关于欧拉的超几何级数的论文,提出了一些简单的收敛准则,并对余项和以及收敛半径进行了讨论.后来,阿贝尔、拉贝、德·摩根以及贝特朗、斯托克斯、切比雪夫等人都对无穷级数的审敛法进行过研究.而对普遍的审敛法则的研究由恩斯特·库默开始,以后艾森斯坦因、外尔斯特拉斯、尤里斯·迪尼等都曾致力于这一领域.普林斯海姆于 1889 年发表的论文阐述了完整的普适审敛理论.

　　随着微积分的进一步发展,出现了一批初等函数的各种展开式,级数作为函数的分析等价物,用来计算函数值,代表函数参加运算,并利用其所得结果阐释函数的性质.级数还被视为多项式的直接推广,当作通常的多项式对待.这些基本观点的运用一直持续到 19 世纪初,取得了丰硕的成果.本章仅介绍一些无穷级数的基本概念和方法.

§8.1　无穷级数的概念

8.1.1　无穷级数及其收敛与发散的概念

【定义 1】　设有数列 $\{a_n\}$：$a_1, a_2, a_3, \cdots a_i, \cdots$，则我们将表示式

$$\sum_{n=1}^{\infty} a_n = a_1 + a_2 + a_3 + \cdots + a_n + \cdots$$

称为**无穷级数**，简称**级数**. $\sum\limits_{n=1}^{\infty} a_n$ 中，$a_1, a_2, \cdots, a_n$ 都称为级数的**项**，其中第 n 项 a_n 称为级数的**一般项**或**通项**. 当级数的各项均为常数时，又称级数为**数项级数**. 例如：

(1) $\displaystyle\sum_{n=1}^{\infty} \frac{1}{2^n} = \frac{1}{2} + \frac{1}{2^2} + \frac{1}{2^3} + \cdots + \frac{1}{2^n} + \cdots,$

(2) $\displaystyle\sum_{n=1}^{\infty} \frac{(-1)^{n-1}}{n} = 1 - \frac{1}{2} + \frac{1}{3} - \frac{1}{4} + \cdots + \frac{(-1)^{n-1}}{n} + \cdots,$

(3) $\displaystyle\sum_{n=1}^{\infty} n = 1 + 2 + 3 + \cdots + n + \cdots,$

(4) $\displaystyle\sum_{n=1}^{\infty} (-1)^n = -1 + 1 - 1 + 1 - 1 + \cdots (-1)^n + \cdots$

等，都是数项级数.

一般地，级数的前 n 项之和

$$S_n = a_1 + a_2 + \cdots + a_n$$

称为级数的**前 n 项部分和**. 当 n 依次取 $1, 2, 3, \cdots$ 时，得到一个数列 $\{S_n\}$，称为**部分和数列**.

【定义 2】　如果级数 $\sum\limits_{i=1}^{\infty} a_n$ 的部分和数列 $\{S_n\}$ 存在极限 S，即 $\lim\limits_{n\to\infty} S_n = S$，则称该级数**收敛**，$S$ 称为该级数的**和**，记作 $\sum\limits_{i=1}^{\infty} a_n = S$. 如果部分和数列 $\{S_n\}$ 不存在极限，则称该级数**发散**.

当级数收敛时，　　　$r_n = S - S_n = u_{u+1} = u_{n+2} + \cdots$

称为级数的余项. 用 S_n 代替 S 所产生的误差是 $|r_n|$，显然级数收敛的充分必要条件是 $\lim\limits_{n\to\infty} r_n = 0$.

例 1　讨论几何级数（等比级数）$\displaystyle\sum_{n=0}^{\infty} aq^n = a + aq + aq^2 + \cdots + aq^{n-1} + \cdots$ 的敛散性（$a \neq 0$，q 叫做等比级数的公比）.

解   当 $q \neq 1$ 时,前 n 项部分和 $S_n = a + aq + aq^2 + \cdots + aq^{n-1} = \dfrac{a(1-q^n)}{1-q}$.

当 $|q| < 1$ 时,$\lim\limits_{n \to \infty} S_n = \lim\limits_{n \to \infty} \dfrac{a(1-q^n)}{1-q} = \dfrac{q}{1-q}$,

当 $|q| > 1$ 时,$\lim\limits_{n \to \infty} S_n = \lim\limits_{n \to \infty} \dfrac{a(1-q^n)}{1-q} = \infty$,

若 $q = 1$ 时,$\lim\limits_{n \to \infty} S_n = \lim\limits_{n \to \infty} n_a = \infty$,

若 $q = -1$ 时,$S_n = a + (-a) + a + \cdots + (-1)^{n-1} a = \begin{cases} 0, & n \text{ 为偶数,} \\ a, & n \text{ 为奇数,} \end{cases}$

于是 $\lim\limits_{n \to \infty} S_n$ 不存在.

所以,几何级数 $\sum\limits_{n=0}^{\infty} aq^n = \begin{cases} \dfrac{a}{1-q}, & \text{当 } |q| > 1 \text{ 时,} \\ \text{发散,} & \text{当 } |q| \leqslant 1 \text{ 时.} \end{cases}$

由例 1 的结论可知,前面的例子中,(1) 是收敛的,(4) 是发散的.

例 2   判断级数 $\sum\limits_{n=1}^{\infty} \dfrac{1}{1+2+3+\cdots+n}$ 的收敛性.

解   因为 $1 + 2 + 3 + \cdots + n = \dfrac{1}{2} n(n+1)$,所以

$$u_n = \frac{2}{n(n+1)} = 2\left(\frac{1}{n} - \frac{1}{n+1}\right),$$

因此部分和

$$S_n = 2\left[\frac{1}{1 \cdot 2} + \frac{1}{2 \cdot 3} + \frac{1}{3 \cdot 4} + \cdots + \frac{1}{n(n+1)}\right]$$

$$= 2\left[\left(1 - \frac{1}{2}\right) + \left(\frac{1}{2} - \frac{1}{3}\right) + \cdots + \left(\frac{1}{n} - \frac{1}{n+1}\right)\right] = 2\left(1 - \frac{1}{n+1}\right),$$

于是

$$\lim\limits_{n \to \infty} S_n = \lim\limits_{n \to} 2\left(1 - \frac{1}{n+1}\right) = 2.$$

因此级数 $\sum\limits_{n=1}^{\infty} \dfrac{1}{1+2+3+\cdots+n}$ 收敛,其和为 2,即

$$\sum\limits_{n=1}^{\infty} \frac{1}{1+2+3+\cdots+n} = 2.$$

例 3   证明**调和级数** $\sum\limits_{n=1}^{\infty} \dfrac{1}{n}$ 是发散的.

证明   考查级数 $\sum\limits_{n=1}^{\infty} \dfrac{1}{n}$ 的前 2^n 项部分和,

$$S_2 = 1 + \frac{1}{2},$$

$$S_{2^2} = 1 + \frac{1}{2} + \frac{1}{3} + \frac{1}{4} > 1 + \frac{1}{2} + \frac{1}{4} + \frac{1}{4} = 1 + \frac{2}{2},$$

$$S_{2^3} = 1 + \frac{1}{2} + \frac{1}{3} + \frac{1}{4} + \frac{1}{5} + \frac{1}{6} + \frac{1}{7} + \frac{1}{8} > 1 + \frac{2}{2} + \frac{1}{8} + \frac{1}{8} + \frac{1}{8} + \frac{1}{8}$$

$$= 1 + \frac{3}{2},$$

······

$$S_{2^n} = 1 + \frac{1}{2} + \cdots + \frac{1}{2^n} > 1 + \frac{n}{2},$$

从而 $\lim\limits_{n \to \infty} S_{2^n} \geqslant \lim\limits_{n \to \infty} \left(1 + \frac{n}{2}\right) = \infty$，所以调和级数 $\sum\limits_{n=1}^{\infty} \frac{1}{n}$ 是发散的.

不难知道，由于级数 $\sum\limits_{n=1}^{\infty} n = 1 + 2 + 3 + \cdots + n + \cdots$ 的前 n 项和为

$$S_n = \frac{n(n+1)}{2},$$

而

$$\lim_{n \to \infty} S_n = \lim_{n \to \infty} \frac{n(n+1)}{2} = \infty,$$

所以级数 $\sum\limits_{n=1}^{\infty} n = 1 + 2 + 3 + \cdots + n + \cdots$ 也是发散的.

8.1.2　无穷级数的性质

性质 1　如果级数 $\sum\limits_{n=1}^{\infty} u_n$ 收敛于和 S，则它的各项同乘以一个常数 k 所得的级

数 $\sum\limits_{n=1}^{\infty} ku_n$ 也收敛，且和为 $k \cdot S$.

性质 2　设有级数 $\sum\limits_{n=1}^{\infty} u_n$，$\sum\limits_{n=1}^{\infty} v_n$ 分别收敛于 S 与 σ，则级数

$$\sum_{n=1}^{\infty} (u_n \pm v_n) = (u_1 \pm v_2) + \cdots + (u_n \pm v_n) + \cdots$$

也收敛，且和为 $S \pm \sigma$.

需要指出，若 $\sum\limits_{n=1}^{\infty} u_n$ 收敛，而 $\sum\limits_{n=1}^{\infty} v_n$ 发散，则 $\sum\limits_{n=1}^{\infty} (u_n + v_n)$ 必发散. 若 $\sum\limits_{n=1}^{\infty} u_n$，$\sum\limits_{n=1}^{\infty} v_n$

均发散，那么 $\sum\limits_{n=1}^{\infty} (u_n \pm v_n)$ 可能收敛，也可能发散.

性质 3　增加、减少或改变级数的有限项，不改变级数的敛散性，但改变收敛
级数的和.

性质 4(级数收敛的必要条件)   若级数 $\sum\limits_{n=1}^{\infty} u_n$ 收敛,则必有$\lim\limits_{n\to\infty} u_n = 0$.

例 4   判断下列级数的敛散性:

(1) $\sum\limits_{n=1}^{\infty} \left(\dfrac{5}{2^n} - \dfrac{1}{3^n}\right)$;   (2) $\sum\limits_{n=1}^{\infty} \dfrac{n-1}{2n+1}$.

解   (1) 因为 $\sum\limits_{n=1}^{\infty} \dfrac{1}{2^n}$ 与 $\sum\limits_{n=1}^{\infty} \dfrac{1}{3^n}$ 分别是公比为 $\dfrac{1}{2}$ 和 $\dfrac{1}{3}$ 的几何级数,它们的公比的绝对值均小于1,所以级数 $\sum\limits_{n=1}^{\infty} \dfrac{1}{2^n}$ 与 $\sum\limits_{n=1}^{\infty} \dfrac{1}{3^n}$ 都收敛. 由性质1,级数 $\sum\limits_{n=1}^{\infty} \dfrac{5}{2^n}$ 收敛. 再由性质2,级数 $\sum\limits_{n=1}^{\infty} \left(\dfrac{5}{2^n} - \dfrac{1}{3^n}\right)$ 一定收敛.

(2) 由于级数的通项的极限 $\lim\limits_{n\to\infty} = \lim\limits_{n\to\infty} \dfrac{n-1}{2n+1} = \dfrac{1}{2} \neq 0$,不满足级数收敛的必要条件,所以级数 $\sum\limits_{n=1}^{\infty} \dfrac{n-1}{2n+1}$ 发散.

级数收敛的必要条件常用来判定常数项级数的敛散,但是级数的一般项趋向于零并不是级数收敛的充分条件. 例如,调和级数 $\sum\limits_{n=1}^{\infty} \dfrac{1}{n}$,虽然$\lim\limits_{n\to\infty} u_n = \lim\limits_{n\to\infty} \dfrac{1}{n} = 0$,但却是发散的.

8.1.3   常数项级数

1. 正项级数及其审敛法

若级数 $\sum\limits_{n=1}^{\infty} u_n$ 中的各项都是非负的(即 $u_n \geqslant 0$, $n = 1, 2, \cdots$),则称级数 $\sum\limits_{n=1}^{\infty} u_n$ 为正项级数.

正项级数比较简单,在研究其他类型的级数时常常用到正项级数的有关结果,因而十分重要.

对于正项级数,由于 $u_n \geqslant 0$,因此 $S_{n+1} = u_1 + u_2 + \cdots + u_n + u_{n+1} = S_n + u_{n+1} \geqslant S_n$,其部分和数列是单调增加的. 一方面,单调有界数列的极限必存在;另一方面,若数列的极限存在,则数列必有界,得如下定理:

定理 1   正项级数 $\sum\limits_{n=1}^{\infty} u_n$ 收敛的充分必要条件是它的部分和数列是有界的.

根据定理1,我们便建立了一个判定正项级数敛散性的法则.

定理 2(比较审敛法)   给定两个正项级数 $\sum\limits_{n=1}^{\infty} u_n, \sum\limits_{n=1}^{\infty} v_n$,且 $u_n \leqslant v_n$ ($n = 1,$

$2,\cdots)$.

（1）若级数 $\sum\limits_{n=1}^{\infty} v_n$ 收敛，则级数 $\sum\limits_{n=1}^{\infty} u_n$ 亦收敛；

（2）若级数 $\sum\limits_{n=1}^{\infty} u_n$ 发散，则级数 $\sum\limits_{n=1}^{\infty} v_n$ 亦发散.

例 5　证明 p- 级数 $\sum\limits_{n=1}^{\infty} \dfrac{1}{n^p} = 1 + \dfrac{1}{2^p} + \dfrac{1}{3^p} + \cdots + \dfrac{1}{n^p} + \cdots$，当 $0 < p \leqslant 1$ 时是发散的.

证　若 $0 < p \leqslant 1$，则 $n^p \leqslant n$，有

$$\frac{1}{n^p} \geqslant \frac{1}{n},$$

而调和级数 $\sum\limits_{n=1}^{\infty} \dfrac{1}{n}$ 发散，故 $\sum\limits_{n=1}^{\infty} \dfrac{1}{n^p}$ 亦发散.

p- 级数是一个重要的比较级数，在解题中会经常用到. 当 $0 < p \leqslant 1$ 时，p- 级数为发散的；当 $p > 1$ 时，p- 级数是收敛的.

例 6　判断下列级数的敛散性：

（1）$\sum\limits_{n=1}^{\infty} \dfrac{1}{n!}$；　　　　　　（2）$\sum\limits_{n=1}^{\infty} \dfrac{2n+1}{n^4 + 5}$.

解　（1）因为

$$\frac{1}{n!} = \frac{1}{1 \cdot 2 \cdot 3 \cdot \cdots \cdot n} \leqslant \frac{1}{1 \cdot 2 \cdot 2 \cdot \cdots \cdot 2} = \frac{1}{2^{n-1}} \quad (n = 2,3,4,\cdots),$$

级数 $\sum\limits_{n=1}^{\infty} \dfrac{1}{2^{n-1}}$ 是公比为 $\dfrac{1}{2}$ 的几何级数，它是收敛的，故 $\sum\limits_{n=1}^{\infty} \dfrac{1}{n!}$ 收敛.

（2）因为　　　　　　　　　$\dfrac{2n+1}{n^4 + 5} < \dfrac{3n}{n^4} = \dfrac{3}{n^3}$，

级数 $\sum\limits_{n=1}^{\infty} \dfrac{1}{n^3}$ 是收敛的 p- 级数，由级数的性质知，$\sum\limits_{n=1}^{\infty} \dfrac{3}{n^3}$ 也是收敛的. 因而，级数 $\sum\limits_{n=1}^{\infty} \dfrac{2n+1}{n^4 + 5}$ 收敛.

定理 3（比值审敛法）　若正项级数 $\sum\limits_{n=1}^{\infty} u_n$ 满足

$$\lim_{n \to \infty} \frac{u_{n+1}}{u_n} = \rho,$$

则有（1）当 $\rho < 1$ 时，级数收敛；

（2）当 $\rho > 1$（也包括 $\rho = +\infty$）时，级数发散；

（3）当 $\rho = 1$ 时，级数的敛散性不能确定.

例 7   判定下列级数的敛散性：

(1) $\displaystyle\sum_{n=1}^{\infty} \frac{3^n}{n^2 \cdot 2^n}$ 　　　　　　　　(2) $\displaystyle\sum_{n=1}^{\infty} \frac{1}{n^n}$；

(3) $\displaystyle\sum_{n=1}^{\infty} \frac{1}{(2n-1) \cdot 2n}$.

解　（1）因为

$$\lim_{n\to\infty} \frac{u_{n+1}}{u_n} = \lim_{n\to\infty} \frac{\dfrac{3^{n+1}}{(n+1)^2 \cdot 2^{n+1}}}{\dfrac{3^n}{n^2 \cdot 2n}} = \lim_{n\to\infty} \frac{3n^2}{2(n+1)^2} = \frac{3}{2} > 1,$$

由比值审敛法知，级数 $\displaystyle\sum_{n=1}^{\infty} \frac{3^n}{n^2 \cdot 2^n}$ 是发散的.

（2）因为　$\displaystyle\lim_{n\to\infty} \frac{u_{n+1}}{u_n} = \lim_{n\to\infty} \frac{\dfrac{1}{(n+1)^{n+1}}}{\dfrac{1}{n^n}} = \lim_{n\to\infty} \left(\frac{n}{n+1}\right)^n \frac{1}{n+1}$,

而　　　　　　　　$\displaystyle\lim_{n\to\infty} \left(\frac{n}{n+1}\right)^n = \lim_{n\to\infty} \frac{1}{\left(1+\dfrac{1}{n}\right)^n} = \frac{1}{e}$,

所以　　　　　　　$\displaystyle\lim_{n\to\infty} \frac{u_{n+1}}{u_n} = \lim_{n\to\infty} \left(\frac{n}{n+1}\right)^n \frac{1}{n+1} = 0.$

由比值审敛法知，级数 $\displaystyle\sum_{n=1}^{\infty} \frac{1}{n^n}$ 是收敛的.

（3）因为　　　　$\displaystyle\lim_{n\to\infty} \frac{u_{n+1}}{u_n} = \lim_{n\to\infty} \frac{(2n-1) \cdot 2n}{(2n+1) \cdot 2(n+1)} = 1,$

这表明，用比值法无法确定该级数的敛散性. 注意到

$$2n > 2n-1 \geqslant n,$$

有　　　　　　　　$$(2n-1) \cdot 2n > n^2,$$

因而　　　　　　　$$\frac{1}{(2n-1) \cdot 2n} < \frac{1}{n^2}.$$

而级数 $\displaystyle\sum_{n=1}^{\infty} \frac{1}{n^2}$ 收敛，由比较判别法，级数收敛.

2. 交错级数及其审敛法

各项是正负相间的级数称为**交错级数**，其形式如下：

$$u_1 - u_2 + u_3 - u_4 + \cdots + (-1)^{n-1}u_n + \cdots,$$

或　　　　　　　$$-u_1 + u_2 - u_3 + u_4 - \cdots + (-1)^n u_n + \cdots,$$

其中 $u_1, u_2, u_3, u_4 \cdots, u_n, \cdots$ 均为正数.

定理 4(莱布尼兹定理)　若交错级数 $\sum\limits_{n=1}^{\infty}(-1)^n u_n$ 满足条件：

(1) $u_n \geqslant u_{n+1}(n = 1, 2, \cdots)$;

(2) $\lim\limits_{n \to \infty} u_n = 0$,

则级数 $\sum\limits_{n=1}^{\infty}(-1)^n u_n$ 收敛.

例 8　判断交错级数 $\sum\limits_{n=1}^{\infty}(-1)^{n-1}\dfrac{1}{n} = 1 - \dfrac{1}{2} + \dfrac{1}{3} - \dfrac{1}{4} + \cdots + (-1)^{n-1}\dfrac{1}{n} + \cdots$
的敛散性.

解　由于　　$u_n = \dfrac{1}{n} < \dfrac{1}{n+1} = u_{n+1}$, 且 $\lim\limits_{n \to \infty} u_n = \lim\limits_{n \to \infty} u_{n+1} = 0$,

故此交错级数收敛.

3. 绝对收敛与条件收敛

级数各项为任意实数的级数称为**任意项级数**. 例如, 级数

$$\sum_{n=1}^{\infty}\frac{1}{n}\cos\frac{n\pi}{2} = 0 - \frac{1}{2} + 0 + \frac{1}{4} + 0 - \frac{1}{6} + \cdots$$

是任意项级数.

对于任意项级数 $\sum\limits_{n=1}^{\infty} u_n = u_1 + u_2 + \cdots + u_n + \cdots$, 其中 $u_n(n = 1, 2, \cdots)$ 为任意

实数, 其各项的绝对值所组成的级数为正项级数 $\sum\limits_{n=1}^{\infty} |u_n| = |u_1| + |u_2| + \cdots +$

$|u_n| + \cdots$, 两者之间有如下关系：

定理 5　若正项级数 $\sum\limits_{n=1}^{\infty} |u_n|$ 收敛, 则任意项级数 $\sum\limits_{n=1}^{\infty} u_n$ 必收敛.

注意, 若正项级数 $\sum\limits_{n=1}^{\infty} |u_n|$ 发散, 任意项级数 $\sum\limits_{n=1}^{\infty} u_n$ 未必发散.

例如, 交错级数 $\sum\limits_{n=1}^{\infty}(-1)^{n-1}\dfrac{1}{n}$ 的各项绝对值组成的级数 $\sum\limits_{n=1}^{\infty}\left|(-1)^{n-1}\dfrac{1}{n}\right| =$

$\sum\limits_{n=1}^{\infty}\dfrac{1}{n}$, 它是调和级数, 是发散的, 而交错级数 $\sum\limits_{n=1}^{\infty}(-1)^{n-1}\dfrac{1}{n}$ 却是收敛的.

对于收敛级数 $\sum\limits_{n=1}^{\infty} u_n$, 可按其绝对值级数收敛与否分为两类：

(1) 若级数 $\sum\limits_{n=1}^{\infty} |u_n|$ 收敛, 则称级数 $\sum\limits_{n=1}^{\infty} u_n$ **绝对收敛**;

(2) 若级数 $\sum\limits_{n=1}^{\infty} |u_n|$ 发散, 而级数 $\sum\limits_{n=1}^{\infty} u_n$ 收敛, 则称级数 $\sum\limits_{n=1}^{\infty} u_n$ 为**条件收敛**.

例如，级数 $\sum\limits_{n=1}^{\infty}(-1)^{n-1}\dfrac{1}{n}$ 为条件收敛，级数 $\sum\limits_{n=1}^{\infty}(-1)^{n-1}\dfrac{1}{n^2}$ 为绝对收敛.

例 9 判定任意项级数 $\sum\limits_{n=1}^{\infty}\dfrac{\sin(n\alpha)}{n^2}$（$\alpha$ 为实数）的收敛性.

解 因为 $\left|\dfrac{\sin(n\alpha)}{n^2}\right| \leqslant \dfrac{1}{n^2}$，而 $\sum\limits_{n=1}^{\infty}\dfrac{1}{n^2}$ 收敛，故 $\sum\limits_{n=1}^{\infty}\left|\dfrac{\sin(n\alpha)}{n^2}\right|$ 亦收敛.

据定理 5，级数 $\sum\limits_{n=1}^{\infty}\dfrac{\sin(n\alpha)}{n^2}$ 收敛.

练习与思考 8-1

1. 级数收敛的必要条件所起的作用是什么？

2. 判定一个级数是否收敛，有几种方法？

3. 用"收敛"或"发散"填空：

(1) $\sum\limits_{n=1}^{\infty}\dfrac{1}{\sqrt[3]{n}}$（　　）；　　　　(2) $\sum\limits_{n=1}^{\infty}\dfrac{\ln^2 2}{2^n}$（　　）；

(3) $\sum\limits_{n=1}^{\infty}n!$（　　）；　　　　　　(4) $\sum\limits_{n=1}^{\infty}\dfrac{1}{n^2}$（　　）.

4. 判别下列级数是否收敛：

(1) $\dfrac{4}{7}-\dfrac{4^2}{7^2}+\dfrac{4^3}{7^3}-\cdots$；　　　　(2) $1+\dfrac{2}{3}+\dfrac{3}{5}+\dfrac{4}{7}+\cdots$；

(3) $\sum\limits_{n=1}^{\infty}\left(\dfrac{1}{5^n}+\dfrac{1}{3^n}\right)$；　　　　(4) $\sum\limits_{n=1}^{\infty}\dfrac{3}{2^n+5}$；

(5) $\sum\limits_{n=1}^{\infty}(-1)^n\pi^{-n}$；　　　　　(6) $\sum\limits_{n=1}^{\infty}(-1)^{n-1}\dfrac{1}{\sqrt[3]{n}}$；

(7) $\sum\limits_{n=1}^{\infty}\dfrac{n}{2^n}$；　　　　　　　(8) $\sqrt{2}+\sqrt{\dfrac{3}{2}}+\dfrac{4}{3}+\cdots+\sqrt{\dfrac{n+1}{n}}+\cdots$.

§8.2　幂级数与多项式逼近

8.2.1　幂级数及其收敛区间

1. 函数项级数

设函数数列 $u_1(x),u_2(x),\cdots,u_n(x),\cdots$ 在区间 I 上有定义，则

$$\sum_{n=1}^{\infty}u_n(x)=u_1(x)+u_2(x)+\cdots+u_n(x)+\cdots$$

称作函数项级数.

在区间 I 上取定 $x = x_0$，就得到常数项级数

$$\sum_{n=1}^{\infty} u_n(x_0) = u_1(x_0) + u_2(x_0) + \cdots + u_n(x_0) + \cdots.$$

若常数项级数 $\displaystyle\sum_{n=1}^{\infty} u_n(x_0)$ 收敛，则称点 x_0 是函数项级数 $\displaystyle\sum_{n=1}^{\infty} u_n(x)$ 的**收敛点**；否则，称点 x_0 是函数项级数 $\displaystyle\sum_{n=1}^{\infty} u_n(x)$ 的**发散点**. 所有收敛点的全体称为 $\displaystyle\sum_{n=1}^{\infty} u_n(x)$ 的**收敛域**.

收敛域中的每个点都对应级数 $\displaystyle\sum_{n=1}^{\infty} u_n(x)$ 的一个和，这样在收敛域上就定义了和函数 $S(x)$，即对于收敛域内每一点，有 $\displaystyle\sum_{n=1}^{\infty} u_n(x) = \lim_{n\to\infty} S_n(x) = S(x)$.

以下重点讨论应用上最广泛的一类函数项级数 —— 幂级数.

2. 幂级数

各项都是幂函数的函数项级数，即形如

$$\sum_{n=0}^{\infty} a_n x^n = a_0 + a_1 x + a_2 x^2 + \cdots + a_n x^n + \cdots,$$

$$\sum_{n=0}^{\infty} a_n (x-x_0)^n = a_0 + a_1(x-x_0) + a_2(x-x_0)^2 + \cdots + a_n(x-x_0)^n + \cdots$$

的函数项级数称为**幂级数**. 其中常数 $a_0, a_1, a_3, \cdots, a_n, \cdots$ 是**幂级数系数**.

例如，公比为 x 的几何级数 $1 + x + x^2 + \cdots + x^n + \cdots$ 就是一个幂级数. 当 $|x| < 1$ 时，它是收敛的，和为 $\dfrac{1}{1-x}$；当 $|x| \geqslant 1$ 时，它是发散的. 因此，这个幂级数的收敛域为 $(-1, 1)$，其和函数为

$$1 + x + x^2 + \cdots + x^n + \cdots = \frac{1}{1-x}.$$

对于一般的幂级数 $\displaystyle\sum_{n=0}^{\infty} a_n x^n$，其各项符号可能不同，对其各项取绝对值，得正项级数

$$\sum_{n=0}^{\infty} |a_n x^n| = |a_0| + |a_1 x| + |a_2 x^2| + \cdots + |a_n x^n| + \cdots.$$

若 $\displaystyle\lim_{n\to\infty} \frac{a_{n+1}}{a_n} = \rho$，则

$$\lim_{n\to\infty} \left| \frac{u_{n+1}}{u_n} \right| = \lim_{n\to\infty} \left| \frac{a_{n+1} x^{n+1}}{a_n x^n} \right| = \lim_{n\to\infty} \left| \frac{a_{n+1}}{a_n} \right| \cdot |x| = |x| \cdot \rho.$$

利用正项级数的比值审敛法，得到下面的结论：

(1) 若 $\rho \neq 0$，当 $|x| \cdot \rho < 1$，即 $|x| < \dfrac{1}{\rho}$ 时，幂级数 $\displaystyle\sum_{n=0}^{\infty} a_n x^n$ 绝对收敛；当

$|x| \cdot \rho > 1$，即 $|x| > \dfrac{1}{\rho}$ 时，幂级数 $\displaystyle\sum_{n=0}^{\infty} a_n x^n$ 发散；

（2）若 $\rho = 0$，$|x| \cdot \rho < 1$，则对任一 x，幂级数 $\displaystyle\sum_{n=0}^{\infty} a_n x^n$ 绝对收敛；

（3）若 $\rho = +\infty$，则幂级数 $\displaystyle\sum_{n=0}^{\infty} a_n x^n$ 仅在 $x = 0$ 处收敛.

令 $R = \dfrac{1}{\rho}$，称 R 为幂级数 $\displaystyle\sum_{n=0}^{\infty} a_n x^n$ 的**收敛半径**. 开区间 $(-R, R)$ 称为幂级数的**收敛区间**. 当 $\rho = 0$ 时，幂级数处处收敛，规定收敛半径 $R = +\infty$，收敛区间为 $(-\infty, +\infty)$. 当 $\rho = +\infty$ 时，幂级数 $\displaystyle\sum_{n=0}^{\infty} a_n x^n$ 仅在 $x = 0$ 处收敛，规定收敛半径 $R = 0$. 将收敛区间的端点 $x = \pm R$ 代入级数中，判定数项级数的敛散性后，就可得到幂级数的收敛域.

定理 1　如果幂级数 $\displaystyle\sum_{n=0}^{\infty} a_n x^n$ 的系数满足

$$\lim_{n \to \infty} \left| \frac{a_{n+1}}{a_n} \right| = \rho,$$

则有（1）当 $\rho \neq 0$ 时，收敛半径 $R = \dfrac{1}{\rho}$；

（2）当 $\rho = 0$ 时，则收敛半径 $R = +\infty$；

（3）当 $\rho = +\infty$ 时，则收敛半径 $R = 0$.

例 1　求下列幂级数的收敛半径和收敛域：

（1）$\displaystyle\sum_{n=1}^{\infty} (-1)^{n-1} \frac{x^n}{n}$；　　　　（2）$\displaystyle\sum_{n=0}^{\infty} \frac{x^n}{n!}$；

（3）$\displaystyle\sum_{n=1}^{\infty} n^n x^n$；　　　　　　（4）$\displaystyle\sum_{n=1}^{\infty} \frac{(x-1)^n}{n \cdot 2^n}$；

（5）$\displaystyle\sum_{n=1}^{\infty} \frac{2n-1}{2^n} x^{2n-2}$.

解　（1）因为 $\displaystyle\lim_{n \to \infty} \left| \frac{a_{n+1}}{a_n} \right| = \lim_{n \to \infty} \left| (-1)^n \frac{1}{n+1} \middle/ (-1)^{n-1} \frac{1}{n} \right| = \lim_{n \to \infty} \frac{n}{n+1} = 1$，

所以，所给幂级数的收敛半径为 $R = 1$，收敛开区间为 $(-1, 1)$.

在左端点 $x = -1$，幂级数成为 $-\displaystyle\sum_{n=1}^{\infty} \frac{1}{n}$，它是发散的；

在右端点 $x = 1$，幂级数成为 $\displaystyle\sum_{n=1}^{\infty} (-1)^{n-1} \frac{1}{n}$，它是收敛的.

所以，所给幂级数的收敛域为 $(-1, 1]$.

（2）因为 $\lim\limits_{n\to\infty}\left|\dfrac{a_{n+1}}{a_n}\right|=\lim\limits_{n\to\infty}\dfrac{1}{(n+1)!}\bigg/\dfrac{1}{n!}=\lim\limits_{n\to\infty}\dfrac{1}{n+1}=0,$

所以，所给幂级数的收敛半径为 $R=\infty$，收敛域为 $(-\infty,+\infty)$.

（3）因为 $\lim\limits_{n\to\infty}\left|\dfrac{a_{n+1}}{a_n}\right|=\lim\limits_{n\to\infty}\dfrac{(n+1)^{n+1}}{n^n}=\lim\limits_{n\to\infty}\left(1+\dfrac{1}{n}\right)^n(n+1)=\infty,$

所以，所给幂级数的收敛半径为 $R=0$，此时，级数只在 $x=0$ 处收敛.

（4）因为 $\lim\limits_{n\to\infty}\left|\dfrac{a_{n+1}}{a_n}\right|=\lim\limits_{n\to\infty}\left|\dfrac{1}{(n+1)\cdot 2^{n+1}}\bigg/\dfrac{1}{n\cdot 2^n}\right|=\lim\limits_{n\to\infty}\dfrac{n}{2(n+1)}=\dfrac{1}{2},$

所以，所给幂级数的收敛半径为 $R=2$. 当 $|x-1|<2$ 时，级数收敛，收敛区间为 $(-1,3)$.

在左端点 $x=-1$，幂级数成为 $\sum\limits_{n=1}^{\infty}(-1)^{n-1}\dfrac{1}{n}$，它是收敛的；

在右端点 $x=3$，幂级数成为 $\sum\limits_{n=1}^{\infty}\dfrac{1}{n}$，它是发散的.

所以，所给幂级数的收敛域为 $[-1,3)$.

（5）此幂级数缺少奇次幂项，可据比值审敛法的原理来求收敛半径，

$$\lim_{n\to\infty}\left|\dfrac{u_{n+1}(x)}{u_n(x)}\right|=\lim_{n\to\infty}\left|\dfrac{2n+1}{2^{n+1}}x^{2n}\bigg/\dfrac{2n-1}{2^n}x^{2n-2}\right|=\lim_{n\to\infty}\dfrac{2n+1}{4n-2}|x|^2=\dfrac{1}{2}|x|^2.$$

当 $\dfrac{1}{2}|x|^2<1$，即 $|x|<\sqrt{2}$ 时，幂级数收敛；

当 $\dfrac{1}{2}|x|^2>1$，即 $|x|>\sqrt{2}$ 时，幂级数发散；

对于左端点 $x=-\sqrt{2}$，幂级数成为

$$\sum_{n=1}^{\infty}\dfrac{2n-1}{2^n}(-\sqrt{2})^{2n-2}=\sum_{n=1}^{\infty}\dfrac{2n-1}{2^n}\cdot 2^{n-1}=\sum_{n=1}^{\infty}\dfrac{2n-1}{2},$$

它是发散的；

对于右端点 $x=\sqrt{2}$，幂级数成为

$$\sum_{n=1}^{\infty}\dfrac{2n-1}{2^n}(\sqrt{2})^{2n-2}=\sum_{n=1}^{\infty}\dfrac{2n-1}{2^n}\cdot 2^{n-1}=\sum_{n=1}^{\infty}\dfrac{2n-1}{2},$$

它也是发散的.

故收敛域为 $(-\sqrt{2},\sqrt{2})$.

8.2.2　幂级数的性质

定理 2　设幂级数 $\sum\limits_{n=1}^{\infty}a_n x^n$ 及 $\sum\limits_{n=1}^{\infty}b_n x^n$ 的收敛区间分别为 $(-R_1,R_1)$ 与 $(-R_2,$

R_2),记 $R = \min\{R_1, R_2\}$,当 $|x| < R$ 时,有

$$\sum_{n=1}^{\infty} a_n x^n \pm \sum_{n=1}^{\infty} b_n x^n = \sum_{n=1}^{\infty} (a_n \pm b_n) x^n.$$

定理 3   幂级数 $\displaystyle\sum_{n=1}^{\infty} a_n x^n$ 的和函数 $S(x)$ 在收敛区间 $(-R, R)$ 内连续.

定理 4   幂级数 $\displaystyle\sum_{n=1}^{\infty} a_n x^n$ 的和函数 $S(x)$ 在收敛区间 $(-R, R)$ 内可导,则有

$$S'(x) = \left(\sum_{n=0}^{\infty} a_n x^n \right)' = \sum_{n=0}^{\infty} (a_n x^n)' = \sum_{n=1}^{\infty} n \cdot a_n x^{n-1}.$$

定理 5   幂级数 $\displaystyle\sum_{n=1}^{\infty} a_n x^n$ 的和函数 $S(x)$ 在收敛区间 $(-R, R)$ 内可积,则有

$$\int_0^x S(x) \mathrm{d}x = \int_0^x \left(\sum_{n=0}^{\infty} a_n x^n \right) \mathrm{d}x = \sum_{n=0}^{\infty} \int_0^x a_n x^n \mathrm{d}x = \sum_{n=0}^{\infty} \frac{a_n}{n+1} x^{n+1}.$$

例 2   求下列级数的和函数:

(1) $\displaystyle\sum_{n=0}^{\infty} (-1)^n x^n$;   (2) $\displaystyle\sum_{n=0}^{\infty} x^{2n}$;

(3) $\displaystyle\sum_{n=1}^{\infty} \frac{(-1)^{n-1}}{n} x^n$ (4) $\displaystyle\sum_{n=0}^{\infty} (n+1) x^n.$

解   (1) 由 $1 + x + x^2 + \cdots + x^{n-1} + \cdots = \dfrac{1}{1-x}$ $(-1 < x < 1)$,

$-x \in (-1, 1)$,得

$$1 + (-x) + (-x)^2 + \cdots + (-x)^{n-1} + \cdots = \frac{1}{1-(-x)} \quad (-1 < x < 1),$$

所以 $\displaystyle\sum_{n=0}^{\infty} (-1)^n x^n = \frac{1}{1+x}$ $(-1 < x < 1)$.

(2) 将幂级数 $1 + x + x^2 + \cdots + x^{n-1} + \cdots = \dfrac{1}{1-x}$ $(-1 < x < 1)$ 与

$1 - x + x^2 + \cdots + (-1)^{n-1} x^{n-1} + \cdots = \dfrac{1}{1+x}$ $(-1 < x < 1)$ 相加,得

$$\sum_{n=0}^{\infty} 2 x^{2n} = \frac{2}{1-x^2} \quad (-1 < x < 1),$$

即

$$\sum_{n=0}^{\infty} x^{2n} = \frac{1}{1-x^2} \quad (-1 < x < 1),$$

(3) 设 $S(x) = \displaystyle\sum_{n=1}^{\infty} \frac{(-1)^{n-1}}{n} x^n$,由性质 4,得

$$S'(x) = \sum_{n=1}^{\infty} \left[\frac{(-1)^{n-1}}{n} x^n \right] = \sum_{n=1}^{\infty} (-1)^{n-1} x^{n-1}$$

$$= 1 - x + x^2 + \cdots + (-1)^{n-1} x^{n-1} + \cdots = \frac{1}{1+x} \quad (-1 < x < 1),$$

因而当 $-1 < x < 1$ 时,有

$$S(x) - S(0) = \int_0^x S'(x) \mathrm{d}x = \int_0^x \frac{1}{1+x} \mathrm{d}x,$$

其中 $S(0) = 0$,所以 $S(x) = \ln(1+x)$,$-1 < x < 1$.

(4) 设 $S(x) = \sum_{n=0}^{\infty} (n+1) x^n$,由性质 5,得

$$\int_0^x S(x) \mathrm{d}x = \sum_{n=0}^{\infty} \int_0^x (n+1) x^n \mathrm{d}x = \sum_{n=0}^{\infty} x^{n+1}$$

$$= x + x^2 + x^3 + \cdots + x^{n+1} + \cdots$$

$$= \frac{x}{1-x} \quad (-1 < x < 1),$$

故　　$S(x) = \left(\int_0^x S(x) \mathrm{d}x \right)' = \left(\frac{x}{1-x} \right)' = \frac{1}{(1-x)^2}$,$-1 < x < 1$.

8.2.3　函数展开成泰勒级数

我们已经知道,若幂级数 $\sum_{n=1}^{\infty} a_n (x - x_0)^n$ 的收敛半径为 R,和函数为 $S(x)$,有

$$S(x) = \sum_{n=1}^{\infty} a_n (x - x_0)^n, \ x \in (x_0 - R, \ x_0 + R).$$

上式表明:

(1) $S(x)$ 是该幂级数的和函数;

(2) 函数 $S(x)$ 具有幂级数这样一种新型的表达式,从而可利用这一表达式来研究函数 $S(x)$;

(3) n 次多项式

$$P_n(x) = a_0 + a_1(x - x_0) + \cdots + a_n(x - x_0)^n$$

是该幂级数的前 $n+1$ 项的部分和,$S(x) - P_n(x)$ 为该幂级数的余项.

根据级数收敛的概念,应有

$$\lim_{n \to \infty} P_n(x) = S(x), \ x \in (x_0 - R, x_0 + R),$$

从而当 $x \in (x_0 - R, x_0 + R)$ 时,有

$$S(x) \approx P_n(x),$$

这就是用多项式近似表达函数. $P_n(x)$ 称为函数 $f(x)$ 在点 x_0 邻域内的 n 次近似多项式.

给定函数 $f(x)$,要寻求一个幂级数,使它的和函数恰为 $f(x)$,这一问题称为

把函数 $f(x)$ 展开成幂级数.

1. 泰勒级数

如果 $f(x)$ 在 $x = x_0$ 处具有任意阶的导数，我们把级数

$$f(x_0) + \frac{f'(x_0)}{1!}(x - x_0) + \frac{f''(x_0)}{2!}(x - x_0)^2 + \cdots + \frac{f^{(n)}(x_0)}{n!}(x - x_0)^n + \cdots$$

称为函数 $f(x)$ 在 $x = x_0$ 处的**泰勒级数**. 特别地，当 $x_0 = 0$ 时，

$$f(0) + \frac{f'(0)}{1!}x + \frac{f''(0)}{2!}x^2 + \cdots + \frac{f^{(n)}(0)}{n!}x^n + \cdots$$

称为函数 $f(x)$ 在 $x_0 = 0$ 处的**麦克劳林级数**.

若函数 $f(x)$ 在 $(x_0 - l, x_0 + l)$ 内有任意阶导数，总可以作出 $f(x)$ 的泰勒级数. 但这个泰勒级数的和函数 $s(x)$ 却不一定与 $f(x)$ 相等. $s(x)$ 与 $f(x)$ 可能恒等，也可能仅在 $x = x_0$ 一点处相等. 但如果 $f(x)$ 是初等函数，则必有 $s(x) = f(x)$. 这说明，对于初等函数来说，它的泰勒级数就是它的幂级数展开式.

将函数 $f(x)$ 在 $x = x_0 (x_0 \neq 0)$ 处展开成泰勒级数，可通过变量替换 $t = x - x_0$，令函数 $F(t) = f(t + x_0)$，求得 $F(t)$ 在 $t = 0$ 处的麦克劳林展开式. 因此，我们着重讨论函数的麦克劳林展开.

2. 直接展开法

将函数 $f(x)$ 展开成麦克劳林级数，可按如下几步进行：

步骤一 求出函数的各阶导数及函数值

$$f(0), f'(0), f''(0), \cdots, f^{(n)}(0), \cdots,$$

若函数的某阶导数不存在，则函数不能展开；

步骤二 写出麦克劳林级数

$$f(0) + \frac{f'(0)}{1!}x + \frac{f''(0)}{2!}x^2 + \cdots + \frac{f^{(n)}(0)}{n!}x^n + \cdots,$$

并求其收敛半径 R；

步骤三 考察当 $x \in (-R, R)$ 时，拉格朗日余项 $R_n(x) = \frac{f^{(n+1)}(\theta)}{(n+1)!}x^{n+1}$ 的极限是否为零，若 $\lim\limits_{n \to \infty} R_n(x) = 0$，则第二步写出的级数就是函数的麦克劳林展开式.

例 3 将函数 $f(x) = e^x$ 展开成麦克劳林级数.

解 $\qquad f^{(n)}(x) = e^x, \ f^{(n)}(0) = 1 \quad (n = 0, 1, 2, \cdots)$,

于是得麦克劳林级数 $\qquad 1 + \frac{x}{1!} + \frac{x^2}{2!} + \cdots + \frac{x^n}{n!} + \cdots$,

而 $\qquad \lim\limits_{n \to \infty} \left| \frac{a_{n+1}}{a_n} \right| = \lim\limits_{n \to \infty} \left| \frac{1}{(n+1)!} \Big/ \frac{1}{n!} \right| = \lim\limits_{n \to \infty} \frac{1}{n+1} = 0$,

故 $R = +\infty$.

对于任意 $x \in (-\infty, +\infty)$，有

$$|R_n(x)| = \left| \frac{\mathrm{e}^{\theta \cdot x}}{(n+1)!} \cdot x^{n+!} \right| \leqslant \mathrm{e}^{|x|} \cdot \frac{|x|^{n-1}}{(n+1)!} \quad (0 < \theta < 1).$$

这里 $\mathrm{e}^{|x|}$ 是与 n 无关的有限数,考虑辅助幂级数

$$\sum_{n=1}^{\infty} \frac{|x|^{n+1}}{(n+1)!}$$

的敛散性. 由比值法有

$$\lim_{n \to \infty} \left| \frac{u_{n+1}(x)}{u_n(x)} \right| = \lim_{n \to \infty} \left| \frac{|x|^{n+2}}{(n+2)!} \Big/ \frac{|x|^{n+1}}{(n+1)!} \right| = \lim_{n \to \infty} \frac{|x|}{n+2} = 0,$$

故辅助级数收敛,从而一般项趋向于零,即 $\lim\limits_{n \to \infty} \dfrac{|x|^{n+1}}{(n+1)!} = 0$,因此 $\lim\limits_{n \to \infty} R_n(x) = 0$,故

$$\mathrm{e}^x = 1 + \frac{x}{1!} + \frac{x^2}{2!} + \cdots + \frac{x^n}{n!} + \cdots \quad (-\infty < x < +\infty).$$

例 4　将函数 $f(x) = \sin(x)$ 在 $x = 0$ 处展开成幂级数.

解　$f^{(n)}(x) = \sin(x + n \cdot \dfrac{\pi}{2}) \quad (n = 0, 1, 2 \cdots)$,

$$f^{(n)}(0) = \sin(n \cdot \frac{\pi}{2}) = \begin{cases} 0 & (n = 0, 2, 4, \cdots) \\ (-1)^{\frac{n-1}{2}} & (n = 1, 3, 5, \cdots) \end{cases},$$

于是得幂级数　$\dfrac{x}{1!} - \dfrac{x^3}{3!} + \dfrac{x^5}{5!} - \cdots + (-1)^{n-1} \dfrac{x^{2n-1}}{(2n-1)!} + \cdots.$

容易求出,它的收敛半径为 $R = +\infty$.

对任意的 $x \in (-\infty, +\infty)$,有

$$|R_n(x)| = \left| \frac{\sin(\theta \cdot x + n \cdot \dfrac{\pi}{2})}{(n+1)!} \cdot x^{n+!} \right| \leqslant \frac{|x|^{n+1}}{(n+1)!} \quad (0 < \theta < 1).$$

由例 1 可知,$\lim\limits_{n \to \infty} \dfrac{|x|^{n+1}}{(n+1)!} = 0$,故 $\lim\limits_{n \to \infty} R_n(x) = 0$.

因此,我们得到展开式

$$\sin x = \frac{x}{1!} - \frac{x^3}{3!} + \frac{x^5}{5!} - \cdots + (-1)^{n-1} \frac{x^{2n-1}}{(2n-1)!} + \cdots \quad (-\infty < x < \infty).$$

3. 间接展开法

用直接展开法将函数展开成麦克劳林级数有两大缺陷:一是不易求函数的高阶导数,二是判断余项是否趋于零很困难,因此幂级数的展开常使用间接展开法. 间接展开法就是利用一些已知的函数展开式以及幂级数的运算性质(如加减、逐项求导、逐项求积)将所给函数展开.

例 5　将函数 $f(x) = \cos x$ 展开成 x 的幂级数.

解　对展开式

$$\sin x = \frac{x}{1!} - \frac{x^3}{3!} + \frac{x^5}{5!} - \cdots + (-1)^{n-1}\frac{x^{2n-1}}{(2n-1)!} + \cdots \quad (-\infty < x < +\infty),$$

两边关于 x 逐项求导，得

$$\cos x = 1 - \frac{x^2}{2!} + \frac{x^4}{4!} - \cdots + (-1)^{n-1}\frac{x^{2n-2}}{(2n-2)!} + \cdots \quad (-\infty < x < +\infty).$$

例 6　将函数 $f(x) = \ln(1+x)$ 展开成 x 的幂级数.

解　　　　　　　　　　$$f'(x) = \frac{1}{1+x},$$

而　　　　$$\frac{1}{1+x} = 1 - x + x^2 - x^3 + \cdots + (-1)^n x^n + \cdots (-1 < x < 1),$$

将上式从 0 到 x 逐项积分得

$$\ln(1+x) = x - \frac{x^2}{2} + \frac{x^3}{3} - \cdots + (-1)^n\frac{x^{n+1}}{n+1} + \cdots.$$

当 $x = 1$ 时，交错级数

$$1 - \frac{1}{2} + \frac{1}{3} - \cdots + (-1)^n\frac{1}{n+1} + \cdots$$

收敛，当 $x = -1$ 时，$-1 - \frac{1}{2} - \frac{1}{3} - \cdots - \frac{1}{n} - \cdots$ 发散，故

$$\ln(1+x) = x - \frac{x^2}{2} + \frac{x^3}{3} - \cdots + (-1)^n\frac{x^{n+1}}{n+1} + \cdots \quad (-1 < x \leqslant 1).$$

间接展开法避免了求高阶导数与余项是否趋于零的讨论，由于函数展开式与展开式的成立区间同时获得，避免了求幂级数的收敛半径.

列出几个常用函数的麦克劳林级数如下：

(1) $e^x = 1 + \frac{x}{1!} + \frac{x^2}{2!} + \cdots + \frac{x^n}{n!} + \cdots = \sum_{n=0}^{\infty}\frac{x^n}{n!} \quad (-\infty < x < +\infty);$

(2) $\sin x = \frac{x}{1!} - \frac{x^3}{3!} + \frac{x^5}{5!} - \cdots + (-1)^n\frac{x^{2n+1}}{(2n+1)!} + \cdots$

　　　　$= \sum_{n=0}^{\infty}(-1)^n\frac{x^{2n+1}}{(2n+1)!} \quad (-\infty < x < +\infty);$

(3) $\cos x = 1 - \frac{x^2}{2!} + \frac{x^4}{4!} - \cdots + (-1)^n\frac{x^{2n}}{(2n)!} + \cdots$

　　　　$= \sum_{n=0}^{\infty}(-1)^n\frac{x^{2n}}{(2n)!} \quad (-\infty < x < +\infty);$

(4) $\frac{1}{1-x} = 1 + x + x^2 + x^3 + \cdots + x^n + \cdots = \sum_{n=0}^{\infty}x^n \quad (-1 < x < 1);$

(5) $\frac{1}{1+x} = 1 - x + x^2 - x^3 + \cdots + (-1)^n x^n + \cdots = \sum_{n=0}^{\infty}(-1)^n x^n$

$(-1 < x < 1);$

$(6)\ \ln(1+x) = x - \dfrac{x^2}{2} + \dfrac{x^3}{3} - \cdots + (-1)^{n-1} \dfrac{x^n}{n} + \cdots$

$$= \sum_{n=1}^{\infty} (-1)^{n-1} \frac{x^n}{n} + \cdots \quad (-1 < x \leqslant 1).$$

例 7　将下列函数展开成麦克劳林级数：

$(1)\ f(x) = 4^x;$ $\qquad\qquad\qquad\qquad (2)\ f(x) = \cos^2 x;$

$(3)\ f(x) = \dfrac{1}{2x^2 - 3x + 1}.$

解　（1）已知 $e^x = \displaystyle\sum_{n=0}^{\infty} \dfrac{x^n}{n!} \quad (-\infty < x < +\infty),$

故　　　　　　　　$4^x = e^{x\ln 4} = \displaystyle\sum_{n=0}^{\infty} \dfrac{\ln^n 4}{n!} x^n \quad (-\infty < x < +\infty).$

（2）已知 $\cos x = \displaystyle\sum_{n=0}^{\infty} (-1)^n \dfrac{x^{2n}}{(2n)!} \quad (-\infty < x < +\infty),$

故　　$\cos^2 x = \dfrac{1 + \cos 2x}{2} = \dfrac{1}{2} + \dfrac{1}{2} \displaystyle\sum_{n=0}^{\infty} (-1)^n \dfrac{(2x)^{2n}}{(2n)!} \quad (-\infty < x < +\infty).$

（3）因为 $f(x) = \dfrac{1}{2x^2 - 3x + 1} = \dfrac{2}{1 - 2x} - \dfrac{1}{1 - x},$

由　　　　　　　　$\dfrac{1}{1 - x} = \displaystyle\sum_{n=0}^{\infty} x^n \quad (-1 < x < 1),$

得　　$\dfrac{1}{2x^2 - 3x + 1} = \dfrac{2}{1 - 2x} - \dfrac{1}{1 - x} = 2\displaystyle\sum_{n=0}^{\infty} (2x)^n - \displaystyle\sum_{n=0}^{\infty} x^n$

$$= \sum_{n=0}^{\infty} (2^{n+1} - 1)x^n \quad (-1 < x < 1).$$

例 8　将函数 $f(x) = \dfrac{1}{x^2 + 4x + 3}$ 展开成 $(x-1)$ 的幂级数.

解　要将函数展开成 $(x-1)$ 的幂级数，需要将 x 的函数改写成 $(x-1)$ 函数，即

$f(x) = \dfrac{1}{x^2 + 4x + 3} = \dfrac{1}{2}\left(\dfrac{1}{x+1} - \dfrac{1}{x+3}\right) = \dfrac{1}{2}\left(\dfrac{1}{2 + (x-1)} - \dfrac{1}{4 + (x-1)}\right)$

$$= \dfrac{1}{2}\left[\dfrac{1}{2}\dfrac{1}{1 + \dfrac{x-1}{2}} - \dfrac{1}{4}\dfrac{1}{1 + \dfrac{x-1}{4}}\right] = \dfrac{1}{4}\dfrac{1}{1 + \dfrac{x-1}{2}} - \dfrac{1}{8}\dfrac{1}{\dfrac{x-1}{4}},$$

而　　　$\dfrac{1}{4}\left[\dfrac{1}{1 + \dfrac{x-1}{2}}\right] = \dfrac{1}{4}\displaystyle\sum_{n=0}^{\infty} (-1)^n \left(\dfrac{x-1}{2}\right)^n \quad \left(-1 < \dfrac{x-1}{2} < 1\right),$

$$\frac{1}{8}\left(\frac{1}{1+\frac{x-1}{4}}\right) = \frac{1}{8}\sum_{n=0}^{\infty}(-1)^n\left(\frac{x-1}{4}\right)^n \quad (-1 < \frac{x-1}{4} < 1),$$

于是

$$f(x) = \frac{1}{4}\sum_{n=0}^{\infty}(-1)^n\left(\frac{x-1}{2}\right)^n - \frac{1}{8}\sum_{n=0}^{\infty}(-1)^n\left(\frac{x-1}{4}\right)^n$$

$$= \sum_{n=0}^{\infty}(-1)^n\left(\frac{1}{2^{n+2}} - \frac{2}{2^{n+3}}\right)\cdot(x-1)^n \quad (-1 < x < 3).$$

8.2.4 多项式逼近及其应用

1. 泰勒多项式逼近

泰勒多项式逼近是就局部而言,由上册第 2 章 §2.4 节可知,给定函数 $y = f(x)$ 在 x_0 处可导,它可以由一个线性函数

$$f(x_0) + f'(x_0)(x - x_0)$$

逼近,即

$$f(x) \approx f(x_0) + f'(x_0)(x - x_0),$$

线性逼近的误差是 $|\Delta y - \mathrm{d}y|$,当 $x \to x_0$ 时,它是比 $x - x_0$ 高阶的无穷小.

为找到比线性函数更好的逼近,设想在这一表达式后加一高次项,便得

$$f(x) \approx f(x_0) + f'(x_0)(x - x_0) + a(x - x_0)^2,$$

对上式两端对 x 求两次导数,有

$$a = \frac{f''(x_0)}{2},$$

可得一个二次逼近多项式

$$f(x) \approx f(x_0) + f'(x_0)(x - x_0) + \frac{f''(x_0)}{2}(x - x_0)^2,$$

二次逼近的误差是比 $(x - x_0)^2$ 高阶的无穷小.

同理,可得函数的三次逼近多项式

$$f(x) \approx f(x_0) + f'(x_0)(x - x_0) + \frac{f''(x_0)}{2}(x - x_0)^2 + \frac{f'''(x_0)}{3!}(x - x_0)^3,$$

三次逼近的误差是比 $(x - x_0)^3$ 高阶的无穷小.

如果函数 $y = f(x)$ 在 x_0 的某一邻域内有任意阶导数,则称 n 次多项式函数

$$T_n(x) = f(x_0) + f'(x_0)(x - x_0) + \frac{f''(x_0)}{2}(x - x_0)^2 + \cdots + \frac{f^{(n)}(x_0)}{n!}(x - x_0)^n$$

为函数 $y = f(x)$ 在点 x_0 处的 n 次泰勒多项式逼近函数,其中系数

$$a_0 = f(x_0), \ a_1 = f'(x_0), \ a_2 = \frac{f''(x_0)}{2}, \ \cdots, \ a_n = \frac{f^{(n)}(x_0)}{n!}$$

称 $y = f(x)$ 为在 x_0 处的**泰勒系数**.

由于 $f(x) = T_n(x) + o[(x - x_0)^n]$，称
$$o[(x - x_0)^n] = f(x) - T_n(x)$$
为泰勒多项式逼近函数的余项，它是 $(x - x_0)^n$ 高阶的无穷小.

例 9　求函数 $f(x) = \mathrm{e}^x$ 在点 $x = 0$ 处的 n 次泰勒多项式.

解　计算得　　　$f^{(n)}(x) = \mathrm{e}^x,\ f^{(n)}(0) = 1 \quad (n = 0, 1, 2, \cdots)$，

于是函数 $f(x) = \mathrm{e}^x$ 在点 $x = 0$ 处的 n 次泰勒多项式为
$$1 + \frac{x}{1!} + \frac{x^2}{2!} + \cdots + \frac{x^n}{n!}.$$

同理可得其他常用函数的泰勒多项式如下：

（1）$\sin x$ 的 $2n + 1$ 次泰勒多项式：
$$\frac{x}{1!} - \frac{x^3}{3!} + \frac{x^5}{5!} - \cdots + (-1)^n \frac{x^{2n+1}}{(2n+1)!};$$

（2）$\cos x$ 的 $2n$ 次泰勒多项式：
$$1 - \frac{x^2}{2!} + \frac{x^4}{4!} - \cdots + (-1)^n \frac{x^{2n}}{(2n)!};$$

（3）$\dfrac{1}{1-x}$ 的 n 次泰勒多项式：
$$1 + x + x^2 + x^3 + \cdots + x^n;$$

（4）$\ln(1 + x)$ 的 n 次泰勒多项式：
$$x - \frac{x^2}{2} + \frac{x^3}{3} - \cdots + (-1)^{n-1} \frac{x^n}{n}.$$

2. 多项式逼近的应用

利用多项式逼近可以用来进行近似计算、求极限、计算积分及解微分方程等.

例 10　试用一个五次泰勒多项式计算 $\sqrt{\mathrm{e}}$ 的近似值.

解　设 $f(x) = \mathrm{e}^x$，使用五次泰勒多项式逼近 e^x，即
$$\mathrm{e}^x \approx 1 + \frac{x}{1!} + \frac{x^2}{2!} + \frac{x^3}{3!} + \frac{x^4}{4!}.$$

令 $x = \dfrac{1}{2}$，得　　$\sqrt{\mathrm{e}} \approx 1 + \dfrac{1}{2} + \dfrac{1}{8} + \dfrac{1}{48} + \dfrac{1}{348} \approx 1.648$，

其误差　　$|r| = \dfrac{1}{5!}\left(\dfrac{1}{2}\right)^5 + \dfrac{1}{6!}\left(\dfrac{1}{2}\right)^6 + \dfrac{1}{7!}\left(\dfrac{1}{2}\right)^7 + \cdots$

$$< \frac{1}{5!}\left(\frac{1}{2}\right)^5 \left[1 + \frac{1}{6} \cdot \frac{1}{2} + \frac{1}{6 \cdot 6}\left(\frac{1}{2}\right)^2 + \cdots\right]$$

$$= \frac{1}{5!}\left(\frac{1}{2}\right)^5 \left[\frac{1}{1 - \dfrac{1}{12}}\right] < \frac{1}{1\,000}.$$

例 11　计算 $\lim\limits_{x\to 0}\dfrac{\cos x-\mathrm{e}^{-\frac{x^2}{2}}}{x^4}$.

解　把 $\cos x$ 和 $\mathrm{e}^{-\frac{x^2}{2}}$ 的泰勒多项式代入上式,有

$$\lim_{x\to 0}\frac{\cos x-\mathrm{e}^{-\frac{x^2}{2}}}{x^4}=\lim_{x\to 0}\frac{\left(1-\dfrac{x^2}{2!}+\dfrac{x^4}{4!}-\cdots\right)-\left(1-\dfrac{x^2}{2!}+\dfrac{x^4}{2\cdot 2^2}-\cdots\right)}{x^4}$$

$$=\lim_{x\to 0}\frac{-\dfrac{x^4}{12}+\cdots}{x^4}=-\frac{1}{12}.$$

例 12　计算定积分 $\dfrac{2}{\sqrt{\pi}}\displaystyle\int_0^{\frac{1}{2}}\mathrm{e}^{-x^2}\mathrm{d}x$ 的近似值,要求误差不超过 $0.000\,1$.

解　由于 e^{-x^2} 的原函数不是初等函数,所以这一积分"积不出来",但若用多项式逼近,就能"积得出来".

由 $\mathrm{e}^{-x^2}\approx 1-x^2+\dfrac{x^4}{2}-\dfrac{x^6}{3}+\cdots+\dfrac{(-1)^n x^{2n}}{n!}$,得

$$\frac{2}{\sqrt{\pi}}\int_0^{\frac{1}{2}}\mathrm{e}^{-x^2}\mathrm{d}x\approx\frac{2}{\sqrt{\pi}}\int_0^{\frac{1}{2}}\left[1-x^2+\frac{x^4}{2}-\frac{x^6}{3}+\cdots+\frac{(-1)^n x^{2n}}{n!}\right]\mathrm{d}x$$

$$=\frac{2}{\sqrt{\pi}}\left(x-\frac{x^3}{3}+\frac{x^5}{5\cdot 2!}-\frac{x^7}{7\cdot 3!}+\cdots+\frac{(-1)^n x^{2n+1}}{(2n+1)n!}\right)\Bigg|_0^{\frac{1}{2}}$$

$$=\frac{1}{\sqrt{\pi}}\left(1-\frac{1}{2^2\cdot 3}+\frac{1}{2^4\cdot 5\cdot 2!}-\frac{1}{2^6\cdot 7\cdot 3!}+\cdots\right.$$

$$\left.+(-1)^n\frac{1}{x^n\cdot(2n+1)\cdot n!}\right).$$

取前 4 项的和作为近似值,其误差为

$$|r|\leqslant\frac{1}{\sqrt{\pi}}\frac{1}{2^8\cdot 9\cdot 4!}<\frac{1}{90\,000},$$

所以

$$\frac{2}{\sqrt{\pi}}\int_0^{\frac{1}{2}}\mathrm{e}^{-x^2}\mathrm{d}x=\frac{1}{\sqrt{\pi}}\left(1-\frac{1}{2^2\cdot 3}+\frac{1}{2^4\cdot 5\cdot 2!}-\frac{1}{2^6\cdot 7\cdot 3!}\right)\approx 0.520\,5.$$

练习与思考 8-2

1. 求下列幂级数的收敛域:

(1) $-x-\dfrac{x^2}{2}-\dfrac{x^3}{3}-\cdots-\dfrac{x^n}{n}-\cdots$;　　(2) $\dfrac{x}{3}+\dfrac{2x^2}{3^2}+\dfrac{3x^3}{3^3}+\cdots+\dfrac{nx^n}{3^n}-\cdots$;

(3) $\dfrac{x}{3}+\dfrac{x^2}{2\cdot 3^2}+\dfrac{x^3}{3\cdot 3^3}+\dfrac{x^4}{4\cdot 3^4}+\cdots+\dfrac{x^n}{n\cdot 3^n}+\cdots$;

(4) $1 + (x-2) + 2^2 (x-2)^2 + 3^3 (x-2)^3 + \cdots + n^n (x-2)^n + \cdots$.

2. 求下列级数在收敛区间上的和函数:

(1) $\displaystyle\sum_{n=1}^{\infty} (2n-1) x^{2n-2}$;　　　　　　　　(2) $x + \dfrac{x^3}{3} + \dfrac{x^5}{5} + \dfrac{x^7}{7} + \cdots$.

3. 将下列函数展开为 x 的幂级数,并指出其收敛域:

(1) a^x $(a > 0,$ 且 $a \neq 1)$;　　　　　　　　(2) $\sin \dfrac{x}{2}$.

4. 求下列函数在点 $x = 0$ 处的 n 次泰勒多项式:

(1) $f(x) = \mathrm{e}^{2x}$;　　　　　　　　(2) $y = \dfrac{1}{1-2x}$.

5. 试用一个五次泰勒多项式计算 e 的近似值.

6. 计算定积分 $I = \displaystyle\int_0^1 \dfrac{\sin x}{x} \mathrm{d}x$ 的近似值,精确到 0.000 1.

*§8.3　傅立叶[①]级数

8.3.1　三角级数、三角函数的正交性

除了幂级数,还有一类重要的函数项级数,就是三角级数. 三角级数也称**傅立叶级数**,它的一般形式是

$$\frac{a_0}{2} + \sum_{n=1}^{\infty} (a_n \cos nx + b_n \sin nx),$$

其中 $a_0, a_n, b_n (n = 1, 2, 3, \cdots)$ 都是常数. 特别地,当 $a_n = 0$ $(n = 0, 2, \cdots)$ 时,级数只含正弦项,称为**正弦级数**. 当 $b_n = 0$ $(n = 0., 2, \cdots)$ 时,级数只含常数项和余弦项,称为**余弦级数**.

容易验证,若三角级数收敛,则它的和一定是一个以 2π 为周期的函数. 对于三角级数,我们主要讨论它的收敛性以及如何把一个函数展开为三角级数的问题.

---

① 傅立叶(Fourier, Jean Baptiste Joseph),法国数学家、物理学家. 1768 年 3 月 21 日生于欧塞尔, 1830 年 5 月 16 日卒于巴黎. 傅立叶早年父母双亡,被当地教堂收养. 12 岁由一主教送入地方军事学校读书. 1794 年到巴黎成为高等师范学校的首批学员,次年到巴黎综合工科学校执教. 1798 年随拿破仑远征埃及,时任军中文书和埃及研究院秘书, 1801 年回国后任伊泽尔省地方长官. 1817 年当选为科学院院士, 1822 年任该院终身秘书,后又任法兰西学院终身秘书和理工科大学校务委员会主席.

　　纵观傅立叶一生的学术成就,他最突出的贡献是在研究热的传播时创立了一套数学理论. 1822 年在其代表作《热的分析理论》中解决了热在非均匀加热的固体中的分布传播问题,成为分析学在物理中应用的最早例证之一,对 19 世纪数学和理论物理学的发展产生深远影响. 傅立叶级数(即三角级数)、傅立叶分析等理论均由此创始. 傅立叶断言:"任意"函数都可以展成三角级数. 傅立叶的另一项贡献是傅立叶变换(transformée de Fourier),它是一种积分变换. 因傅立叶系统地提出其基本思想,所以以其名字来命名以示纪念. 傅立叶最早使用定积分符号,改进符号法则及创立根数判别方法. 傅立叶的工作对数学的发展产生的影响是他本人及其同时代人都难以预料的,而且这种影响至今还在发展之中.

为进一步研究三角级数的收敛性,需讨论组成三角级数的**三角函数系**

$$1,\cos x,\sin x,\cos 2x,\sin 2x,\cdots,\cos nx,\sin nx,\cdots$$

的特性.

注意下列性质:

$$\int_{-\pi}^{\pi}\cos nx\,\mathrm{d}x=0 \qquad (n=1,2,3,\cdots);$$

$$\int_{-\pi}^{\pi}\sin nx\,\mathrm{d}x=0 \qquad (n=1,2,3,\cdots);$$

$$\int_{-\pi}^{\pi}\sin kx\cos nx\,\mathrm{d}x=0 \qquad (k,n=1,2,3,\cdots);$$

$$\int_{-\pi}^{\pi}\cos kx\cos nx\,\mathrm{d}x=0 \qquad (k,n=1,2,3,\cdots,k\neq n);$$

$$\int_{-\pi}^{\pi}\sin kx\sin nx\,\mathrm{d}x=0 \qquad (n=1,2,3,\cdots,k\neq n).$$

通常称上述性质为三角函数系在区间$[-\pi,\pi]$上的**正交性**,即上述三角函数系中任何两个不同函数乘积在区间$[-\pi,\pi]$上的积分等于零.

以上等式都可以通过计算定积分来验证,现将第四式验证如下.

利用三角学中的积化和差公式

$$\cos kx\cos nx=\frac{1}{2}\big[\cos(k+n)x+\cos(k-n)x\big],$$

当$k\neq n$时,有

$$\int_{-\pi}^{\pi}\cos kx\cos nx\,\mathrm{d}x=\frac{1}{2}\int_{-\pi}^{\pi}\big[\cos(k+n)x+\cos(k-n)x\big]\mathrm{d}x$$

$$=\frac{1}{2}\left[\frac{\sin(k+n)x}{k+n}+\frac{\sin(k-n)x}{k-n}\right]_{-\pi}^{\pi}$$

$$=0 \quad (k,n=1,2,3,\cdots,k\neq n).$$

在三角函数系中,两个相同函数的乘积在区间$[-\pi,\pi]$上的积分不等于零,且

有

$$\int_{-\pi}^{\pi}1^2\,\mathrm{d}x=2\pi,$$

$$\int_{-\pi}^{\pi}\sin^2 nx\,\mathrm{d}x=\pi \qquad (n=1,2,3,\cdots),$$

$$\int_{-\pi}^{\pi}\cos^2 nx\,\mathrm{d}x=\pi \qquad (n=1,2,3,\cdots).$$

8.3.2　函数展开成傅立叶级数

设$f(x)$是以2π为周期的周期函数,且能展开成三角级数

$$f(x) = \frac{a_0}{2} + \sum_{k=1}^{\infty} (a_k \cos kx + b_k \sin kx), \qquad ①$$

为求系数 $a_0, a_k, b_k, \cdots$，利用三角函数系的正交性. 假设三角级数是逐项积分的, 把上式从 $-\pi$ 到 π 逐项积分, 有

$$\int_{-\pi}^{\pi} f(x) \mathrm{d}x = \int_{-\pi}^{\pi} \frac{a_0}{2} \mathrm{d}x + \sum_{k=1}^{\infty} \left[a_k \int_{-\pi}^{\pi} \cos kx \, \mathrm{d}x + b_k \int_{-\pi}^{\pi} \sin kx \, \mathrm{d}x \right].$$

根据三角函数系的正交性, 等式右端除第一项外, 其余各项均为零, 故

$$\int_{-\pi}^{\pi} f(x) \mathrm{d}x = \frac{a_0}{2} \cdot 2\pi,$$

于是得

$$a_0 = \frac{1}{\pi} \int_{-\pi}^{\pi} f(x) \mathrm{d}x.$$

为求 a_n，用 $\cos nx$ 乘 (1) 式两端, 再从 $-\pi$ 到 π 逐项积分, 得到

$$\int_{-\pi}^{\pi} f(x) \cos nx \, \mathrm{d}x = \frac{a_0}{2} \int_{-\pi}^{\pi} \cos nx \, \mathrm{d}x + \sum_{k=1}^{\infty} \left[a_k \int_{-\pi}^{\pi} \cos kx \cos nx \, \mathrm{d}x + b_k \int_{-\pi}^{\pi} \sin kx \cos nx \, \mathrm{d}x \right].$$

根据三角函数系的正交性, 等式右端除 $k = n$ 一项外, 其余各项均为零, 故

$$a_k \int_{-\pi}^{\pi} \cos kx \cos nx \, \mathrm{d}x = a_n \int_{-\pi}^{\pi} \cos^2 nx \, \mathrm{d}x = a_n \pi,$$

于是得

$$a_n = \frac{1}{\pi} \int_{-\pi}^{\pi} f(x) \cos nx \, \mathrm{d}x \quad (n = 1, 2, 3, \cdots).$$

类似地, 用 $\sin nx$ 乘 (1) 式的两端, 再从 $-\pi$ 到 π 逐项积分, 可得

$$b_n = \frac{1}{\pi} \int_{-\pi}^{\pi} f(x) \sin nx \, \mathrm{d}x \quad (n = 1, 2, 3, \cdots).$$

用这种方法求得的系数称为 $f(x)$ 的傅立叶系数, 由傅立叶系数所确定的三角级数

$$\frac{a_0}{2} + \sum_{n=1}^{\infty} (a_n \cos nx + b_n \sin nx),$$

称为函数的傅立叶级数.

综上所述, 有如下定理:

定理 1　如果 $f(x)$ 可以在其定义区间上展开为傅立叶级数, 则傅立叶系数的公式为

$$a_n = \frac{1}{\pi} \int_{-\pi}^{\pi} f(x) \cos nx \, \mathrm{d}x \quad (n = 0, 1, 2, \cdots),$$

$$b_n = \frac{1}{\pi} \int_{-\pi}^{\pi} f(x) \sin nx \, \mathrm{d}x \quad (n = 1, 2, \cdots).$$

一个定义在 $(-\infty, +\infty)$ 上且周期为 2π 的函数, 如果它在一个周期上可积, 则一定可以展开 $f(x)$ 为傅立叶级数, 但这个级数是否收敛? 如果收敛, 是否仍收敛于 $f(x)$? 不加证明地给出下列收敛定理.

定理 2(收敛定理, 狄利克雷充分条件)　设 $f(x)$ 是周期为 2π 的周期函数, 如果它满足:

（1）在一个周期内连续或只有有限个第一类间断点；

（2）在一个周期内至多有有限个极值点，

则 $f(x)$ 的傅立叶级数收敛，并且

（1）当 x 是 $f(x)$ 的连续点时，级数收敛于 $f(x)$；

（2）当 x 是 $f(x)$ 的间断点时，级数收敛于这一点左右极限的算术平均数

$$\frac{1}{2}[f(x-0)+f(x+0)].$$

例1   设 $f(x)$ 是以 2π 为周期的周期函数，它在 $[-\pi,\pi]$ 上的表达式为

$$f(x)=\begin{cases}-1, & -\pi\leqslant x<0,\\ 1, & 0\leqslant x<\pi,\end{cases}$$

将它展开成傅立叶级数.

解   函数的图形如图 8-3-1 所示.

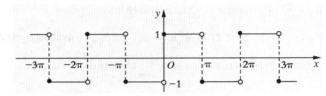

图 8-3-1

由收敛定理知，当 $x\neq k\pi$（k 为整数）时，级数收敛于 $f(x)$，并且当 $x=k\pi$ 时，级数收敛于

$$\frac{-1+1}{2}=\frac{1+(-1)}{2}=0.$$

计算傅立叶系数如下：

$$a_n=\frac{1}{\pi}\int_{-\pi}^{\pi}f(x)\cos nx\,\mathrm{d}x=\frac{1}{\pi}\int_{-\pi}^{0}(-1)\cos nx\,\mathrm{d}x+\frac{1}{\pi}\int_{0}^{\pi}1\cdot\cos nx\,\mathrm{d}x=0,$$

$$b_n=\frac{1}{\pi}\int_{-\pi}^{\pi}f(x)\sin nx\,\mathrm{d}x=\frac{1}{\pi}\int_{-\pi}^{0}(-1)\sin nx\,\mathrm{d}x+\frac{1}{\pi}\int_{0}^{\pi}1\cdot\sin nx\,\mathrm{d}x$$

$$=\frac{1}{\pi}\left[\frac{\cos nx}{n}\right]_{-\pi}^{0}+\frac{1}{\pi}\left[-\frac{\cos nx}{n}\right]_{0}^{\pi}=\frac{1}{n\pi}[1-\cos n\pi-\cos n\pi+1]$$

$$=\frac{2}{n\pi}[1-(-1)^n],$$

$f(x)$ 的傅立叶级数展开式为

$$f(x)=\sum_{n=1}^{\infty}\frac{2}{n\pi}[1-(-1)^n]\cdot\sin nx$$

$$=\frac{4}{\pi}\left[\sin x+\frac{1}{3}\sin 3x+\cdots+\frac{1}{2k-1}\sin(2k-1)x+\cdots\right]$$

$$(-\infty<x<+\infty;\ x\neq 0,\pm\pi,\pm2\pi,\cdots).$$

例 2 设 $f(x)$ 是周期为 2π 的周期函数,它在 $[-\pi, \pi]$ 上的表达式为

$$f(x) = \begin{cases} x, & -\pi \leqslant x < 0, \\ 0, & 0 \leqslant x < \pi, \end{cases}$$

将 $f(x)$ 展开成傅立叶级数.

解 函数的图形如图 8-3-2 所示.

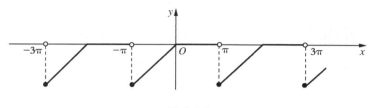

图 8-3-2

由收敛定理知,在间断点 $x = (2k+1)\pi$ ($k = 0, \pm 1, \cdots$) 处,$f(x)$ 的傅立叶级数收敛于 $\dfrac{f(\pi - 0) + f(-\pi + 0)}{2} = \dfrac{0 - \pi}{2} = -\dfrac{\pi}{2}.$

在连续点 $x(x \neq (2k+1)\pi)$ 处,傅立叶级数收敛于 $f(x)$.

计算傅立叶系数如下:

$$a_n = \frac{1}{\pi} \int_{-\pi}^{\pi} f(x) \cos nx \, \mathrm{d}x = \frac{1}{\pi} \int_{-\pi}^{0} x \cos nx \, \mathrm{d}x$$

$$= \frac{1}{\pi} \left[\frac{x \sin nx}{n} + \frac{\cos nx}{n^2} \right]_{-\pi}^{0} = \frac{1}{n^2 \pi} (1 - \cos n\pi)$$

$$= \frac{1}{n^2 \pi} \cdot \left[1 - (-1)^n \right],$$

$$a_0 = \frac{1}{\pi} \int_{-\pi}^{\pi} f(x) \, \mathrm{d}x = \frac{1}{\pi} \int x \, \mathrm{d}x = \frac{1}{\pi} \left[\frac{x^2}{2} \right]_{-\pi}^{0} = -\frac{\pi}{2},$$

$$b_n = \frac{1}{\pi} \int_{-\pi}^{\pi} f(x) \sin nx \, \mathrm{d}x = \frac{1}{\pi} \int_{-\pi}^{0} x \sin nx \, \mathrm{d}x$$

$$= \frac{1}{\pi} \left[-\frac{x \cos nx}{n} + \frac{\sin nx}{n^2} \right]_{-\pi}^{0} = -\frac{\cos n\pi}{n}$$

$$= \frac{(-1)^{n+1}}{n}.$$

$f(x)$ 的傅立叶级数展开式为

$$f(x) = -\frac{\pi}{4} + \sum_{n=1}^{\infty} \frac{1 - (-1)^n}{n^2 \pi} \cdot \cos nx + \frac{(-1)^{n+1}}{n} \cdot \sin nx$$

$$(-\infty < x < \infty, x \neq \pm \pi, \pm 3\pi, \cdots).$$

如果函数 $f(x)$ 仅仅只在 $[-\pi, \pi]$ 上有定义,并且满足收敛定理的条件,$f(x)$ 仍可以展开成傅立叶级数,做法如下:

（1）在 $[-\pi,\pi]$ 外补充函数 $f(x)$ 的定义，使它被延拓成周期为 2π 的周期函数 $F(x)$，按这种方式延拓函数定义域的过程称为**周期延拓**；

（2）将 $F(x)$ 展开成傅立叶级数；

（3）限制 $x\in(-\pi,\pi)$，此时 $F(x)\equiv f(x)$，这样便得到 $f(x)$ 的傅立叶级数展开式．根据收敛定理，该级数在区间端点 $x=\pm\pi$ 处收敛于 $\frac{1}{2}\big[f(\pi-0)+f(-\pi+0)\big]$．

例 3 将函数 $f(x)=\begin{cases}-x, & -\pi\leqslant x<0,\\ x, & 0\leqslant x\leqslant\pi\end{cases}$ 展开成傅立叶级数．

解 将 $f(x)$ 在 $(-\infty,\infty)$ 上以 2π 为周期作周期延拓，其函数图形如图 8-3-3 所示．

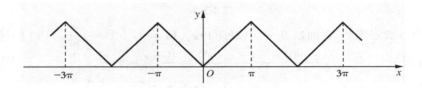

图 8-3-3

拓广后的周期函数 $F(X)$ 在 $(-\infty,\infty)$ 上连续，故它的傅立叶级数在 $[-\pi,\pi]$ 上收敛于 $f(x)$，计算傅立叶系数如下：

$$a_n=\frac{1}{\pi}\int_{-\pi}^{\pi}f(x)\cos nx\,\mathrm{d}x=\frac{1}{\pi}\int_{-\pi}^{0}(-x)\cos nx\,\mathrm{d}x+\frac{1}{\pi}\int_{0}^{\pi}x\cos nx\,\mathrm{d}x$$

$$=-\frac{1}{\pi}\Big[\frac{x\sin nx}{n}+\frac{\cos nx}{n^2}\Big]_{-\pi}^{0}+\frac{1}{\pi}\Big[\frac{x\sin nx}{n}+\frac{\cos nx}{n^2}\Big]_{0}^{\pi}$$

$$=\frac{2}{n^2\pi}(\cos n\pi-1)=\begin{cases}-\dfrac{4}{n^2\pi}, & n=1,3,5,\cdots,\\[2mm] 0, & n=2,4,6,\cdots,\end{cases}$$

$$a_0=\frac{1}{\pi}\int_{-\pi}^{\pi}f(x)\,\mathrm{d}x=\frac{1}{\pi}\int_{-\pi}^{0}(-x)\,\mathrm{d}x+\frac{1}{\pi}\int_{0}^{\pi}x\,\mathrm{d}x$$

$$=\frac{1}{\pi}\Big[-\frac{x^2}{2}\Big]_{-\pi}^{0}+\frac{1}{\pi}\Big[\frac{x^2}{2}\Big]_{0}^{\pi}=\pi,$$

$$b_n=\frac{1}{\pi}\int_{-\pi}^{\pi}f(x)\sin nx\,\mathrm{d}x=\frac{1}{\pi}\int_{-\pi}^{0}(-x)\sin nx\,\mathrm{d}x+\frac{1}{\pi}\int_{0}^{\pi}x\sin nx\,\mathrm{d}x$$

$$=-\frac{1}{\pi}\Big[-\frac{x\cos nx}{n}+\frac{\sin nx}{n^2}\Big]_{-\pi}^{0}+\frac{1}{\pi}\Big[-\frac{x\cos nx}{n}+\frac{\sin x}{n^2}\Big]_{0}^{\pi}$$

$$=0\ (n=1,2,3,\cdots).$$

故 $f(x)$ 的傅立叶级数展开式为

$$f(x)=\frac{\pi}{2}-\frac{4}{\pi}\Big(\cos x+\frac{1}{3^2}\cos 3x+\frac{1}{5^2}\cos 5x+\cdots\Big),\ -\pi\leqslant x\leqslant 0.$$

8.3.3　正弦级数与余弦级数

由以上讨论可以得出,当 $f(x)$ 为奇函数时,展开式

$$\frac{a_0}{2} + \sum_{n=1}^{\infty} (a_n \cos nx + b_n \sin nx)$$

中的系数 $a_0 = a_n = 0$,级数只含正弦项,所以奇函数展开后为正弦级数;当 $f(x)$ 为偶函数时,展开式中的系数 $b_n = 0$,级数只含余弦项,则偶函数展开后为余弦级数.

例 3 得到的展开式就是一个余弦级数.

一般地,如果 $f(x)$ 仅在 $[0,\pi]$ 上有定义,且满足收敛定理的条件,为了将其展开成傅立叶级数,在 $[-\pi,0]$ 上补充定义为奇函数

$$F(x) = \begin{cases} -f(-x), & -\pi \leqslant x < 0, \\ f(x), & 0 \leqslant x \leqslant \pi, \end{cases}$$

或偶函数　　　　　　$$F(x) = \begin{cases} f(-x), & -\pi \leqslant x < 0, \\ f(x), & 0 \leqslant x \leqslant \pi, \end{cases}$$

然后再延拓为以 2π 为周期的周期函数,这种将函数延拓成周期函数的方法称奇延拓或偶延拓.这时,若将函数 $f(x)$ 延拓成奇函数,则函数 $f(x)$ 展开成正弦级数;若将函数 $f(x)$ 延拓成偶函数,则函数 $f(x)$ 展开成余弦级数.

例 4　将函数 $f(x) = x$　$(0 \leqslant x \leqslant \pi)$ 分别展开成正弦级数和余弦级数.

解　将 $f(x)$ 作奇延拓,得到函数

$$F(x) = \begin{cases} x, & 0 \leqslant x \leqslant \pi, \\ x, & -\pi < x < 0. \end{cases}$$

其傅立叶系数为

$$a_n = \frac{1}{\pi}\int_{-\pi}^{\pi} f(x)\cos nx\, \mathrm{d}x = 0 \ (n = 0, 1, 2, \cdots),$$

$$b_n = \frac{1}{\pi}\int_{-\pi}^{\pi} f(x)\sin nx\, \mathrm{d}x = \frac{2}{\pi}\int_{0}^{\pi} x\sin nx\, \mathrm{d}x$$

$$= \frac{2}{\pi}\left[-\frac{x\cos nx}{n} + \frac{\sin nx}{n^2} \right]_0^{\pi} = (-1)^{n+1}\frac{2}{n} \ (n = 1, 2, 3, \cdots).$$

由此得 $F(x)$ 在 $(-\pi, \pi)$ 上的展开式也即 $f(x)$ 在 $[0,\pi]$ 上的展开式,

$$f(x) = x = 2\sum_{n=1}^{\infty} (-1)^{n+1}\frac{\sin nx}{n}, \ 0 \leqslant x \leqslant \pi.$$

在 $x = \pi$ 处,上述正弦级数收敛于 $\frac{1}{2}[f(\pi - 0) + f(-\pi + 0)] = \frac{1}{2}(-\pi + \pi) = 0$.

将 $f(x)$ 作偶延拓,得到函数

$$F(x) = \begin{cases} x, & 0 \leqslant x \leqslant \pi, \\ -x, & -\pi < x < 0. \end{cases}$$

由例 3 知，$F(x)$ 的展开式也即 $f(x)$ 在 $[0, \pi]$ 上的展开式，

$$f(x) = \frac{\pi}{2} - \frac{4}{\pi}\left(\cos x + \frac{1}{3^2}\cos 3x + \frac{1}{5^2}\cos 5x + \cdots\right) \quad 0 \leqslant x \leqslant \pi.$$

此例说明 $f(x)$ 在 $[0, \pi]$ 上的傅立叶级数展开式不是唯一的.

若函数 $f(x)$ 是以 $2l$ 为周期的周期函数，且在 $[-l, l]$ 上满足收敛定理的条件，作代换 $x = \frac{l}{\pi}t$，即 $t = \frac{\pi}{l}x$，把 $f(x)$ 变换成以 2π 为周期的函数 $F(t)$. $F(t)$ 的傅立叶级数展开式

$$F(t) = \frac{a_0}{2} + \sum_{n=1}^{\infty}(a_n\cos nt + b_n\sin nt),$$

则 $f(x)$ 的傅立叶级数展开式为

$$f(x) = \frac{a_0}{2} + \sum_{n=1}^{\infty}\left(a_n\cos\frac{n\pi}{l}x + b_n\sin\frac{n\pi}{l}x\right).$$

例 5   将函数 $f(x) = x^2$ $(0 \leqslant x \leqslant 2)$ 展开成正弦级数和余弦级数.

解   将 $f(x)$ 作奇延拓，得到函数 $F(x)$，且

$$F(x) = \begin{cases} x^2, & 0 \leqslant x \leqslant 2, \\ -x^2, & -2 < x < 0. \end{cases}$$

再将 $F(x)$ 以 4 为周期进行周期延拓，便可获到一个以 4 为周期的周期函数，其图像如图 8-3-4 所示.

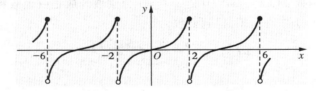

图 8-3-4

其傅立叶系数为

$$a_n = 0,$$

$$b_n = \frac{2}{2}\int_0^2 x^2\sin\frac{n\pi x}{2}\mathrm{d}x = (-1)^{n+1}\frac{8}{n1} + \frac{16}{n^3\pi^3}[(-1)^n - 1].$$

由于函数在 $x = 2(2k+1)$，$k = 0, \pm 1, \pm 2, \cdots$ 处间断，故 $f(x)$ 的正弦级数展开式为

$$f(x) = x^2 = \sum_{n=1}^{\infty}\left[\frac{(-1)^{n+1}8}{n\pi} + \frac{16}{n^3\pi^3}[(-1)^n - 1]\right] \cdot \sin\frac{n\pi x}{2},$$

这里 $0 \leqslant x < 2$. 再将 $f(x)$ 作偶延拓，得到函数 $F(x)$，且

$$F(x) = \begin{cases} x^2, & 0 \leqslant x \leqslant 2, \\ x^2, & -2 < x < 0. \end{cases}$$

将 $F(x)$ 以 4 为周期进行周期延拓,便可获到一个以 4 为周期的周期函数,其图像如图 8-3-5 所示.

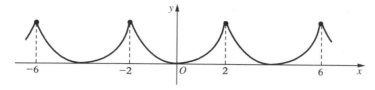

图 8-3-5

傅立叶系数为

$$b_n = 0,$$

$$a_0 = \frac{2}{2} \int_0^2 x^2 \, dx = \frac{8}{3},$$

$$a_n = \frac{2}{2} \int_0^2 x^2 \cos \frac{n\pi x}{2} dx = (-1)^n \frac{16}{n^2 \pi^2}.$$

由于函数在 $(-\infty, +\infty)$ 上连续,故 $f(x)$ 的余弦级数展开式为

$$f(x) = x^2 = \frac{4}{3} + \sum_{n=1}^{\infty} (-1)^n \frac{16}{n^2 \pi^2} \cdot \cos \frac{n\pi x}{2},$$

这里 $0 \leqslant x \leqslant 2$.

当 $x = 2$ 时,由 $4 = \frac{4}{3} + \sum_{n=1}^{\infty} \frac{16}{n^2 \pi^2}$,得到著名的等式 $\sum_{n=1}^{\infty} \frac{1}{n^2} = \frac{\pi^2}{6}$.

练习与思考 8-3

1. 函数 $f(x)$ 的傅立叶级数展开式是否唯一?

2. 将周期为 2π 的函数 $f(x) = \sin \frac{x}{2}$　$(-\pi \leqslant x \leqslant \pi)$ 展开成傅立叶级数.

3. 把 $f(x) = \begin{cases} x, & 0 \leqslant x \leqslant \frac{\pi}{2}, \\ \frac{\pi}{2}, & \frac{\pi}{2} < x \leqslant \pi \end{cases}$ 展开成正弦级数与余弦级数.

§8.4　数学实验（五）

【实验目的】

（1）使用 Matlab 软件求解微分方程；

（2）使用 Matlab 软件求拉普拉斯变换与逆变换；

（3）使用 Matlab 软件拟合数据曲线.

（4）用 Matlab 软件求级数的和（函数），将函数展开成幂级数．

【实验环境】同数学实验（一）．

【实验条件】学习了微分方程、拉普拉斯变换及无穷级数的有关知识．

【实验内容】

实验内容 1　求微分方程的解

Matlab 软件中用命令 dsolve 求解微分方程，其命令格式为

> dsolve（'微分方程'，'初始条件'，'自变量'）

说明　（1）微分方程中可以是单个的微分方程，也可以是多个方程的微分方程组；

（2）微分方程中函数 y 的 n 阶导数用"Dny"表示，如二阶导数 y'' 输入为"D2y"；

（3）当没有初始条件时，初始条件项可以省略，当自变量与系统默认自变量（t）相同时，自变量项可以省略．

例 1　解下列微分方程：

（1）$\dfrac{\mathrm{d}y}{\mathrm{d}x} - \dfrac{2}{x+1}y = (x+1)^3$；
　　　　　　　（2）$y'' - 2y' + y = 3\mathrm{e}^{-2x}$；

（3）$y'' - 2y' + 5y = \mathrm{e}^x\sin 2x, y|_{x=0} = 0, y'|_{x=0} = 2$.

解

```
(1) >> y= dsolve ('Dy- 2/(x+ 1)* y= (x+ 1)^3', 'x')
    y =
        (1/2* x^2+ x+ C1)* (x+ 1)^2
```

方程的通解为 $y = (x+1)^2\left(\dfrac{1}{2}x^2 + x + C\right)$.

```
(2) >> y= dsolve ('D2y- 2* D1y+ y= 3* exp(- 2* x)', 'x')
    y =
        exp(x)* C2+ exp(x)* x* C1+ 1/3* exp(- 2* x)
```

方程的通解为 $y = \mathrm{e}^x(C_1 x + C_2) + \dfrac{1}{3}\mathrm{e}^{-2x}$

```
(3) >> y= dsolve ('D2y- 2* Dy+ 5* y= exp(x)* sin(2* x)', 'y(0)= 0', 'Dy(0)
    = 2', 'x')
    y =
        9/8* exp(x)* sin(2* x)- 1/4* exp(x)* cos(2* x)* x
```

方程的特解为 $y = \mathrm{e}^x\left(\dfrac{9}{8}\sin 2x - \dfrac{1}{4}\cos 2x\right)$.

【实验练习 1】

1. 解下列微分方程.

(1) $y'' = x\sin x$;　　　(2) $y'' - 3y' = 2x$;　　　(3) $yy'' - y'^2 = 0$.

2. 求方程 $4y'' + 4y' + y = 0$ 满足初始条件 $y|_{x=0} = 0, y'|_{x=0} = 2$ 的特解.

3. 求方程 $y'' + 5y' - 6y = \mathrm{e}^{4x}$ 满足初始条件 $y|_{x=0} = 4, y'|_{x=0} = 2$ 的特解.

实验内容 2　求函数的拉普拉斯变换与逆变换

Matlab 软件中使用命令 laplace 对所给像原函数作拉普拉斯变换,返回关于变量 s 的像函数;使用命令 ilaplace 对所给像函数进行拉普拉斯逆变换,返回关于变量 t 的像原函数. 其命令格式如下:

> laplace(像原函数名或表达式,自变量,参变量)
>
> ilaplace(像函数名或表达式,自变量,参变量)

说明　(1) 像函数名或像原函数名必须是经过定义的函数;

(2) 当自变量和系统默认自变量 t 相同、参变量和系统默认参变量 s 相同时,可以省略;

(3) 命令 laplace 的默认效果是当 $f(t) > 0$ 且连续时,求出 $F(s) = \displaystyle\int_0^{+\infty} f(t)\mathrm{e}^{-s t}\,\mathrm{d}t$,

命令 ilaplace 的默认效果是求出 $f(t) = L^{-1}[F(S)] = \dfrac{1}{2\pi\mathrm{i}}\displaystyle\int_{c-\mathrm{i}\infty}^{c+\mathrm{i}\infty} F(s)\mathrm{e}^{s t}\,\mathrm{d}s$.

例 2　求下列函数的拉普拉斯变换:

(1) $f(t) = t^3$;　　　　　(2) $f(t) = \sin^2 t$;

(3) $f(t) = \mathrm{e}^{-2t}\cos 3t$;　　　(4) $f(t) = t^2\mathrm{e}^{5t}$.

解

```
(1) >> f= t^3;
    >> ls = laplace(f)
    ls =
         6/s^4
```

所以,$L[f(t)] = \dfrac{6}{s^4}$.

```
(2) >> ls = laplace(sin(t)^2)
    ls =
         2/s/(s^2+ 4)
```

所以，$L[f(t)] = \dfrac{2}{s(s^2+4)}$.

```
(3) >> ls = laplace(exp(- 2* t)* cos(3* t))
    ls =
         1/9* (s+ 2)/(1/9* (s+ 2)^2+ 1)
```

所以，$L[f(t)] = \dfrac{s+2}{(s+2)^2+9}$.

```
(4) >> ls = laplace(t^2* exp(5* t),t,s)
    ls =
              2/(s- 5)^3
```

所以，$L[f(t)] = \dfrac{2}{(s-5)^3}$.

例 3   求下列像函数的拉普拉斯逆变换：

(1) $F(s) = \dfrac{1}{s^2(s^2+a^2)}$；

(2) $F(s) = \dfrac{1}{s^2(s^2-1)}$；

(3) $F(s) = \dfrac{s^2+2s-1}{s(s-1)^2}$.

解

```
(1) >> F = 1/s^2/(s^2+ a^2);
    >> f = ilaplace(F)
    f =
         - 1/a^3* sin(a* t) + 1/a^2* t
```

所以，该逆变换为 $-\dfrac{\sin at}{a^3} + \dfrac{t}{a^2}$.

```
(2) >> F = 1/s^2/(s^2- 1);
    >> f = ilaplace(F)
    f =
         - t+ sinh(t)
```

所以，该逆变换为 $-t + \mathrm{sh}\,t = -t + \dfrac{\mathrm{e}^t - \mathrm{e}^{-t}}{2}$.

```
(3) >> F = (s^2+ 2* s- 1)/s/((s- 1) ^2);
    >> f = ilaplace(F)
    f =
    >> - 1+ (2+ 2* t)* exp(t)
```

所以,该逆变换为 $-1+2(t+1)\mathrm{e}^t$.

【实验练习 2】

1. 求下列函数的拉普拉斯变换:

(1) $f(t) = t^2 \mathrm{e}^{-3t}$;　　　　　　　　　　(2) $f(t) = \mathrm{e}^{3t}\cos 2t$;

(3) $f(t) = \sin 3t \cos t + t^2$.

2. 求下列函数的拉普拉斯逆变换:

(1) $F(s) = \dfrac{s-5}{s^2+5s+6}$;　　　　　(2) $F(s) = \dfrac{1}{s(s^2-1)}$;

(3) $F(s) = \dfrac{1}{s^4+3s^2+2}$.

实验内容 3　数据曲线的拟合

Matlab 软件中使用命令 polyfit 对数据进行插值计算,命令格式如下:

$$\texttt{polyfit(变量 1,变量 2,曲线次数)}$$

说明　（1）插值以前最好作出数据的散点图,观察数据的分布情况,以便选择合适的曲线次数;

（2）该命令的结果是找出一个与数据最贴合的多项式,输出此多项式各项的系数,并且可以用 plot 命令将此多项式表示的曲线画出来;

（3）当曲线次数选择 1 的时候,得到的是一元线性回归直线,输出的是直线的斜率和截距.

例 4　现有数据如表 8-4-1 所示.

表 8-4-1

x	0	1	2	3	4	5	6	7	8	9	10
y	0.23	1.24	3.02	5.23	6.00	6.84	5.83	4.98	3.53	2.03	1.35

求拟合多项式的系数,并绘制拟合曲线.

解

```
>> x = [0:1:10];
>> y = [0.23  1.24  3.02  5.23  6.00  6.84  5.83  4.98  3.53  2.03  1.35];
>> plot(x,y,'* ')                    % 作出数据散点图
>> nh3 = polyfit(x,y,3)              % 求三次拟合多项式
nh3 =
     0.0050    - 0.3074    2.6973    - 0.4410
```

拟合的三次曲线方程为
$$y = 0.005x^3 - 0.307\ 4x^2 + 2.697\ 3x - 0.441.$$

```
>> hold on
>> plot(x,polyval(nh3,x),'- .b')              % 作三次拟合曲线
>> nh5 = polyfit(x,y,5)                        % 求五次拟合多项式
nh5 =
    - 0.0006    0.0227    - 0.2872    1.1816    0.0678    0.2300
```

拟合的三次曲线方程为
$$y = -0.000\ 6x^5 + 0.022\ 7x^4 - 0.287\ 2x^3 + 1.181\ 6x^2 + 0.067\ 8x + 0.23.$$

```
>> plot(x,polyval(nh5,x),'- .b')              % 作五次拟合曲线
>> legend('实验数据 ','三次曲线 ','五次曲线 ')
>> hold off
```

绘制拟合曲线如图 8-4-1 所示.

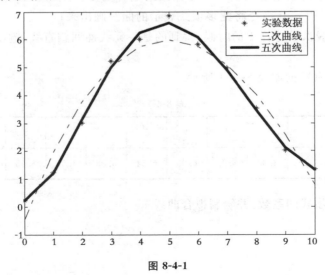

图 8-4-1

【实验练习 3】

1. 线性回归问题：

表 8-4-2

x	0	1	2	3	4	5	6
y	2.5	5.65	8.62	11.45	14.48	17.46	20.52

根据表 8-4-2 所给的各点数据，试拟合一条最佳回归直线 $y = a + kx$，求出系数 a, k；并估计 $x = 3.5$ 时的 y 值和 $y = 18$ 时的 x 值.

2. 一辆汽车在司机猛踩刹车制动后 6 s 内的这一刹车过程，每一秒的速度值被记录如表 8-4-3 所示.

表 8-4-3

刹车踩下后的时间 t(s)	0	1	2	3	4	5	6
速度 v(m/s)	2.21	1.95	1.72	1.52	1.35	1.19	1.05

试建立汽车刹车踩下后运行速度的经验公式.

实验内容 4　求级数的和（函数）、将函数展开成幂级数

Matlab 软件中使用命令 symsum 计算数项级数的和或函数项级数的和函数；使用命令 taylor 将函数 $f(x)$ 在某一点处展开成 $n-1$ 阶泰勒展开式. 其命令格式如下：

> symsum(通项表达式, 变量, 开始项数, 结束项数)
> taylor(函数名或其表达式, 展开的项数, 自变量)

例 5　求下列级数的和，并判定其是否收敛：

(1) $\displaystyle\sum_{n=1}^{\infty} \dfrac{1}{n(n+1)}$;　　　　　　(2) $\displaystyle\sum_{n=0}^{\infty} \dfrac{2^n}{n!}$

解

```
(1) >> symsum(1/n/(n+ 1),n,1,inf)
    ans =
        1
```

该级数的和为 1，收敛.

```
(2) >> symsum(2^n/sym('n!'),n,0,inf)
    ans =
        exp(2)
```

该级数的和为 e^2,收敛.

例 6   将下列函数展开成 x 和 $x-2$ 的幂级数,并显示级数的前 6 项:

(1) $f(x) = \dfrac{3}{2+x}$;   (2) $f(x) = \ln(3+x)$.

解

```
(1) >> clear
    >> syms x
    >> taylor(3/(2+ x),6,x)
    ans =
        3/2- 3/4* x+ 3/8* x^2- 3/16* x^3+ 3/32* x^4- 3/64* x^5
    >> taylor(3/(2+ x),6,x,2)
    ans =
        9/8- 3/16* x+ 3/64* (x- 2) ^2- 3/256* (x- 2) ^3+ 3/1024* (x- 2) ^4
        - 3/4096* (x- 2) ^5
(2) >> taylor(log(3+ x),6,x)
    ans =
        log(3)+ 1/3* x- 1/18* x^2+ 1/81* x^3- 1/324* x^4+ 1/1215* x^5
    >> taylor(log(3+ x),6,x,2)
    ans =
        log(5)+ 1/5* x- 2/5- 1/50* (x- 2) ^2+ 1/375* (x- 2) ^3- 1/2500*
        (x- 2) ^4+ 1/15625* (x- 2) ^5
```

【实验练习 4】

1. 计算下列幂级数的和函数:

(1) $\displaystyle\sum_{n=1}^{\infty} \frac{1}{x^n}$;   (2) $\displaystyle\sum_{n=1}^{\infty} n(n+1)x^n$;   (3) $\displaystyle\sum_{n=1}^{\infty} 2nx^{2n-1}$.

2. 将下列函数展开成 x 的五阶麦克劳林级数:

(1) $\ln\left(\dfrac{1+x}{1-x}\right)$;   (2) $x^2 e^{x^2}$;   (3) $x\ln(1+x)$.

3. 将下列函数展开成 $x-1$ 的三阶泰勒级数:

(1) $\ln(2+x)$;   (2) $\dfrac{1}{2-3x}$;   (3) e^{x-1}.

【实验总结】

本节有关 Matlab 命令：

求解微分方程的命令　dsolve　　　　求拉普拉斯变换的命令　laplace

求拉普拉斯逆变换的命令　ilaplace　　对数据进行插值　polyfit

无穷级数求和　symsum　　　　　　　函数展开成级数　taylor

本 章 小 结

一、基 本 思 想

　　无穷多个有序数的和的运算与有限项和的运算有本质区别，它可能有"和"，可能无"和"，因而有无穷级数收敛与发散的概念.

　　无穷级数以数项级数为基础，进而拓展到函数项级数. 正项级数是最简单的数项级数之一，其他类型的级数往往需要转化成正项级数，利用正项级数的有关结果进行计算，因而十分重要.

　　函数项级数中应用最广泛的一类为幂级数，收敛域与和函数是其重要内容. 一个函数具有任意阶导数，总可以展开为泰勒级数，但这个泰勒级数的和不一定收敛于此函数，初等函数的泰勒级数的和一定收敛于此初等函数.

　　将一个函数展开成泰勒级数或麦克劳林级数有直接展开法与间接展开法. 直接展开法是先求出泰勒级数，再证明其余项的极限为零；间接展开法是将函数适当恒等变形，使之化为可以利用的已知的几个展开式，或利用级数的加、减、乘等运算，或发现其导数或积分可用常见的几个展开式表示，再通过逐项积分或逐项微分得到原函数的幂级数展开式，等等.

　　利用泰勒多项式可以逼近函数，它在近似计算、求极限、计算积分及解微分方程等方面有广泛应用.

　　傅立叶级数与幂级数不同，它的各项均为正弦函数或余弦函数，因而傅立叶级数能呈现出函数的周期性，而幂级数则不能. 一个函数的傅立叶级数展开的条件比幂级数展开的条件低得多，它不仅不需要函数具有任意阶导数，就连函数的连续性也不要求，只须满足收敛定理的条件即可，这样就可以使得一般函数均能展开成傅立叶级数.

二、主 要 内 容

1. 基本概念

　　（1）若给定一个数列 $u_1, u_2, \cdots, u_n, \cdots$，称无穷多个有序数的和

$$u_1 + u_2 + \cdots + u_n + \cdots$$

为常数项无穷级数，简称级数，记作 $\sum\limits_{n=1}^{\infty} u_n$. 其中第 n 项 u_n 叫做级数的一般项.

　　若级数 $\sum\limits_{n=1}^{\infty} u_n$ 中的各项都是非负的（即 $u_n \geq 0$，$n = 1, 2, \cdots$），则称级数 $\sum\limits_{n=1}^{\infty} u_n$ 为正项级数.

若级数各项是正负相间的,称为交错级数.

(2) 设函数列 $u_1(x), u_2(x), \cdots, u_n(x), \cdots$ 在区间 I 上有定义,则

$$\sum_{n=1}^{\infty} u_n(x) = u_1(x) + u_2(x) + \cdots + u_n(x) + \cdots$$

称作函数项级数.

各项都是幂函数的函数项级数,即形如

$$\sum_{n=0}^{\infty} a_n x^n = a_0 + a_1 x + a_2 x^2 + \cdots + a_n x^n + \cdots$$

或 $\qquad \sum_{n=0}^{\infty} a_n(x - x_0)^n = a_0 + a_1(x - x_0) + a_2(x - x_0)^2 + \cdots + a_n(x - x_0)^n + \cdots$

的函数项级数称为幂级数.其中常数 $a_0, a_1, a_2, \cdots a_n, \cdots$ 称为幂级数系数.

(3) 如果 $f(x)$ 在 $x = x_0$ 处具有任意阶的导数,称级数

$$f(x_0) + \frac{f'(x_0)}{1!}(x - x_0) + \frac{f''(x_0)}{2!}(x - x_0)^2 + \cdots + \frac{f^{(n)}(x_0)}{n!}(x - x_0)^n + \cdots$$

为函数 $f(x)$ 在 $x = x_0$ 处的泰勒级数.

特别地,当 $x_0 = 0$ 时,

$$f(x) = f(0) + \frac{f'(0)}{1!}x + \frac{f''(0)}{2!}x^2 + \cdots + \frac{f^{(n)}(0)}{n!}x^n + \cdots$$

为函数 $f(x)$ 在 $x_0 = 0$ 处的麦克劳林级数.

(4) 称级数 $\frac{a_0}{2} + \sum_{n=1}^{\infty}(a_n \cos nx + b_n \sin nx)$ 为函数 $f(x)$ 的傅立叶级数,其中

$$a_n = \frac{1}{\pi}\int_{-\pi}^{\pi} f(x)\cos nx \, dx, \quad n = 0, 1, 2, \cdots,$$

$$b_n = \frac{1}{\pi}\int_{-\pi}^{\pi} f(x)\sin nx \, dx, \quad n = 1, 2, 3, \cdots.$$

(5) 当 n 无限增大时,如果级数 $\sum_{n=1}^{\infty} u_n$ 的部分和数列 $\{S_n\}$ 有极限 S,即

$$\lim_{n \to \infty} S_n = S,$$

则称级数 $\sum_{n=1}^{\infty} u_n$ 收敛,这时极限 S 叫做级数的 $\sum_{n=1}^{\infty} u_n$ 和,并记作

$$S = u_1 + u_2 + u_3 + \cdots + u_n + \cdots..$$

如果部分和数列 $\{S_n\}$ 无极限,则称级数 $\sum_{n=1}^{\infty} u_n$ 发散.

(6) 若级数 $\sum_{n=1}^{\infty} |u_n|$ 收敛,则称级数 $\sum_{n=1}^{\infty} u_n$ 绝对收敛;

若级数 $\sum_{n=1}^{\infty} |u_n|$ 发散,而级数 $\sum_{n=1}^{\infty} u_n$ 收敛,则称级数 $\sum_{n=1}^{\infty} u_n$ 为条件收敛.

(7) 对于一般的幂级数 $\sum_{n=1}^{\infty} a_n x^n$,若 $\lim \left| \frac{a_{n+1}}{a_n} \right| = \rho$,令 $R = \frac{1}{\rho}$,称 R 为幂级数 $\sum_{n=0}^{\infty} a_n x^n$ 的收敛半径.开区间 $(-R, R)$ 称为幂级数的收敛区间.当 $\rho = 0$ 时,规定收敛半径 $R = +\infty$;当 $\rho = +\infty$ 时,规定收敛半径 $R = 0$.将收敛区间的端点 $x = \pm R$ 代入级数中,判定数项级数的敛散性

后,就可得到幂级数的收敛域.

2. 基本方法

(1) 比较审敛法:给定两个正项级数 $\sum\limits_{n=1}^{\infty} u_n$,$\sum\limits_{n=1}^{\infty} v_n$,且 $u_n \leqslant v_n(n=1,2,\cdots)$,则

若级数 $\sum\limits_{n=1}^{\infty} v_n$ 收敛,则级数 $\sum\limits_{n=1}^{\infty} u_n$ 亦收敛;

若级数 $\sum\limits_{n=1}^{\infty} u_n$ 发散,则级数 $\sum\limits_{n=1}^{\infty} v_n$ 亦发散.

(2) 比值审敛法:若正项级数 $\sum\limits_{n=1}^{\infty} u_n$ 满足

$$\lim_{n \to \infty} \frac{u_{n+1}}{u_n} = \rho,$$

当 $\rho < 1$ 时,级数收敛;

当 $\rho > 1$(也包括 $\rho = +\infty$) 时,级数发散;

当 $\rho = 1$ 时,级数的敛散性不能确定.

(3) 交错级数审敛法:若交错级数 $\sum\limits_{n=1}^{\infty} (-1)^n u_n$ 满足条件:

$$u_n \geqslant u_{n+1} \quad (n=1,2,\cdots), \quad \lim_{n \to \infty} u_n = 0,$$

则级数 $\sum\limits_{n=1}^{\infty} (-1)^n u_n$ 收敛.

(4) 直接展开法:分为 3 个步骤.

步骤一　求出函数的各阶导数及函数值

$$f(0), f'(0), f''(0), \cdots, f^{(n)}(0), \cdots,$$

若函数的某阶导数不存在,则函数不能展开;

步骤二　写出麦克劳林级数

$$f(0) + \frac{f'(0)}{1!}x + \frac{f''(0)}{2!}x^2 + \cdots + \frac{f^{(n)}(0)}{n!}x^n + \cdots,$$

并求其收敛半径 R;

步骤三　考察当 $x \in (-R, R)$ 时,拉格朗日余项 $R_n(x)$ 的极限是否为零,若 $\lim\limits_{n \to \infty} R_n(x) = 0$,则第二步写出的级数就是函数的麦克劳林展开式.

(5) 间接展开法:利用一些已知的函数展开式以及幂级数的运算性质(如加减、逐项求导、逐项求积分) 将所给函数展开.

(6) 设 $f(x)$ 是周期为 2π 的周期函数,如果它满足:

在一个周期内连续或只有有限个第一类间断点;

在一个周期内至多有有限个极值点,

则 $f(x)$ 的傅立叶级数收敛,并且

当 x 是 $f(x)$ 的连续点时,级数收敛于 $f(x)$;

当 x 是 $f(x)$ 的间断点时,级数收敛于这一点左右极限的算术平均数

$$\frac{1}{2}[f(x-0) + f(x+0)].$$

本 章 复 习 题

一、判断题

1. 若 $\lim\limits_{n\to\infty} u_n \to 0$,则级数 $\sum\limits_{n=1}^{\infty} u_n$ 收敛.　　　　　　　　　　　　（　　）

2. 若级数 $\sum\limits_{n=1}^{\infty} u_n$ 发散,则级数 $\sum\limits_{n=1}^{\infty} cu_n$ （$c \neq 0$ 为常数）也发散.　　　（　　）

3. 改变级数的有限多个项,级数的敛散性不变.　　　　　　　　　　　　（　　）

4. 若 $f(x)$ 是周期为 2π 的函数,且满足收敛定理的条件,则在任意点 x 处 $f(x)$ 的傅立叶级数收敛于 $f(x)$.　　　　　　　　　　　　　　　　　　　　　（　　）

二、选择题

1. 下列级数中,收敛的是（　　）.

A. $\sum\limits_{n=1}^{\infty} \dfrac{(-1)^{n-1}}{\sqrt{n}}$　　　　　　　　B. $\sum\limits_{n=1}^{\infty} \dfrac{(-1)^n n}{\sqrt{2n^2+3}}$;

C. $\sum\limits_{n=1}^{\infty} \dfrac{5}{n+1}$;　　　　　　　　　D. $\sum\limits_{n=1}^{\infty} \dfrac{n+1}{3n-2}$.

2. 下列级数中,绝对收敛的是（　　）.

A. $\sum\limits_{n=1}^{\infty} \dfrac{(-1)^n}{n}$;　　　　　　　　B. $\sum\limits_{n=1}^{\infty} \dfrac{3n+2}{n^2+1}$;

C. $\sum\limits_{n=1}^{\infty} (-1)^{n-1} \left(\dfrac{2}{3}\right)^n$;　　　　　D. $\sum\limits_{n=1}^{\infty} \dfrac{(-1)^{n-1}}{\ln(1+n)}$.

3. 幂级数 $\sum\limits_{n=1}^{\infty} \dfrac{x^n}{n}$ 的收敛域是（　　）.

A. $[-1,1]$;　　　　　　　　　B. $[-1,1)$;

C. $(-1,1]$;　　　　　　　　　(D) $(-1,1)$.

4. 函数 $f(x) = e^{-x^2}$ 展开成 x 的幂级数是（　　）.

A. $\sum\limits_{n=1}^{\infty} \dfrac{x^2}{n!}$;　　　　　　　　　B. $\sum\limits_{n=1}^{\infty} \dfrac{(-1)^n x^{2n}}{n!}$;

C. $\sum\limits_{n=1}^{\infty} \dfrac{x^n}{n!}$;　　　　　　　　　D. $\sum\limits_{n=1}^{\infty} \dfrac{(-1)^{n-1} x^n}{n!}$.

5. 设 $f(x) = 2x$ 的周期为 2π,则它的傅立叶展开式为（　　）.

A. $2\sum\limits_{n=1}^{\infty} \dfrac{(-1)^{n+1}}{n} \sin nx$;　　　　　B. $4\sum\limits_{n=1}^{\infty} \dfrac{(-1)^{n+1}}{n} \sin nx$;

C. $4\sum\limits_{n=1}^{\infty} \dfrac{(-1)^{n+1}}{n} \sin nx$　$(-\infty < x < +\infty,\ x \neq (2k-1)\pi,\ k \in \mathbf{Z})$;

D. $2\sum\limits_{n=1}^{\infty}\dfrac{(-1)^{n+1}}{n}\sin nx$　$(-\infty < x < +\infty,\ x \neq (2k-1)\pi,\ k \in \mathbf{Z})$.

三、填空题

1. 若级数 $\sum\limits_{n=1}^{\infty} u_n$ 收敛,则 $\sum\limits_{n=1}^{\infty}(u_n + 0.001)$ _____.

2. 级数 $\sum\limits_{n=1}^{\infty}\dfrac{2}{n\sqrt{n+1}}$ _____.

3. 级数 $\sum\limits_{n=1}^{\infty}\dfrac{(-1)^n}{\sqrt{n^3+1}}$ _____.

4. 级数 $\sum\limits_{n=1}^{\infty}\dfrac{1}{\sqrt{n+1}+\sqrt{n}}$ _____.

四、解答题

1. 判别下列各级数的敛散性:

(1) $\sum\limits_{n=1}^{\infty}\dfrac{1}{a^2+1}$　$(a > 0)$;

(2) $\sum\limits_{n=1}^{\infty}\sin\dfrac{\pi}{2^{n+1}}$;

(3) $\sum\limits_{n=2}^{\infty}\left(\dfrac{1}{\sqrt{n}-1}-\dfrac{1}{\sqrt{n}+1}\right)$;

(4) $\sum\limits_{n=1}^{\infty}\dfrac{n+2}{3^n}$;

(5) $\sum\limits_{n=1}^{\infty}\dfrac{(-1)^{n-1}}{\sqrt{n}}$;

(6) $\sum\limits_{n=1}^{\infty}\dfrac{(-1)^n n^2}{2^n}$.

2. 求下列幂级数的收敛域:

(1) $\sum\limits_{n=1}^{\infty}\dfrac{x^n}{2\cdot 4\cdot 6\cdot\cdots\cdot(2n)}$;

(2) $\sum\limits_{n=1}^{\infty}(-1)^n\dfrac{x^n}{n^2}$;

(3) $\sum\limits_{n=1}^{\infty}\dfrac{2^n x^n}{n^2+1}$;

(4) $\sum\limits_{n=1}^{\infty}\dfrac{x^n}{n}$.

3. 将下列函数展开为 x 的幂级数,并指出其收敛域:

(1) $f(x) = \dfrac{1}{1-x^6}$;

(2) $f(x) = \cos^2 2x$;

(3) $f(x) = \ln(2+x)$;

(4) $f(x) = \dfrac{1}{x^2-2x-3}$.

4. 用已知函数的展开式,将下列函数展开成 $x-2$ 的幂级数:

(1) $f(x) = \dfrac{1}{4-x}$;

(2) $f(x) = \ln x$.

5. 将周期函数 $f(x) = x^2$　$(-\pi \leqslant x < \pi)$ 展开成傅立叶级数.

6. 把周期函数 $f(x) = \begin{cases} 0, & -l \leqslant x \leqslant 0, \\ 2, & 0 < x \leqslant l \end{cases}$　$(l > 0)$ 展开成傅立叶级数.

附录一　　常用数学公式

一、乘法及因式分解公式

(1) $(x+a)(x+b) = x^2 + (a+b)x + ab$

(2) $(a \pm b)^2 = a^2 \pm 2ab + b^2$

(3) $(a \pm b)^3 = a^3 \pm 3a^2b + 3ab^2 \pm b^3$

(4) $(a+b+c)^2 = a^2 + b^2 + c^2 + 2ab + 2bc + 2ac$

(5) $a^2 - b^2 = (a-b)(a+b)$

(6) $a^3 \pm b^3 = (a \pm b)(a^2 \mp ab + b^2)$

(7) $a^n - b^n = (a-b)(a^{n-1} + a^{n-2}b + a^{n-3}b^2 + \cdots + b^n)$（$n$ 为正整数）

(8) $a^n - b^n = (a+b)(a^{n-1} - a^{n-2}b + a^{n-3}b^2 - \cdots + ab^{n-1} - b^n)$（$n$ 为偶数）

(9) $a^n + b^n = (a+b)(a^{n-1} - a^{n-2}b + a^{n-3}b^2 - \cdots - ab^{n-1} + b^n)$（$n$ 为奇数）

二、三角函数公式

1. 诱导公式

函数 角 A	sin	cos	tan	cot
$-\alpha$	$-\sin\alpha$	$\cos\alpha$	$-\tan\alpha$	$-\cot\alpha$
$90° - \alpha$	$\cos\alpha$	$\sin\alpha$	$\cot\alpha$	$\tan\alpha$
$90° + \alpha$	$\cos\alpha$	$-\sin\alpha$	$-\cot\alpha$	$-\tan\alpha$
$180° - \alpha$	$\sin\alpha$	$-\cos\alpha$	$-\tan\alpha$	$-\cot\alpha$
$180° + \alpha$	$-\sin\alpha$	$-\cos\alpha$	$\tan\alpha$	$\cot\alpha$
$270° - \alpha$	$-\cos\alpha$	$-\sin\alpha$	$\cot\alpha$	$\tan\alpha$
$270° + \alpha$	$-\cos\alpha$	$\sin\alpha$	$-\cot\alpha$	$-\tan\alpha$
$360° - \alpha$	$-\sin\alpha$	$\cos\alpha$	$-\tan\alpha$	$-\cot\alpha$
$360° + \alpha$	$\sin\alpha$	$\cos\alpha$	$\tan\alpha$	$\cot\alpha$

2. 同角三角函数公式

$\sin^2 x + \cos^2 x = 1$　　　　　　　　　　$1 + \tan^2 x = \sec^2 x$

$1 + \cot^2 x = \csc^2 x$

$\tan x = \dfrac{\sin x}{\cos x}$　　　　　　　　　　$\cot x = \dfrac{\cos x}{\sin x}$

$$\sec x = \frac{1}{\cos x} \qquad\qquad\qquad \csc x = \frac{1}{\sin x}$$

3. 和差角公式　　　　　　　　　　　**和差化积公式**

$$\sin(\alpha \pm \beta) = \sin\alpha\cos\beta \pm \cos\alpha\sin\beta \qquad \sin\alpha + \sin\beta = 2\sin\frac{\alpha+\beta}{2}\cos\frac{\alpha-\beta}{2}$$

$$\cos(\alpha \pm \beta) = \cos\alpha\cos\beta \mp \sin\alpha\sin\beta \qquad \sin\alpha - \sin\beta = 2\cos\frac{\alpha+\beta}{2}\sin\frac{\alpha-\beta}{2}$$

$$\tan(\alpha \pm \beta) = \frac{\tan\alpha \pm \tan\beta}{1 \mp \tan\alpha \cdot \tan\beta} \qquad \cos\alpha + \cos\beta = 2\cos\frac{\alpha+\beta}{2}\cos\frac{\alpha-\beta}{2}$$

$$\cot(\alpha \pm \beta) = \frac{\cot\alpha \cdot \cot\beta \mp 1}{\cot\beta \pm \cot\alpha} \qquad \cos\alpha - \cos\beta = 2\sin\frac{\alpha+\beta}{2}\sin\frac{\alpha-\beta}{2}$$

4. 积化和差公式

$$\sin x\cos y = \frac{1}{2}\big[\sin(x+y) + \sin(x-y)\big]$$

$$\cos x\sin y = \frac{1}{2}\big[\sin(x+y) - \sin(x-y)\big]$$

$$\cos x\cos y = \frac{1}{2}\big[\cos(x+y) + \cos(x-y)\big]$$

$$\sin x\sin y = -\frac{1}{2}\big[\cos(x+y) - \cos(x-y)\big]$$

5. 倍角公式

$$\sin 2\alpha = 2\sin\alpha\cos\alpha \qquad\qquad \cos 2\alpha = 2\cos^2\alpha - 1 = 1 - 2\sin^2\alpha = \cos^2\alpha - \sin^2\alpha$$

$$\sin 3\alpha = 3\sin\alpha - 4\sin^3\alpha \qquad\qquad \cos 3\alpha = 4\cos^3\alpha - 3\cos\alpha$$

$$\tan 2\alpha = \frac{2\tan\alpha}{1 - \tan^2\alpha} \qquad\qquad\qquad \tan 3\alpha = \frac{3\tan\alpha - \tan^3\alpha}{1 - 3\tan^2\alpha}$$

$$\cot 2\alpha = \frac{\cot^2\alpha - 1}{2\cot\alpha}$$

6. 半角公式

$$\sin\frac{\alpha}{2} = \pm\sqrt{\frac{1-\cos\alpha}{2}} \qquad\qquad \cos\frac{\alpha}{2} = \pm\sqrt{\frac{1+\cos\alpha}{2}}$$

$$\tan\frac{\alpha}{2} = \pm\sqrt{\frac{1-\cos\alpha}{1+\cos\alpha}} = \frac{1-\cos\alpha}{\sin\alpha} = \frac{\sin\alpha}{1+\cos\alpha}$$

$$\cot\frac{\alpha}{2} = \pm\sqrt{\frac{1+\cos\alpha}{1-\cos\alpha}} = \frac{1+\cos\alpha}{\sin\alpha} = \frac{\sin\alpha}{1-\cos\alpha}$$

7. 正弦定理

$$\frac{a}{\sin A} = \frac{b}{\sin B} = \frac{c}{\sin C} = 2R$$

8. 余弦定理

$$c^2 = a^2 + b^2 - 2ab\cos C$$

9. 反三角函数性质

$$\arcsin x = \frac{\pi}{2} - \arccos x \qquad\qquad \arctan x = \frac{\pi}{2} - \text{arccot}\,x$$

10. 常见三角不等式

(1) 若 $x \in \left(0, \dfrac{\pi}{2}\right)$，则 $\sin x < x < \tan x$

(2) 若 $x \in \left(0, \dfrac{\pi}{2}\right)$，则 $1 < \sin x + \cos x \leqslant \sqrt{2}$

(3) $|\sin x| + |\cos x| \geqslant 1$

三、绝对不等式与绝对值不等式

(1) $\dfrac{a+b}{2} \geqslant \sqrt{ab}$ (2) $\dfrac{a+b+c}{3} \geqslant \sqrt[3]{abc}$

(3) $\dfrac{a_1 + a_2 + \cdots + a_n}{n} \geqslant \sqrt[n]{a_1 a_2 \cdots a_n}$ (4) $|A+B| \leqslant |A| + |B|$

(5) $|A-B| \leqslant |A| + |B|$ (6) $|A-B| \geqslant |A| - |B|$

(7) $-|A| \leqslant A \leqslant |A|$ (8) $\sqrt{A^2} = |A|$

(9) $|AB| = |A||B|$ (10) $\left|\dfrac{A}{B}\right| = \dfrac{|A|}{|B|}$

四、指数与对数公式

1. 有理指数幂的运算性质

(1) $a^r \cdot a^s = a^{r+s} \, (a > 0, r, s \in \mathbf{R})$ (2) $(a^r)^s = a^{rs} \, (a > 0, r, s \in \mathbf{R})$

(3) $(ab)^r = a^r b^r \, (a > 0, b > 0, r \in \mathbf{R})$

2. 根式的性质

(1) $\left(\sqrt[n]{a}\right)^n = a$

(2) 当 n 为奇数时，$\sqrt[n]{a^n} = a$

    当 n 为偶数时，$\sqrt[n]{a^n} = |a| = \begin{cases} a, & a \geqslant 0 \\ -a, & a < 0 \end{cases}$

(3) $a^{\frac{m}{n}} = \sqrt[n]{a^m} \, (a > 0, m, n \in \mathbf{N}^*, 且 \, n > 1)$

(4) $a^{-\frac{m}{n}} = \dfrac{1}{a^{\frac{m}{n}}} \, (a > 0, m, n \in \mathbf{N}^*, 且 \, n > 1)$

3. 指数式与对数式的互化

$\log_a N = b \Leftrightarrow a^b = N \, (a > 0, a \neq 1, N > 0)$

4. 对数的换底公式

$\log_a N = \dfrac{\log_m N}{\log_m a} \, (a > 0, 且 \, a \neq 1, m > 0, 且 \, m \neq 1, N > 0)$

  推论 $\log_{a^m} b^n = \dfrac{n}{m} \log_a b \, (a > 0, 且 \, a > 1, m, n > 0, 且 \, m \neq 1, n \neq 1, N > 0)$

5. 对数的四则运算法则

  若 $a > 0, a \neq 1, M > 0, N > 0$，则

(1) $\log_a(MN) = \log_a M + \lg_a N$ (2) $\log_a \dfrac{M}{N} = \log_a M - \log_a N$

(3) $\log_a M^n = n \log_a M \, (n \in \mathbf{R})$

五、有关数列的公式

1. 数列的通项公式与前 n 项的和的关系

$$a_n = \begin{cases} s_1, & n = 1 \\ s_n - s_{n-1}, & n \geqslant 2 \end{cases}$$

数列 $\{a_n\}$ 的前 n 项的和为 $s_n = a_1 + a_2 + \cdots + a_n$

2. 等差数列的通项公式

$$a_n = a_1 + (n-1)d = dn + a_1 - d \ (n \in \mathbf{N}^*)$$

3. 等差数列前 n 项和公式

$$s_n = \frac{n(a_1 + a_n)}{2} = na_1 + \frac{n(n-1)}{2}d = \frac{d}{2}n^2 + \left(a_1 - \frac{1}{2}d\right)n$$

4. 等比数列的通项公式

$$a_n = a_1 q^{n-1} = \frac{a_1}{q} \cdot q^n \ (n \in \mathbf{N}^*)$$

5. 等比数列前 n 项的和公式

$$s_n = \begin{cases} \dfrac{a_1(1 - q^n)}{1 - q}, & q \neq 1 \\ na_1, & q = 1 \end{cases} \qquad 或 \ s_n = \begin{cases} \dfrac{a_1 - a_n q}{1 - q}, & q \neq 1 \\ na_1, & q = 1 \end{cases}$$

6. 常用数列前 n 项和

$$1 + 2 + 3 + \cdots + n = \frac{1}{2}n(n+1)$$

$$1 + 3 + 5 + \cdots + (2n-1) = n^2$$

$$2 + 4 + 6 + \cdots + 2n = n(n+1)$$

$$1^2 + 2^2 + 3^2 + \cdots + n^2 = \frac{1}{6}n(n+1)(2n+1)$$

$$1^2 + 3^2 + 5^2 + \cdots + (2n-1)^2 = \frac{1}{3}n(4n^2 - 1)$$

$$1^3 + 2^3 + 3^3 + \cdots + n^3 = \left[\frac{1}{2}n(n+1)\right]^2$$

$$1^3 + 3^3 + 5^3 + \cdots + (2n-1)^3 = n(2n^2 - 1)$$

$$1 \cdot 2 + 2 \cdot 3 + 3 \cdot 4 + \cdots + n(n+1) = \frac{1}{3}n(n+1)(n+2)$$

六、排列组合公式

1. 排列数公式

(1) 选排列 $A_n^m = n(n-1)\cdots(n-m+1) = \dfrac{n!}{(n-m)!}$ $(n, m \in \mathbf{N}^*, 且 \ m \leqslant n)$

(2) 全排列 $A_n^n = n(n-1)\cdots 3 \cdot 2 \cdot 1 = n!$(注:规定 $0! = 1$)

2. 组合数公式

$$C_n^m = \frac{A_n^m}{A_m^m} = \frac{n(n-1)\cdots(n-m+1)}{1 \times 2 \times \cdots \times m} = \frac{n!}{m! \cdot (n-m)!} \ (n \in \mathbf{N}^*, m \in \mathbf{N}, 且 \ m \leqslant n)$$

3. 组合数的两个性质

(1) $C_n^m = C_n^{n-m}$

(2) $C_n^m + C_n^{m-1} = C_{n+1}^m$（注：规定 $C_n^0 = 1$）

七、初等几何公式

1. 任意三角形面积

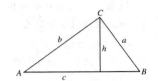

(1) $S = \dfrac{1}{2}ch$

(2) $S = \dfrac{1}{2}ab\sin C$

(3) $S = \sqrt{s(s-a)(s-b)(s-c)}$，其中 $s = \dfrac{1}{2}(a+b+c)$

(4) $S = \dfrac{c^2\sin A\sin B}{2\sin(A+B)}$

2. 四边形面积

(1) 矩形面积

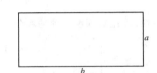

$S = ab$

(2) 平行四边形面积

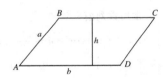

$S = bh$

$S = ab\sin A$

(3) 梯形面积

$S = \dfrac{1}{2}(a_1 + a_2)h = hL$（$L$ 是中位线）

(4) 任意四边形的面积

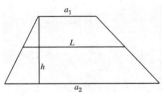

$S = \dfrac{1}{2}d_1 d_2\sin\varphi$（其中，$d_1, d_2$ 为两对角线长，φ 为两对

角线夹角）

$S = \sqrt{(s-a)(s-b)(s-c)(s-d) - abcd\cos^2\beta}$

（其中，a, b, c, d 为四条边边长，$s = \dfrac{1}{2}(a+b+c+d)$，$\beta$ 为两对角和的一半）

3. 有关圆的公式

圆的半径、直径分别为 R, D，扇形圆心角为 θ（弧度）

(1) 圆面积　$S = \pi R^2 = \dfrac{1}{4}\pi D^2$

(2) 圆周长　$C = 2\pi R = \pi D$

(3) 圆弧长　$l = R\theta$

(4) 圆扇形面积　$S = \dfrac{1}{2}Rl = \dfrac{1}{2}R^2\theta$

4. 有关旋转体的公式

(1) 圆柱

R 为圆柱底圆半径，H 为圆柱高

体积　$V = \pi R^2 H$

全面积　$S = 2\pi R(R+H)$

　　侧面积　　$S = 2\pi RH$

（2）圆锥

　　R 为圆锥底圆半径，H 为圆锥的高

　　体积　　$V = \dfrac{1}{3}\pi R^2 H$

　　全面积　　$S = \pi R(R + l)(l = \sqrt{R^2 + H^2}$ 为母线长）

　　侧面积　　$S = \pi R l$

（3）圆台

　　R 为圆台下底圆半径，r 为圆台上底圆半径，H 为圆锥的高，$l = \sqrt{H^2 + (R - r)^2}$。

　　体积　　$V = \dfrac{1}{3}\pi H(R^2 + Rr + r^2)$

　　全面积　　$S = \pi R(R + l) + \pi r(r + l)$

　　侧面积　　$S = \pi(R + r)l$

（4）球

　　球的半径、直径分别为 R, D

　　球的体积　　$V = \dfrac{4}{3}\pi R^3 = \dfrac{1}{6}\pi D^3$

　　全面积　　$S = 4\pi R^2 = \pi D^2$

八、平面解析几何公式

1. 两点间距离与定比分点公式

　　（1）两点 $A(x_1, y_1), B(x_2, y_2)$，则 $|AB| = \sqrt{(x_2 - x_1)^2 + (y_2 - y_1)^2}$

　　（2）两点 $A(x_1, y_1), B(x_2, y_2)$，若 $M(x, y)$，且 $\dfrac{AM}{MB} = \lambda$，则

$$x = \frac{x_1 + \lambda x_2}{1 + \lambda}, \quad y = \frac{y_1 + \lambda y_2}{1 + \lambda}$$

　　特别地，若 $M(x, y)$ 为 AB 中点，则 $x = \dfrac{x_1 + x_2}{2}, \quad y = \dfrac{y_1 + y_2}{2}$

2. 有关直线的公式

　　（1）直线方程

　　　　① 点斜式 $y - y_1 = k(x - x_1)$（直线 l 过点 $P_1(x_1, y_1)$，且斜率为 k）

　　　　② 斜截式 $y = kx + b$（b 为直线 l 在 y 轴上的截距）

　　　　③ 两点式 $\dfrac{y - y_1}{y_2 - y_1} = \dfrac{x - x_1}{x_2 - x_1}$（$y_1 \neq y_2$）（$P_1(x_1, y_1)$，$P_2(x_2, y_2)$（$x_1 \neq x_2$））

　　　　④ 截距式　　$\dfrac{x}{a} + \dfrac{y}{b} = 1$（$a, b$ 分别为直线的横、纵截距，$a, b \neq 0$）

　　　　⑤ 一般式 $Ax + By + C = 0$（其中 A, B 不同时为 0）

　　（2）两条直线的平行和垂直

　　① 若 $l_1: y = k_1 x + b_1, l_2: y = k_2 x + b_2$

　　　　$l_1 \; /\!/ \; l_2 \Leftrightarrow k_1 = k_2, b_1 \neq b_2$　　　　　　　　　　$l_1 \perp l_2 \Leftrightarrow k_1 k_2 = -1$

② 若 $l_1:A_1x+B_1y+C_1=0$，$l_2:A_2x+B_2y+C_2=0$，且 A_1，A_2，B_1，B_2 都不为零

$$l_1 /\!/ l_2 \Leftrightarrow \frac{A_1}{A_2}=\frac{B_1}{B_2}\neq\frac{C_1}{C_2} \qquad\qquad l_1 \perp l_2 \Leftrightarrow A_1A_2+B_1B_2=0$$

（3）两直线的夹角公式

① $\tan\alpha=\left|\dfrac{k_2-k_1}{1+k_2k_1}\right|$

$$(l_1:y=k_1x+b_1,l_2:y=k_2x+b_2,k_1k_2\neq-1)$$

② $\tan\alpha=\left|\dfrac{A_1B_2-A_2B_1}{A_1A_2+B_1B_2}\right|$

$$(l_1:A_1x+B_1y+C_1=0,l_2:A_2x+B_2y+C_2=0,A_1A_2+B_1B_2\neq0)$$

直线 $l_1 \perp l_2$ 时，直线 l_1 与 l_2 的夹角是 $\dfrac{\pi}{2}$

（4）点到直线的距离

$$d=\frac{|Ax_0+By_0+C|}{\sqrt{A^2+B^2}}\ （点\ P(x_0,y_0)，直线\ l:Ax+By+C=0)$$

3. 有关圆的公式

（1）圆的标准方程 $(x-a)^2+(y-b)^2=r^2$

（2）圆的一般方程 $x^2+y^2+Dx+Ey+F=0(D^2+E^2-4F>0)$

（3）圆的参数方程 $\begin{cases}x=a+r\cos\theta\\y=b+r\sin\theta\end{cases}$

（4）圆的直径式方程 $(x-x_1)(x-x_2)+(y-y_1)(y-y_2)=0$（圆的直径的端点是 $A(x_1,y_1)$，
$B(x_2,y_2)$）

4. 有关椭圆的公式

（1）椭圆 $\dfrac{x^2}{a^2}+\dfrac{y^2}{b^2}=1(a>b>0)$ 的参数方程是 $\begin{cases}x=a\cos\theta\\y=b\sin\theta\end{cases}$

（2）椭圆 $\dfrac{x^2}{a^2}+\dfrac{y^2}{b^2}=1(a>b>0)$ 长半轴 a、短半轴 b 与焦半径 c 关系公式 $a^2=b^2+c^2$

离心率 $e=\dfrac{c}{a}$

5. 有关双曲线的公式

（1）双曲线 $\dfrac{x^2}{a^2}-\dfrac{y^2}{b^2}=1(a>0,b>0)$ 的实半轴 a、虚半轴 b 与焦半径 c 的公式 $c^2=a^2+b^2$

离心率 $e=\dfrac{c}{a}$

（2）若双曲线方程为 $\dfrac{x^2}{a^2}-\dfrac{y^2}{b^2}=1$，则渐近线方程为 $\dfrac{x^2}{a^2}-\dfrac{y^2}{b^2}=0\Leftrightarrow y=\pm\dfrac{b}{a}x$

（3）等轴双曲线 $\dfrac{x^2}{a^2}-\dfrac{y^2}{a^2}=1(a>0)$，则渐近线方程为 $\dfrac{x^2}{a^2}-\dfrac{y^2}{a^2}=0\Leftrightarrow y=\pm x$

6. 有关抛物线的公式

（1）抛物线 $y^2=\pm2px(p>0)$ 的焦点 $(\pm\dfrac{p}{2},0)$，准线 $x=\mp\dfrac{p}{2}$

（2）抛物线 $x^2 = \pm 2py(p > 0)$ 的焦点 $(0, \pm \dfrac{p}{2})$，准线 $y = \mp \dfrac{p}{2}$

（3）二次函数 $y = ax^2 + bx + c = a\left(x + \dfrac{b}{2a}\right)^2 + \dfrac{4ac - b^2}{4a}(a \neq 0)$ 的图像是抛物线，顶点坐标为 $\left(-\dfrac{b}{2a}, \dfrac{4ac - b^2}{4a}\right)$，焦点的坐标为 $\left(-\dfrac{b}{2a}, \dfrac{4ac - b^2 + 1}{4a}\right)$，准线方程是 $y = \dfrac{4ac - b^2 - 1}{4a}$

附录二　参考答案

第1章　函数与极限

练习与思考 1-1

1. (1) $[-2,0] \cup [0,2]$;　　　　　　(2) $(2k\pi,(2k+1)\pi)$, $k \in \mathbf{Z}$.

2. (1) 不同,定义域不同;　　　　　(2) 不同,定义域不同.

3. (1) 有界,无界,无界;　　　　　(2) 有界,无界.

4. (1) 不可以;　　　　　　　　　(2) 可以,仅在 $x = 0$ 处有意义.

5. (1) $(-\infty,+\infty)$;　　　　　　　(2) $[-2,4]$.

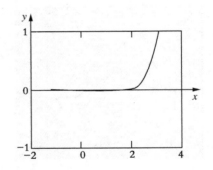

6. (1) $1,1,-1$;　　　　　　　　　(2) 0.9, 1.1, -0.1.

练习与思考 1-2

1. 3.　　**2.** 0.　　**3.** 3,8.　　**4.** 1, -1, 不存在.

练习与思考 1-3

1. (1) 不满足极限四则运算法则;

(2) 不满足极限四则运算法则,6;

(3) 不满足极限四则运算法则,3;

(4) 错误套用 $\lim\limits_{\square \to 0} \dfrac{\sin\square}{\square} = 1$, $\sin 1$;

(5) 错误套用 $\lim\limits_{\square \to 0}(1+\square)^{\frac{1}{\square}} = e$, e^{-1}.

2. (1) $\dfrac{9}{2}$; (2) 6; (3) 4; (4) e^{10}.

练习与思考 1-4

1. (1) 无穷大;(2) 无穷小;(3) 无穷小.

2. (1) $x \to 1$ 时,无穷大;$x \to -2$ 时,无穷小;

(2) $x \to 0^+$ 时,无穷大;$x \to +\infty$ 时,无穷小;$x \to 1$ 时,无穷小;

(3) $x \to 0$ 时,无穷大;$x \to -2$ 和 $x \to \infty$,无穷小.

3. (1) 0;(2) 0;(3) 0.

4. (1) 同阶;(2) 同阶;(3) 等价.

5. (1) $\dfrac{a}{b}$;(2) 2;(3) 4;(4) -1.

练习与思考 1-5

1. -1.　**2.** -0.051.

3. (1) $(-\infty,1) \bigcup (1,2) \bigcup (2,+\infty)$,$\dfrac{1}{2}$;(2) $[4,6]$,0;(3) $(-1,1)$,$\ln \dfrac{3}{4}$.

4. (1) $x = -2$,无穷间断点;　　　　　(2) $x = 1$,可去间断点;$x = 2$,无穷间断点;

(3) $x = 1$,跳跃间断点;　　　　　　(4) $x = 0$,可去间断点.

5. (1) $2\sqrt{2}$;(2) 1;(3) $\dfrac{1}{4}$;(4) 2.　**6.** 不连续.　**7.** ln3.

练习与思考 1-7

1. (1) 甲系 10 人,乙系 6 人,丙系 4 人;

(2) 出现小数,增加 1 人;甲系 11 人,乙系 7 人,丙系 3 人.

第 1 章复习题

一、选择题

1. C;　**2.** B;　**3.** B;　**4.** D;　**5.** C;　**6.** A;　**7.** D;　**8.** C;

9. D;　**10.** B;　**11.** D;　**12.** D;　**13.** A;　**14.** C;　**15.** C.

二、填空题

1. $\dfrac{\sqrt{3}}{3}$,0,1,2;　**2.** $y = \dfrac{1+x}{1-x}$;　**3.** $x > 0$ 且 $x \neq \dfrac{1}{4}$;　**4.** $(0,3]$;　**5.** 1;　**6.** 1;　**7.** $\dfrac{1}{2}$;

8. 2;　**9.** 1,0;　**10.** ln2;　**11.** 0;　**12.** 必要,充分;　**13.** 2;　**14.** $[-3,-2),(2,3]$.

三、解答题

1. (1) $\left(-\infty,\dfrac{7}{2}\right)$;(2) $[1,4]$;(3) $(-\infty,0) \bigcup (0,3]$;(4)$[0,\infty)$.

2. (1) $y = \ln u$,$u = \ln x$;　　　　　(2) $y = e^u$,$u = v^2$,$v = \sin \omega$,$\omega = x^2 - 1$;

(3) $y = u^{10}$,$u = 1 + 2x$;　　　(4) $y = u^2$,$u = \arcsin v$,$v = \sqrt{\omega}$,$\omega = 1 - x^2$.

3. (1) $\dfrac{1}{2}$;(2) $\dfrac{1}{2}$;(3) 0;(4) e;　(5) $\dfrac{5}{2}$;(6) $\dfrac{1}{4}$;(7) $\dfrac{1}{2}$;(8) 1;(9) e^{-2};(10) e;(11) e^4;

(12) 0.

4. 9.　**5.** 2.　**6.** 1.　**7.** $x \to 1$ 时,$f(x)$ 与 $g(x)$ 是同价无穷小.

8. $f(x)$ 在 $x = 0$ 不连续.　**9.** $a = \dfrac{b}{2}$.

第 2 章　　导数与微分

练习与思考 2-1

1. 冷却速度 $v(t) = T'(t)$.

2. (1) 错,反例 $f(x)=|x|$ 在 $x=0$ 处连续但不可导;(2) 正确;(3) 错,切线垂直于 x 轴时不可导;(4) 错,导数不存在,但等于无穷大,此时曲线在切点处具有垂直于 x 轴的切线.

练习与思考 2-2

1. (1) $u(x)=|x|$,$v(x)=x-|x|$,在 $x=0$ 处都是不可导的,但 $u(x)+v(x)=x$ 在 $x=0$ 处可导;(2) 正确.

2. $f'(x_0)$ 表示函数 $f(x)$ 在点 x_0 处的导数值,计算步骤是先求导函数,再将 x_0 代入求值,而 $[f(x_0)]'$ 的计算步骤则是先将 x_0 代入求出函数值,再求导,由于常数的导数为 0,因此 $[f(x_0)]'$ 必为 0.

3. $\dfrac{\mathrm{d}A}{\mathrm{d}t}=\dfrac{\mathrm{d}A}{\mathrm{d}r}\cdot\dfrac{\mathrm{d}r}{\mathrm{d}t}=2\pi r\dfrac{\mathrm{d}r}{\mathrm{d}t}$.

练习与思考 2-3

1. 速度 $v(3)=s'(3)=27$,加速度 $a(3)=s''(3)=18$.

2. $y'=\dfrac{3x^2+2x}{6y}$,切线方程为 $y-2=\dfrac{4}{3}(x-2)$,法线方程为 $y-2=-\dfrac{3}{4}(x-2)$.

3. $\dfrac{\mathrm{d}y}{\mathrm{d}x}=\dfrac{-\sin 2t}{\cos t}$,切线方程为 $y=-\sqrt{2}(x-\sqrt{2})$,法线方程为 $y=\dfrac{\sqrt{2}}{2}(x-\sqrt{2})$.

练习与思考 2-4

1. $\mathrm{d}A=f(x)\mathrm{d}x$.

2. 略,见本章小结.

3. 利用线性逼近公式 $f(x)\approx f(0)+f'(0)x(|x|\ll 1)$. (1) $f(x)=\sin x$,$f'(x)=\cos x$,$f(0)=0$,$f'(0)=1$,证得 $\sin x\approx x$;(2) $f(x)=\mathrm{e}^x$,$f'(x)=\mathrm{e}^x$,$f(0)=f'(0)=1$,证得 $\mathrm{e}^x\approx 1+x$;(3) $f(x)=\sqrt[n]{1+x}$,$f'(x)=\dfrac{1}{n}(1+x)^{\frac{1}{n}-1}$,$f(0)=1$,$f'(0)=\dfrac{1}{n}$,证得 $\sqrt[n]{1+x}\approx 1+\dfrac{x}{n}$.

4. $f(x)=x^3-3x+6$ 在 $x=1$ 处导数为 0,事实上,当 $f'(x_1)$ 接近 0 时,切线法就很可能失败了.

第 2 章复习题

一、填空题

1. $\mathrm{e}^{(1+\Delta x)^2+1}-\mathrm{e}^2$,$2\mathrm{e}^2\mathrm{d}x$; **2.** $\dfrac{f(x)-f(0)}{x-0}$,$\dfrac{f(x)-f(1)}{x-1}$; **3.** B;

4. $a=2$,$b=-1$; **5.** $2.9\mathrm{e}^{-0.029t}$;

6. -2,$2x+y-3=0$,$x-2y+1=0$;$3-10t$,$-10\mathrm{m/s}^2$.

二、解答题

1. (1) $\dfrac{\sin x-1}{(x+\cos x)^2}$;　　　　　　(2) $1+\ln x+\dfrac{1-\ln x}{x^2}$;

(3) $\dfrac{2}{\sqrt{1-(1+2x)^2}}$;　　　　　(4) $\dfrac{3}{2}\sqrt{x}+\dfrac{1}{2\sqrt{x}}-1$;

(5) $\dfrac{1}{x\ln(x)\ln(\ln(x))}$;　　　　(6) $y=3x^2\cos(x^3-1)$;

(7) $y = (2x + x^2 \cdot \ln 2) \cdot 2^x$; 　　　　(8) $\dfrac{1 - y - x}{e^y(x + y) - 1}$;

(9) $\dfrac{y - 2xy^2}{2x^2 y - x}$; 　　　　(10) $2(t + 1)$;

(11) -1; 　　　　(12) 16.

2. (1) $20x^3 + 24x$; 　　　　(2) 4.

3. (1) $3\cot 3x \, \mathrm{d}x$; 　　　　(2) $e^x(\cos x - \sin x) \mathrm{d}x$;

(3) $-\dfrac{x}{\sqrt{4 - x^2}} \mathrm{d}x$; 　　　　(4) $\dfrac{e^x}{1 + e^{2x}} \mathrm{d}x$;

(5) $\dfrac{e^{x+y} - y}{x - e^{x+y}} \mathrm{d}x$; 　　　　(6) $\dfrac{3x^2 + 2x}{6y} \mathrm{d}x$.

4. (1) $y = 2$ 或 $y = \dfrac{2}{3}$; (2) $A\left(\dfrac{\sqrt{6}}{3}, \dfrac{2\sqrt{6}}{9}\right)$; (3) $\dfrac{2}{\pi}$ cm³/min; (4) πcm²; (5) $2\pi rh$.

5. (1) 9.995; 　　　　(2) 0.719 4.

6. (1) $-0.020\ 2$; 　　　　(2) 0.874 6.

7. 1.3. 　　**8.** 1.122 462 05. 　　**9.** $k = 1, R = 1$.

第 3 章　　导数的应用

练习与思考 3-1

1. (1) C; (2) A; (3) C.

2. (1) $(-\infty, 1)$ 单调增加,$(1, \infty)$ 单调减少;

(2) $(-\infty, 0) \bigcup (0, \dfrac{1}{4})$ 单调减少,$(\dfrac{1}{4}, \infty)$ 单调增加.

3. (1) 极大值 $f(1) = 4$,极小值 $f(3) = 0$; 　　(2) 极大值 $f(-1) = 0$, 极小值 $f(1) = -3\sqrt[3]{4}$.

练习与思考 3-2

1. 略.

2. 最大值 $f(-1) = 5$,最小值 $f(-3) = -15$.

3. 最大值 $f(1) = 1$,最小值 $f(0) = f(2) = 0$.

练习与思考 3-3

1. A.

2. (1) $(-\infty, 0)$ 凹,$(0, +\infty)$ 凸,$(0,0)$ 拐点; (2) $(-\infty, 4)$ 凹,$(4, +\infty)$ 凸,$(4,2)$ 拐点.

3.

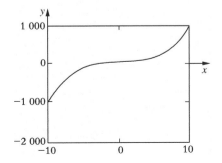

练习与思考 3-4

1. (1) 不是 $\dfrac{0}{0}$ 型；(2) 不是 $\dfrac{\infty}{\infty}$ 型；(3) 求导后极限不存在；(4) $\infty - \infty$ 是未定式.

2. (1) -1；(2) 2；(3) 0；(4) 0；(5) $\dfrac{1}{2}$.

练习与思考 3-6

1. 20h.   **2.** 207 360 美元.

3. θ 有最大值时，$x = \sqrt{d(b+d)}$.

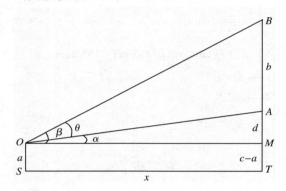

第 3 章复习题

一、选择题

1. C；   **2.** B；   **3.** B；   **4.** D；   **5.** C；   **6.** C；

7. A；   **8.** D；   **9.** C；   **10.** C；   **11.** D；   **12.** B.

二、填空题

1. $f'(\xi) = \dfrac{f(b) - f(a)}{b - a}$；   **2.** 0；   **3.** $x = \dfrac{3}{2}, \dfrac{9}{2}$；

4. $(-1, +\infty)$，$(-\infty, -1)$，$x = -1$；

5. 在 $(0, +\infty)$ 是凹的，在 $(-\infty, 0)$ 是凸的，$(0,0)$；

6. $(-\infty, -1)$，$(1, +\infty)$，$(-1, 0)$，$(0, 1)$；   **7.** 大；

8. $-1, 3, \left(1, -\dfrac{11}{9}\right)$；   **9.** 一定.

三、解答题

1. (1) $\dfrac{m}{n} a^{m-n}$；(2) 0；(3) 0；(4) ∞；(5) $\dfrac{1}{2}$；(6) 2.

2. (1) 极大值 $y = y\left(\dfrac{7}{3}\right) = \dfrac{4}{27}$，极小值 $y = y(3) = 0$；

     (2) 极小值 $y = y\left(\dfrac{1}{2}\right) = \dfrac{1}{2} + \ln 2$.

3. 最大值 $y = y(1) = 2$，最小值 $y = y(-1) = -10$.

4. $\left(-\infty, -\dfrac{1}{\sqrt{2}}\right)$，$\left(0, \dfrac{1}{\sqrt{2}}\right)$ 曲线为凸；$\left(-\dfrac{1}{\sqrt{2}}, 0\right)$，$\left(\dfrac{1}{\sqrt{2}}, +\infty\right)$ 曲线为凹；拐点为 $\left(-\dfrac{1}{\sqrt{2}}, \dfrac{7}{4\sqrt{2}}\right)$，

$(0,0)$，$\left(\dfrac{1}{\sqrt{2}},-\dfrac{7}{4\sqrt{2}}\right)$.

5. 当底面半径为 $\sqrt[3]{\dfrac{150}{\pi}}$、高为 $2\sqrt[3]{\dfrac{150}{\pi}}$ 时,造价最低.

第 4 章　定积分与不定积分及其应用

练习与思考 4-1

1. (1) $b-a$，$\displaystyle\int_a^b \mathrm{d}x$；(2) $s=\displaystyle\int_0^3 (2t+1)\mathrm{d}t$；(3) $3,-2,[-2,3]$.

2. (a) $\displaystyle\int_1^3 \dfrac{1}{x}\mathrm{d}x$；(b) $\displaystyle\int_{-1}^1 (\sqrt{2-x^2}-x^2)\mathrm{d}x$；(c) $\displaystyle\int_a^b [f(x)-g(x)]\mathrm{d}x$；(d) $\displaystyle\int_{-1}^2 |(x-1)^2-1|\,\mathrm{d}x$.

练习与思考 4-2

1. (1),(2) 正确；(3),(4) 错误.

2. (1) $x\sin x$；(2) $-\dfrac{\cos x}{1+x^2}$.

3. (1) 60；(2) $\dfrac{14}{3}+\cos 1$；(3) $\dfrac{\pi}{3}$；(4) $1-\dfrac{\pi}{4}$.

4. $\dfrac{7}{3}$.

练习与思考 4-3A

1. (1) $\mathrm{e}^{-x}+C,-\mathrm{e}^{-x}+C$；　　　　　(2) $-\cos x+\sin x+C,\ \sin x+\cos x+C$.

2. (1) $3x+\dfrac{3}{4}x\sqrt[3]{x}-\dfrac{1}{2x^2}+\dfrac{1}{\ln 3}3^x+C$；　　(2) $\ln|x|+\mathrm{e}^x+C$；

(3) $-\cos x+2\arcsin x+C$；　　　　(4) $\dfrac{x-\sin x}{2}+C$；

(5) $-\cot x-x+C$；　　　　　　　(6) $-\dfrac{1}{x}+\arctan x+C$.

练习与思考 4-3B

1. (1) $\dfrac{1}{7}$；(2) 2；(3) $-\dfrac{1}{2}$；(4) $\dfrac{1}{2}$；(5) $-\dfrac{1}{5}$；(6) $-\dfrac{3}{2}$；(7) $\dfrac{1}{2}$；(8) -1.

2. (1) $\dfrac{1}{50}(1+5x)^{10}+C$；　　　　　(2) $\dfrac{1}{3}\ln|3x-1|+C$；

(3) $-\dfrac{1}{3}\mathrm{e}^{1-3x}+C$；　　　　　　(4) $\dfrac{2}{9}(x^3+1)^{\frac{3}{2}}+C$；

(5) $2\ln|\sqrt{x}+1|+C$；　　　　　(6) $3\sqrt[3]{x}-6\sqrt[6]{x}+6\ln|1+\sqrt[6]{x}|+C$.

3. (1) $\dfrac{51}{512}$；　　　　　　　　　　(2) $3\left(-\dfrac{1}{2}\ln 2\right)$.

练习与思考 4-4A

1. (1) x^2；(2) x；(3) $\ln(x^2+1)$；(4) $\arctan x$.

2. (1) $-x\cos x+\sin x+C$；(2) $2\ln\dfrac{x}{2}-x+C$；(3) $1-\dfrac{2}{\mathrm{e}}$；(4) $\dfrac{\pi}{4}-\dfrac{1}{2}$.

练习与思考 4-4B

1. (1) $\dfrac{1}{2}$；(2) $\dfrac{1}{a}$；(3) 发散；(4) 发散；(5) 2；(6) 发散.

练习与思考 4-5A

1. (1) $\dfrac{7}{6}$；(2) $\dfrac{\pi}{2}$. 　**2.** (1) πa^2；(2) $(9\pi+16)a^2$. 　**3.** (1) $\dfrac{\pi}{5}$；(2) $\dfrac{3\pi}{10}$.

练习与思考 4-5B

1. $18k\times10^{-4}(\mathrm{J})$. 　**2.** $\dfrac{27}{7}kc^{\frac{2}{3}}a^{\frac{7}{3}}(\mathrm{J})$. 　**3.** $4.32\rho g\times10^{-4}(\mathrm{N})$.

练习与思考 4-6

1. (1) 2；(2) $\dfrac{9}{4}$；(3) $\dfrac{1}{2}\left(1-\dfrac{1}{\mathrm{e}}\right)$.

2. (1) $\pi\left(1-\dfrac{1}{\mathrm{e}}\right)$；(2) 0；(3) $\dfrac{3\pi^2}{64}$.

3. (1) $\displaystyle\int_1^1\mathrm{d}y\int_y^{\sqrt{y}}f(x,y)\mathrm{d}x$；　(2) $\displaystyle\int_0^4\mathrm{d}x\int_{\frac{x}{2}}^{\sqrt{x}}f(x,y)\mathrm{d}y$；　(3) $\displaystyle\int_0^1\mathrm{d}y\int_y^{2-y}f(x,y)\mathrm{d}y$.

*4. $\left(\dfrac{a}{3},\dfrac{a}{3}\right)$.

*5. $I_x=\dfrac{k}{3}ab^3$，$I_y=\dfrac{k}{3}a^3b$(其中 k 为均匀矩形的密度).

练习与思考 4-8

1. 按计算应该于1881年世界人口达到10亿,但事实是1850年以前世界人口已超过10亿;按计算应该于2003年世界人口达到72亿,但事实是2003年世界人口并没有达到72亿;因此该模型并不是很准确,虽然计算简单但不实用.

2. (1) 5.117 8；(2) 398.

第 4 章复习题

一、选择题

1. B；　**2.** A；　**3.** D；　**4.** C；　**5.** C.

二、填空题

1. $f(x)=g(x)+C$；　　　　　　　**2.** $S=t^3+2t^2$；

3. $F(x)+Ax+C$；　　　　　　　**4.** $\arctan f(x)+C$；

5. $\arcsin\dfrac{x}{a}+C$；　　　　　　**6.** $\mathrm{e}^{f(x)}+C$；

7. $-\ln|\ln\cos x|+C$；　　　　　**8.** $\dfrac{\cos^2 x\mathrm{d}x}{1+\sin^2 x}$；

9. $\dfrac{\cos x}{1+\sin x}+C$；　　　　　　**10.** $\dfrac{\sin x}{1+x^2}$.

三、解答题

1. (1) $\tan x-\cot x+C$；　　　　　(2) $\dfrac{1}{8}x-\dfrac{1}{32}\sin4x+C$；

　　(3) $-2\cos\sqrt{x}+C$；　　　　　(4) $-2\cot x+\dfrac{2}{\sin x}-x+C$；

(5) $\frac{1}{6}(2x^2+1)\sqrt{2x^2+1}+C$;　　(6) $\frac{1}{3}(\ln x)^3+C$;

(7) $2\ln|\ln x|+C$;　　　　　　　　(8) $e^x+e^{-x}+C$;

(9) $\frac{1}{3}(\arctan x)^3+C$;　　　　　(10) $\frac{1}{2}(\arcsin x)^2+C$;

(11) $\frac{1}{2\sqrt{3}}\arctan\frac{2x}{\sqrt{3}}+C$;　　　(12) $\frac{1}{a}\arctan\frac{\sin x}{a}+C$;

(13) $\frac{1}{4}\ln(4x^2+12x+25)-\frac{5}{4}\arctan\frac{2x+3}{4}+C$;

(14) $\arctan(x+1)+C$;

(15) $\frac{1}{3}x^3\ln(x-3)-\frac{1}{9}x^3-\frac{1}{2}x^2-3x-9\ln(x-3)+C$;

(16) $\frac{x}{2}\sin 2x-\frac{x^2}{2}\cos 2x+\frac{1}{4}\cos 2x+C$;

(17) $2(\sqrt{x}\sin\sqrt{x}+\cos\sqrt{x})+C$;　　(18) $\frac{1}{2}\ln^2(\arcsin x)+C$;

(19) $\frac{1}{2}\cos x-\frac{1}{10}\cos 5x+C$;　　　(20) $\frac{1}{6}x^3+\frac{1}{2}x^2\sin x+x\cos x-\sin x+C$;

(21) $xf'(x)-f(x)+C$;　　　　　(22) $xf(x)+C$;

(23) $\arcsin\frac{1+x}{2}-2\sqrt{3-2x-x^2}+C$;

(24) $\frac{x-1}{2}\sqrt{3+2x-x^2}+2\arcsin\frac{x-1}{2}+C$.

2. $y=x^3-3x+2$.　**3.** 当 $t=2$ 时，$s=-\frac{10}{9}$.　**4.** $s=v_0t-\frac{1}{2}gt^2$.

第5章　　矩阵代数

练习与思考 5-1

1. (1) 14；(2) $2(a^2+b^2)$；(3) 61；(4) $2abc$；(5) 210.

2. $x_1=0$，$x_2=2$.

练习与思考 5-2

1. (1) ×；(2) ×；(3) ×；(4) ×；(5) ×；(6) ×；(7) ×.

2. (1) m，n；列，行；(2) 3，-2，-1；(3) 对角矩阵；(4) 对称矩阵，$a_{ij}=a_{ji}$；

(5) 至少有一个为零；(6) 行数相同，列数也相同(同型矩阵)；(7) 每一个元素；(8) 左矩阵的列数等于右矩阵的行数；(9) $m\times 5$，A 的第 i 行的元素与 B 的第 j 列的元素对应乘积的和；

(10) 下三角矩阵，上三角矩阵；(11) $(-2)^3=-8$.

练习与思考 5-3

1. (1) ×；(2) ×；(3) ×；(4) √.

2. 二阶子式 $\begin{vmatrix} 2 & 1 \\ 3 & -2 \end{vmatrix}$，三阶子式 $\begin{vmatrix} 2 & 1 & -1 \\ 3 & -2 & 1 \\ 1 & 4 & -3 \end{vmatrix}$.

3. 2. 　**4.** (1) 2；(2) 2；(3) 3；(4) 3. 　**5.—7.** 略.

第 5 章复习题

一、选择题

1. A； 　**2.** C； 　**3.** B； 　**4.** D.

二、解答题

1. (1) $4abcdef$；(2) $(x-b)(x-a)(x-c)$；(3) 169；(4) 1.

2. 略.

3. (1) $\begin{pmatrix} \frac{1}{2} & 0 & 0 & 0 \\ 0 & 1 & 4 & -\frac{4}{9} \\ 0 & 0 & -1 & \frac{1}{9} \\ 0 & 0 & 0 & \frac{1}{9} \end{pmatrix}$；(2) $\begin{pmatrix} -2 & 0 & 2 & 1 \\ -4 & 1 & 3 & 2 \\ -2 & 1 & 2 & 1 \\ 1 & 0 & -1 & 0 \end{pmatrix}$.

4. (1)$\lambda \neq 0, \pm 1$；(2) $\lambda = 0$；(3) $\lambda = \pm 1$.

5. (1) $x_1 = 5$，$x_2 = -2$，$x_3 = 1$；(2) $x_1 = -\frac{1}{4}$，$x_2 = \frac{23}{4}$，$x_3 = -\frac{1}{4}$；

(3) $x_1 = -\frac{3}{2}x_3 - x_4$，$x_2 = \frac{7}{2}x_3 - 2x_4 (x_3, x_4$ 为自由未知量).

6. (1) $\begin{pmatrix} 1 & 0 & 0 & 0 \\ 0 & 1 & 0 & 0 \\ 0 & 0 & 1 & 0 \\ 0 & 0 & 0 & 1 \end{pmatrix}$； 　(2) $\begin{pmatrix} 1 & 0 & 2 & 0 & -2 \\ 0 & 1 & -1 & 0 & 3 \\ 0 & 0 & 0 & 1 & 4 \\ 0 & 0 & 0 & 0 & 0 \end{pmatrix}$.

7. (1) 秩 $R(\boldsymbol{A}) = 2$，例如

$\boldsymbol{A} \overset{r}{\sim} \begin{pmatrix} 1 & -1 & 2 & -1 \\ 0 & 4 & -6 & 5 \\ 0 & 0 & 0 & 0 \end{pmatrix}$，可取 $\begin{vmatrix} 1 & -1 \\ 0 & 4 \end{vmatrix} \neq 0$ 为一个最高阶非零子式.

(2) 秩 $R(\boldsymbol{A}) = 3$，例如

$\boldsymbol{A} \overset{r}{\sim} \begin{pmatrix} 1 & 3 & -4 & -4 & 2 \\ 0 & -7 & 11 & 9 & -7 \\ 0 & 0 & 0 & 0 & -1 \end{pmatrix}$，可取 $\begin{vmatrix} 1 & 3 & 2 \\ 0 & -7 & -7 \\ 0 & 0 & -1 \end{vmatrix} \neq 0$ 为一个最高阶非零子式.

8. (1) 当 $a \neq 1$ 时，$R(\boldsymbol{A}) = 1$；(2) 当 $a = -2$ 时，$R(\boldsymbol{A}) = 2$；

(3) 当 $a \neq 1$ 且 $a = -2$ 时，$R(\boldsymbol{A}) = 3$.

9. (1) $R(\boldsymbol{A}) = 4$，只有零解；(2) $R(\boldsymbol{A}) = 3 < n = 5$，方程组有非零解，其解为

$$\begin{pmatrix} x_1 \\ x_2 \\ x_3 \\ x_4 \\ x_5 \end{pmatrix} = C_1 \begin{pmatrix} -1 \\ 1 \\ 0 \\ 0 \\ 0 \end{pmatrix} + c_2 \begin{pmatrix} -6 \\ 0 \\ -5 \\ -1 \\ 1 \end{pmatrix}.$$

10. (1) 无解;(2) 因为 $R(\boldsymbol{A}) = R(\boldsymbol{B}) = 2 < n = 4$,有无穷多组解,其解为

$$\begin{pmatrix} x_1 \\ x_2 \\ x_3 \\ x_4 \end{pmatrix} = c_1 \begin{pmatrix} -\dfrac{1}{2} \\ 1 \\ 0 \\ 0 \end{pmatrix} + c_2 \begin{pmatrix} \dfrac{1}{2} \\ 0 \\ 1 \\ 0 \end{pmatrix} + \begin{pmatrix} \dfrac{1}{2} \\ 0 \\ 0 \\ 0 \end{pmatrix}.$$

11. (1) 当 $\lambda = -2$ 时,$R(\boldsymbol{A}) = 2, R(\boldsymbol{B}) = 3$,所以方程组无解;

(2) 当 $\lambda \neq -1, -2$ 时,有 $R(\boldsymbol{A}) = R(\boldsymbol{B}) = 3 = n$,所以方程组有唯一解;

(3) 当 $\lambda = 1$ 时,$R(\boldsymbol{A}) = R(\boldsymbol{B}) = 1 < n = 3$,所以方程组有无穷多组解.

第 6 章   微分方程

练习与思考 6-1

1. (1) 通解;(2) 特解.

2. (1) $y = Ce^{x^2}$;(2) $(1+x^2)(1+y^2) = 4$;(3) $x = Ce^{\frac{x}{y}}$;(4) $y = \dfrac{1}{2}x^2 + Cx^3$.

练习与思考 6-2

1. (1) $y = x\arctan x - \dfrac{1}{2}\ln(1+x^2) + C_1 x + C_2$;   (2) $y = (x+2)e^{-x} + C_1 x + C_2$;

(3) $y = \dfrac{1}{3}x^3 - x^2 + 2x + C_1 e^{-x} + C_2$;   (4) $y = -\ln|\cos(x+C_1)| + C_2$;

(5) $y = \dfrac{1}{2}x^2 + C_1 \ln|x| + C_2$;   (6) $y = C_2 e^{C_1(x+y)}$.

2. (1) $y = 3 - e^{1-x}$;   (2) $\dfrac{2}{3}(x+y) = 1 - \dfrac{1}{y}$.

3. 所需时间 $t_0 = \dfrac{1}{300\ln 6}$(s).

练习与思考 6-3

1. (1) $y = C_1 e^{-x} + C_2 e^{2x}$;   (2) $y = C_1 e^{-4x} + C_2$;

(3) $y = (C_1 x + C_2)e^{3x}$;   (4) $y = (C_1 x + C_2)e^{-\frac{1}{2}x}$;

(5) $y = e^x(C_1 \cos 2x + C_2 \sin 2x)$;   (6) $y = e^{-2x}(C_1 \cos 3x + C_2 \sin 3x)$.

2. (1) $y = 4e^x + 2e^{3x}$;   (2) $y = \dfrac{1}{2}e^x + \dfrac{3}{2}e^{-x}$;

(3) $y = 2\cos 5x + \sin 5x$;   (4) $y = (3x-2)e^x$.

3. (1) $y = \left(\dfrac{1}{10}x^2 - \dfrac{1}{25}\right)e^x + C_1 e^x + C_2 e^{-4x}$;   (2) $y = \left(\dfrac{1}{2}x^2 + C_1 x + C_2\right)e^{-3x}$;

(3) $y = \dfrac{1}{4}x^2 + \dfrac{3}{8}x + \dfrac{19}{32} + C_1 e^x + C_2 e^{4x}$;

(4) $y = e^{2x}\left(-\dfrac{1}{10}\cos x - \dfrac{3}{10}\sin x\right) + C_1 + C_2 e^{3x}$;

(5) $y = \dfrac{x\sin x}{2} + C_1 \cos x + C_2 \sin x$.

4. (1) $y = -\dfrac{1}{2}x^2 - 3 + e^x$;   (2) $y = \dfrac{1}{4}(x-1)e^x + \dfrac{1}{4}(x+1)e^{-x}$;

(3) $y = \left(x^2 - x + \dfrac{3}{2}\right)e^x - \dfrac{1}{2}e^{-x}$;   (4) $y = -\dfrac{1}{3}\sin 2x - \cos x - \dfrac{5}{3}\sin x$.

练习与思考 6-4

1. $\dfrac{dT}{dt} = -k(T - T_a)$, $T\big|_{t=0} = 36.5$, $T\big|_{t=t_0} = 32$, $T\big|_{t=t_0+1} = 30.5$,其中 T_a 为当时空气温度.

2. $m\dfrac{dv}{dt} = mg - 0.0005v$, $s\big|_{t=0} = 150$, $v\big|_{t=0} = 0$,其中 m 为包裹质量, g 为重力加速度.

3. $\dfrac{dp}{dt} = \alpha[f(p) - g(p)]$, $p\big|_{t=0} = p_0$,其中 $f(p)$ 为需求函数, $g(p)$ 为供给函数, α 为正常数.

4. $\dfrac{dx}{dt} + \dfrac{2x}{100+t} = 0.03$, $x\big|_{t=0} = 10$.

5. $m\dfrac{d^2 x}{dt^2} = -h\dfrac{dx}{dt} - kx + f(t)$,其 $f(t)$ 为干扰函数.

第 6 章复习题

一、判断题

1. 错 ;   **2.** 错 ;   **3.** 错 ;   **4.** 对.

二、填空题

1. 二,非齐次; **2.** $y' = f(x,y)$, $y(0) = 0$; **3.** $y'' - 5y' + 6y = 0$; **4.** $x(ax^2 + bx + c)$.

三、解答题

1. (1) $\sin^2 y = \sin^2 x + C$;   (2) $\dfrac{1}{y} = a\ln(1 - a - x) + C$;

(3) $\ln y = \tan\dfrac{x}{2}$;   (4) $y = \arccos\left(\dfrac{\sqrt{2}}{2}\cos x\right)$;

(5) $y^2 = 2\ln(1 + e^x) + 1$.

2. (1) $y = -\sin x + x^3 + C_1 x + C_2$;   (2) $y = \dfrac{1}{6}x^3 + e^{-x} + C_1 x + C_2$;

(3) $y = +\dfrac{1}{2}x^2 + x + C_1 e^x + C_2$;   (4) $y = C_2 e^{C_1 x}$;

(5) $y = \left(C_1 - \dfrac{4}{3}x\right)e^{-x} + C_2 e^{2x}$;   (6) $y = \dfrac{1}{4}x^3 - \dfrac{7}{16}x^2 + \dfrac{47}{32}x + C_1 + C_2 e^{-4x}$.

3. (1) $y = \dfrac{4}{9}x^3 - \dfrac{1}{3}\ln x - \dfrac{4}{9}$;   (2) $\sec y + \tan y = e^{\pm x}$;

(3) $y = e^{-2x}(15\cos 5x + 6\sin 5x)$;   (4) $y = -\dfrac{1}{8}x\cos 2x + \dfrac{1}{16}\sin 2x$.

4. $t = \sqrt{\dfrac{m}{kg}}\arctan\sqrt{\dfrac{k}{mg}}v_0$, $h = \dfrac{m}{2k}\ln\left(1 + \dfrac{kv_0^2}{mg}\right)$.

5. $x(t) = 2\cos t - 2\cos 2t + 3\sin 2t$.

6. $x(t) = -10\cos\sqrt{\dfrac{\pi g}{200}}t$.

第 7 章　　拉普拉斯变换

练习与思考 7-1

1. 略.　　**2.** 略.

3. (1) $\dfrac{3}{s}$; (2) $\dfrac{3}{s^2}$; (3) $\dfrac{1}{s-2}$; (4) $\dfrac{s}{s^2+4}$.

4. (1) $\dfrac{6}{s^2+9}+\dfrac{3s}{s^2+4}$; (2) $\dfrac{s-2\sqrt{3}}{2(s^2+4)}$; (3) $\dfrac{6s}{(s^2+9)^2}$; (4) $\dfrac{s-3}{(s-3)^2+4}$.

练习与思考 7-2

1. 略.

2. (1) $2\mathrm{e}^{3t}$; (2) $\mathrm{e}^{-\frac{1}{2}t}$; (3) $3\cos 3t$; (4) $\dfrac{2}{3}\sin\dfrac{1}{3}t$; (5) $\cos 3t-\sin 3t$.

3. (1) $-3\mathrm{e}^{t}+3\mathrm{e}^{2t}$; (2) $\dfrac{2}{9}\cos\dfrac{1}{3}t$; (3) $\dfrac{3}{2}\mathrm{e}^{-2t}\sin 2t$; (4)$2\mathrm{e}^{-2t}-\mathrm{e}^{-t}(\cos t+\sin t)$.

练习与思考 7-3

1. 略.

2. (1) $y=\mathrm{e}^{t}$; (2) $y=\dfrac{5}{4}(\mathrm{e}^{5t}-\mathrm{e}^{-3t})$; (3) $y=\dfrac{3}{2}\sin 2t$; (4) $y=t$.

第 7 章复习题

一、填空题

1. $\dfrac{\omega}{(s+\lambda)^2+\omega^2}$;　　**2.** $\dfrac{s+\lambda}{(s+\lambda)^2+\omega^2}$;　　**3.** $\dfrac{1}{\sqrt{\pi(t-\tau)}}$;　　**4.** $\dfrac{1}{2}u(t)$;　　**5.** $\dfrac{t}{2}$.

二、解答题

1. (1) $F(s)=L[\sin(\omega t+\varphi)]=\displaystyle\int_0^\infty \sin(\omega t+\varphi)\mathrm{e}^{-st}\mathrm{d}t=\dfrac{s\cdot\sin\varphi+\omega\cos\varphi}{s^2+\omega^2}$;

(2) $F(s)=L[\mathrm{e}^{-\alpha t}(1-\alpha t)]=\displaystyle\int_0^\infty \mathrm{e}^{-\alpha t}(1-\alpha t)\mathrm{e}^{-st}\mathrm{d}t=\dfrac{s}{(s+\alpha)^2}$;

(3) $F(s)=L[t\cos(\alpha t)]=\displaystyle\int_0^\infty t\cos(\alpha t)\mathrm{e}^{-st}\mathrm{d}t=\dfrac{s^2-\alpha^2}{(s^2+\alpha^2)^2}$;

(4) $F(s)=L[t+2+3\delta(t)]=\displaystyle\int_0^\infty [t+2+3\delta(t)]\mathrm{e}^{-st}\mathrm{d}t$

$\qquad=\displaystyle\int_0^\infty [t]\mathrm{e}^{-st}\mathrm{d}t+\int_0^\infty [2]\mathrm{e}^{-st}\mathrm{d}t+\int_0^\infty 3\delta(t)\mathrm{e}^{-st}\mathrm{d}t=\dfrac{3s^2+2s+1}{s^2}$.

2. $\dfrac{\pi}{2a}\mathrm{e}^{-at}$ 和 $\dfrac{\pi}{2}(1-\mathrm{e}^{-t})$.

3. (1) $F(s)=\dfrac{(s+1)(s+3)}{s(s+2)(s+4)}$.

令 $F_2(s)=0$,可得 3 个单根分别为 $s_1=0$, $s_2=-2$, $s_3=-4$,

则　　　　　$k_1=sF(s)\big|_{s_1=0}=s\dfrac{(s+1)(s+3)}{s(s+2)(s+4)}\bigg|_{s_1=0}=\dfrac{(s+1)(s+3)}{(s+2)(s+4)}\bigg|_{s_1=0}=\dfrac{3}{8}$,

$\qquad\qquad\quad k_2=(s+2)F(s)\big|_{s_2=-2}=\dfrac{(s+1)(s+3)}{s(s+4)}\bigg|_{s_2=-2}=\dfrac{1}{4}$,

$$k_3 = (s+4)F(s)\mid_{s_3=-4} = \frac{(s+1)(s+3)}{s(s+2)}\bigg|_{s_3=-4} = \frac{3}{8},$$

即
$$f(t) = \frac{3}{8} + \frac{1}{4}\mathrm{e}^{-2t} + \frac{3}{8}\mathrm{e}^{-4t}.$$

(2) $F(s) = \dfrac{s^2+6s+8}{s^2+4s+3} = \dfrac{s^2+6s+8}{(s+1)(s+3)}.$

令 $F_2(s) - 0$,可得 2 个单根分别为 $s_1 = -1$, $s_2 = -3$,

则
$$k_1 = (s+1)F(s)\mid_{s_1=-1} = \frac{s^2+6s+8}{s+3}\bigg|_{s_1=-1} = -\frac{3}{2},$$

$$k_2 = (s+3)F(s)\mid_{s_2=-3} = \frac{s^2+6s+8}{s+1}\bigg|_{s_2=-3} = \frac{1}{2},$$

即
$$f(t) = -\frac{3}{2}\mathrm{e}^{-t} + \frac{1}{2}\mathrm{e}^{-3t}.$$

(3) $F(s) = \dfrac{s^3}{s(s^2+3s+2)} = \dfrac{s^3}{s(s+1)(s+2)}.$

令 $F_2(s) = 0$,可得 3 个单根分别为 $s_1 = 0, s_2 = -1, s_2 = -2$,

则
$$k_1 = sF(s)\mid_{s_1=0} = \frac{s^3}{(s+1)(s+2)}\bigg|_{s_1=0} = 0,$$

$$k_2 = (s+1)F(s)\mid_{s_2=-1} = \frac{s^3}{s(s+2)}\bigg|_{s_2=-1} = 1,$$

$$k_3 = (s+2)F(s)\mid_{s_3=-2} = \frac{s^3}{s(s+1)}\bigg|_{s_3=-2} = -4,$$

即
$$f(t) = \mathrm{e}^{-t} - 4\mathrm{e}^{-4t}.$$

(4) $F(s) = \dfrac{s+1}{s^3+2s^2+2s} = \dfrac{s+1}{s(s+1-j)(s+1+j)} = \dfrac{k_1}{s} + \dfrac{k_2}{s+1-j} + \dfrac{k_3}{s+1+j}.$

$[F_2(s)]' = 3s^2 + 4s + 2,$

则
$$k_1 = \frac{s+1}{3s^2+4s+2}\bigg|_{s_1=0} = \frac{1}{2},$$

$$k_2 = \frac{s+1}{3s^2+4s+2}\bigg|_{s_2=-1+j} = 0.354\underline{/-135°},$$

$$k_3 = \frac{s+1}{3s^2+4s+2}\bigg|_{s_3=-1-j} = 0.354\underline{/135°},$$

即
$$F(s) = \frac{0.5}{s} + \frac{0.354\underline{/-135°}}{s+1-j} + \frac{0.354\underline{/\,135°}}{s+1+j}.$$

查拉普拉斯变换表,可得
$$f(t) = 0.5 + 2\times0.354\mathrm{e}^{-t}\cos(t-135°) = 0.5 + 0.708\mathrm{e}^{-t}\cos(t-135°).$$

4. (1) $\dfrac{1}{1+\omega^2 a^2}(\mathrm{e}^{(1+\omega^2 a^2)t} - \mathrm{e}^{-\omega^2 a^2 t});$ (2) $\dfrac{1}{\omega^2 a^2}(1-\cos\omega a t);$

(3) $y = \dfrac{1}{2}\mathrm{e}^t\sin2t;$ (4) $y = t\mathrm{e}^{2t};$

(5) $y = \dfrac{9}{7}(\mathrm{e}^{8t} - \mathrm{e}^t);$ (6) $y = 2\mathrm{e}^{-2t}\sin t.$

第8章　　无穷级数

练习与思考 8-1

1. 略.　**2.** 略.

3. (1) 发散；(2) 收敛；(3) 发散；(4) 收敛.

4. (1) 收敛；(2) 发散；(3) 收敛；(4) 收敛；(5) 收敛；(6) 收敛；(7) 收敛；(8) 发散.

练习与思考 8-2

1. (1) $[-1,1)$；(2) $(-3,3)$；(3) $[-3,3)$；(4) $x = 2$.

2. (1) $s(x) = \dfrac{1+x^2}{(1-x^2)^2}(-1 < x < 1)$；　　　　(2) $s(x) = \dfrac{1}{2}\ln\left|\dfrac{x+1}{x-1}\right|(-1 < x < 1)$.

3. (1) $a^x = \displaystyle\sum_{n=0}^{\infty} \dfrac{(x\ln a)^n}{n!} \ (-\infty < x + \infty)$；

　　(2) $\sin\dfrac{x}{2} = \displaystyle\sum_{n=0}^{\infty} (-1)^n \dfrac{x^{2n+1}}{2^{2n+1}(2n+1)!} \ (-\infty < x + \infty)$.

4. (1) $1 + \dfrac{2x}{1!} + \dfrac{(2x)^2}{2!} + \cdots + \dfrac{(2x)^n}{n!}$；　　　　(2) $1 + 2x + 4x^2 + 8x^3 + \cdots + 2^n x^n$.

5. 2.718.

6. $\displaystyle\int_0^1 \dfrac{\sin x}{x}\,\mathrm{d}x \approx 1 - \dfrac{1}{3 \cdot 3!} + \dfrac{1}{5 \cdot 5!} \approx 0.946\,11$.

练习与思考 8-3

1. 略.

2. $\sin\dfrac{x}{2} = \dfrac{8}{\pi}\displaystyle\sum_{n=1}^{\infty} (-1)^{n+1} \dfrac{n\sin nx}{4n^2-1} \ (-\pi < x < \pi)$.

3. 正弦级数 $f(x) = \displaystyle\sum_{n=1}^{\infty}\left[\dfrac{(-1)^{n+1}}{n} + \dfrac{2}{n^2\pi}\sin\dfrac{n\pi}{2}\right]\sin nx \ (0 \leqslant x < \pi)$，余弦级数略.

第8章复习题

一、判断题

1. $\times$；　**2.** $\checkmark$；　**3.** $\checkmark$；　**4.** $\times$.

二、选择题

1. A；　**2.** C；　**3.** B；　**4.** B；　**5.** B.

三、填空题

1. 发散；　**2.** 收敛；　**3.** 收敛；　**4.** 发散.

四、解答题

1. (1) 发散；(2) 收敛；(3) 发散；(4) 收敛；(5) 收敛；(6) 收敛.

2. (1) $(-\infty, +\infty)$；(2) $[-1,1]$；(3) $\left[-\dfrac{1}{2}, \dfrac{1}{2}\right]$；(4) $[-1,1)$.

3. (1) $\dfrac{1}{1-x^6} = \displaystyle\sum_{n=0}^{\infty} x^{6n}(-1 < x < 1)$；

　　(2) $\cos^2 2x = \dfrac{1}{2} + \dfrac{1}{2}\displaystyle\sum_{n=0}^{\infty} (-1)^n \dfrac{(4x)^{2n}}{(2n)!} \ (-\infty < x < +\infty)$；

(3) $\ln(2+x) = \ln 2 + \sum_{n=1}^{\infty} (-1)^{n-1} \dfrac{x^n}{2^n n} \ (-1 < x \leqslant 1)$;

(4) $\dfrac{1}{x^2 - 2x - 3} = \dfrac{1}{4} \sum_{n=0}^{\infty} \left[(-1)^{n+1} - \dfrac{1}{3^{n+1}} \right] x^n \ (-1 < x < 1)$.

4. (1) $\dfrac{1}{4-x} = \dfrac{1}{2} \sum_{n=0}^{\infty} \dfrac{(x-2)^n}{2^n} \ (0 < x < 4)$;

(2) $\ln x = \ln 2 + \sum_{n=1}^{\infty} (-1)^{n-1} \dfrac{(x-2)^n}{2^n n} + \cdots \ (0 < x \leqslant 4)$.

5. $x^2 = \dfrac{\pi^2}{3} + 4 \sum_{n=1}^{\infty} (-1)^n \dfrac{\cos nx}{n^2}, \ -\infty < x + \infty.$

6. $f(x) = 1 + \dfrac{4}{\pi} \sum_{n=1}^{\infty} \dfrac{1}{2n-1} \sin \dfrac{(2n-1)\pi}{l} x, \ -l < x < 0 \ 或 \ 0 < x < 1.$

图书在版编目（CIP）数据

实用数学（工程类）/张圣勤,孙福兴,叶迎春主编. —上海：复旦大学出版社，
2015.8（2024.7 重印）
ISBN 978-7-309-10768-5

Ⅰ. 实…　Ⅱ. ①张…②孙…③叶…　Ⅲ. 高等数学-高等学校-教材　Ⅳ. O13

中国版本图书馆 CIP 数据核字（2014）第 132298 号

实用数学（工程类）
张圣勤　孙福兴　叶迎春　主编
责任编辑/梁　玲

复旦大学出版社有限公司出版发行
上海市国权路 579 号　邮编：200433
网址：fupnet@ fudanpress. com　http://www. fudanpress. com
门市零售：86-21-65102580　团体订购：86-21-65104505
出版部电话：86-21-65642845
上海新艺印刷有限公司

开本 787 毫米×960 毫米　1/16　印张 24　字数 434 千字
2024 年 7 月第 1 版第 4 次印刷

ISBN 978-7-309-10768-5/O・536
定价：42.00 元